普通高等教育“十一五”国家级规划教材

丛书主编　谭浩强

高等院校计算机应用技术规划教材

基础教材系列

Visual FoxPro 及其应用系统设计（第2版）

梁静毅 主编

张立涛 梁静毅 李　军
王　钢 王梦倩 姜书浩
等编著

清华大学出版社
北京

内容简介

本书基于 Visual FoxPro 6.0 中文版编写，主要内容有数据库系统概述，Visual FoxPro 6.0 中文版简介，Visual FoxPro 语言基础，表与数据库的基本操作，查询、视图及 SQL 命令，结构化程序设计，面向对象程序设计，报表与标签设计，菜单设计，数据库应用系统设计实例等。并在附录中尽可能详尽地列出 Visual FoxPro 6.0 的命令、函数、文件类型和对象的属性、事件与方法的基本使用，以供读者在设计数据库应用系统时参考。各章均附有习题，并在附录给出参考答案。

本书是作者在多年计算机程序设计教学经验的基础上，尤其是在近年从事 Visual FoxPro 程序设计教学和数据库应用系统开发实践的基础上，编写的一本数据库基本原理与实践应用相结合的教材，其中既有基本概念的讲述，又有应用实例的剖析，既可以作为高等院校数据库应用类课程的教材，又可以作为各级数据库应用系统设计人员的参考文献。

图书在版编目(CIP)数据

Visual FoxPro 及其应用系统设计/梁静毅主编. —2 版. —北京：清华大学出版社，2016（2016.8 重印）
高等院校计算机应用技术规划教材·基础教材系列
ISBN 978-7-302-42539-7

Ⅰ.①V…　Ⅱ.①梁…　Ⅲ.①关系数据库系统—程序设计　Ⅳ.①TP311.138

中国版本图书馆 CIP 数据核字(2015)第 302777 号

责任编辑：汪汉友
封面设计：常雪影
责任校对：白　蕾
责任印制：沈　露

出版发行：清华大学出版社
网　　址：http://www.tup.com.cn，http://www.wqbook.com
地　　址：北京清华大学学研大厦 A 座　　邮　　编：100084
社 总 机：010-62770175　　邮　　购：010-62786544
投稿与读者服务：010-62776969，c-service@tup.tsinghua.edu.cn
质 量 反 馈：010-62772015，zhiliang@tup.tsinghua.edu.cn
课 件 下 载：http://www.tup.com.cn，010-62795954
印 刷 者：北京富博印刷有限公司
装 订 者：北京市密云县京文制本装订厂
经　　销：全国新华书店
开　　本：185mm×260mm　　**印　张**：24.5　　**字　　数**：564 千字
版　　次：2010 年 2 月第 1 版　2016 年 3 月第 2 版　　**印　　次**：2016 年 8 月第 2 次印刷
印　　数：2001～4000
定　　价：49.50 元

产品编号：065909-01

编辑委员会

《高等院校计算机应用技术规划教材》

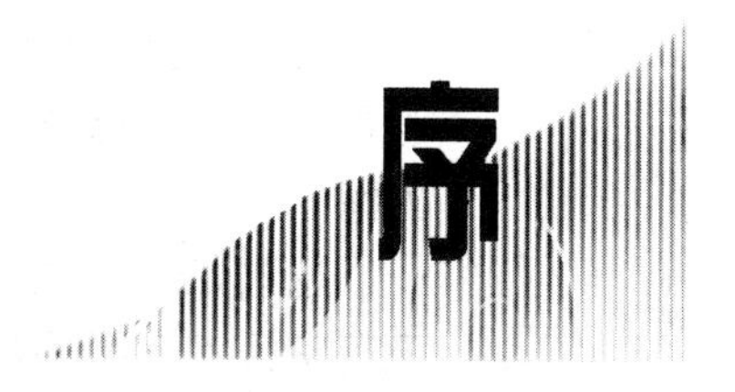

《高等院校计算机应用技术规划教材》

进入21世纪，计算机成为人类常用的现代工具，每一个人都应当了解计算机，学会使用计算机来处理各种事务。

学习计算机知识有两种不同的方法：一种是侧重理论知识的学习，从原理入手，注重理论和概念；另一种是侧重于应用的学习，从实际入手，注重掌握其应用的方法和技能。不同的人应根据其具体情况选择不同的学习方法。对多数人来说，计算机是作为一种工具来使用的，应当以应用为目的、以应用为出发点。对于应用型人才来说，显然应当采用后一种学习方法，根据当前和今后的需要，选择学习的内容，围绕应用进行学习。

学习计算机应用知识，并不排斥学习必要的基础理论知识，要处理好这二者的关系。在学习过程中，有两种不同的学习模式：一种是金字塔模型，亦称为建筑模型，强调基础宽厚，先系统学习理论知识，打好基础以后再联系实际应用；另一种是生物模型，植物并不是先长好树根再长树干，长好树干才长树冠，而是树根、树干和树冠同步生长。对计算机应用型人才教育来说，应该采用生物模型，随着应用的发展，不断学习和扩展有关的理论知识，而不是孤立地、无目的地学习理论知识。

传统的理论课程采用以下三部曲：提出概念—解释概念—举例说明，这适合前面第一种侧重知识的学习方法。对于侧重应用的学习者，我们提倡新的三部曲：提出问题—解决问题—归纳分析。传统的方法是：先理论后实际，先抽象后具体，先一般后个别。我们采用的方法是：从实际到理论，从具体到抽象，从个别到一般，从零散到系统。实践证明这种方法是行之有效的，减少了初学者在学习上的困难。这种教学方法更适合于应用型人才培养。

检查学习好坏的标准，不是"知道不知道"，而是"会用不会用"，学习的目的主要在于应用。因此希望读者一定要重视实践环节，多上机练习，千万不要满足于"上课能听懂、教材能看懂"。有些问题，别人讲半天也不明白，自己一上机就清楚了。教材中有些实践性比较强的内容，不一定在课堂上由老师讲授，而可以指定学生通过上机掌握这些内容。这样做可以培养学生的自学能力，启发学生的求知欲望。

全国高等院校计算机基础教育研究会历来倡导计算机基础教育必须坚持面向应用的正确方向，要求构建以应用为中心的课程体系，大力推广新的教学三部曲，这是十分重要的指导思想，这些思想在《中国高等院校计算机基础课程》中作了充分说明。本丛书完全符合并积极贯彻全国高等院校计算机基础教育研究会的指导思想，按照《中国高等院校计算机基础教育课程体系》组织编写。

这套《高等院校计算机应用技术规划教材》是根据广大应用型本科和高职高专院校的迫切需要而精心组织的，其中包括 4 个系列：

(1) 基础教材系列。该系列主要涵盖了计算机公共基础课程的教材。

(2) 应用型教材系列。适合作为培养应用型人才的本科院校和基础较好、要求较高的高职高专学校的主干教材。

(3) 实用技术教材系列。针对应用型院校和高职高专院校所需掌握的技能技术编写的教材。

(4) 实训教材系列。应用型本科院校和高职高专院校都可以选用这类实训教材。其特点是侧重实践环节，通过实践（而不是通过理论讲授）去获取知识，掌握应用。这是教学改革的一个重要方面。

本套教材是从 1999 年开始出版的，根据教学的需要和读者的意见，几年来多次修改完善，选题不断扩展，内容日益丰富，先后出版了 60 多种教材和参考书，范围包括计算机专业和非计算机专业的教材和参考书；必修课教材、选修课教材和自学参考的教材。不同专业可以从中选择所需要的部分。

为了保证教材的质量，我们遴选了有丰富教学经验的高校优秀教师分别作为本丛书各教材的作者，这些老师长期从事计算机的教学工作，对应用型的教学特点有较多的研究和实践经验。由于指导思想明确、作者水平较高，教材针对性强，质量较高，本丛书问世 7 年来，愈来愈得到各校师生的欢迎和好评，至今已发行了 240 多万册，是国内应用型高校的主流教材之一。2006 年被教育部评为普通高等教育“十一五”国家级规划教材，并向全国推荐。

由于我国的计算机应用技术教育正在蓬勃发展，许多问题有待深入讨论，新的经验也会层出不穷，我们会根据需要不断丰富本丛书的内容，扩充丛书的选题，以满足各校教学的需要。

本丛书肯定会有不足之处，请专家和读者不吝指正。

全国高等院校计算机基础教育研究会会长
《高等院校计算机应用技术规划教材》主编　**谭浩强**

2008 年 5 月 1 日于北京清华园

第 2 版前言

随着计算机科学的飞速发展，计算机已被广泛地应用于社会的各个领域，计算机的广泛应用被认为是人类进入信息时代的标志。在信息时代，人们利用计算机对大量的信息进行加工处理。为了快速、高效、准确地使用存放在计算机系统中的大量数据，必须采用规范而科学的方法，对数据进行组织、存储、维护和使用，因此，数据库技术应运而生。数据库系统的出现，既促进了计算机技术的高速发展，又形成了专门的信息处理理论和数据库管理系统。数据库管理系统是计算机技术和信息时代相结合的产物，是信息和数据处理的核心，是研究数据共享的一门科学，是现代计算机系统软件的重要组成部分。

Visual FoxPro 是小型数据库管理系统的代表，它具有完善的功能、丰富的工具、较高的处理速度、易用的界面以及良好的兼容性等特点。Visual FoxPro 提供了集成的系统开发环境，这使得数据的组织与操纵简单而方便。在语言体系上，Visual FoxPro 不仅支持传统的面向过程的程序设计，而且支持目前最流行的面向对象程序设计，并且具有功能完备的可视化程序设计工具，这些工具使得应用系统的设计工作变得简单而迅速。相对于其他一些数据库管理系统而言，Visual FoxPro 的另一个最大特点是其自带编程环境，由于其程序设计语言和数据库管理系统的结合，所以很适合于初学者学习，更便于教学，这正是 Visual FoxPro 成为常见的数据库系统教学平台的主要原因之一。另外，Visual FoxPro 6.0 版本的汉字化环境使得教学和贴近实用的数据库应用系统设计变得更加便利易用。

本书基于 Visual FoxPro 6.0，介绍关系数据库系统基础理论及应用系统开发知识。在贯穿数据库系统基础理论的同时，按照使用数据库的逻辑顺序，分为数据库的交互式操作、数据库程序设计方法和数据库应用系统开发三个层次组织内容，以期使读者循序渐进地掌握数据库系统基础理论及应用系统开发知识。本书既可以作为高等院校计算机技术基础课程的教材，又可以为所有数据库应用系统设计者提供相应的参考。本书力求做到概念准确清晰，对语言本身的介绍取舍得当，示例数据统一且取材合理，内容循序渐进且深入浅出，案例完整且体现典型应用。

为便于读者更快地理解和掌握 Visual FoxPro 系统及程序设计，还同时编写出版了《实验指导与习题集》，作为与本书配套的实践教材。

本书第 1 版于 2010 年 3 月出版，连年作为高校教学主要参考书使用，随着计算机技术的发展，以及作者教学与实践经验的进一步积累，教材内容有必要随之更新、调整与完善，因此，在第 1 版的基础上编写了第 2 版。第 2 版贯穿全书使用了新的数据实例，调整并优化了部分章节的结构，增加并优化了部分体例，旨在使本书更加易用于教与学双方。

本书第 1、8 章由李军编写，第 2、4、10 章由姜书浩编写，第 3 章由张立涛编写，第 5、9 章由王梦倩编写，第 6 章及附录 A～附录 F 由梁静毅编写，第 7 章由王钢编写。全书由梁静毅主编、统稿和定稿。在编写和出版过程中，得到了天津商业大学李平教授和潘旭华教授、清华大学出版社汪汉友编辑的大力帮助和指导，在此表示由衷地感谢。

在本书的编写过程中，参考了很多优秀的图书资料和网络资料，在此谨向所有参考文献的作者表示由衷的敬意和感谢。

由于作者学识水平所限，书中难免疏漏与错误，恳请读者不吝赐教。

编　者

2015 年 12 月

第 6 章 程序设计基础 …… 168

第 7 章 面向对象程序设计 …… 203

第1章 数据库系统概述

随着计算机科学的飞速发展，计算机已被广泛地应用于社会的各个领域，计算机的广泛应用被认为是人类进入信息时代的标志。在信息时代，人们利用计算机对大量的信息进行加工处理。在处理过程中，用于复杂科学计算的工作较少，而大量的工作用于在相关的数据中提取信息。为了有效地使用存放在计算机系统中的大量数据，必须采用一整套科学的方法，对数据进行组织、存储、维护和使用，即数据处理。在数据处理过程中应用到了数据库技术。

数据库系统产生于20世纪70年代初，它的出现，既促进了计算机技术的高速发展，又形成了专门的信息处理理论和数据库管理系统，因此数据库管理系统是计算机技术和信息时代相结合的产物，是信息和数据处理的核心，是研究数据共享的一门科学，是现代计算机系统软件的重要组成部分。

1.1 数据处理基本概念

要了解数据处理就要了解什么是信息、数据和数据处理。

1.1.1 信息、数据和数据处理

1. 信息

信息(Information)是对客观事物属性的反映。它所反映的是客观事物的某一属性或某一时刻的表现形式。如成绩的好坏，温度的高低，质量的优劣等。因此，信息是经过加工处理并对人类客观行为产生影响的数据表现形式。

信息的特征如下：

(1) 信息是可以感知的。人类对客观事物的感知，可以通过感觉器官，也可以借助于各种仪器设备。不同的信息源有不同的感知形式，如书上的信息可以通过视觉器官感知，广播中的信息可以通过听觉器官感知。

(2) 信息是可以存储、传递、加工和再生的。人类可以利用大脑记忆信息，可以利用语言、文字、图像和符号等记载信息，可以借助纸张、各种存储设备长期保存信息，可以利

用电视、广播和网络传播信息，可以对信息进行加工、处理后得到其他的信息。

(3) 信息源于物质和能量。信息不能脱离物质而存在，信息的传递需要物质载体，信息的获取和传递需要消耗能量。没有物质载体，信息就不能存储和传递。

(4) 信息是有用的。它是人们活动所必须的知识，利用信息能够克服工作中的盲目性，增加主动性和科学性，利用有用的信息，人们可以科学的处理事情。

2. 数据

数据(Data)是信息的载体，是信息的具体表现形式，是反映客观事物属性的记录。如年龄 20 岁，分数 98 分，出生日期 1989 年 5 月 20 日等。数据所反映的事物属性是它的内容，而符号是它的表现形式。

数据不仅包括数字、字母、文字和其他特殊符号组成的文本形式数据，而且还包括图形、图像、动画、影像、声音等多媒体数据。从计算机角度看，数据泛指那些可以被计算机接受并处理的符号。

3. 信息和数据的关系

信息和数据既有联系，又有区别，数据是信息的载体，信息是数据处理的结果。数据是物理性的，是被加工的对象，而信息是对数据加工的结果，是观念性的，并依赖于数据而存在，数据表示了信息，而信息只有通过数据形式表现出来，才能被人们理解和接受，信息是有用的数据，数据如不具有知识性和有用性，则不能称之为信息。

4. 数据处理

数据处理(Data Process)也称为信息处理，是指利用计算机对各种类型的数据进行采集、整理、存储、分类、排序、检索、维护、加工、统计和传输等操作，使之变为有用信息的一系列活动的总称。就是从某些已知的数据出发，推导加工出一些新的数据，这些新的数据又表示了新的信息。所以，数据处理也称为信息处理。信息处理的真正含义是为了产生信息而处理数据。

1.1.2 数据管理技术的发展

随着计算机技术，特别是数据库技术的发展，数据处理过程也发生了巨大的变化，其核心就是数据管理。数据管理指的是对数据进行分类、组织、编码、存储、检索和维护等。数据处理和数据管理是相互联系的，数据管理技术的优劣，将直接影响数据处理的效率。

数据管理技术的发展经历了人工管理，文件管理，数据库系统管理 3 个阶段。

1. 人工管理阶段

这一阶段(20 世纪 50 年代中期以前)，计算机主要用于科学计算。外部存储器只有磁带、卡片和纸带，软件只有汇编语言，尚无数据管理方面的软件。数据处理的方式基本上是批处理。这个时期数据管理的特点如下。

(1) 数据不保存。因为当时计算机主要用于科学计算，对于数据保存的需求尚不迫切。需要时把数据输入内存，运算后将结果输出，数据不保存在计算机中。

(2) 没有专用的软件对数据进行管理。在应用程序中，不仅要管理数据的逻辑结构，还要设计其物理结构、存取方法、输入输出方法等。当存储改变时，应用程序中存取数据的子程序就需随之改变。

(3) 数据不具有独立性。数据的独立性是指逻辑独立性和物理独立性。当数据的类型、格式或输入输出方式等逻辑结构或物理结构发生变化时，必须对应用程序做出相应的修改。

(4) 数据是面向程序的。一组数据只对应于一个应用程序。即使两个应用程序都涉及某些相同数据，也必须各自定义，无法相互利用。因此，在程序之间有大量的冗余数据。

在人工管理阶段，上述数据与程序关系的特点如图 1-1 所示。

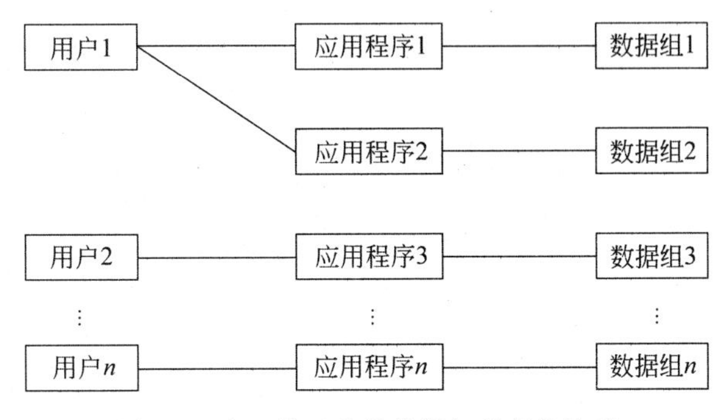

图 1-1　人工管理阶段数据与程序的关系

2. 文件系统阶段

在这一阶段(20 世纪 50 年代后期到 60 年代中期)，计算机不仅用于科学计算，还用于信息管理。此时，外部存储器已有磁盘、磁鼓等直接存取的存储设备，软件领域出现了高级语言和操作系统。操作系统中的文件系统是专门的数据管理软件。这时可以把相关的数据组成一个文件存放在计算机中，在需要时只要提供文件名，计算机就能从文件系统中找出所要的文件，把文件中存储的数据提供给用户进行处理。

(1) 特点。

① 数据以文件形式可长期保存在外部存储器的磁盘上。应用程序可对文件进行大量的检索、修改、插入和删除等操作。

② 文件组织已多样化。有索引文件、顺序存取文件和直接存取文件等。因而对文件中的记录可顺序访问，也可随机访问，便于存储和查找数据。

③ 数据与程序间有一定的独立性。数据由专门的软件即文件系统进行管理，程序和数据间由软件提供的存取方法进行转换，数据存储发生变化不一定影响程序的运行。

④ 对数据的操作以记录为单位。这是由于文件中只存储数据，不存储文件记录的结构描述信息。文件的建立、存取、查询、插入、删除，修改等所有操作，都要用程序来实现。

(2) 存在的问题。在文件系统阶段，用户虽有了一定的方便，但仍存在一些问题，主要表现如下。

① 数据冗余度大。由于各数据文件之间缺乏有机的联系，造成每个应用程序都有对应的文件，有可能同样的数据在多个文件中重复存储，数据不能共享。

② 数据独立性低。数据和程序相互依赖，一旦改变数据的逻辑结构，必须修改相应的应用程序。而应用程序发生变化，如改用另一种程序设计语言来编写程序，也需修改数据结构。

③ 数据一致性差。由于相同数据的重复存储、各自管理，在进行更新操作时，容易造成数据的不一致。

这样，文件系统仍然是一个不具有弹性的无结构的数据集合。文件之间是孤立的、不能反映现实世界中事物之间的内在联系。在文件系统阶段，数据与程序的关系如图 1-2 所示。

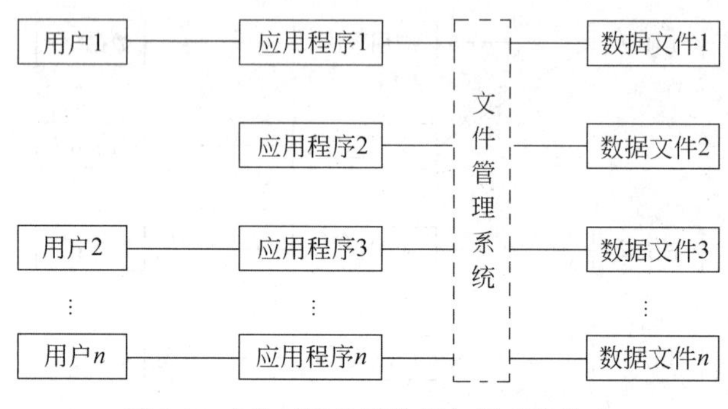

图 1-2 文件系统阶段数据与程序的关系

3. 数据库阶段

数据管理技术进入数据库阶段是在 20 世纪 60 年代末。由于计算机应用于管理的规模更加庞大，数据量急剧增加；硬件方面出现了大容量磁盘，使计算机联机存取海量数据成为可能；硬件价格下降，而软件价格上升，使开发和维护系统软件的成本增加。文件系统的数据管理方法已无法适应开发应用系统的需要。为解决多用户、多个应用程序共享数据的需求，出现了统一管理数据的专门软件系统，即数据库管理系统，这使利用数据库技术管理数据变成了现实。

数据库的特点如下。

(1) 数据共享性高、冗余度低。这是数据库系统阶段的最大改进，数据不再面向某个应用程序而是面向整个系统，当前所有用户可同时访问数据库中的数据。这样便减少了不必要的数据冗余，节约了存储空间，同时也避免了数据之间的不相容性与不一致性。

(2) 数据结构化。即按照某种数据模型，将应用的各种数据组织到一个结构化的数据库中。在数据库中数据的结构化，不仅要考虑某个应用的数据结构，还要考虑整个系统的数据结构，并且还要能够表示出数据之间的有机关联。

(3) 数据独立性高。数据的独立性是指逻辑独立性和物理独立性。

数据的逻辑独立性是指当数据的总体逻辑结构改变时，数据的局部逻辑结构不变。由于应用程序是依据数据的局部逻辑结构编写的，所以应用程序不必修改，从而保证了数据与程序间的逻辑独立性。

数据的物理独立性是指当数据的存储结构改变时，数据的逻辑结构不变，从而应用程序也不必改变。

(4) 有统一的数据控制功能。数据库为多个用户和应用程序所共享，对数据的存取往往是并发的，即多个用户可以同时存取数据库中的数据，甚至可以同时存取数据库中的同一个数据。为确保数据库数据的正确有效和数据库系统的有效运行，数据库管理系统提供下述 4 个方面的数据控制功能。

① 数据的安全性控制。防止不合法使用数据造成数据的泄露和破坏，保证数据的安全和机密。例如，系统提供口令检查或其他手段来验证用户身份，防止非法用户使用系统；也可以对数据的存取权限进行限制，只有通过检查后才能执行相应的操作。

② 数据的完整性控制。系统通过设置一些完整性规则以确保数据的正确性、有效性和相容性。正确性是指数据的合法性，如年龄属于数值型数据，只能包含 0，1，…，9 阿拉伯数字，不能包含字母或特殊符号。有效性是指数据是否在其定义的有效范围内，如月份只能用 1～12 之间的正整数表示。相容性是指表示同一事实的两个数据应相同，否则就不相容，如一个人不能有两个性别。

③ 并发控制。防止多用户同时存取或修改数据库时，因相互干扰而提供给用户不正确的数据，并使数据库受到破坏。

④ 数据恢复。当数据库被破坏或数据不可靠时，系统有能力将数据库从错误状态恢复到最近某一时刻的正确状态。

数据库系统阶段，程序与数据之间的关系可用图 1-3 表示。

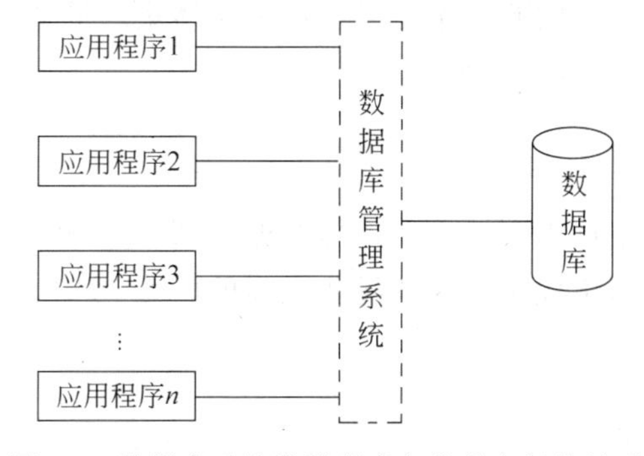

图 1-3　数据库系统阶段程序与数据之间的关系

1.2　数据模型

客观世界存在着各种事物，而事物与事物之间是彼此相互联系的。一方面，某一事物内部的各种因素和各种属性根据一定的组织原则相互联系，构成一个相对独立的系统；另一方面，某一事物同时也可作为一个更大系统的一个因素或一种属性而存在，并与系统的其他因素或属性发生联系。

模型是对现实世界特征的模拟和抽象。如一组建筑设计沙盘，一架精致的航模飞机等都是具体的模型。

数据模型是模型的一种，它是现实世界数据特征的抽象，现实世界中的具体事务必须用数据模型这个工具来抽象和表示。

1.2.1 基本概念

在数据库技术中，用数据模型的概念描述数据库的结构和语义，表示实体及实体之间的联系。

1. 实体

客观存在并且可以相互区别的事物称为实体。实体可以是具体的事物，如一名学生，一辆汽车；也可以是抽象的事件，如一次选课，一场比赛等。

2. 属性

实体的某一特性称为属性。实体有很多特性，如学生实体有学号、姓名、性别、出生日期、所在学院等方面的属性。

属性有“型”和“值”之分。“型”即为属性名，如学号、姓名、性别、出生日期是属性的型；“值”即为属性的具体内容，如 20093653、“李小明”、“女”、“1989 年”、“信息学院”等，这些属性值的集合表示了一名学生实体。

3. 实体集

具有相同类型及相同性质的实体的集合称为实体集。例如，某个学校所有学生的集合、所有学生的选课情况等都可以视为实体集。

4. 联系

实体之间的相互关系称为联系。在现实世界中，事物内部以及事物之间是有联系的。实体内部的联系通常是指组成实体的各属性之间的联系，实体之间的联系通常是指不同实体集之间的联系。

1.2.2 实体间的联系

实体间的联系可分为 3 种类型：一对一的联系、一对多的联系和多对多的联系。

1. 一对一的联系(1∶1)

实体集 A 中的一个实体只能与实体集 B 中的一个实体相对应，反之亦然，则称实体集 A 与实体集 B 为一对一的联系。记为 1∶1。例如，一个公司有一个总经理，公司和总经理之间存在一对一的联系。

2. 一对多的联系(1∶n)

实体集 A 中的一个实体与实体集 B 中的多个实体相对应，反之，实体集 B 中的一个

实体只能与实体集 A 中的一个实体相对应。记为 $1:n$。例如，班级与学生两个实体集之间存在一对多的联系，一个班有多名学生，一名学生只能属于一个班，班和学生之间存在一对多的联系。

3. 多对多的联系($m:n$)

实体集 A 中的一个实体与实体集 B 中的多个实体相对应；反之，实体集 B 中的一个实体与实体集 A 中的多个实体相对应。记为 $m:n$。如学生与课程两个实体集之间存在多对多的联系，因为一名学生可以选修多门课程，而一门课程又可以被多名学生所选修，所以，学生和课程之间存在多对多的联系。

一对多的联系是最普遍的联系，可以把一对一的联系看作是一对多的联系的一个特例。

1.2.3 数据模型

数据库中的数据必须能够反映事物之间的各种联系，而具有联系性的相关数据总是按照一定的组织关系排列，从而构成一定的结构，对这种结构的描述就是数据模型。数据模型是指反映客观事物及客观事物间联系的数据组织结构和形式。

任何一个数据库管理系统都是基于某种数据模型的。数据库管理系统所支持的数据模型有以下 3 种。

1. 层次模型

层次模型表示数据间的从属关系结构，是一种以记录某一事物的类型为根结点的有向树结构。层次模型像一棵倒立的树，根结点在上，层次最高，子结点在下，逐层逐级排列。上级结点与下级结点之间为一对多的联系。图 1-4 给出一个层次模型的例子，其中，“商业大学”为根结点，“商业大学”以下为各级子结点。

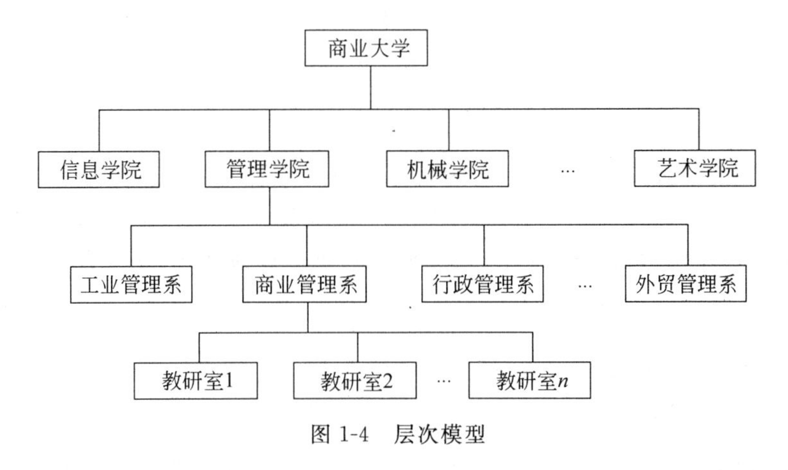

图 1-4 层次模型

层次模型具有以下特征。

(1) 有且仅有一个根结点而且无双亲。

(2) 根结点以下的子结点,向上层仅有一个父结点,向下层有若干子结点。

(3) 最下层为叶结点且无子结点。

支持层次模型的数据库管理系统称为层次数据库管理系统,其中的数据库称为层次数据库。

2. 网状模型

现实世界中事物之间的联系更多的是非层次关系的,用层次模型表示这种关系很不直观,网状模型克服了这一弊病,可以清晰地表示这种非层次关系。

网状模型是用网状结构表示实体与实体之间联系的模型。网状模型是层次模型的扩展,它表示多个从属关系的层次结构,可以允许两个结点之间有多种联系。网状模型表现为一种交叉关系的网络结构。

网状模型具有以下特征。

(1) 有一个以上的结点无双亲。

(2) 至少有一个结点有多双亲。

网状模型可以表示较复杂的数据结构,它不但可以表示数据间的纵向关系而且可以表示数据间的横向关系。

网状模型中每个结点表示一个记录(实体),每个记录可包含若干个字段(实体的属性),结点间的连线表示记录(实体)间的父子关系。

图 1-5 所示是一个"学生"—"选课"—"课程"的网状模型,该模型中的每个学生可以选修多门课程,显然对学生记录中的一个值,选课记录中可以有多个值与之联系,而选课记录中的一个值只能与学生记录的一个值相联系。

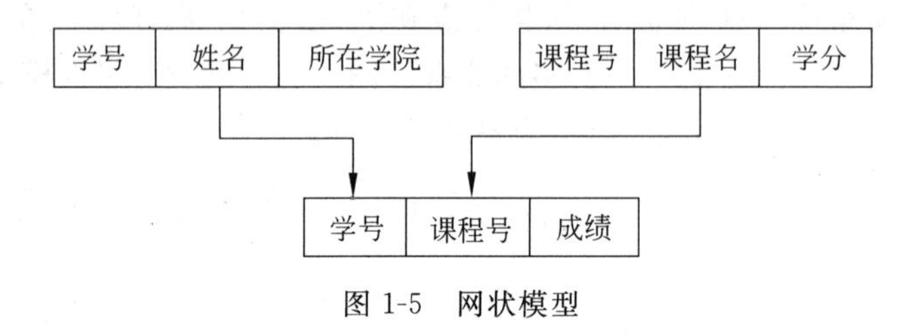

图 1-5 网状模型

学生与选课之间的联系是一对多的联系,同样,课程与选课间的联系也是一对多的联系。

支持网状模型的数据库管理系统称为网状数据库管理系统,其中的数据库称为网状数据库。

3. 关系模型

关系模型是发展较晚,也是最常用、最重要的一种数据模型。

用二维表结构来表示实体与实体之间联系的模型称为关系模型。在关系模型中,操作的对象和结果都是二维表,这种二维表就是关系。关系模型的主要特征是用二维表表示实体集。例如,表 1-1 所示的"XS(学生表)"反映的就是关系。

表 1-1　XS(学生表)

学 号	姓名	性别	生 日	班 级	应届否	入学成绩	照片	曾获奖励
20150011	李中华	男	1999/10/1	会计 1501	TRUE	611		
20150012	肖萌	女	1998/2/4	会计 1501	TRUE	600		
20150014	李铭	男	1997/12/31	会计 1501	TRUE	599		
20150020	张力	男	1995/1/1	会计 1501	FALSE	585		
20151234	傅丹	男	1998/3/20	会计 1502	TRUE	630		
20151240	李园	女	1996/1/1	会计 1502	FALSE	588		
20151255	华晓天	男	1999/7/17	会计 1502	TRUE	590		
20154001	刘冬	女	1998/11/9	经济 1501	TRUE	633		
20154019	严岩	男	1997/3/13	经济 1501	TRUE	615		
20154025	王平	男	1998/6/19	经济 1501	TRUE	600		
20156001	江锦添	男	1995/4/27	经济 1502	FALSE	610		
20156200	李冬冬	女	1998/12/25	经济 1502	TRUE	570		
20156215	赵天宁	男	1997/8/15	经济 1502	TRUE	585		
20156345	于天	女	1998/9/10	经济 1502	TRUE	640		
20156500	梅媚	女	1999/5/20	经济 1502	TRUE	580		

(1) 二维表的特点。

① 表有表名：即 XS(学生表)。

② 表由两部分构成，即一个表头和若干行数据。

③ 从垂直方向看，表由若干列组成，每列都有列名如“学号”、“姓名”等。

④ 同一列的值取自同一个定义域，例如，性别的定义域是(男、女)。

⑤ 每一行的数据代表一个学生的信息，同样每一个学生在表中也有一行。

(2) 对一张二维表可以进行的操作。

① 填表：将每个同学的数据填写进表格。

② 修改：改正表中的错误数据。

③ 删除：去掉一个学生的数据(如某个同学已毕业或出国等)。

④ 查询：在表中按某些条件查找满足条件的学生。

(3) 关系的特点。关系是一种规范化了的二维表，为了使相应的数据操作简化，在关系模型中，对关系作了种种限制，关系具有如下特性：

① 关系中的每一数据项不可再分，是最基本的单位，满足此条件的关系称为规范化关系，否则称为非规范化关系。

② 每一竖列的数据项是同属性的，列数根据需要而设，且各列的顺序是任意的。

③ 每一横行记录由一个个体事物的诸多属性构成，记录的顺序可以是任意的。

④ 一个关系是一张二维表，不允许有相同的字段名，也不允许有相同的记录行。

关系模型对数据库的理论和实践产生很大的影响，成为当今最流行的数据库模型，本书重点介绍的是关系数据库的基本概念和使用。

4. 面向对象模型

面向对象的数据模型吸收了面向对象程序设计方法的核心概念和基本思想，它用面向对象的观点来描述现实世界的实体。一系列面向对象的核心概念构成了面向对象数据模型的基础，其中主要包括对象和对象标识、属性和方法、封装和消息以及类和继承。这些概念将在后面的章节中介绍。

面向对象数据模型能完整地描述现实世界的数据结构，具有丰富的表达能力，但模型相对比较复杂，涉及的知识比较广，因此面向对象数据库尚未达到关系数据库的普及程度。

1.3 数据库系统

1.3.1 有关数据库的几个概念

1. 数据库(Data Base，DB)

数据库是存储在计算机的存储设备上、结构化的相关数据的集合，这些数据是被数据库管理系统按一定的组织形式存储在各个数据文件中。数据库中的数据具有较小的冗余度、较高的数据独立性和易扩展性，具有完善的自我保护能力和数据恢复能力，并能够提供数据共享。

2. 数据库系统(DataBase System，DBS)

数据库系统是指引入数据库后的计算机系统。它主要由5个部分组成：硬件系统、数据库集合、数据库管理系统及相关软件、数据库管理员和用户。

3. 数据库管理系统(DataBase Management System，DBMS)

数据库管理系统是数据库系统中对数据进行管理的软件，位于用户与操作系统之间。数据库管理系统可以对数据库的建立、使用和维护进行管理，可以使数据库中的数据具有最小的冗余度，并对数据库中的数据提供安全性和完整性等统一控制机制，方便用户以交互命令方式或程序方式对数据库进行操作。

DBMS是数据库系统的核心组成部分，用户对数据库的定义、查询、更新等各种操作都是通过DBMS进行的。

4. 数据库应用系统(DataBase Application System,DBAS)

数据库应用系统是指系统开发人员利用数据库系统资源开发出来的、面向某一类实际应用问题的应用软件系统。如以数据库为基础的教学管理系统、财务管理系统、图书管理系统等。一个数据库应用系统通常由数据库和应用程序组成,它们都是在数据库管理系统支持下设计和开发出来的。

5. 用户

用户是指使用和管理数据库的人,他们可以对数据库进行存储、维护和检索等操作。数据库系统中用户可分为 3 类。

① 终端用户。终端用户主要是指使用数据库的各级管理人员、工程技术人员等,一般来说,他们是非计算机专业人员。

② 应用程序员。应用程序员负责为终端用户设计和编制应用程序,以便终端用户对数据库进行操作。

③ 数据库管理员。数据库管理员是指对数据库进行设计、维护和管理的专门人员。

1.3.2 数据库系统的特点

1. 实现数据共享,减少数据冗余

在数据库系统中,数据的定义和描述已经从应用程序中分离出来,通过数据库管理系统来统一管理,从而实现数据共享,减少数据冗余。

2. 采用特定的数据模型

数据库中的数据是有结构的,这种结构是由数据库管理系统所支持的数据模型表现出来的。数据库系统不仅可以表示事物内部各数据项之间的联系,而且可以表示事物与事物之间的联系,所以任何一个数据库管理系统都支持一种抽象的数据模型,以此反映出现实世界事物之间的联系。

3. 有统一的数据控制功能

数据库可以被多个用户或应用程序共享,因此就存在着并发控制问题。数据库管理系统提供必要的保护措施,不仅包括并发访问控制功能,而且还包括数据安全性控制功能和数据完整性控制功能等。

4. 具有较高的数据独立性

在数据库系统中,由于数据库管理系统可以提供映像功能,就使得应用程序对数据的总体逻辑结构与物理存储结构之间具有较高的独立性。这样,用户在操作数据时,不用考虑数据在存储器上的物理位置与结构,只需以简单的逻辑结构来操作数据。

表 1-2 列出了数据库系统与一般文件应用系统的主要性能差异,通过该表可看出数

据库系统的特点。

表 1-2　数据库系统与一般文件应用系统的性能对照

序号	文件应用系统	数据库系统
1	文件中的数据由特定的用户专用	数据库内数据由多个用户共享
2	每个用户拥有自己的数据，导致数据重复存储	原则上可消除重复。为方便查询，允许少量数据重复存储，但冗余度可以控制
3	数据从属于程序，二者相互依赖	数据独立于程序，强调数据的独立性
4	各数据文件彼此独立，从整体看是“无结构”的	各文件的数据相互联系，从整体看是“有结构”的

1.3.3　数据库系统的发展

经过三十余年的发展，数据库系统已走过了第一代的格式化数据库系统、第二代的关系型数据库系统，现正向第三代的对象—关系数据库系统迈进。

1. 格式化数据库系统

格式化数据库系统是对第一代数据库系统的总称，其中又包括层次型数据库系统与网状型数据库系统两种类型，这一代数据库系统具有以下特征。

(1) 采用“记录”为基本的数据结构。在不同的“记录型”(Record Type)之间，允许存在相互联系。

层次模型(Hierarchical Model)的总体结构为树状，在不同记录型之间只允许存在单线联系，如图 1-4 所示。网状模型(Network Model)的总体结构呈网状，在两个记录型之间允许存在两种或多于两种的联系，如图 1-5 所示。前者适用于管理具有家族型系统结构的数据库，后者则更适于管理在数据之间具有复杂联系的数据库。

(2) 无论层次模型还是网状模型，一次查询只能访问数据库中的一个记录，存取效率不高。对于具有复杂联系的系统，用户查询时还需要详细描述数据的访问路径(存取路径)，操作也比较麻烦。因此自关系数据库兴起后，格式化数据库系统已逐渐被关系数据库系统所取代，目前仅在一些大中型计算机系统中使用。

2. 关系型数据库系统(Relational DataBase Systems，RDBS)

早在 1970 年，IBM 公司 San Jose 研究实验室的研究员科德(E. F. Codd)就在一篇论文中提出了“关系模型”(Relational Model)的概念，从而开创了关系数据库理论的研究。

20 世纪 70 年代中期，国外已有商品化的 RDBS 问世，数据库系统随之进入了第二代。20 世纪 80 年代后，RDBS 在包括 PC 在内的各型计算机上实现，目前在 PC 上使用的数据库系统主要是第二代数据库系统。

与第一代数据库系统相比，RDBS 具有下列优点。

(1) 采用人们习惯使用的表格作为基本的数据结构，通过公共的关键字段来实现不同二维表之间(或"关系"之间)的数据联系。关系模型呈二维表形式,简单明了,使用与学习都很方便。

(2) 一次查询仅用一条命令或语句,即可访问整个"关系"(或二维表),因而查询效率较高,不像第一代数据库那样每次仅能访问一个记录。在 RDBS 中,通过多表联合操作,还能对有联系的若干二维表实现"关联"查询。

3. 对象—关系数据库系统(Object-Relational DataBase Systems,ORDBS)

关系型数据库系统管理的信息,可包括字符型、数值型、日期型等多种类型,但本质上都属于单一的文本(Text)信息。随着多媒体应用的扩大,对数据库提出了新的需求,希望数据库系统能存储图形、声音等复杂的对象,并能实现复杂对象的复杂行为。将数据库技术与面向对象技术相结合,便顺理成章地成为研究数据库技术的新方向,构成第三代数据库系统的基础。

20 世纪 80 年代中期以来,对于面向对象的数据库系统(Object-Oriented DataBase Systems,OODBS)的研究十分活跃。1989 年和 1990 年,相继发表了《面向对象数据库系统宣言》和《第三代数据库系统宣言》,后者主要介绍对象—关系数据库系统(ORDBS)。一批代表新一代数据库系统的软件产品也陆续推出。由于 ORDBS 是建立在 RDBS 技术之上的,可以直接继承 RDBS 的原有技术和用户基础,所以其发展比 OODBS 更为顺利,正在成为第三代数据库系统的主流。

根据《第三代数据库系统宣言》提出的原则,第三代数据库系统除应包含第二代数据库系统的功能外,还应支持文本以外的图像、声音等新的数据类型,支持类、继承、函数、方法等丰富的对象机制,并能提供高度集成的、可支持客户机/服务器应用的用户接口。可以将 ORDBS 理解为以关系模型和 SQL 语言为基础、扩充了许多面向对象的特征的数据库系统。目前,ORDBS 还处在发展过程中,在技术上和应用上发展较快,并已显现出良好的发展前景。

1.3.4 数据库系统的分类

1987 年,著名的美国数据库专家厄尔曼(J. D. Ullman)教授在一篇题为《数据库理论的过去和未来》的论文中,曾把数据库理论概括为 4 个分支:关系数据库理论、分布式数据库理论、演绎数据库理论和面向对象数据库理论。今天,关系数据库已经得到广泛的应用,并成为当今数据库系统的主流。其余 3 个分支,在过去 10 余年间也取得了不小的进展,并在理论研究的基础上开发出各种实用的数据库系统。

1. 面向对象数据库

数据库的分代是根据所采用的数据模型划分的。这里所谓的数据模型,首先是指把数据组织起来所采用的数据结构,同时也包含数据操作和数据完整性约束等要素。与第一代数据库常见的层次模型和网状模型相比,关系模型不仅简单易用,理论也比较成熟,但如果用它来存储和检索包括图形、文本、声音、图像在内的多媒体数据,就显得不太方便了。所以当面向对象技术兴起后,人们就探索用对象模型来组织多媒体数据库,推动并促进了第三代数据库——对象式数据库的诞生。

多媒体数据库是面向对象数据库的重要实例，它管理的数据不仅容量大，而且长短不一，检索方法也从传统数据库的"精确查询"，改变为以"非精确匹配和相似查询"为主的"基于内容"的检索。20世纪90年代，一些著名的第二代数据库如Oracle、Sybase等都在原来关系模型的基础上引入了对象机制，扩展了对多媒体数据的管理功能。1998年，据称是世界上第一个"真正面向对象的"多媒体数据库——Jasmine数据库也已问世。

2. 分布式数据库

如果说多媒体应用促进了面向对象数据库的发展，而网络的应用与普及，推动分布式数据库发展。在早期的数据库中，数据都是集中存放的，即所谓的集中式数据库。分布式数据库则把数据分散地存储在网络的多个结点上，彼此用通信线路连接。例如，一个银行有众多储户，如果他们的数据集中存放在一个数据库中，所有的储户在存、取款时都要访问这个数据库，网络通信量必然很大；若改用分布式数据库，将储户的数据分散地存储在离各自住所最近的储蓄所，则大多数时候数据可就近存取，仅有少数时候数据需远程调用，从而大大减少了网络上的数据传输量。现在，在Internet和Intranet上流行的Web数据库，就是分布式数据库的实例。它使全城(市)的储户通过同一银行的任何一个储蓄所，都能够实现通存通兑。

分布式数据库也是多用户数据库，可供多个用户同时在网络上使用。但多用户数据库并非总是分布存储的。以飞机订票系统为例，它允许乘客在多个售票点进行订票，但同一航空公司的售票数据通常是集中存放的，而不是分散存放在各个售票点上。

3. 演绎数据库

传统数据库存储的数据都代表已知的事实(Fact)，演绎数据库(Deductive Database)则除存储事实外，还能存储用于逻辑推理的规则。例如，某演绎数据库存储有"校长领导院长"的规则。如果库中同时存有"甲是校长"、"乙是院长"等数据，它就能推理得出"甲领导乙"的新事实。

由于这类数据库是由"事实＋规则"所构成的，所以有时也称为基于规则的数据库(Rule-based Database)或逻辑数据库(Logic Database)。它所采用的数据模型则称为逻辑模型(Logic Data Model)或基于逻辑的数据模型。

随着人工智能不断走向实用化，对演绎数据库的研究也日趋活跃。演绎数据库与专家系统和知识库(Knowledge Base)一起被称为智能数据库。其关键是逻辑推理，如果推理模式出了问题，便可能导致荒诞的结果。

1.3.5 数据库系统的应用模式

数据库应用系统(DataBase Application Systems，DBAS)专指建立在数据库上的应用系统。一个DBAS通常由数据库和应用程序两部分组成，它们都需要在DBMS支持下开发。

随着计算机应用由单机扩展到网络，数据库系统也发生了从集中式到分布式、从单用户到多用户的变化，并随之出现了单用户数据库系统、集中式多用户数据库系统、客户/服务器分布式数据库、客户/服务器多层数据库等多种类型的数据库系统。

所谓应用模式，集中反映了上述数据库系统各自的应用特点与工作方式。由于应用模式的变化总是伴随着数据库软硬件配置的变化，从体系结构出发，又可将数据库系统划分为单用户结构、主从式结构、客户机/服务器结构等系统结构。

1. 单用户应用模式

单用户应用模式是指在同一时间内只能由一个用户使用的数据库系统，早期的 PC 数据库系统是这类模式最常见的例子。在这类系统中，数据库内的数据集中存储在一台计算机上，应用程序和数据库管理系统也存储在同一台计算机上。支持这类应用模式的 PC DBMS 产品主要有 dBASE、FoxBASE+、FoxPro、Visual FoxPro 以及 Microsoft Access 等。单用户数据库概念清楚，管理简单，运行效率也比较高。但 PC DBMS 的功能一般不如大、中型计算机的 DBMS 完善，尤其在完整性检验和安全管理等控制性能上还有不足之处。

2. 多用户集中应用模式

集中应用模式常见于小型机及以上计算机早期使用的多用户数据库系统，这类系统中的数据是集中存储的，它们在分时操作系统和集中式 DBMS 的支持下，可支持多个用户通过终端对主机中的数据库进行并发存取(Concurrent Access)，所以有时也称为主从式数据库系统。上面提到的 Oracle、Sybase、Informix 等数据库管理系统的早期版本，就是支持这类应用模式的关系型数据库管理系统(RDBMS)的常见代表。

集中式多用户数据库也可在局域网环境中使用。在早期局域网常见的资源共享(Resource Sharing)模式中，网内的 PC 用户可通过打印服务器共享公共的打印机，或通过文件服务器共享应用软件或公用数据库。这时，数据库的数据都存放在同一服务器上，供联网的工作站共享，因此也属于集中式多用户数据库，有时又称为工作站/服务器(Workstation/Server，W/S)模式。在 20 世纪 90 年代广泛流行的 Novell 局域网上常见的 dBASE 数据库应用系统，就是 W/S 模式。图 1-6 显示了集中式多用户数据库应用于上述两种环境。

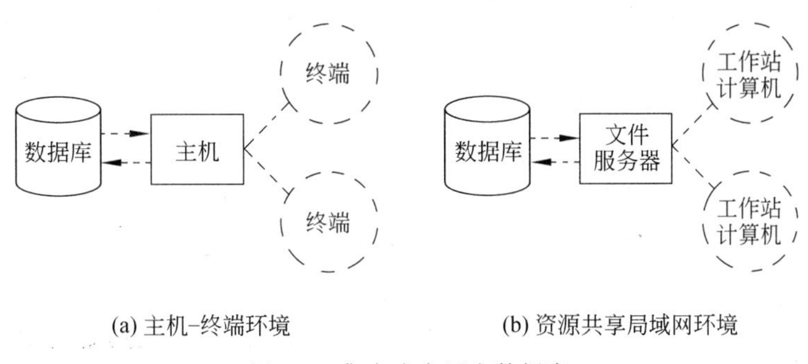

图 1-6　集中式多用户数据库

3. 客户机/服务器应用模式

上述的 W/S 模式是局域网数据库最初的应用模式，图 1-6(b)显示了它的结构。其主要特点是，数据库的所有数据处理全都由工作站来完成；服务器仅用于存储公用数据库，相当于工作站外部存储器的延伸。其优点是，服务器除需要有大容量的存储器以外，对其他硬件的要求不高；但工作站的硬件配置却直接影响数据处理的效率。另外，所有数据都要在工作站与服务器之间来回传输，因而网络流量大，容易造成拥挤和堵塞。作为改进，客户机/服务器(Client/Server，C/S)模式应运而生。

自 20 世纪 80 年代以来，C/S 模式在网络数据库应用中迅速发展，先后出现了二层和多层两种结构。前者主要用于局域网，后者多用于互联网或企业内部网(Intranet)。与 W/S 结构相比，C/S 模式不仅具有负荷均衡、能够充分利用网络资源的优点，同时网络传输量也可以大大减少。因此，它现已成为数据库网络应用的主流模式。Visual FoxPro 既支持单用户应用模式，也支持 C/S 应用模式。

综上所述，现将关系数据库的主要应用模式归纳于表 1-3，供读者参考。

表 1-3 数据库系统常见的应用模式

应用模式	常用环境	主要特点
集中式单用户数据库	微型机	概念清楚，管理简单，运行效率高
集中式多用户数据库	“主机-终端型”大、小型计算机	负载集中于主机
	早期局域网(资源共享型)	负载集中于工作站，服务器任务量较清
分布式二层 C/S 结构	局域网，Intranet	网络负载均衡，服务器任务量较重
分布式多层 C/S 结构	面向整个 Internet 提供数据共享	客户机配备标准浏览器，升级简单

1.4 数据库管理系统

1.4.1 数据库管理系统的基本功能

数据库管理系统(DataBase Management System，DBMS)是处于用户(应用程序)和操作系统之间的一种软件，其作用是对数据库中的数据实现有效的组织与管理。无论开发还是运行数据库系统，都需要 DBMS 的支持。

由于数据库的建立和查询都是通过数据(库)语言进行的，所以 DBMS 首先要具有支持某一特定数据语言的功能，例如，关系型数据库通常都支持“结构化查询语言”(Structured Query Language，SQL)，就像编译程序总是要支持某种高级语言一样。数据库管理系统的基本功能主要包括以下几个方面。

1. 数据定义功能

DBMS 提供的数据定义语言(Data Definition Language，DDL)，用于描述数据库的结构。以 SQL 为例，其 DDL 一般设置有 Create Table/Index、Alter Table、Drop Table/Index 等语句，可分别供用户建立、修改、删除关系数据库的二维表结构，或者定义、删除数据库表的索引。在关系数据库管理系统中就是创建数据库、创建表、创建视图和创建索引，定义数据的安全性和数据的完整性约束等。

2. 数据操作功能

对数据进行检索和查询，是数据库的主要应用。为此，DBMS 将向用户提供数据操作语言(Data Manipulation Language，DML)，支持用户对数据库中的数据进行查询、更新(包括增加、删除、修改)等操作。仍以 SQL 语言为例，其查询语句的基本格式为：

```
Select<查询的字段名>
From<库表的名称>
Where<查询条件>
```

这种语句灵活多变，可包含多达十几种子句，使用十分方便。

3. 控制和管理功能

除 DDL 和 DML 两类语句外，DBMS 还具有必要的控制和管理功能，其中包括在多用户使用时对数据进行的“并发控制”，对用户权限实施监督的“安全性检查”，数据的备份、恢复和转储功能，以及对数据库运行情况的监控和报告等。通常，数据库系统的规模越大，这类功能也越强，所以大型机 DBMS 的管理功能一般比 PC 的 DBMS 更强。

4. 数据通信功能

数据通信功能主要包括数据库与操作系统的接口以及用户应用程序与数据库的接口。DBMS 提供与其他软件系统进行通信的功能，它实现用户、程序与 DBMS 之间的通信，通常与操作系统协调完成。

1.4.2 数据库管理系统的发展现状

随着数据库系统从第一代发展到第三代，DBMS 也取得了迅速的发展。目前在计算机上使用的 DBMS 大都是关系数据库管理系统(Relational DataBase Management System，RDBMS)。

1964 年，美国通用电气公司开发成功世界上第一个 DBMS-IDS(Integrated Data Store)系统，奠定了网状数据库系统的基础。1969 年，美国 IBM 公司推出了基于层次模型的 IMS 系统，成为世界上第一个实现商品化的 DBMS 产品。目前网状数据库已几乎不再使用，层次模型数据库早些年在大型计算机中尚有使用，现在也很少见了。

早在 1970 年，E. F. Codd 就开创了关系数据库的理论研究。1974 年，该实验室成功开发了世界上最早的关系数据库系统 System R，随后又陆续推出了 SQL/DS 与 DB2 等商品化软件产品。1980 年以后，各种 DBMS 先后问世，其中流行较广的有常用于大、小型计算机的 Oracle、Sybase、Informix，以及常用于 PC 的 dBASE、FoxBASE、FoxPro 等。

近些年，一批新一代的商品数据库系统已在欧美各国陆续推出。除上文提到过的系统外，比较知名的还有美国 Object Design 公司的 ObjectStore，Versant Object Technology 公司的 Versant，以及法国 O2 Technology 公司的 O2，Ontos 公司的 ONTOS 等系统。有些关系数据库系统商品也对原有的数据模型进行了扩充，发展成为对象—关系数据库系统，从目前来看，对象模型还不是很成熟，在技术上和理论上都有很多工作尚待完成。

1.5 数据库应用系统

1.5.1 数据库应用系统

数据库应用系统(简称数据库系统，DBAS)是指引进了数据库技术后的整个计算机系统，它是由有关的硬件、软件、数据和人员 4 个部分组合起来形成的为用户提供信息服务的系统。

硬件环境是数据库系统的物理支撑，包括 CPU、内存、外存及输入输出设备。由于数据库系统承担着数据管理的任务，它要在操作系统的支持下工作，而且本身包含着数据库管理例行程序，应用程序，等等，因此要求有足够大的内存开销。同时，由于用户的数据、系统软件和应用软件都要保存在外存上，所以对外存容量的要求也很高。

软件系统包括系统软件和应用软件两类。系统软件主要包括支持数据库管理系统运行的操作系统、数据库管理系统本身、开发应用系统的高级语言及其编译系统、应用系统开发的工具软件，等等。它们为开发应用系统提供了良好的环境，其中数据库管理系统是连接数据库和用户之间的纽带，是软件系统的核心。应用软件是指在数据库管理系统的基础上由用户根据自己的实际需要自行开发的应用程序。

数据是数据库系统的管理对象，是为用户提供数据的信息源。数据库系统的人员是指管理、开发和使用数据库系统的全部人员，主要包括数据库管理员、系统分析员、应用程序员和用户。不同的人员涉及不同的数据抽象级别，数据库管理员负责管理和控制数据库系统；系统分析员负责应用系统的需求分析和规范说明，确定系统的软硬件配置、系统的功能及数据库概念设计；应用程序员负责设计应用系统的程序模块，根据数据库的外模式来编写应用程序；最终用户通过应用系统提供的用户接口界面使用数据库。常用的接口方式有菜单驱动、图形显示、表格操作等，这些接口为用户提供了简明直观的数据表示和方便快捷的操作方法。

1.5.2 数据库应用系统的开发环境

目前流行的主流 DBMS 是 RDBMS，采用的数据语言主要是 SQL。在许多公司推出的不同版本 SQL 语言的基础上，各种数据库开发与维护工具越来越多，出现了一批能够帮助用户快速开发或生成 RDBAS 的应用开发环境。

1. SQL 及其接口

(1) RDBMS 的常用语言。作为关系数据语言的国际标准，SQL 已在商品化的

RDBMS 中被广泛采用，其中包括服务器或小型机及以上计算机使用的 DB2、Oracle、Sybase、Microsoft SQL Server，以及 PC 使用的 Visual FoxPro、Access 等，许多公司的 SQL 在功能上都超过了 SQL 标准。但需指出的是，SQL 的国际标准仅仅规定其数据定义、数据查询和控制管理等功能，并不要求它像普通高级语言那样，提供构造程序控制结构所需要的分支和循环等语句，因而有别于完整的程序设计语言。

（2）在大多数商品化的 RDBMS 中，对 SQL 通常都有两种使用方式。

① 自含式（Self-contained）SQL：主要供联机使用，适用于非专业人员以交互方式进行建库和查询。

② 嵌入式（Embedded）SQL：可嵌入诸如 C、C++、Visual Basic 等高级语言中使用，此时被嵌入的语言称为宿主语言（Host Language），适用于专业人员开发完整的 DBAS。

在早期的 PC 上，常用的 RDBMS 有 dBASE、FoxPro、Visual FoxPro 等语言，在这些语言中，一般都包含分支和循环语句，且具有独立开发 DBAS 的能力。为了编程方便，这类语言与 SQL 一样也采用命令式的语言，用户在程序中只需用命令说明需要“干什么”（What），无须指出“怎么干”（How）。其易学易用程度不比 SQL 逊色，但其数据查询与控制功能一般不如 SQL。

2. RDBMS 的编程接口

如前所述，RDBMS 是通过 SQL 实现数据库的各种操作的，而 C、C++、Visual Basic 等高级语言原来不具备访问数据库的功能，但如果在 C、C++、Visual Basic 等语言编写的应用程序与 RDBMS 之间插入一个编程接口，就可使上述应用程序也支持数据库应用。常见的做法有以下 3 种。

（1）采用嵌入式 SQL。这是早期常用的方法，作为开发数据库应用的专用工具，它其实就是 RDBMS 为应用程序提供的编程接口。

（2）采用 API 接口。作为嵌入式 SQL 的一种替代方法，有些 RDBMS 在其应用编程接口（Applications Programming Interface，API）中提供一组称为 DataBase Connectivity Library 的库函数，通过调用这些库函数，应用程序就可方便地实现连接/断开数据库、执行 SQL 查询、读取查询结果等数据库的操作。

（3）采用 ODBC 接口。早期的 API 接口缺乏统一的标准，各公司开发的 API 常随 DBMS 而不同，因而不能通用。为此，Microsoft 公司于 1991 年提出了一种称为“开放数据库互连”（Open DataBase Connectivity，ODBC）的公共接口。它的基本思想是，向应用程序提供一组标准的 ODBC 函数和 SQL 语句，让使用不同语言编写的应用程序都能通过同一个编程接口访问异构的数据库，如图 1-7 所示。由于 ODBC 接口对用户屏蔽了不同 DBMS 的差异，因而被广泛采用。目前流行的 RDBMS 几乎都配置有 ODBC 驱动程序，使之成为事实上的编程接口标准。

3. 典型的 RDBAS 开发环境

在 RDBMS 的支持下，仅用 SQL 及其接口就可以编写实用的应用程序，但如果程序的所有代码都从头编写，不但效率低，而且还要求开发人员有较高的专业水平。随着计算

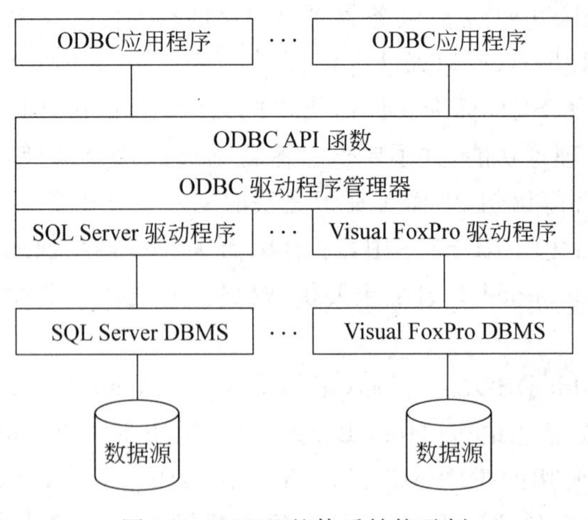

图 1-7　ODBC 的体系结构示例

机辅助软件工程(Computer Aided Software Engineering,CASE)技术的问世,各种开发 DBAS 的工具也迅速发展,一些大公司纷纷推出了基于 SQL 和面向对象技术的数据库集成开发环境(Integrated Development Environment,IDE),有效地提高了 DBAS 的开发效率。这类开发环境通常包含许多工具,易学易用,许多代码可以由系统自动生成,即使非专业用户也不难用它们来开发 DBAS。Borland 公司的 Delphi、Oracle 公司的 Developer/2000、Sybase 公司的 PowerBuilder 等,都是这类环境的典型代表。它们通常都具有下列特征:

(1) 引入了面向对象程序设计的思想,把数据表、窗口、报表等均定义为对象,并以面向对象的方式进行管理。

(2) 支持可视化程序设计,能方便地实现"所见即所得"(What you see is what you get,WYSIWYG)的图形用户界面。

(3) 大量提供向导、设计器、生成器等工具,能自动生成所需的应用或应用程序代码,从而减少了用户的编程工作量。

(4) 支持 C/S 开发模式。

(5) 支持 ODBC 编程接口。

由此可见,这类环境实际上已超越了 RDBMS 阶段,成为介于第二代与第三代 DBMS 之间的开发环境。本书介绍的 Visual FoxPro 也可以纳入这一类,加上它与 dBASE、FoxPro 等一脉相承,且拥有自含式的命令语言,初学者很容易入门,是一个实用的数据库教学平台。

1.6　关系型数据库

1.6.1　关系型数据库

在第 1.2.3 节中已经阐述,一个关系的逻辑结构就是一张二维表,而用二维表的形式表示事物之间联系的数据模型就称为关系数据模型，通过关系数据模型建立的数据库称为关系数据库。

在 Visual FoxPro 中一个表就是一个关系，表 1-1 是一个关系，表 1-4 和表 1-5 给出了另外两张表（关系），即表 CJ（成绩）和表 KC（课程），其中 XS 表和 CJ 表通过“学号”建立联系，CJ 表和 KC 表通过“课程编号”建立联系。

表 1-4　CJ 表

学　号	课程编号	成绩	学　号	课程编号	成绩
20150012	A301	84	20156215	A101	67
20151234	A301	79	20156500	A101	50
20154001	A403	90	20156500	C001	95
20154001	B102	75	20156500	B501	70
20154001	C011	86	20156001	B501	90
20156200	A101	80			

表 1-5　KC 表

课程编号	课程名称	学分	课程编号	课程名称	学分
A101	高等数学	6	B102	运筹学	4.5
A201	哲学	4	B103	概率与统计	4
A301	大学英语	4	B501	数据结构	4
A401	微观经济学	5	B502	操作系统原理	3.5
A402	宏观经济学	5	C001	大学语文	3
A403	计量经济学	5	C010	法语	3
B101	数值分析	4.5	C011	德语	3

1. 关系术语

（1）关系。一个关系就是一张规范化的二维表，每个关系都有一个关系名，如 BXCJ 表和 XXCJ 表。

（2）元组。在一个二维表（一个关系）中，水平方向的行称为元组。元组对应表中的一条记录。如在 XS 表和 CJ 表两个关系中就包括多个元组（多条记录）。

（3）属性。二维表中垂直方向的列称为属性。每一列有一个属性名，在 Visual FoxPro 中称为字段名。如 XS（学生）表中的“学号”、“姓名”和“性别”等均为字段名。

（4）域。域是属性的取值范围，即不同元组对同一属性的取值所限定的范围。如性别的域为“男”和“女”两个值。

（5）关键字。关键字是属性或属性的集合，其值能够唯一标识一个元组。在 Visual FoxPro 中表示为字段或字段的组合。如 XS 表中的“学号”字段可以作为标识一条记录的关键字，而“性别”字段则不能唯一标识一条记录，因此，不能作为关键字。在 Visual FoxPro 中主关键字和候选关键字能够起唯一标识一个元组的作用。

(6) 外部关键字。如果表中的一个字段不是本表的主关键字或候选关键字，而是另外一个表的主关键字或候选关键字，这个字段(属性)就称为外部关键字。

2. 关系运算

对关系数据库进行查询时，需要找到用户感兴趣的数据，这就需要对关系进行运算。关系的基本运算有两类：一类是传统的集合运算(并、差、交等)，在 Visual FoxPro 中没有直接提供传统的集合运算，但可以通过其他操作或编写程序来实现；另一类是专门的关系运算(选择，投影，连接)，查询就是要对关系进行的基本运算。

在 Visual FoxPro 中，查询是高度非过程化的，用户只需明确提出“要干什么”，而不必指出“怎样去干”，系统将自动对查询过程进行优化，从而可以实现对多个相关联的表进行高速存取，但是要正确写出一个较复杂的查询表达式就必须先了解关系运算。

(1) 选择。从关系中找出满足给定条件的元组的操作称为选择。选择的条件以逻辑表达式形式给出，选取逻辑表达式的值为真的元组。例如，要从 XS 表中找出性别为“男”的学生，所进行的查询操作就属于选择运算。

选择是从行的角度进行运算，即从水平方向抽取记录，经过选择运算得到的结果可以形成新的关系，其关系模式不变，但其中的元组是原关系的一个子集。

(2) 投影。从关系模式中指定若干个属性组成新的关系称为投影。投影是从列的角度进行的运算，相当于对关系进行垂直分解。经过投影运算可以得到一个新关系，其关系模式所包含的属性个数往往比原来关系少，或者属性的排列顺序不同。投影运算提供了垂直调整关系的手段，体现出关系中列次序无关的特点。例如，要从 XS 表中查询所有学生的姓名，所进行的查询操作就属于投影运算。

(3) 连接。连接是关系的横向结合。连接运算是将两个关系模式合成一个更宽的关系模式，生成的新关系中包含满足连接条件的元组。

连接过程是通过连接条件来控制的，连接条件中将出现两个表中的公共属性名，或者具有语义相同的属性，连接的结果是满足条件的所有记录，相当于 Visual FoxPro 中的内部连接 (Inner Join)。

选择和投影运算的操作对象只是一个表，相当于对一个二维表进行切割。连接运算需要两个表作为操作对象。如果需要连接两个以上的表，则应当两两进行连接。

【例 1-1】 设有 XS 表，CJ 和 KC 表，要查询某人所修课程的名称和成绩。

由于“学号”和“姓名”字段在 XS 表中，“成绩”字段在 CJ 表中，“课程名称”字段在 KC 表中，需要将 XS 表和 CJ 表联接起来，将 CJ 表和 KC 表连接起来，根据 XS 表中的“学号”字段，找到 CJ 表相同学号的“成绩”，再根据 CJ 表中的“课程编号”找到 KC 表中所对应的“课程名称”，然后再对连接的结果按照所需要的属性(字段)进行投影。

通过上述例子可以看出，不同表中的公共字段或者具有相同语义的字段是关系模型中体现事物之间联系的手段，如“学号”即为两个表的公共字段。

(4) 自然连接。在连接运算中，按照字段值对应相等为条件进行的联接操作称为“等值联接”，而自然联接是去掉重复属性的等值联接。自然联接是最常用的联接运算。

利用关系的投影、选择和连接运算可以在对关系数据库的查询中，方便地进行关系的分解或构造新的关系。

1.6.2 数据完整性

为了维护数据库中数据与实际的一致性，关系数据库中的数据在进行插入、删除与更新操作时必须遵循数据完整性规则。数据的完整性规则是对关系的某种约束条件。在关系模型中有三类完整性规则，即实体完整性、参照完整性和用户定义的完整性规则。其中实体完整性和参照完整性是关系模型必须满足的完整性约束，被称为是关系的两个不变性，由关系数据库管理系统(RDBMS)自动支持。

1. 实体完整性

若属性或属性集 A 是关系 R 的关键字，则任何一个元组在 A 上不能取空值(Null)。所谓空值就是“不知道”或“无意义”的值。例如，在 XS 表中，“学号”不能取空值。

2. 参照完整性

如果关系 R 中某属性集 F 是关系 S 的关键字，则对关系 R 而言，F 被称为外部关键字，并称关系 R 为参照关系，关系 S 为被参照关系或目标关系。参照完整性是指关系 R 的任何一个元组在外部关键字 F 上的取值要么是空值，要么是被参照关系 S 中一个元组的关键字值。参照完整性要保证不引用不存在的实体。

表在建立关联关系以后，可以设置参照完整性，参照完整性中的规则可以使在对表进行记录的插入、删除和更新时，既能保持已定义的表间的关系，又能使被关联的表中的数据保持一致性。

3. 用户定义完整性

任何关系数据库系统都应该支持实体完整性和参照完整性，在实际应用中，用户还可以定义完整性。用户定义的完整性就是针对某一具体应用环境的约束条件，例如某个属性必须取唯一值、某个属性不能取空值(如“学号”，这就要求学生的学号不能取空值)、某个属性的取值范围在 1～100 之间(如某门课的成绩)等。

习题 1

1. 简答题

(1) 什么是信息、数据和数据处理？并说明信息和数据的关系。

(2) 简述数据管理技术的发展经历了哪几个阶段。

(3) 与文件管理系统相比，数据库系统有哪些优点？

(4) 什么是数据模型，它包含哪些方面的内容？数据库问世以来，出现过哪些主要的数据模型？

(5) 简述和比较第一、二、三代数据库系统的基本特点。

(6) 数据库系统与一般文件应用系统的性能有何异同？

(7) 实体间的联系可分为哪几种类型？

(8) 关系数据库系统有哪几种主要的应用模式？分别说明它们的适用环境及工作特点。

(9) 什么是编程接口，RDBMS 常用的编程接口有哪几种？

(10) 简述 ODBC 接口的工作过程。

(11) 简述演绎数据库的特点。

(12) 简述客户机/服务器应用模式。

(13) 简述数据库管理系统的基本功能及发展现状。

(14) 典型的 RDBAS 开发环境都具有哪些特征？

(15) 关系运算都有哪些？

2. 填空题

(1) 在文件系统阶段存在的问题，主要表现在________、________、________。

(2) 数据库管理系统提供的数据控制功能包括________、________、________、________。

(3) 实体间的联系可分为 3 种类型，即________、________和________。

(4) 数据模型是指反映客观事物及客观事物间联系的________和________。

(5) 数据库系统的特点是________、________、________、________。

(6) 经过三十余年的发展，数据库系统已走过了三代，分别为________、________和________。

(7) 数据库系统可分为________、________和________ 3 类。

(8) 一个关系的逻辑结构就是一张二维表，而用二维表的形式表示事物之间联系的数据模型就称为________。

(9) 数据库管理系统的基本功能主要包括________、________、________和________。

(10) 数据完整性包括________、________和________。

第2章 Visual FoxPro 简介

Visual FoxPro 是微软公司推出的适用于微型计算机的关系型数据库管理系统。Visual FoxPro 功能强、操作方便、使用简单、用户界面良好，它不仅是一个比较完善的数据库管理系统，而且又是一种面向对象的可视化程序设计语言。对于学习数据库系统知识和面向对象程序设计方法来说，是一个较好的教学与实验环境。目前，全国很多高校特别是非信息类专业，都在数据库程序设计类课程中讲授 Visual FoxPro 数据库管理系统。

2.1 Visual FoxPro 6.0 简介

Visual FoxPro 是灵活和功能强大的数据库管理系统，拥有悠久而辉煌的发展历史。它初创时是 Fox Software 公司的 FoxBASE 产品，"Fox"(国际编程界对它的称呼)是一种可靠、便捷和高效的程序员用的数据库产品。它所具有的强大性能、丰富而完整的工具、无与伦比的速度、极其友好的图形用户界面、简单的数据存取方式、良好的兼容性、独一无二的跨平台特性以及真正的可编译性，使其成为非常流行的数据库管理系统。

Visual FoxPro 6.0 中文版，简称 VFP 6.0，是由 Microsoft 公司于 1998 年推出的一代软件系统，它将面向对象的程序设计技术与关系型数据库系统有机地结合在一起，是具有更强大功能的可视化程序设计的关系数据库系统。

Visual FoxPro 6.0 集数据库和程序设计语言于一体，可以设计许多小型数据库系统。它在 Visual FoxPro 5.0 的基础上更加重了项目管理器、向导、生成器、查询与视图、OLE 连接、Active 集成、帮助系统制作、数据的导入和导出以及面向对象的程序设计等方面的技术力度。由于都属于一个公司的产品，Visual FoxPro 6.0 与 Windows 操作系统以及 Office 办公软件都可以很好地交流，可以制作出更加专业化的软件。它在客户机/服务器应用技术、远程数据共享、数据安全管理及文档管理等方面，具有很强的优势，非常适合于制作各种数据库应用程序。

2.1.1 Visual FoxPro 发展历史

Visual FoxPro 系列软件的最新也是最终版本是 Visual FoxPro 9.0。Visual FoxPro 6.0 是 Visual FoxPro 系列软件中非常成熟和经典的一个版本，在关系型数据库管理系统开发工具的历史中也占有重要地位，虽然它在快速变化的开发工具中已经属于“老旧”的产品，但是至今仍然被很多开发爱好者广泛使用，并且很适用关系型数据库管理系统的初学者作为入门软件，Visual FoxPro xBASE 的基础上发展而来的 32 位数据库管理系统。下面了解一下 Visual FoxPro 的发展历程：

1975 年，美国工程师 Ratliff 开发了一个在个人计算机上运行的交互式的数据库管理系统。

1980 年，Ratliff 和 3 个销售精英成立了 Aston-Tate 公司，直接将软件命名为 dBASE Ⅱ而不是 dBASE Ⅰ。1981 年 Ashton-Tate 公司推出了 PC 版的关系型数据库管理系统 dBASE Ⅱ，1984 年和 1985 年，又陆续推出了 dBASE Ⅲ和 dBASE Ⅲ PLUS。

1986 年，Fox Software 公司在 dBASE Ⅲ 的基础上开发出了 FoxBASE 数据库管理系统。1987 年 Fox Software 公司推出了与 dBASE 兼容的 FoxBASE+ 1.0，先后推出了 FoxBASE+ 2.0、FoxBASE+ 2.1 版本。1989 年该公司开发了 FoxBASE+ 的后继产品 FoxPro。

1992 年 Microsoft 公司收购了 Fox Software 公司，1993 年 1 月，Microsoft 公司推出了 FoxPro 2.5 for DOS 和 FoxPro 2.5 for Windows 两种版本。使程序可以直接在基于图形的 Windows 操作系统上稳定运行。

1995 年，随着可视化技术的迅速发展和广泛应用，Microsoft 公司将可视化技术引入了 FoxPro，推出了 Visual FoxPro 3.0 数据库管理系统。它使数据库系统的程序设计从面向过程发展成面向对象，是数据库设计理论的一个里程碑。

1996 年，微软公司推出了 Visual FoxPro 5.0 版本，Visual FoxPro 是面向对象的数据库开发系统，同时也引进了 Internet 和 Active 技术。1981 年 Ashton-Tate 公司推出了 PC 版的关系型数据库管理系统 dBASE Ⅱ，1984 年和 1985 年，又陆续推出了 dBASE Ⅲ 和 dBASE Ⅲ PLUS，一直发展到 1989 年推出的 dBASE Ⅳ。

1998 年 Microsoft Visual Studio 6.0 组件发布，它包括 Visual Basic 6.0，Visual C++ 6.0 和 Visual FoxPro 6.0 等编程工具。

Visual FoxPro(简称 VFP)是个不断成长的小伙伴，承蒙 Visual Studio(简称 VS)的关照，Visual FoxPro 在开发者心目中一直是和 Visual Basic、Visual C++ 地位相同的工具语言，只不过它并不是通用开发工具，而只是专注于数据库应用的开发。

Visual FoxPro 6.0 及其中文版，是可运行于 Windows 95 和 Windows NT 平台的 32 位数据库开发系统，它不仅可以简化数据库管理，而且能使应用程序的开发流程更为合理。Visual FoxPro 6.0 使组织数据、定义数据库规则和建立应用程序等工作变得简单易行。利用可视化的设计工具和向导，用户可以快速创建表单、查询和打印报表。

Visual FoxPro 6.0 还提供了一个集成化的系统开发环境，它不仅支持过程式编程技术，而且在语言方面作了强大的扩充，支持面向对象可视化编程技术，并拥有功能强大的可视化程序设计工具。目前，Visual FoxPro 6.0 是用户收集信息、查询数据、创建集成数据库系统、进行实用系统开发较为理想的工具软件。

Web Services 支持 Visual FoxPro 7.0，支持注册和发布 Web Services，而无需使用 Microsoft SOAP Toolkit 和 Visual FoxPro 扩展来从底层完成这些任务；服务器增强

Visual FoxPro 7.0 对于 COM 服务器作了很大程度的增强，可以与核心平台如 COM+ 服务进行互操作；XML 支持为了适应以 XML 形式在 Web 上传送数据的潮流，Visual FoxPro 7.0 提供了一些函数用于在 XML 数据和 FoxPro 游标(Cursor)或表格(Table)之间的转换。

多样的 XBase 特性 Visual FoxPro 添加了很多新的或改进的 XBase 特性，并且这些特性都是用 Visual FoxPro 语言编写的；OLE DB Provider 通过实现 OLE DB Provider 接口，开发者可以在任何支持 OLE DB 的程序和语言中调用 Visual FoxPro 数据。

Visual FoxPro 8.0 对其数据特性进行了改进，并增加了很多新的数据特性，包括远程数据连接、创建 DataEnvironment 类、自动增长域值、支持对照序列、与 SQL 语句 Select…Union 之间的隐式数据转换、使用 SQL Select 命令插入行等；实现 SQL 语言 Visual FoxPro 9.0 已经能够充分地支持 SQL 查询语言。

Visual FoxPro 9.0 增强了如下设计器：报表和标签设计器、菜单设计器、表格设计器、查询和视图设计器、数据环境设计器以及类和窗体设计器等；其他方面的增强和 Visual FoxPro 8.0 一样，Visual FoxPro 9.0 在其他微小的细节上进行了不少的改进，使得开发者的体验更加舒适。

微软已经于 2007 年前后，宣布 Visual FoxPro 停止研发，Visual FoxPro 9.0 是最后一个官方版本。微软在 2007 年 3 月时声称，将会对 Visual FoxPro 开放源代码到代码共享社区站点 CodePlex 上，但是截止到 2010 年 4 月，在 CodePlex 似乎似然搜索不到 Visual FoxPro 的源代码。

目前，在微软官方网站释出了一份公告 A Message to the Community，说明未来将不会再推出 Visual FoxPro 10.0，并且持续 Visual FoxPro 9.0 的支持到 2015 年，之后在 2007 年夏季推出 SP2。

2.1.2 Visual FoxPro 6.0 系统特点

Visual FoxPro 起源于 xBASE 微型计算机数据库系列，是第一个真正与 Windows 系统兼容的 32 位数据库开发系统。它采用可视化的操作界面及面向对象的程序设计方法，使用 Rushmore 查询优化技术，大大提高了系统性能，其主要特点包括以下几个方面。

1. 操作方法多样快捷

向导、生成器和设计器 3 种工具均可使用，操作向导(Wizard)提供了用户完成某项工作所需的详细操作步骤。生成器(Builder)的主要功能是在用户的应用程序中加入一定的控制功能。设计器(Designer)提供了一个开发接口，通过它用户能建立起自己的应用程序。

2. 加强了数据完整性验证机制

引进和完善了关系数据库的三类完整性，即，实体完整性、参照完整性和用户自定义完整性。

3. 支持面向过程的程序设计(SP 方法)和面向对象的程序设计(OOP 方法)

面向对象的程序设计 OOP 方法，继承面向过程的程序设计 SP 方法的局部化宗旨，但比 SP 方法更深入实现程序的分隔并扩展了灵活性。OOP 方法摒弃了 SP 方法中的一些概念或提法(如过程、函数、控制结构等)，而代之具有更广泛意义的对象(Object)、消息(Message)、类(Class)等。用户可以重复使用各种基类以及自定义类，直观而方便地创建和维护应用程序，极大地提高了编程效率。

4. 增加了大量辅助性设计工具

设计器、向导、生成器、控件工具、项目管理器等设计工具的引入，使用户无须编写大量程序代码，就可以很方便地创建和管理应用程序中的各种资源。

5. 快速查询技术

能够迅速地从数据库中查找出满足条件的记录，查询的响应时间大大缩短，极大地提高了数据查询的效率。

6. 支持客户机/服务器结构

可作为开发的客户机/服务器(Client/Server)应用程序的前台。既能支持高层次的服务器数据的浏览，又提供对本地服务器的直接访问。这种直接访问给用户提供了开发客户机/服务器应用程序的坚实基础。提供其所需的各种特性，如多功能的数据词典、本地和远程视图、事务处理及对任何 ODBC (开放式数据库连接)数据资源的访问等。

7. 软件高度兼容

可以使原来的广大 xBASE 用户迅速转为使用 Visual FoxPro。此外，还能与其他许多软件共享和交换数据。

2.2 运行环境与安装

2.2.1 运行环境

1. Visual FoxPro 6.0 所需要的硬件环境

对于现在的计算机流行的配置来说，几乎都远远超出 Visual FoxPro 6.0 要求的最低配置标准，现在的计算机安装该软件几乎不存在硬件方面的限制。

2. Visual FoxPro 6.0 所需要的软件环境

Windows 95/98/NT /2000/me/XP/7 中文版操作系统。

3. Visual FoxPro 6.0 所需要的网络系统环境

服务器：SQL Server for Windows NT。

客户机：包括 ODBC 组件的 Visual FoxPro 6.0。

网络：Novell NetWare；Windows NT。

注意：Visual FoxPro 6.0 在各个版本的操作系统下几乎都是兼容的，但是在 Windows XP 及之前的版本下创建的数据表，在 Windows 7 及其更高版本操作系统下使用时可能出现不兼容的问题，主要表现在多表查询时无法正确建立连接从而导致查询失败，解决的方法可以借鉴图 2-1。

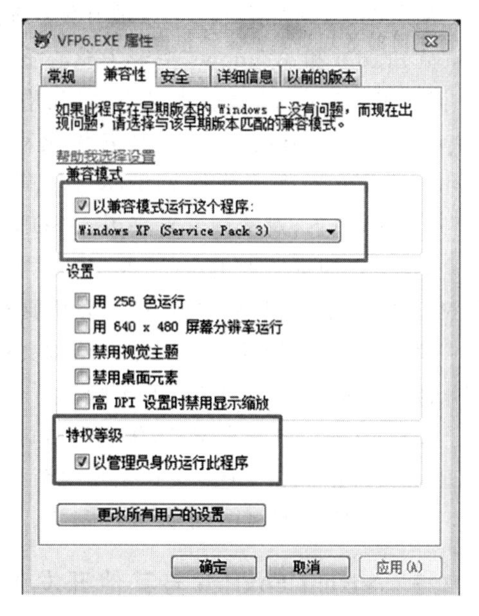

图 2-1　Visual FoxPro 的兼容性

2.2.2　Visual FoxPro 6.0 的安装

1. Visual FoxPro 6.0 系统的安装

直接启动 CD-ROM 的安装方法如下。

(1) 将 Visual FoxPro 6.0 系统光盘插入 CD-ROM 驱动器中，安装程序自动运行，进入"Visual FoxPro 6.0 安装向导"窗口。

(2) 在"Visual FoxPro 6.0 安装向导"窗口，用户可以选择安装 Visual FoxPro 6.0 有关选项，单击"下一步"按钮，进入"Visual FoxPro 6.0 安装程序"窗口。

(3) 在"Visual FoxPro 6.0 安装程序"窗口，系统提供了 3 种可以选择的安装方式。

① 选择"添加/删除"按钮，为当前安装添加新组件，或删除已安装的组件。

② 选择"重新安装"按钮，重复上一次安装，恢复丢失的文件和重新设置系统。

③ 选择"全部删除"按钮，删除已有的全部组件。

如果是第一次安装 Visual FoxPro 6.0，按系统提示进行，完成一步后单击"下一步"按钮；在"产品号和用户 ID"页，输入相应的产品 ID 号、用户姓名和公司名称；其他页面继续单击"确定"或"下一步"按钮；在安装页面选择"典型安装"；安装完成后，系统会弹出"安装 MSDN"页面，如果用户的安装光盘具备 MSDN，可以单击"下一步"按钮进行安装，如果光盘上不具备 MSDN，则取消选中"安装 MSDN"。

关于 MSDN 的介绍和安装，将在下文中做详细的介绍；单击"下一步"按钮后，进入"现在注册"页面，单击"现在注册"按钮，取消注册；至此完成了整体安装。

如果想添加一些新组件，可选择"添加/删除"按钮；如果只是恢复丢失的文件，可选择"重新安装"按钮。

④ 确定了安装方式后，系统开始安装。在安装过程中，用户要回答安装程序所提出的各种问题，按步骤选择相应的选项完成安装过程。

2. MSDN 的安装

MSDN(Microsoft Developer Network)是微软公司面向软件开发者的一种信息服务。

MSDN 涵盖了所有的可以被开发扩充的平台和应用程序。MSDN 实际上是一个以 Visual Studio 和 Windows 平台为核心整合的开发虚拟社区,包括技术文档、在线电子教程、网络虚拟实验室、微软产品下载(几乎全部的操作系统、服务器程序、应用程序和开发程序的正式版和测试版,还包括各种驱动程序开发包和软件开发包)、Blog、BBS、MSDN Web Cast、与 CMP 合作的 MSDN 杂志等一系列服务。

一般情况下,对于初学者来说 MSDN 最大的用途是作为联机帮助文件和技术文献的集合,这也是通常所说的 MSDN。但事实上,这两者只占 MSDN 庞大计划的一小部分。在 Windows 下写程序,MSDN 是必须要安装的,MSDN 就如同 Windows 下编程的参考书一样,里面有详细的接口和数据结构文档、教程、工具使用等,可以说,MSDN 是学习利用微软工具进行编程时最好的老师。

MSDN 的内容非常丰富,配合 Visual FoxPro 6.0 的 Visual Studio 6.0 版 MSDN 为 1GB,如果 Visual FoxPro 6.0 光盘中带有 MSDN,可以按上文方法直接安装;如果没有,也可购买单独的 MSDN 光盘进行安装。安装方法非常简单,在此不再赘述。

2.2.3 Visual FoxPro 与其他开发工具的简单比较

Visual FoxPro 是计算机基础课程中常见的课程,与其类似的常见的课程还包括 Access、Power Builder、Visual Basic、Delphi、Visual C++ 等,下面一起探讨一下它们的区别与联系。

对于 Access 与 Visual FoxPro 的区别,微软的原话是"Microsoft Access 是 Office 中的数据库,也是微软所销售的软件中,使用最广且最容易学习的数据库工具。如果是数据库的新手,如果你要使用 Microsoft Office 来建立应用程序,或者想要一个相当便利的交互式产品,那么就选择 Access。Visual FoxPro 是用来建立关系型数据库应用程序的一种功能强大的 RAD 工具。如果是一位以建立关系型数据库应用程序维生的数据库开发人员,而且希望速度与功能都达到极限,那么请选择 Visual FoxPro。"可见,在作为 DBMS 开发的入门工具方面二者差不多,而就功能来讲 Visual FoxPro 的功能更为强大。

Power Builder 也是不错的数据库系统开发软件,但是 Visual FoxPro 可以开发单用户系统、网络环境下的文件服务器系统、客户机\服务器系统、Web Server、数据处理的 COM 组件、Web Service,可以说除了 Web 界面无法开发之外,凡是与数据库系统有关的开发领域 Visual FoxPro 都能很好地支持。而 Power Builder 的起点在客户机\服务器系统,完全按照客户机/服务器体系结构研制设计,在客户机/服务器结构中,它使用在客户机中,作为数据库应用程序的开发工具而存在。

Oracle、SQL Server 是大型数据库,而 Visual FoxPro 是桌面数据库,当然前面说的从功能和支持的数据量来说都要强于 Visual FoxPro,但是对于初学者和从应用的环境角度来看,Visual FoxPro 显然更加实用。

Visual Basic、Delphi 甚至是 Visual C++，这三者是编程语言，而 Visual FoxPro 是数据库系统的开发工具，没有可比性。

2.3 界面组成

2.3.1 Visual FoxPro 6.0 的启动与退出

安装 Visual FoxPro 6.0 系统时，创建了一个名为 Microsoft Visual FoxPro 6.0 的程序组。为操作方便起见，可将该程序组中 Visual FoxPro 6.0 的启动程序图标复制到桌面，建立 Visual FoxPro 6.0 桌面快捷方式图标。

1. Visual FoxPro 6.0 的启动

Visual FoxPro 6.0 的启动与 Windows 环境下其他软件一样，有多种启动方式。

2. Visual FoxPro 6.0 的退出

当需要退出 Visual FoxPro 6.0 系统时，常用的有如下几种方法：

(1) 在 Visual FoxPro 6.0 主窗口，选择“文件”|“退出”菜单命令，退出系统；

(2) 单击 Visual FoxPro 6.0 主窗口的关闭按钮，退出系统；

(3) 在“命令”窗口输入 QUIT 命令并回车，退出系统。

2.3.2 Visual FoxPro 6.0 系统界面简介

Visual FoxPro 6.0 启动后，打开主窗口，如图 2-2 所示。主窗口包括标题栏、菜单栏、常用工具栏、状态栏、命令窗口和主窗口工作区几个组成部分。

1. 标题栏

标题栏位于屏幕的第一行。栏的中部显示运行程序的名字；栏的最右侧是“最小化”、“最大化”(或“复原”)和“关闭”按钮；栏的最左侧是控制窗口状态按钮，主要包括“还原”、“移动”、“大小”、“最小化”、“最大化”、“关闭”。可按 Alt＋空格键(Spacebar)进入控制窗口状态。

2. 菜单栏

Visual FoxPro 的系统菜单包括“文件”、“编辑”、“显示”、“格式”、“工具”、“程序”、“窗口”和“帮助”。

一般情况下，Visual FoxPro 6.0 仅含系统菜单项及其对应的子菜单，在程序运行过程中用到某些功能时，系统将会动态地增加或修改一些菜单项。

菜单分为动态菜单和弹出菜单。所谓动态菜单是指当程序执行某项功能时系统主菜单及其主菜单下的子菜单的增减；而弹出菜单则是指当用户处于某特定区域时单击鼠标

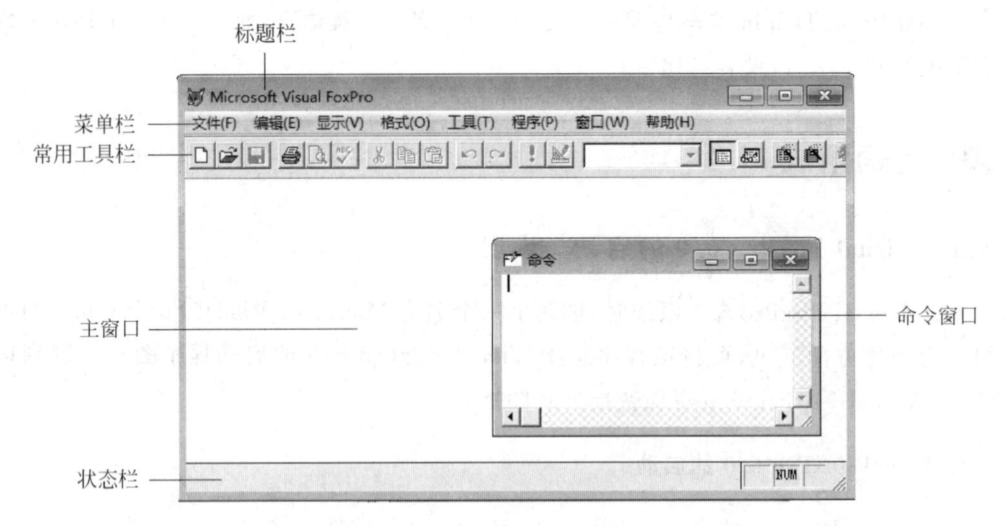

图 2-2 Visual FoxPro 主窗口

右键(简称右击)而弹出的一个菜单项。

3. 工具栏

工具栏显示的按钮往往代表了最为常用的命令,有效地利用工具栏,能使程序的开发工作更加方便、快捷。除了标准工具栏外,Visual FoxPro 6.0 还为用户提供了十几种工具栏,在编辑相应的文档和窗口时,可选择所需要的工具栏。

选择所需要的工具栏的方法是选择"显示"|"工具栏"菜单命令。

这个工具栏对话框选项中有报表控件、报表设计器、表单控件、表单设计器、布局、查询设计器、常用、打印预览、调色板、视图设计器和数据库设计器。当选择要使用的工具栏选项时,点击该项并使其选中,然后单击"确定"按钮,这时就会在屏幕上弹出相应的工具条,如图 2-3 所示。

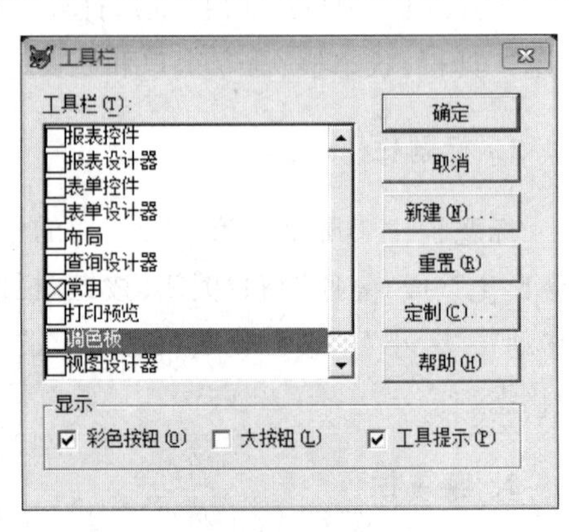

图 2-3 工具栏

工具栏有停泊和浮动两种显示方式,停泊方式是指工具栏附着在窗口某一边界上,如"常用"工具栏。浮动方式是指工具栏漂浮在窗口中,以后看到"表单设计器"、"报表设计器"工具栏等都是这种方式。用鼠标拖动工具栏,可以改变工具栏的显示方式。

4. 命令窗口

命令窗口是 Visual FoxPro 的一种系统窗口,Visual FoxPro 中所有任务都可以通过命令窗口中输入相应的命令来完成。当选择执行某个菜单项操作时,实际上也调用了 Visual FoxPro 的命令,这些命令由系统自动生成,同时还会自动显示在命令窗口中,如

图 2-4 所示。

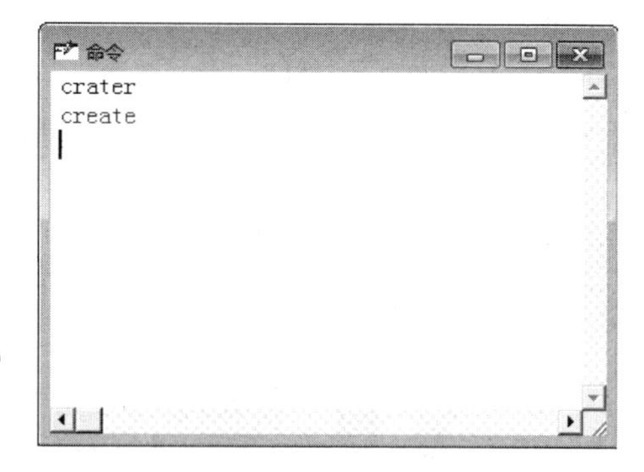

图 2-4　命令窗口

命令窗口是一个可编辑的窗口，就像其他文本编辑窗口一样，可以进行插入、删除、复制、粘贴等操作，用光标键或滚动条可以在整个命令窗口中上下移动。

命令窗口是重要的用户操作界面，它是由系统定义的窗口，当进入中文 Visual FoxPro 6.0 后，通常命令窗口就自动出现在主窗口中。

接受输入命令：只要激活命令窗口，输入命令后按 Enter 键就会执行该命令。尽管中文 Visual FoxPro 6.0 能通过众多的菜单、对话框来执行各种操作，但通过命令窗口直接接受输入命令，比起用菜单和对话框显得更为简单迅速。此外，中文 Visual FoxPro 6.0 中的命令与函数的数量极多，不可能把所有的命令和函数都放到菜单和对话框中，即使能全部放入菜单和对话框，也是极其繁杂不利于使用。因此，命令窗口是实现中文 Visual FoxPro 6.0 操作或应用的另一条重要途径。

重复执行命令：对已使用过的命令可以进行编辑或修改，修改后无论光标处在该行的什么位置，按 Enter 键，这时 Visual FoxPro 会将编辑好的命令复制并执行，效果与输入的命令一样。

帮助调试程序：虽然中文 Visual FoxPro 6.0 提供了“跟踪”和“调试”的调试工具，但这两种工具都有自己的局限性。在调试窗口中只能对函数、变量求值，却无法输入命令；在跟踪窗口中也不能直接输入命令，仅仅只能对程序文件进行跟踪而已。相比之下，只要在命令窗口中输入某一条可执行命令，即可在主窗口内看到该命令执行结果，这有益于发现程序中的问题，对调试程序十分有利。

在命令窗口中输入命令时，如果命令输入正确，则输入的命令默认呈现蓝色，如果输入不正确，则呈现黑色。错误命令执行时，系统会弹出提示窗口，告诉用户输入命令错误。如图 2-5 所示。

图 2-5　命令报错

5. 窗口工作区

窗口工作区位于“常用”工具栏的下面，又称主窗口，用于显示命令或程序的执行结果。窗口工作区开始是空白的，当显示的内容超过窗口所能容纳的行数后，窗口的内容会自动向上滚动，滚动出窗口外的内容无法再滚动回来。窗口工作区显示命令执行结果如

图 2-6 所示。

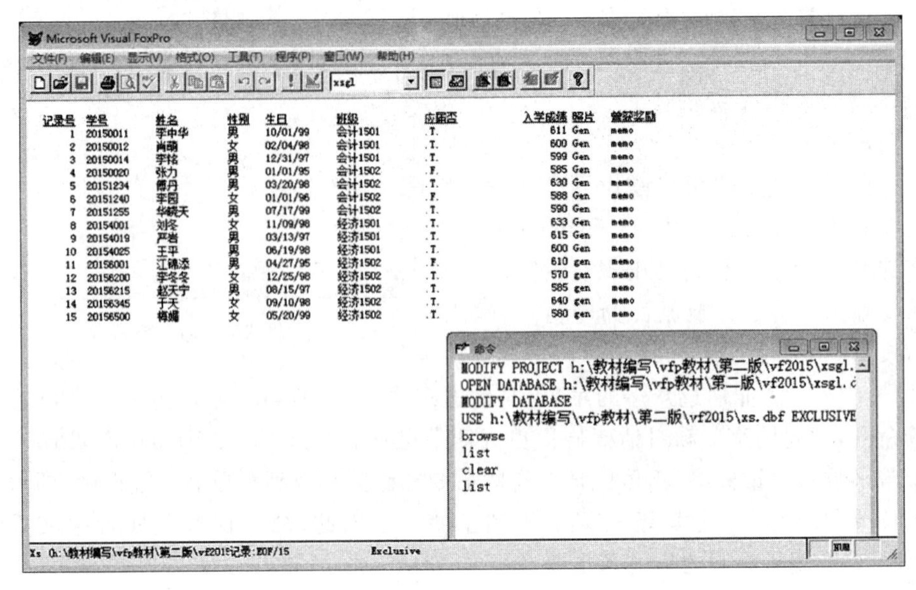

图 2-6　窗口工作区

6. 状态栏

状态栏位于工作区的底部。状态栏显示中文 Visual FoxPro 6.0 当前状态，其中包括所使用的数据库表文件的文件名、记录数量等。

2.3.3　Visual FoxPro 6.0 的操作方式

Visual FoxPro 6.0 的操作支持两种工作方式：命令方式和可视化操作方式。

1. 命令方式

命令方式的操作在命令窗口中执行，命令窗口是一个特殊的编辑窗口。

命令方式是指用户在命令窗口中输入或选择一条命令，并按 Enter 键，系统立即执行该命令。命令被正确执行后，若有显示结果则在窗口工作区中显示，如果命令执行过程中出现错误，系统会弹出一个对话框，指出错误的原因，并要求用户改正。

如果命令太长，可以在行末加分号“;”，表示续行，这时按 Enter 键并不执行该命令，只有将其余的部分输入完后再按 Enter 键，才执行该命令。如图 2-7 所示。

2. 可视化操作方式

可视化操作主要包括菜单操作、设计器、向导、生成器等工具类操作。可视化操作方式实际上是执行了相应的菜单命令或打开了系统提供的辅助工具后（如向导、设计器等），系统会弹出一个可视化的界面，通过对界面的操作完成某些要求。

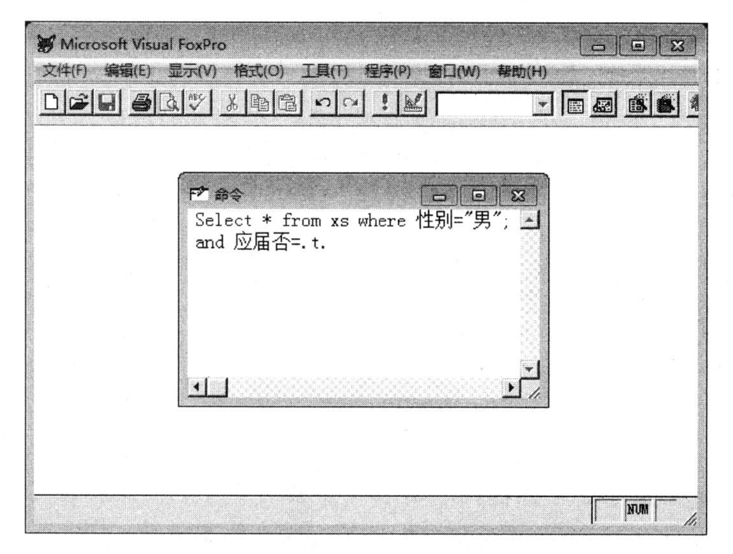

图 2-7　命令方式

2.4　设计与管理工具

2.4.1　项目管理器

Visual FoxPro 6.0 以友好的用户界面、交互式的人机会话方式、向导问答式的开发模式，使得用户能更快、更方便地创建、使用及开发应用程序。在使用 Visual FoxPro 编制程序时，需要创建各种类型文件，为了提高工作效率，Visual FoxPro 提供了一个非常有效的管理工具——项目管理器。项目管理器是 Visual FoxPro 中处理数据和对象的主要组织工具，建立项目文件有助于方便地组织文件和数据。在项目管理器中只需单击几次鼠标就可以。可以这样下定义：项目是文件、数据、文档及其他对象的集合，要建立一个项目就必需先创建一个项目文件，项目文件的扩展名为 pjx.。使用项目管理器是用户开发管理应用程序的最佳选择。项目管理器如图 2-8 所示。

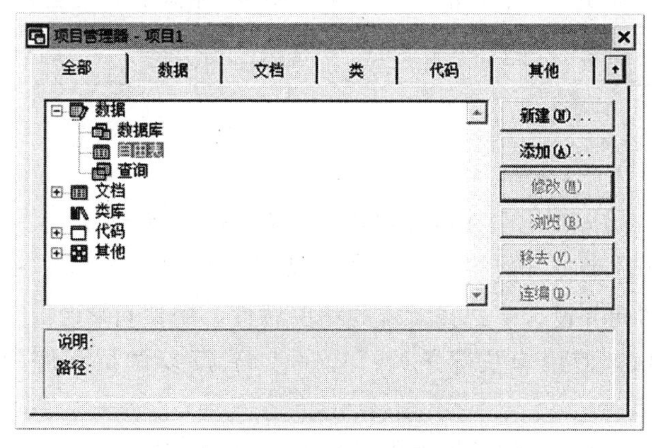

图 2-8　项目管理器

项目是文件、数据、文档以及 Visual FoxPro 6.0 对象的集合，用于跟踪创建应用程序所需要的所有程序、表单、菜单、数据库、报表、查询等文件。项目用项目管理器来管理维护。项目管理器在 Visual FoxPro 主窗口中显示为一个独立的窗口。为了更好地管理项目中的各种文件，系统使用结构对项目文件进行分类，使得文件的组织更加清晰。如果用户需要处理项目中某一特定类型的对象，可以选择“全部”或相应的选项卡。集成在项目管理器中的操作按钮是动态形式的，如果用户选定了项目中某一特定项时，窗口中的按钮就会随之改变为对此对象进行相应操作的按钮，使得对于文件操作更加方便。

2.4.2 向导

“向导”是一种通过交互式提问的方式完成设计任务的程序，Visual FoxPro 6.0 系统为用户提供了许多功能强大的向导。用户可以在向导程序的引导和帮助下不用编程就能快速地建立良好的应用程序，完成许多数据库操作和管理功能，为非专业用户提供了一种较为简便的操作使用方式，Visual FoxPro 6.0 几乎为所有的设计对象都提供了向导。利用向导创建设计对象，选中左侧文件类型，然后点击向导，即可根据向导提示完成对象创建，如图 2-9 所示。

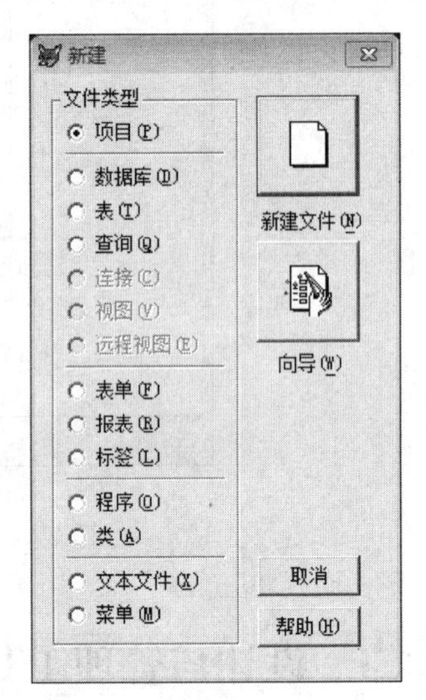

图 2-9　利用向导创建对象

Visual FoxPro 6.0 系统提供的常用向导及其功能，如表 2-1 所示。

表 2-1　Visual FoxPro 常用向导

向导名称	功　能	向导名称	功　能
表向导	快速创建一个表	报表向导	快速创建一个报表
查询向导	建立一个查询	一对多报表向导	建立一个一对多报表
视图向导	建立一个视图	一对多表单向导	建立一个一对多表单
表单向导	快速创建一个表单	应用程序向导	快速建立一个应用程序

2.4.3 生成器

生成器是 Visual FoxPro 6.0 系统提供的简化开发过程的另一种工具，用以简化创建、修改用户界面程序的设计过程，提高软件开发的质量和效率。每个生成器包含若干个选项卡，允许用户访问并设置所选择对象的相关属性。用户可将生成器生成的用户界面直接转换成程序编码，使用户从逐条编写程序代码、反复调试程序的手工作业中解放出来。

Visual FoxPro 6.0 提供的常用生成器及功能，如表 2-2 所示。

表 2-2 Visual FoxPro 常用生成器

向导名称	功能
参照完整性生成器	生成数据库表间的参照完整性
编辑框生成器	生成编辑框，并设置其属性
文本框生成器	生成文本框，并设置其属性
组合框生成器	生成组合框，并设置其属性
命令按钮生成器	生成命令按钮，并设置其属性
选项按钮生成器	生成选项按钮，并设置其属性

2.4.4 设计器

Visual FoxPro 6.0 提供了一系列设计器，设计器是一组可视化的开发工具，为用户提供了一个友好的图形界面操作环境，用以创建、定制、编辑数据库结构、表结构、报表格式、应用程序组件等。

Visual FoxPro 6.0 提供的常用设计器及其功能，如表 2-3 所示。

表 2-3 Visual FoxPro 常用设计器

向导名称	功能
表设计器	创建表、修改表结构
数据库设计器	创建数据库、建立并管理表间关系
查询设计器	创建查询文件
视图设计器	创建视图并可实现更新功能
表单设计器	创建、修改表单
报表设计器	创建可预览和打印的报表
标签设计器	创建标签
菜单设计器	创建菜单及相关菜单项

2.5 文件类型

Visual FoxPro 6.0 系统中常见文件类型包括项目、数据库、表、视图、查询、表单、报表、标签、程序、菜单、类等，各自以不同的文件类型存储、管理，以不同的系统默认扩展名(类型名)互为区分、识别。

表 2-4 为 Visual FoxPro 6.0 中常用的文件扩展名及其所代表的文件类型。

表 2-4　Visual FoxPro 常见文件及扩展名

后缀名	文件类型	后缀名	文件类型
dbf	数据表文件	dbc	数据库文件
prg	程序文件	qpr	查询文件
scx	表单文件	frx	报表文件
mnx	菜单文件	pjx	项目文件
fpt	备注文件	cdx	结构复合索引文件

2.6　MSDN 的使用

MSDN 的版本也不止一个，这里配合 Visual FoxPro 6.0 使用的版本是 MSDN Library Visual Studio 6.0 版，包含了容量为 1GB 的编程技术信息，包括示例代码、文档、技术文章、Microsoft 开发人员知识库，以及在使用 Microsoft 公司的技术来开发解决方案时所需要的其他资料。MSDN Library 是 Visual Studio 6.0 系列开发产品之一，该系列产品包括 Visual Basic、Visual C++、Visual FoxPro、Visual InterDev、Visual J++、Visual SourceSafe、MSDN Library。

MSDN 的使用界面如图 2-10 所示，界面简单直观，但是如果还没有掌握其特性和浏览工具，可能还是会在信息的海洋中迷失方向的。通过掌握关于高效浏览的一些说明和提示，即可迅速提高其使用效率。

图 2-10　MSDN 使用界面

使用 MSDN 有几种方法：

（1）按目录打开逐步阅读。

（2）按索引法键入想查找的关键词（中英文皆可）。

（3）搜索法。

（4）标签法。

MSDN 最主要的特性之一（也许是最主要的缺点）是资料太完整，包含的信息总量超过 1.1GB，并且还在不断增长。但是 MSDN 的创建者可能意识到了这一点，已经采取步骤缓解这一问题。这些步骤之一就是允许开发人员有选择地在 MSDN 的目录中进行跳转。

MSDN 的基本浏览很简单，与在 Windows 资源管理器及其文件夹结构中的浏览非常相似。MSDN 没有使用文件夹，它将“书本”按照专题进行组织。单击书本左边的＋号，可以将书本展开，显示出目录和嵌套的书本或者参考页面，如图 2-11 所示。如果在 MSDN 浏览器中没有看到左边的面板，可到菜单再选择“查看”|Navigation Tabs 菜单命令，面板就会出现。

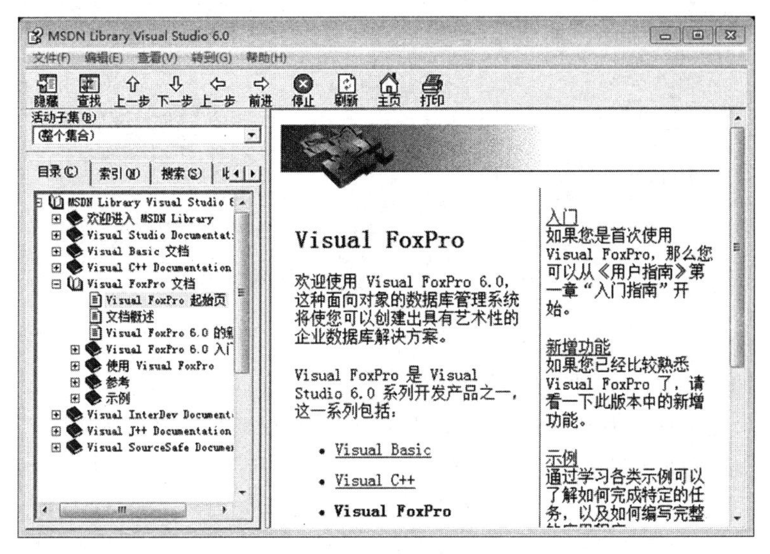

图 2-11　浏览页面

MSDN 左边面板中的 4 个选项卡确定了在 MSDN 目录中跳转的主要方式。这 4 个选项卡，与其上方的活动子集下拉菜单框协同工作，是用以在 MSDN 目录中进行搜索的工具。在熟练掌握它们之后，这些浏览辅助工具将极大地丰富 MSDN 的使用经验。活动子集下拉菜单框提供的是一种过滤器机制。从下拉框中选择所感兴趣的 MSDN 信息子集，4 个导航选项卡（包括目录选项卡）都将显示的信息限制为所选子集中包含的信息。这就意味着在搜索选项卡中所做的任何搜索，以及在索引选项卡中的索引，都被其定义的结果值过滤，并且或者与用户所定义的子集相匹配，从而极大地限制了给定查询所得结果的数量，让用户可以得到真正需要的信息。

最后介绍一下使用 MSDN 系统里面的索引（配合活动子集）和搜索功能。

（1）索引（配合活动子集）：这是 MSDN 里面最好用的功能，因为可以对索引做的非常齐全，几乎可以找到每一个地方，熟练的操作者大部分都是依靠索引来进行检索的，同时配合不同的活动子集，就能方便的检索各个方面的有效信息。

（2）搜索功能：对于初学者来说快速直接，好多人认为这项功能是 MSDN 中最简单好用的一项，但是搜索出来的结果往往包含很多的无用信息，仅仅是因为页面里面包含了要检索的关键字而已；因此对于用户来说还要具备甄别有用信息的能力。当然，虽说搜索功能具有上述的缺点，但仍不失为初学者的最佳选择，例如查询关于命令 create 的相关内容，如图 2-12 所示。

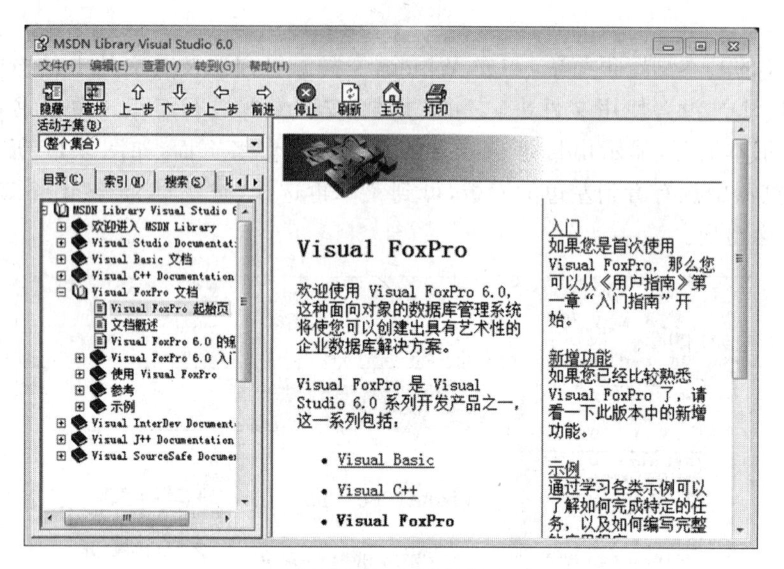

图 2-12 查询应用

MSDN 的使用就简单地介绍到这里，再重复一下上文中强调的一句话：MSDN 是学习利用微软编程工具的最好的老师。刚开始用 MSDN 可能很多人感到不适应，一定要坚持，习惯了之后，会带来意想不到的益处。

习题 2

（1）简述 Visual FoxPro 的特点。

（2）什么是向导？常用的向导有哪些？如何使用向导？

（3）什么是生成器？常用的生成器有哪些？

（4）什么是设计器？常用的设计器有哪些？

（5）Visual FoxPro 常见的文件都有哪些？后缀名分别是什么？

第3章 Visual FoxPro 语言基础

Visual FoxPro 既支持面向过程的结构化程序设计方法开发应用程序，也支持面向对象由事件驱动的程序设计方法开发应用程序。无论采用哪种方法，都需要掌握 Visual FoxPro 的基本命令、程序结构和专用于编程的语句。本章介绍在编写面向对象事件驱动程序中常用的命令格式或编程语句的格式，以及在数据库操作及应用程序开发中经常涉及的一些十分重要的概念和基本知识，包括 Visual FoxPro 的命令格式或语句的格式、数据类型、常量、变量、表达式和函数。只有正确地理解和掌握这些重要的概念和基本知识，才能准确地使用命令和开发数据库应用程序。

3.1 命令规则

Visual FoxPro 以命令的方式执行语言的各种功能(包括数据定义和数据操作功能)，它属于命令式语言。它的一条命令相当于一般高级语言中的一段程序，可以完成相当复杂的功能。

3.1.1 命令的一般格式

一般地说，Visual FoxPro 的某些操作(例如表的各种操作)，既可以通过菜单操作方式完成，也可以通过命令操作或程序方式完成。无论采用哪种操作方式，都是执行相应的 Visual FoxPro 命令。所以，要使操作准确无误，就必须正确地了解和运用命令。为此，先介绍 Visual FoxPro 命令的一般格式，以便使用户能迅速正确地掌握和运用命令。

Visual FoxPro 命令在程序中通常称做语句，总是由一个称为命令字的动词开头，后随一个宾语和若干子句(称为命令子句)，用来说明命令的操作对象、操作结果与操作条件。表 3-1 给出了若干简单 Visual FoxPro 命令的示例。

1. 命令特点

从以上的示例不难看出，Visual FoxPro 的命令具有以下特点。

(1) 采用英文祈使句的形式，命令的各部分简洁规范，初通英语的人都能看懂。

Visual FoxPro 中文版允许命令中的专用名词使用汉字，但其余词汇仍用英文。

表 3-1

Visual FoxPro 命令示例	说　明
USExs. dbf	打开文件名为 xs 的表文件
LIST	列表显示内容
LIST FOR 入学成绩<550	列 xs 表入学成绩小于 550 分的学生
REPLACE 入学成绩 WHIT 1.3 * 入学成绩 FOR 应届否	应届学生的入学成绩乘以系数 1.3

(2) 操作对象、结果(目的地)和条件均可用命令子句的形式来表示。命令子句的数量不限，顺序不拘。它们使命令的附属功能可以方便地增删，十分灵活。

(3) 命令中只讲对操作的要求，不描述具体的操作过程，言简意赅，所以又称为“非过程化”语言，而常见的高级语言都是“过程化”语言。

另外，Visual FoxPro 的命令既可在 Visual FoxPro 系统的命令窗口中，逐条使用交互的方式执行，又可编写成程序，以“程序文件”的方式执行。

2. 命令分类

Visual FoxPro 拥有数百条命令，大致要分为以下 7 类。

(1) 建立和维护数据库的命令；

(2) 数据查询命令；

(3) 程序设计命令，包括程序控制、输入输出、打印设计、运行环境设置等命令；

(4) 界面设计命令，包括菜单设计、窗口设计、表单(包括其中的控件)设计等命令；

(5) 文件和程序的管理命令；

(6) 面向对象的设计命令；

(7) 其他命令；

全面介绍这些命令需要很大的篇幅，感兴趣的读者可以参阅相关资料。

3. 命令格式

Visual FoxPro 的命令很多，各有不同的格式和形式，但其中很多命令都具有一种类似的形式，称为命令的一般格式。为了便于以后的讲述，在此介绍这种一般格式，以后在介绍一般命令时，凡与一般格式意义相同的部分不再重复。

格式：

```
<命令字>[<范围>][FIELDS<表达式表>][FOR<条件 1>][WHILE<条件 2>]
```

说明：

(1) 必须以命令字打头。

(2) 命令字(必须是英文)之后及各部分之间要用空格隔开。

(3) 命令字、子句、函数名大多可最少写前 4 个字符，大、小写等效。

(4) 一行只能写一条命令，一条命令的总长度(包括命令中的所有空格)不能超过 254 个字符(一个汉字以两个字符计算)。若命令较长，可用“;”作为命令或语句的续行符号，后跟一个回车符，转到下一行去继续输入这条命令。系统在执行时，将把它们看作一个整体。当然，也可不管它，连续输入一条命令的全部内容，这样也不影响一条命令的完整性，但决不可在一行快输满时，用 Enter 键换到下一行继续输入本条命令，这样就破坏了命令的完整性。

(5) 变量名、字段名和文件名应避免与命令字、关键字或函数名同名，以免运行时发生混乱。

(6) 命令格式中的符号约定：

命令中的[ ]、|……<>符号是为了表述上的方便，它们都不是命令本身的语法成分，使用时不能照原样输入，相关符号说明见表 3-2。

表 3-2　命令中符号的约定

命令中的符号	符 号 约 定
[]	表示其中内容是可选项，根据具体情况决定是否选用
|	表示两边的部分只能选用其中的一个
<>	表示其中内容要以实际名称或参数代入
…	表示可以有任意一个类似参数，各参数间用逗号隔开

3.1.2　命令字句

1. 命令字

命令关键字(命令字)就是一个英文动词，表示要执行的操作。例如 STORE、USE、LIST 等都是命令字。Visual FoxPro 命令在程序中通常称做语句。当一个命令字的字母超过 4 个时，可从第 5 个字母起省略。例如，CREATE 可省略为 CREA、DISPLAY 可省略为 DISP 等。但也有例外，例如后面要介绍的 LOCATE 和 LOCAL 命令。

所有的命令都必须有一个命令字，它决定此命令的性质。

2. 命令子句

前面的命令一般格式可知，命令动词后面的各个项都是命令动词的短语，也称命令子句，如范围子句、条件子句等。为了表述上的方便，在命令子句的左右用方括号“[]”括起来表示可选项，用户可根据实际需要来决定取舍命令子句。

(1) 范围子句。规定命令操作数据表的有效记录的范围。Visual FoxPro 规定如下 5 种范围格式。

① NEXT *n*：范围为从表中当前记录开始的 *n* 个记录，*n* 是一个具体的十进制数。

② RECORD *n*：范围仅为表中的第 *n* 号记录。

③ REST：范围为从表中当前记录起到末记录止。

④ ALL：范围为从表中首记录开始的所有记录。

⑤ 省略：若条件项同时省略，使用的默认值不同，命令会有不同的含义，或等价于 ALL，或仅作用于当前记录。条件项以 FOR 开始时，范围为 ALL，以 WHILE 开始时，范围为从当前记录开始的所有记录。

范围参数示例如图 3-1 所示。

当前记录

NEXT9

REST

学号	姓名	性别	生日	班级	应届否	入学成绩
20150011	李中华	男	10/01/99	会计1501	T	611
20150012	肖萌	女	02/04/98	会计1501	T	600
20150014	李铭	男	12/31/97	会计1501	T	599
20150020	张力	男	01/01/95	会计1501	F	585
20151234	傅丹	男	03/20/98	会计1502	T	630
20151240	李园	女	01/01/96	会计1502	F	588
20151255	华晓天	男	07/17/99	会计1502	T	590
20154001	刘冬	女	11/09/98	经济1501	T	633
20154019	严岩	男	03/13/97	经济1501	T	615
20154025	王平	男	06/19/98	经济1501	T	600
20156001	江锦添	男	04/27/95	经济1502	F	610
20156200	李冬冬	女	12/25/98	经济1502	T	570
20156215	赵天宁	男	08/15/97	经济1502	T	585
20156345	于天	女	09/10/98	经济1502	T	640
20156500	梅媚	女	05/20/99	经济1502	T	580

图 3-1　学生表 xs.dbf 范围值示例

说明：表中除第一行是各个数据列的列名以外，其余各行称为该表的记录，共有 15 行，即 15 条记录，第一行称为首记录，最后一行称为末记录，箭头所指为当前记录。

(2) FOR<条件>子句。<条件>是一个返回值为逻辑型的表达式，表示只对逻辑表达式取真值的记录进行规定的操作。如默认范围子句和 WHILE<条件>子句，系统隐含从首记录搜索起直到末记录，凡满足条件的记录都做规定的操作。

(3) WHILE<条件>子句。它表示如默认范围子句，则从当前记录开始测试是否满足其逻辑表达式的条件，如满足便对该记录进行规定操作。接着对下一记录进行测试，如仍满足就再次进行规定操作；否则停止操作，不管其后是否还有满足条件的记录，此时记录指针就指向首先未满足条件的记录。

例如，表文件 kc.dbf 如下：

记录号	课程编号	课程名称	学分
1	A101	高等数学	6.0
2	A201	哲学	4.0
3	A301	大学英语	4.0
4	A401	微观经济学	5.0
5	A402	宏观经济学	5.0
6	A403	计量经济学	5.0
7	B101	数值分析	4.5
8	B102	运筹学	4.5
9	B103	概率与统计	4.0
10	B501	数据结构	4.0

11	B502	操作系统原理	3.5
12	C001	大学语文	3.0
13	C010	法语	3.0
14	C011	德语	3.0

① 用 FOR 子句列清单，则所有满足条件的记录都被列出：

```
LIST FOR 学分<=4.0
```

执行后结果显示如下：

记录号	课程编号	课程名称	学分
2	A201	哲学	4.0
3	A301	大学英语	4.0
9	B103	概率与统计	4.0
10	B501	数据结构	4.0
11	B502	操作系统原理	3.5
12	C001	大学语文	3.0
13	C010	法语	3.0
14	C011	德语	3.0

② 用 WHILE 子句列清单，则遇到第一个不满足条件的记录就停止显示：

```
LIST ALL WHILE 学分>=5.0
```

执行后结果显示如下：

记录号	课程编号	课程名称	学分
1	A101	高等数学	6.0

当一条命令中既有 FOR 子句，也有 WHILE 子句时，在 WHILE 条件首次不满足前，将对满足 FOR 条件的所有记录进行操作；一旦 WHILE 条件不满足，则停止操作。即 WHILE 子句的优先级高于 FOR 子句。为方便理解，本书后面讲到条件时，都以 FOR 子句为准，读者可自行上机实验 WHILE 子句的含义。

命令执行完毕时，表指针一般指向范围内最后一记录。但当范围为 ALL 时，指针值为表文件记录个数加 1，即指向最后一记录的后面(注意，默认条件以 FOR 开始)。

(4) FIELDS＜表达式表＞。范围、FOR 与 WHILE 子句都能将表中需要操作的记录筛选出来，FIELDS 子句则能确定需要操作的字段。该子句的保留字 FIELDS 在某些命令中可以省略，而＜表达式表＞用来列出需要的字段，甚至较为复杂的表达式，LIST 命令将按筛选得到的记录依次算出表达式的值，并显示出来。

此项往往是表文件中字段名清单，或是包含字段名的表达式清单。其中各项用英文状态下的半角逗号分隔。省略此项，一般等价于表文件中全部字段。

例如，打开学生信息表文件(xs.dbf)，记录指针指向 2 号记录时，执行命令：

```
LIST NEXT 5 FIELDS 学号,姓名,入学成绩
```

执行后结果显示如下：

记录号	学号	姓名	入学成绩
2	20150012	肖萌	600
3	20150014	李铭	599
4	20150020	张力	585
5	20151234	傅丹	630
6	20151240	李园	588

范围子句、FOR 子句与 WHILE 子句用于把表文件中需要操作的记录筛选出来，FIELDS 子句用于确定需要操作的字段。在命令中灵活地使用多个子句，将大大地增强各命令的数据处理能力。命令字必须是一条命令的第一项，而各个命令子句(任选项)的顺序可任意排列。一条命令的各部分之间必须有空格(FOR/WHILE 与<条件>之间也必须有空格)，但空格个数不限。

3.1.3 命令的执行方式

Visual FoxPro 可以支持两类不同的命令执行方式，即交互操作方式与程序执行方式。现分述如下：

1. 交互操作方式

Visual FoxPro 中的交互操作方式包含两种：Visual FoxPro 的命令或菜单操作方式和运用菜单、窗口与对话框技术的图形界面操作方式。

所谓 Visual FoxPro 的命令操作方式是利用图 3-2 所示的 Visual FoxPro 系统中的命令窗口来实现的，用户要记住命令的格式与功能，在 Visual FoxPro 系统的命令窗口中从键盘上输入单个的操作命令和系统命令，完成对数据库的操作管理和系统环境的设置；也可以建立及运行命令文件。

例如，显示学生表 xs.dbf 中入学成绩在 600 分以上的学生的操作命令。

```
USE xs
LIST FOR 入学成绩>630
```

Visual FoxPro 命令窗口键入的命令及在工作区的执行结果，如图 3-2 所示。

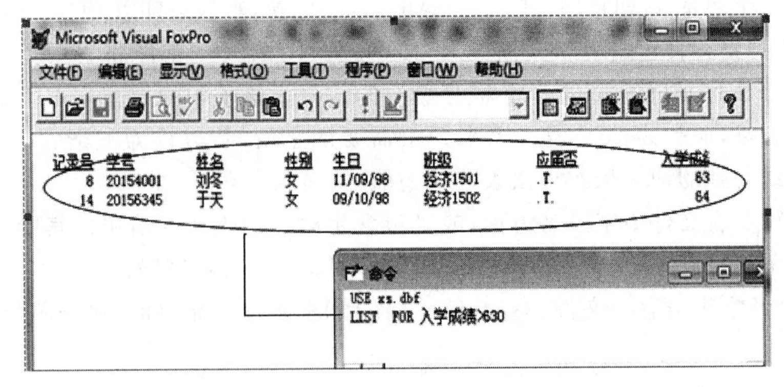

图 3-2 Visual FoxPro 的命令操作窗口

所谓菜单方式，即通过打开不同的菜单选择并完成不同的操作，如图 3-3 所示。

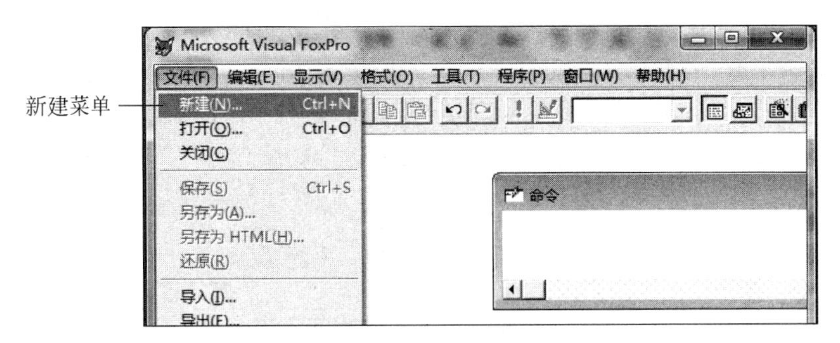

图 3-3　Visual FoxPro 系统主菜单

在 Visual FoxPro 环境下，可以通过系统菜单提供的选项，对数据库资源进行操作管理和对系统环境进行设置。例如，将系统日期格式由 mm/dd/yyyy 格式改为“年月日”的日期格式，可以选择“工具”|“选项”菜单命令，在弹出的“选项”对话框的“区域”选项卡中重设日期格式，如图 3-4 所示。

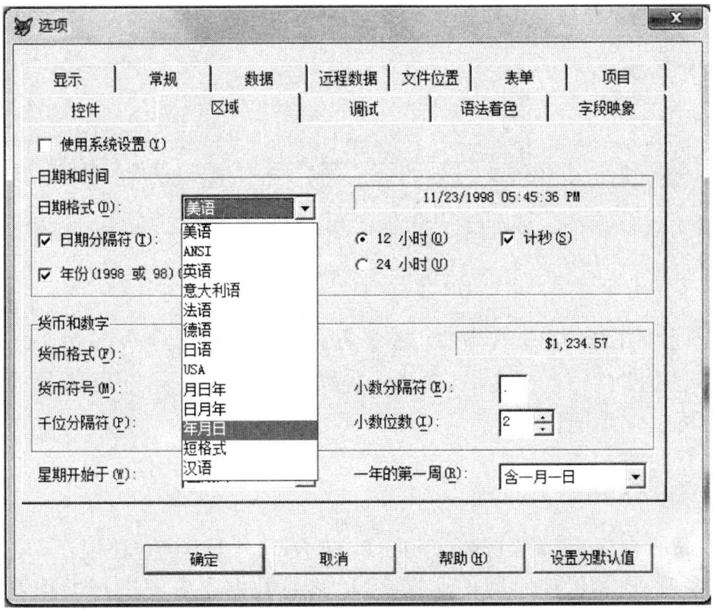

图 3-4　系统环境设置对话框

交互操作方式的可视化图形界面操作，无须记忆 Visual FoxPro 的命令格式与功能，更为广大用户熟悉和欢迎。

例如，建立学生的必修成绩表 bxcj. dbf 的操作。

选择“文件”|“新建”菜单命令，如图 3-3 所示，在弹出的“新建”对话框中选择“表”，单击“新建”按钮，在“创建”对话框的“输入表名”文本框中输入“bxcj. dbf”，在表设计器中输入学生表的字段名及其类型等操作完成建立表的操作，如图 3-5 所示。

综上所述，在交互方式对数据库资源进行操作时，建议用户以综合运用菜单、窗口和

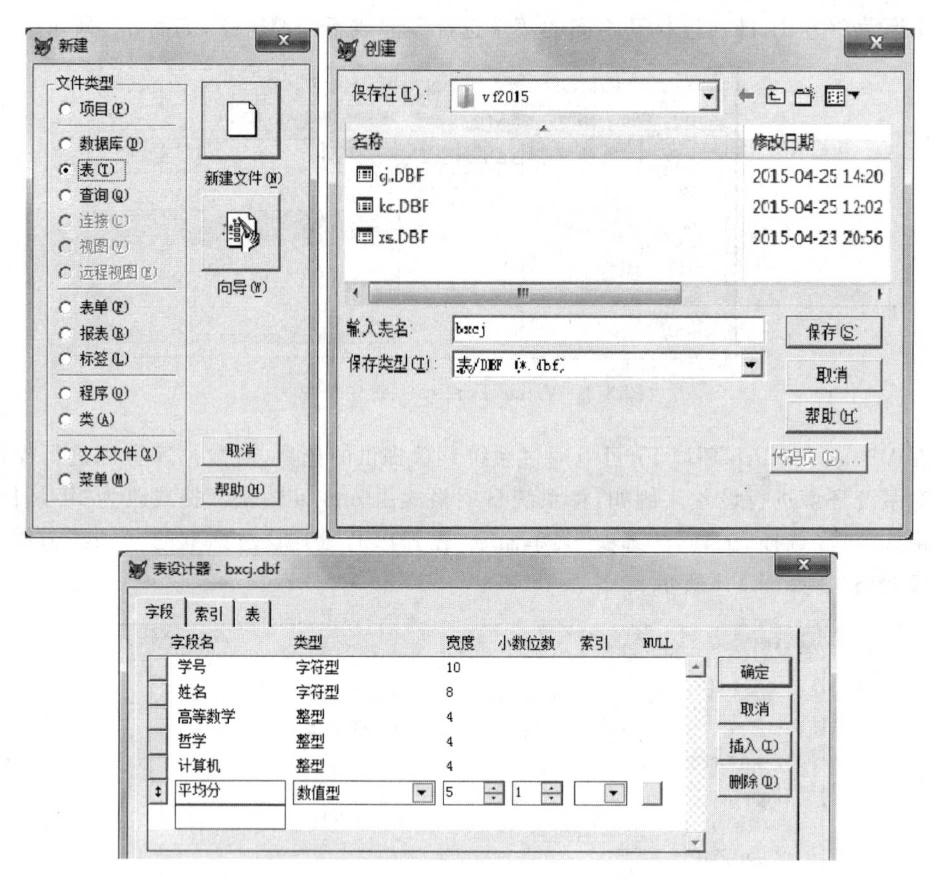

图 3-5 建立表文件系列对话框

对话框技术的图形界面操作方式为主、命令方式为辅，并结合 Visual FoxPro 提供的向导、各类设计器等辅助设计工具，以多元化操作方式和综合应用为原则，完成 Visual FoxPro 直观的可视化界面操作。

2. 程序执行方式

程序文件(简称程序)也常叫做命令文件，在 Visual FoxPro 环境下，运用程序文件方式进行数据库管理，是通过程序文件编辑工具，将对数据库资源进行操作管理的命令和对系统环境进行设置的命令，集中在一个以 PRG 为扩展名的命令文件中，然后再通过菜单方式或命令方式运行该命令文件。

程序方式就是通过程序文件(或称为命令文件)中的命令完成不同的操作。

例如，用程序方式显示 bxcj. dbf 表中的全部数据，并逻辑删除第 6 条记录。

操作步骤如下。

① 利用程序编辑工具建立一个程序文件 programl. prg，内容如下：

```
USE d:\vfp98\bxcj.dbfEXCLUSIVE
BROWSE LAST
DELETE RECORD6
```

② 利用菜单选项或命令运行程序文件 programl.prg。

程序会逐个地执行每一个操作命令，完成显示学生必修成绩 bxcj.dbf 表中的全部数据，并逻辑删除第 6 条记录的操作。

如果用户比较熟悉 Visual FoxPro 系统，用交互操作方式则比较简单方便。若频繁操作数据库，用户操作与计算机的执行互相交叉，则计算机执行的高度自动化将难以体现。为此在解决某些实际问题时，会将 Visual FoxPro 的命令编成特定的序列，并将它们存入程序文件。用户需要时，只需通过特定的命令（例如 DO 命令）调用程序文件，Visual FoxPro 就能自动执行这一程序文件，自动完成序列命令的执行。

程序执行方式不仅运行效率高，而且可重复执行。要执行几次就调用几次，何时调用便何时执行。另一个好处是，虽然程序员需熟悉 Visual FoxPro 的命令和掌握编程的方法，而使用程序的人员却只须了解程序的运行步骤和运行过程中的人机交互要求，对程序的内部结构和其中的命令可不必知道。还需指出，开发 Visual FoxPro 应用程序要求同时进行结构化程序设计与面向对象程序设计，其庞大的命令集往往令初学者望而生畏。幸运的是 Visual FoxPro 提供了大量的辅助设计工具，不仅可直接产生应用程序所需要的界面，而且能自动生成 Visual FoxPro 的程序代码。因此在一般情况下，仅有少量代码需要由用户手工编写。这些工具充分体现了“可视化程序设计”的优越性。

3.2 数据类型

记载信息的符号组合称为数据，人们用数据来描述实体的对象及其属性。数据类型是数据的基本属性，只有相同类型的数据才可以直接进行运算，否则就会发生数据类型不匹配的错误。

Visual FoxPro 是一种关系型数据库管理软件，在关系型数据库中把描述每一实体集合的数据表示成一张二维表。描述学生信息的一张二维表如图 3-6 所示。

记录号	学号	姓名	性别	生日	班级	应届否	入学成绩	照片	曾获奖励
1	20150011	李中华	男	10/01/1999	会计1501	.T.	611	Gen	memo
2	20150012	肖萌	女	02/04/1998	会计1501	.T.	600	Gen	memo
3	20150014	李铭	男	12/31/1997	会计1501	.T.	599	Gen	memo
4	20150020	张力	男	01/01/1995	会计1501	.F.	585	Gen	memo
5	20151234	傅丹	男	03/20/1998	会计1502	.T.	630	Gen	memo
6	20151240	李园	女	01/01/1996	会计1502	.F.	588	Gen	memo
7	20151255	华晓天	男	07/17/1999	会计1502	.T.	590	Gen	memo
8	20154001	刘冬	女	11/09/1998	经济1501	.T.	633	Gen	memo
9	20154019	严岩	男	03/13/1997	经济1501	.T.	615	Gen	memo
10	20154025	王平	男	06/19/1998	经济1501	.T.	600	Gen	memo
11	20156001	江锦添	男	04/27/1995	经济1502	.F.	610	gen	memo
12	20156200	李冬冬	女	12/25/1998	经济1502	.T.	570	gen	memo
13	20156215	赵天宁	男	08/15/1997	经济1502	.T.	585	gen	memo
14	20156345	于天	女	09/10/1998	经济1502	.T.	640	gen	memo
15	20156500	梅媚	女	05/20/1999	经济1502	.T.	580	gen	memo

图 3-6　学生信息表

图 3-6 中,共有 15 名学生的记录数据。记录有 9 个字段。第一行是描述实体集合的记录型,即记录结构。其中 9 个字段名分别为学号、姓名、性别、出日、班级、应届否、入学成绩、照片及曾获奖励。

在 Visual FoxPro 系统中,定义了 13 种字段类型和 7 种数据类型。13 种字段类型是字符型、数值型、浮点型、双精度型、整型、货币型、日期型、日期时间型、逻辑型、备注型、通用型、二进制字符型和二进制备注型;而 7 种数据类型是字符型、数值型、货币型、日期型、日期时间型、逻辑型和通用型。表 3-3 列出了学生信息表的字段类型及数据类型。

表 3-3　学生信息表的字段类型及数据类型

字段	字段名	字段类型	数据(字段值)	数据类型
1	学号	字符型	20150011	字符型
2	姓名	字符型	李中华	字符型
3	性别	字符型	男	字符型
4	生日	日期型	10/01/99	日期型
5	班级	字符型	会计 1501	字符型
6	应届否	逻辑型	T	逻辑型
7	入学成绩	整型	611	整型
8	照片	通用型	照片	通用型
9	曾获奖励	备注型	获奖项目	字符型

字段为表文件所特有,而数据既可做表文件中的字段内容,也可以做内存变量内容或做常量使用。下面比较详细地介绍常用字段和数据类型。

3.2.1　字符型字段和字符型数据

字符型字段用作存放字符型数据。字符型(Character)数据描述不具有计算能力的文字数据类型,是最常用的数据类型之一。字符型数据由汉字和 ASCII 码字符集中可打印字符(英文字母、数字字符、空格及其他专用符号)组成,字符型字段中的字符数据长度为 0~254 个字符,每个字符占 1B 空间。上述学生信息表中的学号和姓名等字段就属于字符型字段,而存储的学号和姓名数据就属于字符型数据。

3.2.2　数值型、浮动型、双精度型和整型字段与数值型数据

数值型数据是描述数量的数据类型,是最常用的数据类型之一。在 Visual FoxPro 系统中它被细分为以下 4 种类型。

1. 数值型

数值型字段按每位数 1B 的长度存放数值数据,数值型(Numeric)数据是由数字(0~

9)、一个符号(＋或－)和一个小数点(.)组成,最大长度为20位(包括＋、－号和小数点)。

2. 浮点型

浮点型字段存放浮点型(Float)数据,是数值型数据的一种,与数值型数据完全等价。浮点型数据只是在存储形式上采取浮点格式。增设浮点型数据的主要目的是使计算有更大的数据表示范围。

3. 双精度型

双精度型字段用于存放双精度型(Double)数据,常用于科学计算,是更高精度的数值型数据。它只用于数据表中的字段类型的定义,并采用固定长度浮点格式存储。

4. 整数型

整型字段存放整型(Integer)数据(不包含小数部分的数值型数据)。它只用于数据表中的字段类型的定义,整型数据以二进制形式存储,上述学生信息表中的入学成绩字段就属于整型字段,而存储的入学成绩就属于整型数据。

3.2.3 货币型字段和货币型数据

货币型字段用于存放货币型(Currency)数据。在使用货币值时,可以使用货币型来代替数值型,货币型数据取值的范围是－922 337 203 685 477.5807～922 337 203 685 477.5807。

3.2.4 日期型字段和日期型数据

日期型字段用于存放表示日期的日期型(Date)数据。常用日期格式为:"yyyymmdd"或"mm-dd-yy"等格式。在学生信息中的生日字段就属于日期型字段,其出生的年月日数据就是日期型数据。日期型字段有固定宽度,占用8B空间,其中,yyyy为年,mm为月,dd为日。

3.2.5 日期时间型字段和日期时间型数据

日期时间型字段用于存放日期和时间值。日期时间型(Date Time)数据的格式为:yyyy-mm-dd hh:mm:ss am/pm,其中,yyyy为年,前两个mm代表月;dd为日;hh为时间中的小时;后两个mm代表时间中的分钟;ss为时间中的秒;am/pm是每天时间设定为12小时格式,时间设定为24小时不需设定。

3.2.6 逻辑型字段和逻辑型数据

逻辑型字段用于存放逻辑型(Logical)数据。

逻辑型字段用于存储只有两个值的数据。存入的值只有真(.T.)和假(.F.)两种状态。常用于做逻辑判断或用于描述只有两种状态的数据,例如,婚否只有已婚和未婚,常用"真"表示已婚,而用"假"表示未婚。逻辑型字段有固定宽度,占用1B空间。在输入逻辑型数据时可以用T、t、Y、y中的任何一个字符代表“真”，而用F、f、N、n中的任何一个字符代表“假”。学生信息中的“应届否”字段就被定义为逻辑型字段，可用“真”表示应届毕业生，而用“假”表示往届毕业生。

3.2.7 备注型字段

备注型字段可以存放字符型(Memo)信息，如文本、源程序代码等，使其得到了广泛应用。它常用于记录信息可有可无，可长可短的情况，如学生信息表中的简历一项，有些人的简历内容可能长一些，而有些人的个人简历内容可能短一些。此外，备注型字段还可以用于提供运行时的帮助信息。

记录在备注项中的信息，实际上并不存放在表文件中，而是存放在与表文件同名，但扩展名为.FPT的文件中。当创建文件时，如果定义了备注型字段，则相应的备注文件就会自动生成，当其建成后也会随表文件一起打开。

3.2.8 通用型字段和通用型数据

通用型字段是用于存储OLE对象的数据。通用型数据中的OLE对象可以是照片、电子表格、声音、设计分析图及字符型数据等，它只能用于数据表中字段的定义，有了这种类型字段就使得Visual FoxPro成为全方位数据库。和备注字段一样，通用型字段数据也存入与表文件同名而扩展名为FPT的文件中。

3.3 常量与变量

常量是一个命名的数据项，在整个操作过程中其值保持不变，常量在程序和Visual FoxPro命令中的表示有一些规定。而变量在操作过程中允许随时改变其值。Visual FoxPro定义了常量、用户内存变量、系统内存变量和字段变量。

3.3.1 常量

Visual FoxPro定义了5种类型的常量：数值型常量、字符型常量、日期型和日期时间型常量、逻辑型常量和货币型常量。

1. 数值型常量

数值型常量可以是带小数的常量(实数)和不带小数的常量(整数)。例如5、28.23、−3等在程序或命令中都是数值型常量。

2. 字符型常量

必须用英文半角状态下的单引号、双引号括或方括号括起，这些符号总称为字符括号。给出三种字符括号是为了当字符括号本身是字符型常量的组成部分时，就应选用另一种字符括号。例如'你好'、"你好"、[你好]、['你好']等在程序中都是正确的表示了“你好”和“'你好'”的字符型常量。

3. 逻辑型常量

逻辑型常量有两个，一个是"真"，另一个是"假"。在 Visual FoxPro 中用.T.、.t.、.Y.、.y.表示"真"，用.F.、.f.、.N.、.n.表示"假"，注意两边的小圆点是逻辑值的定界符不能丢掉但可以用空格代替。

4. 日期型常量和日期时间型常量

(1) 日期型常量必须用花括号括起来，正确格式是{^yyyy-mm-dd}。例如，{^2015-12-02}、{^2015/12/02}或{^2015.12.02}都是日期型常量的正确写法。空白的日期可表示为{}或{/}。

(2) 日期时间型常量也必须用花括号括起来，例如，{^2015-08-11 2:57:00 pm}、{^2015.09.01 9:15 am}或{^2015/12/02 6:50:00 pm}都是日期时间型常量的正确写法。注意：日期和时间之间必须用半角的逗号或空格分隔开。

严格的日期格式：

```
{yyyy-mm-dd [,][hh[:mm[:ss]]][an/pm]}
```

格式中的符号^是为了解决计算机 2000 年问题，又叫"千年虫"而加入的，表明该日期格式是严格的，并按照 YMD 的格式来解释日期，其中分隔符-可用/或"."代替，例如{^2015/12/02}和{^2015.12.02}。

5. 货币型常量

货币型常量以 $ 符号开头，并四舍五入到小数点后 4 位。例如，货币型常量 $147.72706，实际只按 147.7271 算。

3.3.2 变量

在 Visual FoxPro 中有 4 种变量：内存变量、数组变量、字段变量和系统变量。内存变量是存放单个数据的内存单元，数组变量是存放多个数据的内存单元组，字段变量则是存放在数据表中的数据项。

变量名的命名规则如下：

每个变量都有一个名称，叫做变量名，Visual FoxPro 通过相应的变量名来使用变量。

变量名的命名规则是，由字母、数字及下划线组成，以字母或下划线开头，长度为 1～128 个字符。但要注意，不能使用 Visual FoxPro 的保留字。中文 Visual FoxPro 中，可以使用汉字作变量名，可以汉字开头，每个汉字占 2 个字符。

例如，定义合法的变量名示例。

```
ABCD      P0000    _ymmei    姓名     是合法的变量名
7ab  IF   A[b]5    -ymmei    89DFF    是不合法的变量名
```

1. 字段变量

字段变量是指数据表中的字段，它是建立数据表时定义的一类变量。例如，表文件

xs.dbf 中的学号、姓名、生日等都是字段变量。说字段是变量，是由于对于某一个字段，它的值因记录而异。例如，学生表文件有多条记录，则表的各个字段就有多个值，移动记录指针的位置到所需记录，就可以找出各字段变量的当前值。

2. 内存变量

内存变量是内存中的一些临时工作单元，独立于数据库各个表文件，常用来保存所需要的常数、中间结果或对数据表和数据库进行某种处理后的结果等。Visual FoxPro 定义了 6 种类型的内存变量，即字符型、数值型、逻辑型、日期型、日期时间型和屏幕型内存变量。对屏幕型内存变量，可用 SAVE SCREEN TO <内存变量>命令存放当前屏幕上的信息，用 RESTORE SCREEN <内存变量>命令从屏幕内存变量恢复屏幕信息。Visual FoxPro 中允许定义数万个内存变量。

(1) 内存变量的赋值。在命令窗口中或程序语句中均可以对内存变量赋值。

格式 1：

```
STORE<表达式>TO<内存变量名表>
```

格式 2：

```
<内存变量名>=<表达式>
```

功能：用表达式的值给内存变量赋值。

例如以下赋值命令：

```
STORE 6 TO a1,a2
STORE"非诚勿扰"TO 电影
m=6
rq={^2015-10-02}
性别=.t.
```

说明：

① 两种命令的主要区别在于，格式 1 可以对多个内存变量同时赋相同的值，而格式 2 仅对一个内存变量赋值。注意，当内存变量名表中有多个变量时，变量与变量之间应用逗号分开。

② 内存变量应当“先定义后使用”，格式 1 和格式 2 均是在赋值给内存变量的同时定义内存变量，确定其数据类型

③ 上述命令分别给内存变量 a1、a2 和 m 赋予数值型常量 6，使其成为数值型的内存变量；给内存变量“电影”赋予字符型常量“非诚勿扰”，使其成为字符型的变量；给内存变量 rq 和“性别”分别赋予日期型常量 2015-12-02 和逻辑型常量，使其分别成为日期型的内存变量和逻辑型的内存变量。

(2) 显示内存变量的值。如果只是查看内存变量的值，也可用表达式显示命令?/??实现。

格式：

```
?/??<内存变量名表>
```

功能：换行或在当前位置显示内存变量名表中每个内存变量的值。

例如，显示上例内存变量 a1 和 rq 赋值后的值。

```
? a1,rq
```

结果为：

```
6 2015-12-02
```

(3) 显示内存变量的定义信息。若想了解内存变量的定义信息，如内存变量的名称，类型和值等，可用下面的显示命令。

格式：

```
DISPLAY/LIST MEMORY [LIKE<通配符>][TO PRINTER/TO FILE<文件名>]
```

功能：显示内存变量的当前内容，可选择打印或者将这这些内容送到一个文本文件中。

说明：

DISPLAY MEMORY 表示命令字，显示内存变量的定义信息，如名称，类型和值；

LIST MEMORY 表示命令字，显示内存变量的定义信息，如名称，类型和值；

LIKE <通配符>表示命令子句，通配符用 * 和“?”，代表多个字符和单个字符；

TO FILE<文件名>表示定义信息输出到扩展名是 TXT 的文本文件中。

例如，定义内存变量 a 的值为 2，a1 的值为“多媒体计算机”，并在屏幕上显示出来。

```
a=2
a1="多媒体计算机"
LIST MEMORY LIKE "a* "
```

命令的显示结果为：

```
A     Pub  N  2              (         2.00000000)
A1    Pub  C  "多媒体计算机"
```

(4) 内存变量的保存与恢复。当退出 Visual FoxPro 系统后，用户所建立的内存变量将不会存在，如果希望保存这些内存变量的定义，可用下面的命令将它们保存到内存变量文件中。

格式：

```
SAVE TO <内存变量文件名>[ALL LIKE <通配符>/ALL EXCEPT<通配符>]
```

功能：将当前内存中的内存变量存放到内存变量文件中。

说明：内存变量文件的扩展名为 MEM；此项省略，则将所有内存变量(系统变量除外)存放到内存变量文件中。

如果要重新使用已保存在内存变量文件中的内存变量，可用下列命令进行恢复，将内存变量重新调入内存。

```
RESTORE FROM<内存变量文件名>[ADDITIVE]
```

(5) 内存变量的删除。

为节省存储空间,不用的内存变量应使用删除命令来释放其所占的内存空间。

格式 1:

```
CLEAR MEMORY
```

格式 2:

```
RELEASE<内存变量名表>
```

格式 3:

```
RELEASE ALL[LIKE/EXCEPT<通配符>]
```

功能:格式 1 删除内存中所有内存变量;格式 2 删除内存变量名表中指定的内存变量;格式 3 利用通配符选择删除内存变量或全部。

3. 数组变量

数组变量(数组)是按一定顺利排列的一组内存变量的集合,在内存中占用一组连续的存储单元。数组中的变量称为数组元素,每一数组元素用数组名以及该元素在数组中排列的序号一起表示,因此,数组也称为下标变量。例如 x(1),x(2),y(1,1),y(1,2),y(2,2)等。因此数组也看成名称相同、而下标不同的一组变量。

下标变量的下标个数称为维数,只有一个下标的数组叫一维数组,有两个的叫二维数组。数组的命名方法和一般内存变量的命名方法相同,如果新定义的数组和已经存在的内存变量同名,则数组取代内存变量。

总地来说,Visual FoxPro 中数组的引入是为了提高程序的运行效率、改善程序结构。

(1) 数组的定义。数组使用前一般须先定义后使用,Visual FoxPro 中可以定义一维数组和二维数组。

格式:

```
DIMENSION/DECLARE<数组名 1>(<下标表达式 1>[,<下标表达式 2>]
    [,<数组名 2>(<下标表达式 3>[,<下标表达式 4>])…]
```

功能:定义一个或多个一维或二维数组。

例如,命令:

```
DIMENSION mz (3),mt(2,3)        && 定义了一维数组 mz 和二维数组 mt。
DISPLAY MEMORY LIKE m*          && 显示数组 mz,mt 的内容
```

执行后的显示结果为:

```
MZ          Pub     A
(   1)        L     .F.
(   2)        L     .F.
(   3)        L     .F.
```

```
MT            Pub   A
(  1,   1)      L    .F.
(  1,   2)      L    .F.
(  1,   3)      L    .F.
(  2,   1)      L    .F.
(  2,   2)      L    .F.
(  2,   3)      L    .F.
```

说明：

① 该命令定义了两个数组，一个是一维数组，它有3个元素，分别为mz(1)、mz(2)和mz(3)；另一个是二维数组mt，它有6个元素，分别是mt(1,1)、mt(1,2)、mt(1,3)、mt(2,1)、mt(2,2)和mt(2,3)。

② 此命令执行后，所建数组的所有数组元素都赋了一个逻辑型的初值.F.(默认值)，但以后可以给各数组元素赋不同类型的值。

③ 结果中的"MZ　　Pub　　A"，表明MZ为数组(Array)且为全局型(Public)，内存变量的全局性概念参见6.4节。

(2) 数组的赋值。数组定义好后，数组中的每个数组元素自动被赋予逻辑值.F.。

当需要对整个数组或个别数组元素进行新的赋值时，与一般内存变量一样，可以通过STORE命令或赋值号=在命令窗口或程序中进行赋值。对数组的不同元素，可以赋予不同数据类型的数据。

例如，在命令窗口，依次执行以下命令序列：

```
DIMENSION mt(2,3)
STORE "BOY" TO mt(1,2)
STORE "GIRL"TO mt(2,3)
mt(1,1)=50
STORE {^2015-12-02} TOmt(1,3)
mt(2,1)=.t.
DISPLAY MEMORY LIKE "m*"
```

显示结果为：

```
MT            Pub   A
(  1,   1)      N    50              (         50.00000000)
(  1,   2)      C    "BOY"
(  1,   3)      D    12/02/2015
(  2,   1)      L    .T.
(  2,   2)      L    .F.
(  2,   3)      C    "GIRL"
```

说明：

① 在定义二维数组mt后，对数组赋值，mt中各元素分别赋予了不同类型的数据。

② 二维数组可以用一维数组来表示，如上例中数组mt中的元素mt(1,2)也可以用mt(2)来表示，下标2是mt(1,2)在数组中的排列序号，因为二维数组在内存中按行存放。

(3) 数组与数据表间数据的传递。在 Visual FoxPro 系统中，使用命令 SCATTER、GATTER 或 COPY TO ARRAY 命令，可以实现数据表与数组间数据的传递。

① 当前记录数据送入变量命令——SCATTER。

格式：

```
SCATTER [FIELDS<字段名清单>][MEMO]TO<数组名>/TO<数组名>
BLANK/MEMVAR/MEMVAR BLANK
```

功能：表文件的当前记录内容，以字段为单位复制到数组。若数组不存在，则自动生成。

说明：

- FIELDS＜字段名清单＞：若无此项，将复制所有字段；否则只复制列出的字段。
- MEMO：若有此项，将同时复制备注型字段。否则忽略备注型字段。
- TO＜数组名＞：按顺序当前记录各字段内容依次复制该数组对应次序的下标变量中。若下标变量多于需复制的字段个数，则排在后面的下标变量的内容不变。若数组不存在或数组的下标变量不足，则自动建立或重新建立该数组。
- TO＜数组名＞BLANK：选择此项，则仅建立数组，但不复制内容。
- MEMVAR：选用此项，则建立与当前记录各字段同名、同类型、同宽度的内存变量，并把字段内容复制过去，注意，此项前无 TO。
- MEMVAR BLANK：此项将为当前记录的要复制字段建立一同名、同类型、同宽度的内存变量，但并不把字段内容复制过去。

② 变量内容送当前记录命令——GATHER。

格式：

```
GATHER FROM<数组名>/MEMVAR[FIELDS<字段名清单>][MEMO]
```

功能：把数组或一组内存变量内容存入当前打开表文件的当前记录。

说明：

- FIELDS＜字段名清单＞：若含此项，数组或内存变量的内容替代＜字段名清单＞中所列字段内容；否则，所有字段内容都被替代。
- MEMO：包含此项，备注型字段内容被替代；否则忽略备注型字段。
- FROM＜数组名＞：指明数据来源于数组。数组中第一个下标变量对应当前记录的第一个字段，第二个下标变量对应第二个字段，以此类推，直至结束。若下标变量数少于字段数，则后面的字段内容不变；若下标变量数多于字段数，则后面的下标变量内容不被复制。
- MEMVAR：若有此项，则从与字段同名的内存变量中为字段取数据。

例如，以学生表 xs.dbf 为例，假定当前记录为 3 号记录，依次执行以下命令：

```
SCATTER FIELDS 学号,姓名,生日 TO mm
DISPLAY MEMO LIKE mm
```

执行结果显示：

```
MM        Pub    A
(  1)      C      "20150014"
(  2)      C      "李铭  "
(  3)      D      12/31/1997
```

由结果可见，表 xs.dbf 当前记录的学号、姓名和生日 3 个字段，依次复制来数组 mm 的 3 个下标变量：mm(1)、mm(2)和 mm(3)，如图 3-7 所示。

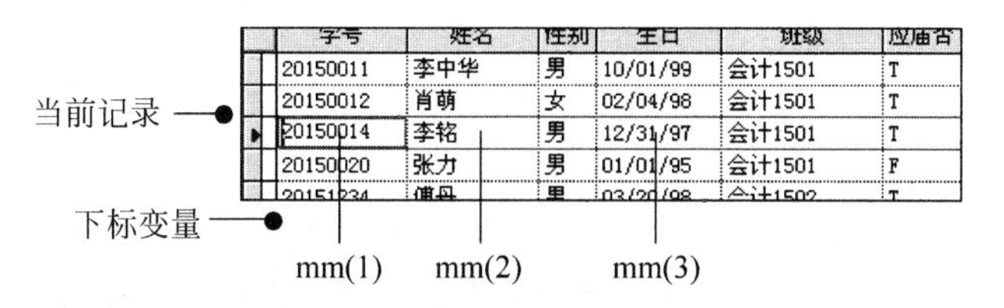

图 3-7　学生表当前记录送入数组 mm 的下标变量示意图

接着以上操作，依次执行下列命令：

```
APPEND BLANK                        &&xs.dbf 添加一个空记录
GATHER FROM mm FIELDS 学号,姓名,生日
DISPLAY ALL
```

执行结果显示如下：

记录号	学号	姓名	性别	生日	班级	应届否	入学成绩
1	20150011	李中华	男	10/01/99	会计 1501	.T.	611
2	20150012	肖萌	女	02/04/98	会计 1501	.T.	600
3	20150014	李铭	男	12/31/97	会计 1501	.T.	599
4	20150020	张力	男	01/01/95	会计 1501	.F.	585
5	20151234	傅丹	男	03/20/98	会计 1502	.T.	630
6	20151240	李园	女	01/01/96	会计 1502	.F.	588
7	20151255	华晓天	男	07/17/99	会计 1502	.T.	590
8	20154001	刘冬	女	11/09/98	经济 1501	.T.	633
9	20154019	严岩	男	03/13/97	经济 1501	.T.	615
10	20154025	王平	男	06/19/98	经济 1501	.T.	600
11	20156001	江锦添	男	04/27/95	经济 1502	.F.	610
12	20156200	李冬冬	女	12/25/98	经济 1502	.T.	570
13	20156215	赵天宁	男	08/15/97	经济 1502	.T.	585
14	20156345	于天	女	09/10/98	经济 1502	.T.	640
15	20156500	梅媚	女	05/20/99	经济 1502	.T.	580
16	20150014	李铭		12/31/97		.F.	

由结果可见：数组 mm 的 3 个下标变量：mm(1)、mm(2)和 mm(3)的值，依次复制来学号、姓名和生日三个字段(当前记录为 16 号记录)。

③ 当前打开表文件内容送数组命令——COPY TO ARRAY。

格式：

```
COPY TO ARRAY<数组名>[FIELDS<字段名清单>][<范围>][FOR<条件>]
```

功能：将指定范围内符合条件的所有记录的有关字段内容全部送入数组。

说明：

- 本命令只对数值型、货币型、日期型、日期时间型、字符型、逻辑型字段进行操作，忽略备注型字段。默认范围为 ALL。
- TO ARRAY ＜数组名＞：指定接收传送数据的数组名。若不存在，系统将自动建立接收数据的数组。
- FIELDS＜字段名清单＞：选用此项，当前表文件＜字段名清单＞中指定的字段送入数组；否则，所有字段都将送入数组。

若只复制一条记录，用一维数组即可；否则，用二维数组。数组的第一下标(数组行数)决定了能存放的记录数；第二下标(数组列数)决定了能存放的字段数。

表文件中的第一条记录复制到数组的第一行，第一字段进第一列，第二字段进第二列，依次类推。复制结束后，数组中每一行为一条记录内容，每一列为同一字段内容。

例如，下列命令将 xs. dbf 表的当前记录内容传送给数组 x。

```
USE xs                          && 打开学生信息表文件
DIMENSION x(8)
COPY TO ARRAY x                 && 当前记录传送 x 数组
DISPLAY MEMO LIKE x             && 显示 x 数组内容
```

显示结果：

```
X          Pub     A
(  1)       C      "20150011"
(  2)       C      "李中华 "
(  3)       C      "男"
(  4)       D      10/01/99
(  5)       C      "会计 1501 "
(  6)       L      .T.
(  7)       N      611              (      611.00000000)
(  8)       L      .F.
```

④ 数组内容追加入表文件命令——APPEND FROM ARRAY。

格式：

```
APPEND FROM ARRAY<数组名>[FOR<条件>][FIELDS<字段名清单>]
```

功能：由数组为当前表指定字段追加满足条件的新记录。

4. 系统变量

系统变量是由 Visual FoxPro 自动生成和维护的内存变量，以下划线“_”开头，分别用于控制外部设备(如打印机、鼠标等)、屏幕输出格式，或处理有关计算器、日历、剪贴板等方面的信息，其名称由系统规定。

例如：

_PEJECT 用于设置打印输出时的走纸方式，打印前要求走纸换页时，可将其值设为 MON。

_DIARYDATE 用于设置当前日期。

_CLIPTEXT 用于接收文本并送入剪贴板。当执行命令

```
_CLIPTEXT="Visual FoxPro"
```

后，剪贴板中就存储了文本 Visual FoxPro。

3.4 表达式

字段变量、内存变量、常量或函数都是基本运算元素，用运算符把这些基本运算元素正确地连接起来构成的式子就是表达式。表达式值的类型称为表达式的类型，表达式通过运算得出表达式的值，不同类型的表达式会需要用不同类型的常量、变量、函数和运算符来构成。在 Visual FoxPro 中，表达式广泛地应用在命令、函数、对话框、属性及程序中，它是命令和函数的重要组成部分，根据操作的数据类型的不同，分为算术表达式、字符表达式、日期或日期时间表达式、关系表达式和逻辑表达式 5 种。

3.4.1 算术表达式

算术表达式是由算术运算符、数值型常量、数值型变量、数值型数组和函数组成。算术表达式的运算结果是数值型数据。

算术运算的运算规则是，括号优先，然后乘方，再取模、乘除，最后加减。

所谓单目运算符是只在其右面有数据的运算符。

算术运算符及表达式示例如表 3-4 所示。

表 3-4 算术运算符及实例一览表

运算符	功 能	举 例	结 果
+	加(正号)	?5+7	12
−	减(负号)	?5−20	−15
*	乘	?12 * 3	36
/	除	?49/7	7
^或**	乘方	?2^4	16
%	取模	?16%3	1
−	单目运算	?−2^2+5	9
( )	分组优先	?(5+7) * 2	24

说明：

(1) 算术运算符由高到低的优先顺序如下：

()、+和-(单目运算符)、^或**、%和/和 * 、+和-；

(2) 表达式的书写规则如下：

① 乘号不能省略。例如，x 乘以 y 需表示为：x * y；

② 括号均使用圆括号，且逐层配对；

③ 表达式从左到右写成一行，无高低和大小的区分。

例如，已知数学表达式$\frac{\sqrt{(3x+y)-z}}{(xy)^4}$，写成 Visual FoxPro 表达式为：

```
SQRT((3*x+y)-z)/(x*y)^4
```

其中，SQRT()是求平方根函数，将在下一节介绍。

3.4.2 字符表达式

字符表达式是由字符运算符、字符型常量、字符型字段变量、字符型数组和函数组成。字符表达式的运算结果是字符型数据或逻辑型常数。字符运算符用于连接字符串。

字符运算符及表达式的实例如表 3-5 所示。

表 3-5 字符运算符及实例一览表

运算符	功 能	举 例	结 果
+	联接，联接两个字符，结果为字符型数据	?"Mz"+"Ymmei"	Mz Ymmei
-	联接，并将第一个字符串的尾部空格移到结果字符串的尾部	?"Mz "-"Ymmei"	Mz Ymmei
$	比较两个字符串时，第一个字符串是否在第二个字符串中出现	?"me" $ "MZYmmei"	.T.

+和-两者均是完成字符串联接运算。不同的是前者是将运算符+两边的字符串完全联接；后者则是移动尾部空格的联接，即联接时先去掉运算符-前面字符串的尾部空格，然后与运算符后面的字符串联接，并将前面字符串的尾部空格移到结果字符串的后面。当运算符前面字符串尾部没有空格时，两种联接运算结果是一样的。$是包含运算，其功能是检测两个字符串中，后串是否包含前串的内容。如果后者包含前串的内容，其结果为真(.T.)；否则，结果为假(.F.)。

例如，字符串比较

```
? "me"$"You and me"
```

由于 me 是 You and me 的子字符串，因此，显示结果为.T.。

```
? "Ym"$"You and me"
```

由于 Ym 不是 You and me 的子字符串，因此，显示结果为.F.。

3.4.3 日期或日期时间表达式

日期或日期时间表达式是由算术运算符(+或-),算术表达式、日期或日期时间型常量、日期或日期时间型内存变量及函数组成。日期或日期时间型的运算结果是日期或日期时间型或常数。日期或日期时间运算及表达式如表 3-6 所示。

表 3-6 日期或日期时间运算及实例一览表

运算符	功能	举　例	结　果	
+	相加	?{^2015/12/02}+5	12/07/2015	日期型
		?{^2015/12/02 5:50:00}+9898	12/02/2015 8:50:50 PM	日期时间型
-	相减	?{^2015/12/02}-10255	11/04/1987	日期型
		?{^2015/12/18}-{^2015/12/02}	16	数值型

说明:日期型和日期时间型数据在使用时可取多种格式,系统默认的是严格的日期格式。

必须注意的是,执行命令时 Visual FoxPro 默认使用严格的日期格式。如果要使用通常的日期格式,必须先执行命令

```
SET STRICTDATE TO 0
```

否则会引起出错;若要设置严格的日期格式,可先执行命令

```
SET STRICTDATE TO 1
```

在严格的日格式下,日期或日期时间运算可以采用如下形式:

```
? {^2015-12-18}-16
```

输出结果为:12/02/2015。

取消世纪显示的日期格式,应使用设置命令:

```
SET CENTURY OFF
? {^2015-12-18}
```

显示结果:12/18/15。

在严格的日期格式下,日期或日期时间常数采用如下形式:

```
{^yyyy-mm-dd [hh[:mm[:ss]] [a|p]]}
```

否则,Visual FoxPro 系统提示出错信息。

对于表 3-5,若使用通用的日期格式,在使用时应设置如下命令环境:

```
SET STRICTDATE TO 0
? CTOD("12/18/15") 或
? {12/18/15}
```

显示结果：12/18/15。

3.4.4 关系表达式

关系表达式是由关系运算符、算术表达式、字符表达式和日期表达式等组成。关系表达式的运算结果是逻辑值真或假，当关系成立，结果为.T.(真)；当关系不成立，结果为.F.(假)，关系运算符及表达式实例如表3-7所示。

表3-7 关系运算符与实例一览表

运算符	功　能	举　例	结果
<	小于	? 65<37	.F.
<=	小于或等于	? 4*6<=24	.T.
>	大于	? 56>3*9	.T.
>=	大于等于	? 3*7>=4*6	.F.
=	等于	? "FoxPro"="Fox"	.T.
==	字符串全等	? "FoxPro"=="Fox"	.F.
<> # !=	不等于	? "ABCD"<>"ABC"	.T.

例如，给变量赋值并进行比较运算，其命令及命令执行结果如下：

```
y=59.12                    && 定义数值型变量 y
m=91.68                    && 定义数值型变量 m
? y<m                      && 变量 y 和 m 中的数值比较
.T.
```

关系成立取真值。

```
? y>m                      && 变量 y 和 m 中的数值比较
.F.
```

关系不成立取假值。

```
y="you"                    && 定义字符型变量 y
m="me"                     && 定义字符型变量 m
? y>m                      && 比较字符 y 和 m 的 ASCII 码
.T.
```

y、m 的 ASCII 码分别是 121,109，关系成立取逻辑值真。

```
? "Fox"$" Visual FoxPro"
.T.
```

比较 $左边字串是否是其右边字串的子串，是其子串，取逻辑值真。

```
? "Fx"$"Visual FoxPro"
```

```
.F.
```

比较 $左边字串是否是其右边字串的子串，不是其子串，取逻辑值假。

```
?"Visual FoxPro"="Vis"
.T.
```

比较等号右边字串是否是其左边字串从首字起的子串，是其子串，取逻辑值真。

```
? "Visual FoxPro"="Fox"
.F.
```

比较等号右边字串是否是其左边字串从首字符起的子串，不是其子串，取逻辑值假。

```
? "Visual FoxPro"=="Visual Fox"
.F.
```

字串等长并完全相同比较，不等长取逻辑值假。

3.4.5 逻辑表达式

逻辑表达式是由逻辑运算符、逻辑型内存变量、逻辑型数组、函数和关系表达式及在逻辑表达式中，可以描述复合条件的多个关系表达式组成，一般格式为：

```
<关系表达式 1><逻辑运算符><关系表达式 2>
```

逻辑表达式运算的结果是逻辑真(.T.)或假(.F.)。逻辑运算符及表达式如表 3-8 所示，逻辑运算的规则如表 3-9 所示。

表 3-8 逻辑运算符及实例一览表

运算符	功　能	举　例	结果
NOT	逻辑非、取逻辑值相反的值	? NOT 7>3	.F.
AND	逻辑与、两边的条件都成立，其结果为真	? 5 * 9>27 AND 36>16	.T.
OR	逻辑或，只要一边条件成立，其结果值为真	? 3 * 7>20 OR 25<19	.T.

表 3-9 逻辑运算的规则

A	B	.NOT. B	A. AND. B	A. OR. B
.T.	.T.	.F.	.T.	.T.
.T.	.F.	.T.	.F.	.T.
.F.	.T.	.F.	.F.	.T.
.F.	.F.	.T.	.F.	.F.

说明：

(1) AND、OR 的使用读者要区分清楚，它们用于将多个关系表达式进行逻辑运算。若存在多个条件，AND(也称逻辑乘)运算的结果必须在条件全部为真时才为真，OR(也称逻辑加)只要有一个条件为真时其结果就为真。

(2) 逻辑运算符的优先级由高到低的次序为：逻辑非、逻辑与、逻辑或。

例如，学生奖学金的评定，必须满足下列 3 个条件才能成为评定对象：本学年学习成绩优良且各科总平均分 90 分以上、体能素质成绩合格、思想品德为优秀。

要测试 3 个条件是否均满足，必须用 AND 连接 3 个条件：

```
总评>=90 AND 体能素质="合格"AND 思想品德="优秀"
```

如果用 OR 连接 3 个条件：

```
总评>=90 OR 体能素质="合格"OR 思想品德="优秀"
```

则学生奖学金的评定条件变成只要满足 3 个条件之一即可。

3.5 常用内部函数

Visual FoxPro 的内部函数概念与一般数学中的函数概念相似。在 Visual FoxPro 中有 380 余种内部函数(或称标准函数)，是由 Visual FoxPro 系统为常用计算与数据处理设计的内部程序，同常量、变量一样，函数也是表达式的重要组成部分。

调用函数的形式：

```
函数名([<参数 1>,<参数 2>,…])
```

调用 Visual FoxPro 的内部函数时，实际是调用了系统提供的一个固定程序段，它在可以实现固定运算功能的同时，还带有一个入口和一个出口，所谓的入口，就是函数所带的各个参数，可以通过这个入口把函数的参数值传递至程序段中接受这个参数的变量中供计算机处理；所谓出口，就是指函数的函数值，在计算机求得之后，由此口带回给调用它的程序。函数中的参数列表有其规定的数据类型，使用时必须符合规定的类型；函数运算的结果(函数值)又称函数的返回值，也有一定的数据类型。内部函数按其功能或返回值的类型可分为数值运算函数、字符处理函数、转换函数、日期时间函数和数据库(测试)函数等。

本章仅介绍 Visual FoxPro 中的一些常用函数，其他函数可以参考附录 B。为方便起见，在以下叙述中，用 N 表示数值表达式，用 C 表示字符表达式，用 D 表示日期表达式，用 T 表示日期时间型表达式，用 L 表示条件表达式。

3.5.1 数值运算函数

Visual FoxPro 中提供了 20 余种数学运算函数，极大地增强了数学运算功能，数学运算的返回值皆为数值型。下面介绍几种常用的数学函数。

1. 绝对值函数

格式：

```
ABS(<N>)
```

功能：求数值型表达式的绝对值。
例如：

```
? ABS(-50.5)
```

显示结果为：50.5。

```
? ABS(50.5)
```

显示结果为：50.5。

```
? ABS(5*7-4*8)
```

显示结果为：3。

2. 指数函数

格式：

```
EXP(<N>)
```

功能：计算以 e 为底，以数字表达式值为指数(e^x)的值。
例如：

```
? EXP(2*2)
```

显示结果为：54.60。

```
? EXP (1)
```

显示结果为：2.72。

```
STORE 1 TO ym
? EXP(ym)
```

显示结果为：2.72。

3. 取整函数

格式：

```
INT(<N>)
```

功能：先计算数值表达式的值，然后截取结果的小数部分，产生一个整数值。
例如：

```
?INT(1202.59)
```

显示结果为：1202。

```
STORE -1202.59 TO ymmei
?INT(ymmei)
```

显示结果为：－1202。

```
STORE 50 TO ymmei
?ymmei/2=INT(ymmei/2)        && 判断变量 ymmei 内的值是否为奇/偶数
```

显示结果为：.T.。

返回值为.T. 则 ymmei 为偶数，否则为奇数。

4. 求自然对数函数

格式：

```
LOG(<N>)
```

功能：求数值表达式值的自然对数值。

注意：LOG 函数不能接受小于或等于 0 的自变量。

例如：

```
? LOG(10)
```

显示结果为：2.30。

```
STORE 2 TO ymmei
? LOG(5-ymmei)
```

显示结果为：1.39。

5. 最大值函数

格式：

```
MAX(<表达式列表>)
```

功能：＜表达式列表＞是由相同类型的数值型、货币型、日期型、日期时间型、字符型表达式组成。当它是数值型或货币型时，MAX()函数返回最大的一个表达式值；当它是日期型或日期时间型时，返回最后面的日期和时间；当它是字符型时，若要设置返回的值可选择“工具”|“选项”菜单命令，在弹出的“选项”对话框的“数据”选项卡的“排序序列”下拉列表中决定取值，如图 3-8 所示。

例如：

```
?MAX(5*9,80/2,18)
```

显示结果为：45。

```
? MAX({^2015-12-02},{^2015-12-18})
```

显示结果为：2015-12-18。

```
? MAX({^2015-12-02 ,18:50:00},{^2015-12-02 17:50:10})
```

显示结果为：2015-12-02 6:50:10 PM。

```
? MAX("ymmei","Ymmei","MZYmmei")          && 排序序列设置为 Pinyin(见图 3-8)
```

显示结果为：Ymmei。

```
? MAX("ymmei","Ymmei","MZYmmei")          && 排序序列设置为 Machine(见图 3-8)
```

显示结果为：ymmei。

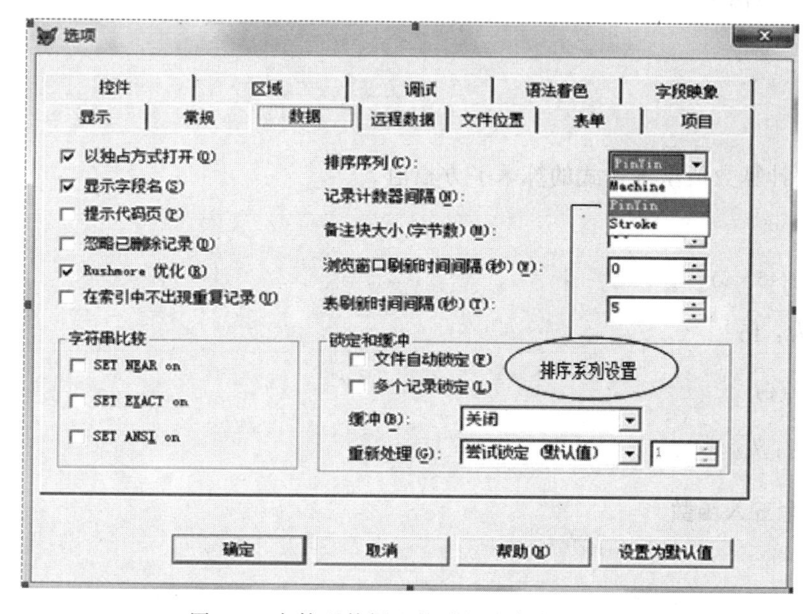

图 3-8　字符型数据比较时的排序序列设置

6. 最小值函数

格式：

```
MIN(<表达式列表>)
```

功能：＜表达式列表＞是由相同类型的数值型、货币型、日期型、日期时间型、字符型表达式组成。当它是数值型或货币型时，MIN( )函数返回最小的一个表达式值；当它是日期型或日期时间型时，返回最前面的日期和时间；当它是字符型时，若要设置返回的值，可选择“工具”|“选项”菜单命令，在弹出的“选项”对话框的“数据”选项卡的“排序序列”下拉列表中决定取值，如图 3-8 所示。

例如：

```
?MIN(16/8,12,59)
```

显示结果为：2。

```
? MIN({^2015-12-02},{^2015-12-18})
```

显示结果为：2015-12-02。

```
? MIN("ymmei","Ymmei")        && 排序序列设置为 Machine(见图 3-8)
```

显示结果为：Ymmei。

```
? MIN("ymmei","Ymmei")        && 排序序列设置为 Pinyin(见图 3-8)
```

显示结果为：ymmei。

7. 平方根函数

格式：

```
SQRT(<N>)
```

功能：计算数值型表达式的算术平方根值。

例如：

```
? SQRT(45*5)
```

显示结果为：15。

```
? SQRT(49)
```

显示结果为：7。

8. 四舍五入函数

格式：

```
ROUND(<N>,<n>)
```

功能：计算数值型表达式的值，根据小数保留位数进行四舍五入，当小数保留位数为 $n(n\geqslant 0)$时，对小数点后第 $n+1$ 位四舍五入，当小数保留位数为负数 n 时，则小数点前第 n 位四舍五入。

例如：

```
STORE 1202.1973 TO ymmei
?ROUND(ymmei,2)
```

显示结果为：1202.20。

```
?ROUND(73.1202,0)
```

显示结果为：73。

```
?ROUND(7312.02,-2)
```

显示结果为：7300。

```
?ROUND(39.202828,4)
```

在小数的第4位后面四舍五入，显示结果为：39.2828。

```
?ROUND(9168.2028,0)
```

在小数点后面四舍五入，显示结果为：9168。

```
?ROUND(9168.2028,-1)
```

在小数的小数点左边右一位四舍五入，显示结果为：9160。

9. 求余函数(模函数)

格式：

```
MOD(< N1> ,< N2> )
```

功能：它的函数值为＜N1＞被＜N2＞除后的余数。

说明：

① 其中N2的值不能为0；

② 函数值的符号由N2的正负来决定。若N2为正，则函数值为正，否则为负。

例如：

```
?MOD(20,3)
```

显示20除以3所得的余数，其结果为：2。

```
?MOD(20,-3)
```

显示20除以－3所得的余数，其结果为：－1。

```
?MOD(-20,3)
```

显示－20除以3所得的余数，其结果为：1。

```
?MOD(-10,-3)
```

显示结果为：－1。

10. PI——π函数

格式：

```
PI()
```

功能：PI函数返回圆周率π的值(3.141592)。

例如：

```
? PI()
```

显示结果为：3.14。

```
? round(PI() * 25.41353**2,4)
```

显示结果为：2028.9898。

3.5.2 字符及字符串处理函数

字符及字符串处理函数以字符型数据为主要处理对象，但其返回值类型各异。

1. 字符串长度函数

格式：

```
LEN(<C>)
```

功能：测试字符串长度，即计算字符型表达最终结果的字符个数，函数值为数值型。

例如：

```
? LEN("MZYmmei")
```

显示结果为：7。

```
mz="VisualFoxPro数据库"
? LEN(mz)
```

显示结果为：18。

2. 查找子字符串位置函数

格式：

```
AT(<C1>,<C2>[ ,<N>])
```

格式：

```
ATC(<C1>,<C2>[ ,<N>])
```

功能：查找<C1>在<C2>中第 N 次出现的起始位置，若<N>缺省，则为第一次，如果<C1>不在<C2>中，函数值为 0，函数值为数值型。

ATC()与 AT()的用法基本相同，唯一的不同是，ATC()搜索时不区分大小写字母，而 AT()是严格区分大小写的。

例如：

```
? AT("m","MZYmmei",2)
```

显示结果为：5。

```
?AT("m","MZYmmei")
```

显示结果为：4。

```
?ATC("m","MZYmmei")
```

显示结果为：1。

```
STORE "Now is the time" TO mz2
STORE "is"TO mz1
?AT(mz1,mz2)
```

显示结果为：5。

```
STORE "IS" TO mz1
? AT(mz1,mz2)
```

显示结果为：0。

```
? ATC(mz1,mz2)
```

显示结果为：5。

3. 空格生成函数

格式：

```
SPACE(<N>)
```

功能：产生由数值型表达式<*N*>代表数目的空格个数，函数值为字符型。

例如：

```
? "[宋词]"+"卜算子·咏梅"+SPACE(2)+"陆游"
```

显示结果为：

```
[宋词]卜算子·咏梅  陆游
```

4. 取子字符串函数

格式：

```
SUBSTR(<C>,<N1>[,<N2>])
```

功能：在字符型表达式<C>中，截取一个子字符串，起点由<N1>给出；截取字符的个数由<N2>给出。如缺省<N2>，将从起点截取到<C>的结尾。函数值为字符型。

例如：

```
? SUBSTR("MZYmmei",4,2)                    && 从第 4 个字符开始取出 2 个字符
```

显示结果为：mm。

```
? SUBSTR("mz_9168@ yahoo.com.cn",4)        && 从第 4 个字符开始取到最后
```

显示结果为：9168@yahoo.com.cn。

```
? SUBSTR("面向对象程序设计",9,4)            && 从第 9 个字符开始取出 4 个字符
```

显示结果为：程序。

```
? SUBSTR("Microsoft PowerPoint",11,5)
```

显示结果为：Power。

5. 取左子串函数

格式：

```
LEFT(<C>,<N>)
```

功能：在字符型表达式<C>中，从左边开始截取数值型表达式<*N*>指定的字符个数，函数值为字符型。

例如：

```
?LEFT("MZYmmei",4)
```

显示结果为：MZYm。

```
STORE "Cloud in the sky water in the bottle" TO mz
? LEFT(mz,16)
```

显示结果为：Cloud in the sky。

6. 取右子串函数

格式：

```
RIGHT(<C>,<N>)
```

功能：在字符型表达式<C>中，从右边开始截取数值型表达式<*N*>指定的字符个数，函数值为字符型。

例如：

```
?RIGHT("Cloud in the sky water in the bottle",19)
```

显示结果为：water in the bottle。

7. 删除字符串的头部空格函数

格式：

```
LTRIM(<C>)
```

功能：返回已删除头部空格的<C>的值。

8. 删除字符串的尾部空格函数

格式 1：

```
TRIM(<C>)
```

格式 2：

```
RTRIM(<C>)
```

功能：TRIM/RTRIM 函数返回已移去尾部空格的字符表达式<C>的值。

9. 删除空格函数

格式：

```
ALLTRIM(<C>)
```

功能：删除字符表达式<C>的头部和末尾的空格。

例如：

```
?ALLTRIM("  MZYmmei")          && 去掉字符串左边空格
```

显示结果为：MZYmmei。

```
?ALLTRIM("MZYmmei  ")          && 去掉字符串右边空格
```

显示结果为：MZYmmei。

3.5.3 转换函数

转换函数用于转换某些数据的类型。

1. 大写转换为小写函数

格式：

```
LOWER(<C>)
```

功能：将字符型表达式<C>中的大写字母转换成小写字母，函数值为字符型。

例如：

```
? LOWER("MZYmmei")
```

显示结果为：mzymmei。

2. 小写转大写函数

格式：

```
UPPER(<C>)
```

功能：将字符型表达式中的小写字母转换为大写字母，函数值为字符型。

例如：

```
?UPPER("MZYmmei")
```

显示结果为：MZYMMEI。

3. 字符串转日期函数

格式：

```
CTOD(<C>)
```

功能：将日期形式的字符串转换为日期数据，函数值为日期型。

例如：

```
?CTOD("12/18/15")
```

显示结果为：12/18/15。

4. 日期转换字符串函数

格式：

```
DTOC(<D>[,1])
```

功能：日期型表达式＜D＞对应的字符串，函数值为字符型。若用可选项 1，则取格式 yyyymmdd。

例如：

```
mz=CTOD("12/18/15")
? DTOC(mz)
```

显示结果为：12/18/15。

```
? DTOC(mz,1)
```

显示结果为：20151218。

5. 数值转字符串函数

格式：

```
STR(<N1>[,<N2>[,<N3>]])
```

功能：将＜N1＞代表的实际数值转换为字符串，函数值为字符型；＜N2＞表示返回字符串的长度（小数点和负号均占一位），当＜N2＞大于实际数值的位数时，在字符串前补上相应位数的空格；当＜N2＞小于实际数值的位数时，输出＜N2＞个 *；＜N2＞的省略值为 10。＜N3＞表示返回字符串的小数位数，当＜N3＞大于实际数值的小数位数时，在字符串尾部用 0 补足；当＜N3＞小于实际位数时，自动四舍五入；＜N3＞的省略值为 0。

例如：

```
? STR(9168.2028)
```

只显示小数点左边数据，数据为字符型，显示结果为：9168。

```
? STR(9168.2028,3)
```

显示指定长度的 *，显示结果为：***。

```
?"X="+STR(9168.2028,8,2)
```

显示结果为：X=9168.20。

```
?"X="+STR(9168.2028,9,4)
```

显示结果为：X=9168.2028。

6. 字符串转换数值型函数

格式：

```
VAL(<C>)
```

功能：将字符串<C>转换为数值型数据，函数值为数值型。转换时，遇到第一个非数字字符时停止，若第一个字符不是数字，则返回结果为0.00(保留两位小数)。

例如：

```
? VAL("A98")
```

显示结果为：0.00。

```
? VAL("98A98")
```

显示结果为：98.00。

```
mz=VAL("130.9898")
?STR(mz,8,4)
```

显示结果为：130.9898。

7. 字符转换成ASCII码函数

格式：

```
ASC(<C>)
```

功能：将字符串<C>的第一个字符转换成ASCII码。

例如：

```
?ASC("A"),ASC("Ymmei")
```

显示结果为：

```
65    89
```

8. ASCII码转换成字符函数

格式：

```
CHR(<N>)
```

功能：得到以数值表达式<N>的值为ASCII码的字符。

例如：

```
? CHR(89),CHR(109)
```

显示结果为：

```
Y        m
```

3.5.4 日期函数

日期函数处理日期型数据，但其返回值不一定是日期型数据。

1. 系统当前日期函数

格式：

```
DATE()
```

功能：返回系统当前日期，函数值为日期型，默认格式为 MM/DD/YY。
例如：设系统的当前日期为 2015/12/18。

```
? DATE()
```

显示结果为：2015/12/18。

2. 系统当前时间函数

格式：

```
TIME()
```

功能：返回系统当前时间，函数值为字符型，默认格式为

```
HH:MM:SS
```

例如：设系统的当前时间为 10 点 15 分 30 秒，则

```
? TIME()
```

显示结果为：10:15:30。

3. 系统日期时间函数

格式：

```
DATETIME()
```

功能：给出系统当前的日期和时间，函数值为日期时间型。

4. 月函数

格式 1：

```
MONTH(<D>/<T>)
```

功能：给出日期型表达式<D>或日期时间型表达式<T>当中的月份值，函数值为数值型。

格式 2：

```
CMONTH(<D>/<T>)
```

功能：给出日期型表达式<D>或日期时间型表达式<T>当中的月份对应的英文，函数值为字符型。

例如：设置系统的当前日期为 2015/12/18，则

```
?MONTH(DATE())
```

显示结果为：12。

```
? CMONTH(DATE())
```

显示结果为：December。

5. 日函数

格式：

```
DAY(<D>/<T>)
```

功能：返回日期型表达式<D>或日期时间型表达式<T>当中的日数，函数值为数值型。

例如：设系统的当前日期为 2015/12/02，则

```
? DAY(DATE())
```

显示结果为：2。

```
STORE {^2015-12-02} TO mdate
? DAY(mdate)
```

显示结果为：2。

6. 星期函数

格式 1：

```
DOW(<D>/<T>)
```

功能：给出日期型表达式<D>或日期时间型表达式<T>在星期中的序号，1～7 分别代表星期日到星期六，函数值为数值型。

格式 2：

```
CDOW(<D>/<T>)
```

功能：以英文给出日期型表达式<D>或日期时间型表达式<T>是星期几，函数值为字符型。

例如：

```
STORE {^2015-12-02} TO mz
? DOW(mz)
```

显示结果为：4。

```
? CDOW(mz)
```

显示结果为：Wednesday。

7. 年函数

格式：

```
YEAR(<D>/<T>)
```

功能：给出日期型表达式<D>或日期时间型表达式<T>的4位年份数字值，函数值为数值型。

例如：设系统的当前日期为2015/12/02，则

```
?YEAR(DATE())
```

显示结果为：2015。

3.5.5 数据库函数

数据库函数的操作对象是表和数据库，在学习了下一章内容之后，再来理解和运用这些函数更加适宜。为说明函数的功能和使用方法，在示例中引用了即将在第4章介绍的一些数据表操作命令。

1. 当前记录号测试函数

格式：

```
RECNO([<工作区号/别名>])
```

功能：测试当前或指定工作区中数据表的当前记录号，函数值为数值型。

缺省工作区号或别名时指当前工作区。

例如，执行命令USE xs.dbf后，测试记录指针当前位置。

```
GO BOTTOM                  && 指针指向表文件 xs.dbf 的末记录
? RECNO()
```

显示结果为：10。

```
SKIP                       && 指针移向文件尾
? RECNO()
```

显示结果为：11。

```
GO TOP                    && 指针移向首记录
? RECNO()
```

显示结果为：1。

```
SKIP -1                   && 指针移向文件头
?RECNO()
```

显示结果为：1。

2. 文件起始测试函数

格式：

```
BOF([<工作区号/别名>])
```

功能：当按反向顺序对表文件记录指针进行操作时，操作完第一个记录，此函数值为真(.T.)；否则为假(.F.)。

当BOF()为真时，指针指向首记录；但指针指向首记录，BOF()不一定为真。缺省工作区号或别名时指当前工作区。

例如，测试表记录指针什么情况下指向文件头，则执行命令USE xs.dbf后，再执行以下命令：

```
GO TOP
? RECNO()
```

显示结果为：1。

```
? BOF()
```

显示结果为：.F.。

```
SKIP -1
? RECNO()
```

显示结果为：1。

```
? BOF()
```

显示结果为：.T.。

3. 文件结束测试函数

格式：

```
EOF([<工作区号/别名>])
```

功能：当按正向顺序对表文件记录指针进行操作时，操作完最后一条记录，此函数值为真(.T.)；否则为假(.F.)。

当EOF()为真时，记录指针值为最大记录号加1。缺省工作区号或别名时指当前工作区。

例如，测试表记录指针什么情况下指向文件尾，则执行命令 USE xs.dbf 后，再执行以下命令：

```
GO BOTTOM
?RECNO()
```

显示结果为：10。

```
? EOF()
```

显示结果为：.F.。

```
SKIP
?RECNO()
```

显示结果为：11。

```
?EOF()
```

显示结果为：.T.。

注意：当打开无记录的空表时，BOF()和 EOF()函数皆返回真值。如若被测试的文件不存在，以上两种测试都返回逻辑值假。

4. 查询结果测试函数

格式：

```
FOUND([< 工作区号/别名> ])
```

功能：在指定工作区执行查找命令后，若找到了符合条件的记录，则函数值为真(.T.)，否则函数值为假(.F.)。

省略工作区号或别名时指当前工作区。

5. 文件存在测试函数

格式：

```
FILE(< 文件名> )
```

功能：测试指定文件是否存在，如果存在，返回逻辑真值.T.，否则返回逻辑假值.F.。

例如，假设当前文件目录下有文件 xs.dbf，则下列命令将显示.T.。

```
?FILE("xs.dbf")
```

6. 表文件存在测试函数

格式：

```
DBF([<工作区号或别名>])
```

功能：返回当前或指定工作区中的表文件名，函数值为字符型。如没有打开的数据表文件，则返回空串。缺省工作区号或别名时指定当前工作区。

7. 记录个数测试函数

格式：

```
RECCOUNT([<工作区号或别名>])
```

功能：测试当前或指定工作区中数据表的记录个数，包含已逻辑删除的记录。函数值为数值型。缺省工作区号或别名时指当前工作区。

8. 工作区号测试函数

格式：

```
SELECT([0/1/别名])
```

功能：0表示未使用的最小工作区号，别名表示别名对应工作区号，省略表示当前工作区号，1表示返回未使用工作区的最大编号。函数值为数值型。

3.5.6 其他函数

凡不属于上述各类的函数都归入其他类函数。

1. 宏代换函数

格式：

```
&<字符型内存变量>[.<字符串>]
```

功能：函数值是字符型内存变量所代表的字符串。

宏代换函数可以用在很多地方，例如，当需要频繁使用某个表达式或命令时，可以先把表达式(注意不是表达式之值)或者命令以字符常量的形式赋值给一个内存变量，然后在需要的地方用宏代换函数替换出字符型内存变量的值即可。

例如，下列命令执行后，相当于显示表达式 x^2＋2＊x＊y＋y^2 的值。

```
STORE "x^2+2*x*y+y^2" TO z
? &z
```

再如，下列命令执行后，将打开由用户指定名字且名字保存在字符型内存变量 database 中的表文件，而不意味着一定要打开名为 database.dbf 的表文件。

```
ACCEPT "请输入文件名：" TO database
USE &database
```

在使用 & 函数时要注意，符号 & 后面必须紧跟着要代替的内存变量名，不能有空格;被 & 函数代替的字符串中可以包含 & 函数本身,也就是说 & 和其他函数一样可以嵌套使用。

例如:

```
name="月木每"
mz="你好!&name"
?mz
```

显示结果为:

```
你好!月木每
```

```
?"你是 &name 吗?"
```

显示结果为:

```
你是月木每吗?
```

以下三条语句

```
STORE "Video" TO file
STORE "Title" TO index
USE &file INDEX &index..ndx
```

结合使用相当于:

```
USE Video INDEX Title.ndx
```

2. IIF 函数

格式:

```
IIF(<L>,<表达式 1>,<表达式 2>)
```

功能:如果条件表达式<L>的值为真,则函数返回<表达式 1>的值,否则返回<表达式 2>的值,函数值的数据类型取决于表达式的数据类型。

例如:

```
STORE 10 TO mz
char=IIF(mz>9,STR(mz,2),STR(mz,1))
? char
```

显示结果为:10。

```
STORE 9 TO mz
char=IIF(mz>9,STR(mz,2),STR(mz,1))
? char
```

显示结果为:9。

3. 信息对话框函数

格式：

```
MESSAGEBOX(< C1> [,< N> [,< C2> ]])
```

功能：显示一个信息框，供用户选择其中的按钮，按钮的名称决定了函数的数值。

其中，＜C1＞表示在信息对话框中显示的提示内容，信息过长时可在该表达式中加入回车符(用函数 CHR(13)表示)以使信息内容分行显示，对话框的高度和宽度会根据字符信息的长度调整，以完整显示全部提示内容；＜C2＞表示信息对话框标题栏的标题，若省略＜C2＞，则以"Microsoft Visual FoxPro"为标题；＜N＞表示信息对话框中的按钮类型、提示图标以及默认按钮位置，＜N＞的省略值为 0。

按钮类型与对应数值见表 3-10，图标类型及对应数值见表 3-11，默认按钮位置及对应数值见表 3-12。函数中数值表达式＜N＞的值是按钮类型、图表类型和默认按钮各自所对应数值的和。MESSAGEBOX 函数的函数值与用户所选按钮的对应关系见表 3-13。

表 3-10 对话框按钮值与按钮类型的对应关系

按钮值	对话框按钮类型	按钮值	对话框按钮类型
0	仅有"确定"按钮	3	"是"、"否"和"取消"按钮
1	"确定"和"取消"按钮	4	"是"和"否"按钮
2	"终止"、"重试"和"忽略"按钮	5	"重试"和"取消"按钮

表 3-11 对话框图标值与图标类型

图标值	图标类型	图标值	图标类型
16	"停止"图标	48	惊叹号
32	问号	64	信息(i)图标

表 3-12 对话框默认按钮值与默认按钮位置

默认按钮值	默认按钮位置	默认按钮值	默认按钮位置
0	第一个按钮	512	第三个按钮
256	第二个按钮		

表 3-13 函数返回值与选取按钮的对应关系

选取按钮	返回值	选取按钮	返回值
确定	1	忽略	5
取消	2	是	6
终止	3	否	7
重试	4		

例如，执行下列赋值命令，系统所显示的对话框如图 3-9 所示。若选择“是”按钮，则 an=6，若选择“否”按钮，则 an=7。

```
an=MESSAGEBOX("想了解 MESSAGEBOX 函数的用法吗?",4+32+0,"MESSAGEBOX 使用示例")
```

图 3-9　MESSAGEBOX 函数使用示例

4. 测试表达式类型函数

格式：

```
TYPE(< C> )
```

功能：用一个字母给出对字符表达式<C>数据类型的判断结果，函数值为字符型。给出的字符是下列之一。

C：字符型；

N：数值型；

L：逻辑型；

M：备注型；

U：未知类型。

例如：

```
? TYPE("12 * 2+59")
```

显示结果为：N。

```
?TYPE(".F..OR..T. ")
```

显示结果为：L。

```
? TYPE("ANSWER=9168")
```

显示结果为：U。

习题 3

(1) 举例说明 Visual FoxPro 6.0 的字段类型。

(2) 举例说明 Visual FoxPro 6.0 的常量类型。

(3) Visual FoxPro 6.0 有哪几种变量类型?

(4) Visual FoxPro 6.0 定义了哪几种类型运算符?在类型内部和类型之间,其优先级是如何规定的?

(5) Visual FoxPro 6.0 定义了哪几种表达式?各举一例说明。

(6) 举例说明函数返回值的类型和函数对参数的类型要求。

(7) 举例说明下列函数的用法:

SUBSTR()　STR()　EOF()　FOUND()　&　MESSAGEBOX()

(8) Visual FoxPro 6.0 有哪两种工作方式?简单说明各种工作方式的特点。

(9) 什么是命令式语言?举例说明 Visual FoxPro 6.0 命令的特点。

第4章 表与数据库

本章主要讲述数据表的建立、修改、编辑、浏览、复制、索引的方法及其相关命令用法，以及数据库的建立、表的添加和删除、数据库表的相关设置，另外还介绍索引、数据库表间关系及其相关设置等内容。在介绍这些概念和相关命令的使用方法时，依然结合前面章节所使用的案例，帮助学习者更为有效地理解与掌握所学知识。虽然许多操作有命令和菜单两种方法都可以实现，但本章主要以命令方式操作讲述，相关菜单的操作方法，可以在实际操作中练习掌握。

数据表可以分为自由表和数据库表。自由表和数据库表在形式上完全相同，只有自由表是完全独立的文件，而数据库表是包含于数据库中的，一个数据库可以包含一个或多个数据库表。自由表和数据库表还可以相互转换。本章的学习过程是首先创建并探讨自由表的相关知识，然后将自由表添加到数据库中，再研究数据库表的特性以及统一数据库中表与表之间的相关性。

从本章开始，本书将以学生管理数据库(xsgl. dbc)为例系统地讲解数据库管理系统的相关内容，该数据库包括学生表(xs. dbf)、课程表(kc. dbf)和成绩表(cj. dbf)，后面各个章节都涉及对这些表的操作，本章中将详细介绍各表的结构和数据。

4.1 表结构

在 Visual FoxPro 中，表也叫数据表，其扩展名为. DBF，它是收集和存储信息的基本单元。数据表的创建主要涉及的概念有数据表文件的默认路径设置、命名规则、表设计器的使用，数据表结构组成、字段类型及其属性设置、数据表记录的输入等问题。

4.1.1 数据表

1. 二维表与数据表

学生信息表 4-1 是常见的简单二维表，利用 Visual FoxPro 的关系数据模型，能够将这种二维表作为数据表文件存入计算机。二维表由标题行和下面若干数据行组成，其中标题行的列标题称为字段，数据行称为表记录，也就是对应字段的值，每一行数据成为表的一个记录。数据表的创建通常由创建结构和输入记录两步完成，所谓创建表的结构就是表中标题行的设置，主要包括定义各个字段的名称、类型和长度等，其中字段类型来自第 3 章中的前 11 种类型，详见表 4-2。

表 4-1　学生信息

学号	姓名	性别	生日	班级	入学成绩	照片	是否应届	曾获奖励
20150011	李中华	男	1999-10-01	会计 1501	611		T	
20150012	肖萌	女	1998-02-04	会计 1501	600		T	
20150014	李铭	男	1997-12-31	会计 1501	599		T	
20150020	张力	男	1995-01-01	会计 1501	585		F	
20151234	傅丹	男	1998-03-20	会计 1502	630		T	
20151240	李园	女	1996-01-01	会计 1502	588		F	
20151255	华晓天	男	1999-07-17	会计 1502	590		T	
20154001	刘冬	女	1998-11-09	经济 1501	633		T	
20154019	严岩	男	1997-03-13	经济 1501	615		T	
20154025	王平	男	1998-06-19	经济 1501	600		T	
20156001	江锦添	男	1995-04-27	经济 1502	610		F	
20156200	李冬冬	女	1998-12-25	经济 1502	570		T	
20156215	赵天宁	男	1997-08-15	经济 1502	585		T	
20156345	于天	女	1998-09-10	经济 1502	640		T	
20156500	梅媚	女	1999-5-20	经济 1502	580		T	

表 4-2　字段类型与宽度

类型	代号	说　明	宽度（字节）	范　围
字符型	C	存放从键盘输入可显示打印的汉字与字符	<=254	最多 254 个字符
数值型	N	存放由正负号、数字、小数组成并能参与运算的数据	<=20	$-0.9999999999\times10^{19}$ 19～$0.9999999999\times10^{20}$
货币型	Y	与数值型不同之处是保留 4 位小数	8	−922337203685477.5808～922337203685477
逻辑型	L	存放逻辑值 T 或 F，其中 T 表示“真”，F 表示“假”	1	T 表示“真”，F 表示“假”
浮点型	F	同为数值型，为与其他软件兼容		只是为了提供与其他数据库的兼容，使用时与数值型数据相同
整型	I	存放不带小数的数值	4	−2147483647～2147483647
双精度型	B	存放要求精度较高的数值，或真正的浮点数	8	$\pm4.94065645841247\times10^{-324}$～$\pm8.9884656743115\times10^{370}$

续表

类型	代号	说　　明	宽度(字节)	范　　围
日期型	D	格式为：mm/dd/nn,或 mm、dd、nn 表示为：月、日、年	8	01/01/0001～12/31/9999
日期时间型	T	格式为：mm/dd/nn，hh:nn:ss 表示为：月、日、年、时：分：秒	8	01/01/0001～12/31/9999 00：00：00～11：59：59
备注型	M	可以接受一切字符型数据，数据保存在与表主名相同的备注文件中，其扩展名为.FPT，该文件随表文件的打开自动打开。如果被损坏或丢失，表文件将无法打开	4	仅限于存储空间
通用型	G	用来存放图形、电子表格、声音等多媒体数据。数据也存放在扩展名为.FPT 的备注文件中	4	仅限于存储空间

说明：

(1) 字段名称。字段名称的命名原则是，以汉字或字母开头，由字母、汉字、数字和下划线组成的序列。自由表中字段名称的最大长度不超过 10 个字节，数据库表字段名称的最大长度为 256B，其中每个汉字占有 2B。

(2) 类型与宽度。字段的类型与其宽度相关，不同类型的字段其宽度有所不同，宽度以字节为单位。对于字符型、数值型、浮点型 3 种字段要根据实际需要合理选择宽度，其他类型字段宽度均由 Visual FoxPro 统一规定(系统默认值)。例如，日期型宽度为 8B，逻辑型为 1B，而备注型与通用型为 4B(仅仅表示数据在.FPT 文件中的位置)。

(3) 小数位数。只有数值型、浮点型、双精度型才需要设置小数位数。小数点与正负号都要在字段宽度中占一位。例如，保存数据－9999.99，则要求数据宽度为 8B。

通过分析学生信息表 4-1 的数据可为该表设计结构如表 4-3 所示。

表 4-3　学生信息表结构

字段名	类　型	宽　度	小数位数
学号	字符	8	
姓名	字符	8	
性别	字符	2	
生日	日期	8	
班级	字符	5	
入学成绩	整型	4	
照片	通用型	4	
是否应届	逻辑型	1	
曾获奖励	备注型	4	

2. 表文件名的命名规则

在 Windows 7 操作系统中，文件名的命名规则如下：

(1) 文件名称长度不得超过 255 个字符，包括文件名和扩展名在内。

(2) 文件名除了开头之外任何地方都可以使用空格。

(3) 文件名中不能有下列符号：＜＞，/，\，|，:，""，*，?。

3. 用户文件默认路径的设置

在建立文件之前，一般首先要确定该文件存放的位置——路径，建立数据表也不例外。默认路径是指存储文件时系统默认的文件存储位置，Visual FoxPro 提供菜单与命令两种设置默认路径的方法。例如，需要建立的表文件 xs.dbf 想存放在 d:\xsgl 目录下，则必须先在 d 盘建立文件夹 xsgl，然后再设置默认路径指向该文件夹。

设置默认路径的命令格式：

```
SET DEFAULT TO [< 路径> ]
```

若用命令方式设置默认路径，按上述具体要求，就是在命令窗口键入下列命令：

```
SET DEFAULT TO d:\xsgl
```

用菜单方式同样可以实现上述设置默认路径功能。具体步骤为：在 Visual FoxPro 的系统菜单中，选择"工具"|"选项"|"文件位置"菜单命令，在弹出的"选项"对话框的列表框中选中"默认目录"，再单击"修改"按钮，在"更改文件位置"对话框中输入指定的默认路径为：d:\xsgl，如图 4-1 所示。单击"确定"按钮，返回"选项"对话框，单击"确定"按钮，关闭"选项"对话框。如果在退出选项对话框前，单击"设置为默认值"按钮，则每次启动 Visual FoxPro 后都将以该路径为默认值。

注意：如果执行命令时省略掉路径，命令的效果是取消默认路径。

4.1.2 创建表结构

数据表的创建过程是先定义表的结构，再向表中输入数据。数据表结构的建立方法有两种，一种是在表设计器中，以交互方式建立，另一种是通过执行命令来建立。使用命令建立表结构的方法将在第 5 章 SQL 命令一节中介绍，在此，主要介绍以表设计器建立表结构的过程。表设计器的打开方式有两个，即命令方式和菜单方式。

1. 使用命令打开表设计器建立表结构

格式：

```
CREATE [<表文件名> | ?]
```

功能：当有选项＜表文件名＞时，按指定表文件名建立数据表。若无或选"?"，则从文件夹选择对话框中指定建立表文件所在的路径与文件名。

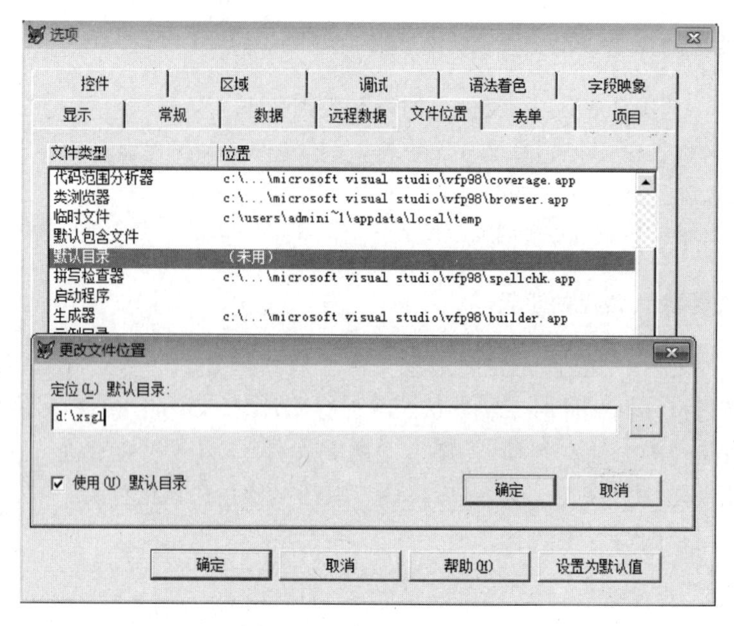

图 4-1　文件位置选项卡

2. 表设计器字段页面常用项

上述命令执行完毕后，系统会打开表设计器窗口，设计页面需要设定的选项如下：

(1)“字段名”列为文本框，输入字段名。

(2)“类型”列为组合框，用于选取类型。

(3)“宽度”列为微调器，也可以在微调器的文本区直接输入数字。

(4)“小数位数”列为微调器，用于输入或选择小数位数。

(5)“索引”列为下拉列表，用于设置当前字段索引的升降序，参见 4.3 节。

(6)“NULL”按钮：NULL 值表示无明确的值，不同于零、空串和空格。选定 NULL 按钮，界面上会显示√，表示该字段可以接受 NULL 值。便于 Visual FoxPro 与其他可能包含 NULL 值的数据通用。

(7) 移动按钮：位于字段名左端，通过单击空白按钮，变成双箭头后，上下拖动改变字段次序。

(8)“插入”按钮：要在某字段前插入新字段，先选定该字段，按“插入”按钮。

(9)“删除”按钮：要删除某字段，选定后按“删除”按钮。

下面通过具体实例说明创建表的步骤。

【例 4-1】 创建学生表 xs.dbf。

操作步骤如下：

(1) 启动 Visual FoxPro 后，设置好路径 d:\xsgl。

(2) 在命令窗口键入命令：

```
CREATE xs
```

(3) 进入表设计器,按照表 4-3 的结构设计结果,依次输入各个字段名,选择相应的类型和宽度,如图 4-2 所示。完成设置后,单击“确定”按钮,出现如图 4-3 所示的记录输入确认对话框,如果单击“否”按钮,则退出表设计器,生成只有结构没有记录的表文件 xs.dbf;如果单击“是”按钮,则进入如图 4-4 所示的记录输入窗口,如果暂时不需要输入记录,可以按 Ctrl+W 键,保存结构并关闭窗口。

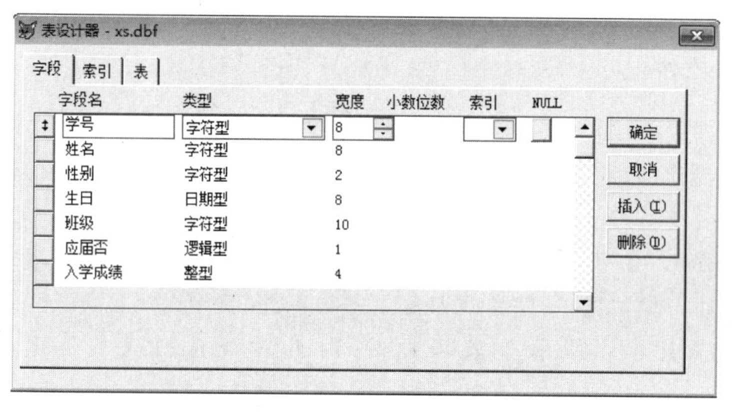

图 4-2　表设计器示例

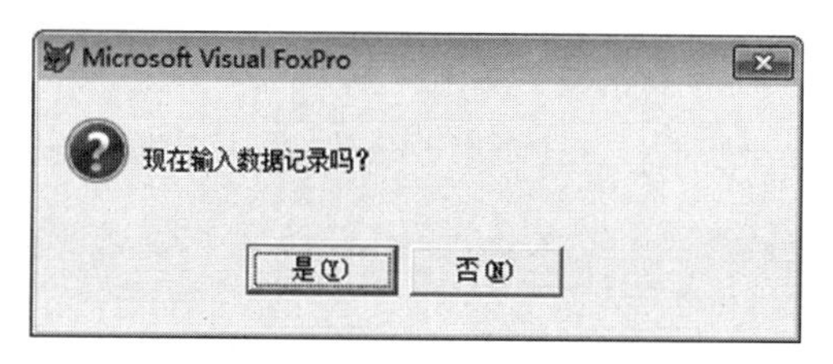

图 4-3　记录输入确认对话框

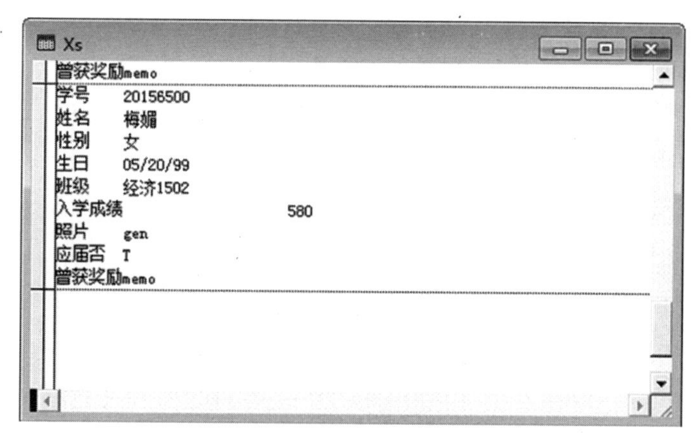

图 4-4　记录输入窗口示例

3. 使用菜单打开表设计器建立表结构

使用菜单打开表设计器的过程为:选择“文件”|“新建”菜单命令,在弹出的“新建”对

话框中选择文件类型为“表”，然后单击“新建文件”按钮，打开表设计器。

表设计器包括字段、索引和表 3 个选项卡。在表设计器中可以创建或修改数据库表和自由表的结构，可以创建或编辑索引，还可以进行有效性和默认值等数据库表特有功能的设置。

4.1.3 修改表结构

1. 打开表文件

在表文件建立后，如果需要对表结构进行修改，通常需要先打开表文件。同样，对表记录进行任何操作，通常也需要首先打开表文件。所谓表文件的打开，就是将表文件调入内存以供 Visual FoxPro 系统进行操作。打开表文件有以下两种方式。

(1) 菜单方式。在 Visual FoxPro 中选择“文件”|“打开”菜单命令，然后在“打开”对话框中指定文件存储位置、文件类型和表文件名，单击“确定”按钮。

注意：使用菜单方式打开表文件时，打开对话框的底部有两个可选项，如图 4-5 所示。

① 以只读方式打开：以该方式打开，表文件只能查看，不能修改表结构和表数据。

② 独占：以该方式打开，用户可以对表做所有操作，既可以修改表结构又可以修改表数据。

③ 两种方式都不选：此时用户只能修改表数据，不能修改表结构。

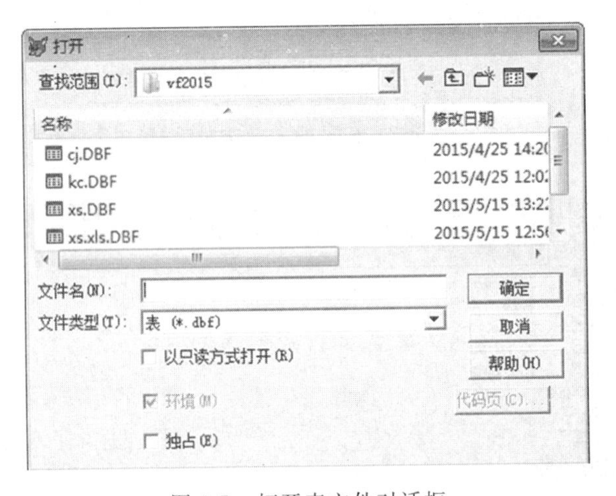

图 4-5　打开表文件对话框

(2) 命令方式。

格式：

```
USE [<表文件名>| ?]
```

功能：

① USE <表文件名>：打开指定的表文件。

② USE ?:进入文件夹对话框选择需要打开的表文件。

③ USE:关闭当前打开的表文件。

2. 修改表结构

与创建表结构相同,修改表结构同样有交互操作方式和命令方式两种。命令方式将在第5章SQL命令一节中介绍,在此主要介绍使用表设计器的交互操作方式。那么,在表设计器中显示要修改的表结构也有以下两种方式。

(1) 菜单方式。当表文件打开后,在Visual FoxPro中选择“显示”|“表设计器”菜单命令。

(2) 命令方式。

格式:

```
MODIFY STRUCTURE
```

功能:若数据表已经打开,直接进入表设计器。否则通过“打开”对话框指定要打开的表文件后,再进入表设计器。

【例4-2】 修改xs.dbf中的“生日”字段名为“出生日期”。

具体步骤如下:

(1) 在命令窗口顺序键入以下命令:

```
USE xs
MODIFY STRUCTURE
```

(2) 在表设计器中,将字段名列中的“生日”改为“出生日期”。

(3) 按“确定”按钮,保存修改结果,关闭表设计器。

注意: 如果在修改后无法单击“确定”按钮,最可能的原因是打开表时没有选择“独占”模式。

4.1.4 输出表结构

如果需要显示、打印表的结构信息,可以使用以下命令:

格式:

```
LIST | DISPLAY STRUCTURE [TO PRINT]
```

说明:显示或打印当前表的结构信息。

【例4-3】 显示并打印表xs.dbf的结构信息。

依次执行以下命令序列:

```
USE xs
LIST STRUCTURE TO PRINT
USE
```

打印结果如图4-6所示。

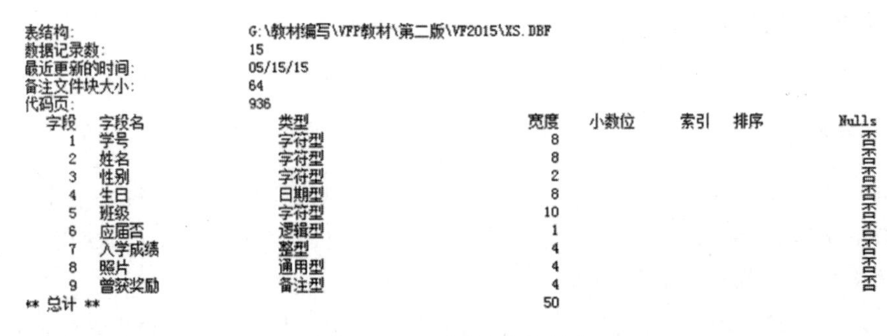

表结构: G:\教材编写\VFP教材\第二版\VF2015\XS.DBF
数据记录数: 15
最近更新的时间: 05/15/15
备注文件块大小: 64
代码页: 936

字段	字段名	类型	宽度	小数位	索引	排序	Nulls
1	学号	字符型	8				否
2	姓名	字符型	8				否
3	性别	字符型	2				否
4	生日	日期型	8				否
5	班级	字符型	10				否
6	应届否	逻辑型	1				否
7	入学成绩	整型	4				否
8	照片	通用型	4				否
9	曾获奖励	备注型	4				否
** 总计 **			50				

图 4-6　xs.dbf 的结构信息

4.2　表记录

表记录的输入可以在创建表结构后立即进入记录编辑窗口，如图 4-4 所示，也可以在以后的任何时间输入记录。在表结构建立后，如果按照图 4-3 所示的界面提示直接进入记录编辑窗口，可以依据表结构定义的类型和宽度依次输入各个字段的值，当输入完一个记录的最后一个字段值时，系统自动进入下一个记录的输入状态，这样可以一次连续输入若干条记录；否则，可以通过执行添加记录命令来输入记录。

4.2.1　输入记录

1. 输入记录要点

(1) 逻辑型字段只能接受 y、n 或 t、f 这 4 个字母之一(不分大小写)。y 与 t 等效，n 与 f 相同等效，无论输入哪个，仅以对应的 t、f 显示。

(2) 日期型的数据必须与日期格式相符合，系统默认为美式格式：mm/dd/yy。若要设置为中国格式 yy.mm.dd，则执行命令：SET DATE ANSI。若要从其他格式回到美式格式，则执行命令：SET DATE AMERICAN。命令：SET CENTURY ON/OFF，用来设置是否显示世纪，即日期当中年份是显示 4 位还是 2 位。

(3) 通用型与备注型字段。当某记录的通用型或备注型字段未输入数据或数据为空时，对应字段显示“memo”或“gen”，否则显示“Memo”或“Gen”。若输入某记录通用型或备注型字段的值，则双击对应的字段，或者按 Ctrl＋PgDn 键。比较而言，备注型字段的编辑窗口为文本编辑器，而通用型字段值为多媒体，因此，相对操作复杂一些。

① 通用型字段数据的输入。通用型字段的数据主要是通过剪贴板粘贴，或通过“编辑”菜单的“插入对象”命令来插入图形、图像、声音等多媒体数据。操作步骤与方法要点就是利用剪贴板将 Windows 的图形传送到 Visual FoxPro。其实，Word 的图形、Excel 的表格，都能通过剪贴板向 Visual FoxPro 传送；反之，通用型字段数据也可通过剪贴板传送到这些应用程序。

② 通用型字段数据的编辑。若要修改已存入的图形，则必须使用图形编辑工具。操作步骤很简单，只要双击通用型字段窗口，就会打开该图形的编辑环境，便可编辑图形。

与图形类似，其他多媒体数据的编辑同样需要在相应的编辑环境中进行。

③ 通用型字段数据的删除。若要删除已存入的图形，可先打开通用型字段窗口，然后选定“编辑”菜单的“清除”命令。通用型字段数据被删除的标志是该字段显示的“Gen”又变回为“gen”。

2. 输入记录示例

例如，将学生信息表 4-1 的信息输入到表文件 xs. dbf 的过程是，首先打开表文件 xs. dbf，然后在 Visual FoxPro 系统菜单中选择“显示”|“浏览”，打开表的浏览窗口，再在系统菜单中选择“表”|“追加新记录”。依次输入记录后，在系统菜单中选择“显示”|“浏览”，浏览窗口如图 4-7 所示。

Xs

学号	姓名	性别	生日	班级	入学成绩	照片	应届否	曾获奖励
20150011	李中华	男	10/01/99	会计1501	611	Gen	T	memo
20150012	肖萌	女	02/04/98	会计1501	600	Gen	T	memo
20150014	李铭	男	12/31/97	会计1501	599	Gen	T	memo
20150020	张力	男	01/01/95	会计1501	585	Gen	F	memo
20151234	傅丹	男	03/20/98	会计1502	630	Gen	T	memo
20151240	李园	女	01/01/96	会计1502	588	Gen	F	memo
20151255	华晓天	男	07/17/99	会计1502	590	Gen	T	memo
20154001	刘冬	女	11/09/98	经济1501	633	Gen	T	memo
20154019	严岩	男	03/13/97	经济1501	615	Gen	T	memo
20154025	王平	男	06/19/98	经济1501	600	Gen	T	memo
20156001	江锦添	男	04/27/95	经济1502	610	gen	F	memo
20156200	李冬冬	女	12/25/98	经济1502	570	gen	T	memo
20156215	赵天宁	男	08/15/97	经济1502	585	gen	T	memo
20156345	于天	女	09/10/98	经济1502	640	gen	T	memo
20156500	梅媚	女	05/20/99	经济1502	580	gen	T	memo

图 4-7　学生表浏览窗口

4.2.2　显示记录

表记录的显示可以用菜单和命令两种方式实现。

1. 菜单方式

打开任一表文件后，“显示”菜单中就会自动增加“浏览”一项。显示的形式有编辑和浏览两种，能够任意切换，图 4-7 的显示就是浏览形式。另外，这种形式还能够实现“一窗两区”的显示方式。浏览器窗口左下角的黑色方块，称为窗口分割器。将分割器向右拖动，便可以将窗口分割为两个区，如图 4-8 所示。两个区的显示形式可以在对应显示区被激活的状态下，选择浏览或编辑形式。在图 4-8 两个分区的浏览窗口中，左边分区为浏览显示形式，右边分区为编辑显示形式。设置两个分区后，可以在“表”菜单中选择“连接分区”，实现互动效果，即在左边选择某个记录时，右边分区也自动显示对应的记录。

2. 命令方式

通常用来显示表信息的命令有 DISPLAY、LIST 和 BROWSE。

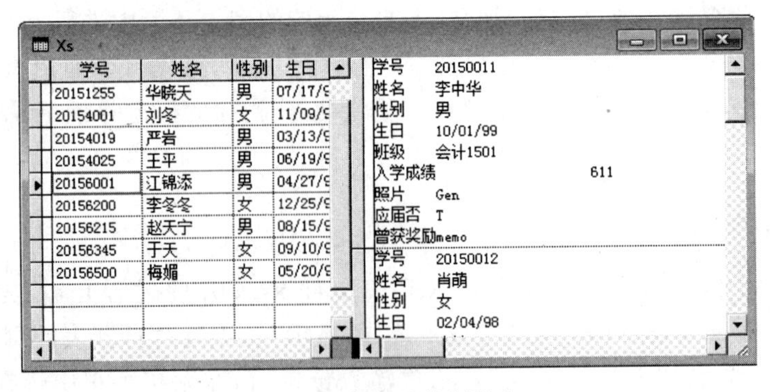

图 4-8　两个分区的浏览窗口

(1) LIST 命令。

格式：

```
LIST [[FIELDS] <字段名列表>][<范围>][FOR <条件 1>] [WHILE<条件 2>]
    [OFF][TO PRINT]
```

功能：列表显示当前表指定范围内满足条件记录的指定字段值。

(2) DISPLAY 命令。

格式：

```
DISPLAY [[FIELDS] <字段名列表>][<范围>][FOR <条件 1>] [WHILE<条件 2>]
    [OFF][TO PRINT]
```

功能：分页显示当前表指定范围内满足条件记录的指定字段值。

LIST 和 DISPLAY 命令从功能上讲非常相似，在使用上有以下几点需要说明：

① ＜范围＞省略的时候，LIST 默认为 ALL，DISPLAY 默认为当前记录。

② OFF 子句表示不显示记录号

③ TO PRINT 子句表示送打印机输出，省略的时候，仅在主窗口显示记录。

④ ＜字段名列表＞省略的时候，表示除备注型和通用型之外的所有字段。

(3) BROWSE 命令。

格式：

```
BROWSE [FIELDS<字段名列表>][FOR<条件 1>] [WHILE<条件 2>]
       [NOAPPEND] [NODELETE][NOEDIT|NOMODIFY]
       [FREEZE<字段名>][LOCK <N 型表达式>]
```

功能：在浏览窗口中显示当前表满足条件记录的指定字段值。

说明：

① NOAPPEND 子句：不容许追加记录。

② NODELETE 子句：不容许逻辑删除记录。

③ NOEDIT | NOMODIFY 子句：不容许修改记录。

④ FREEZE ＜字段名＞：仅列出的那一个字段容许修改，其余字段只读。

⑤ LOCK <N型表达式>：把左边的n列锁定在浏览窗口(n表示N型表达式的值)。

BROWSE是个功能十分丰富的命令，它有多达几十个的子句，在此仅给出以上的简单格式，完整的格式可查看系统帮助文档。

3. 命令方式显示示例

【例 4-4】 用命令 LIST 或 DISPLAY 显示入学成绩大于 600 分的应届学生的学号、姓名和性别。

依次执行下列命令：

```
SET DEFAULT TO d:\xsgl
USE xs
LIST FIELDS 学号,姓名,性别 FOR 入学成绩>600 AND 应届否
USE
```

执行命令后，显示结果如图 4-9 所示。

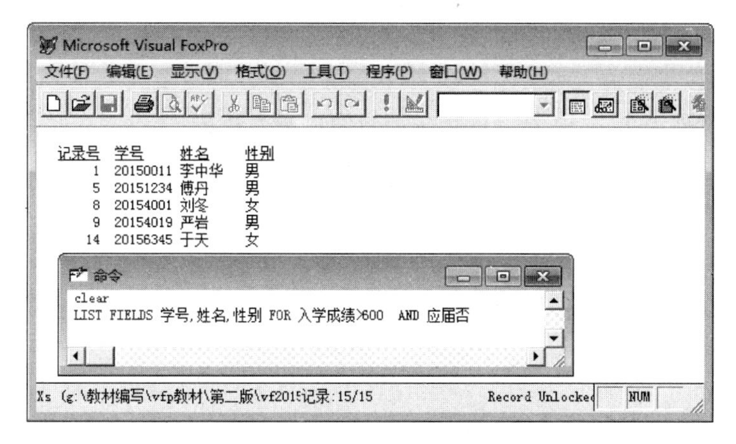

图 4-9 例 4-4 命令与执行结果

【例 4-5】 用 BROWSE 命令显示班级为会计 1501 的学生的学号、姓名和班级。

依次执行下列命令：

```
USE xs
BROWSE FIELDS 学号,姓名,班级 FOR 班级="会计 1501"
```

执行命令后显示结果如图 4-10 所示。

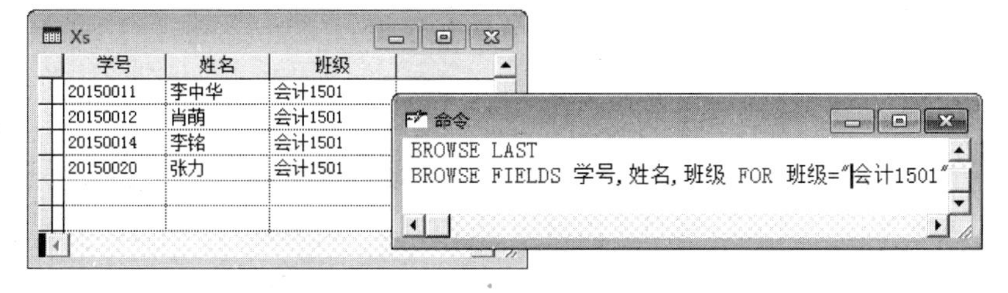

图 4-10 例 4-5 命令与执行结果

4.2.3 追加记录

当需要对数据表追加记录时,同样可以通过菜单和命令方式添加记录。

1. 菜单方式

要使用菜单方式追加记录,首先要打开表的浏览窗口,这时在系统菜单中出现“表”菜单,其中的“追加新记录”和“追加记录…”两项分别对应下面要介绍的 APPEND 命令和 APPEND FROM 命令。

2. 命令方式

(1) APPEND 命令。

格式:

```
APPEND
```

功能:以交互方式在当前表记录之后追加若干条新记录。

【例 4-6】 以键盘输入方式给学生表 xs.dbf 追加若干记录。

依次执行下列命令后,在打开的记录编辑窗口键入数据:

```
USE xs
APPEND
```

(2) APPEND BLANK 命令。

格式:

```
APPEND BLANK
```

功能:给当前表追加一条空白记录。

(3) INSERT 命令。

格式:

```
INSERT [BEFORE]
```

功能:以交互方式在当前表的当前记录之后(或之前)插入若干新记录。

说明:若有 BEFORE 子句,则在当前记录之前插入新记录,否则在当前记录之后插入。

(4) INSERT BLANK 命令。

格式:

```
INSERT BLANK [BEFORE]
```

功能:当前表的当前记录之后(或之前)插入一条空白记录。

说明:若有 BEFORE 子句,则在当前记录之前插入记录,否则在当前记录之后插入。

【例 4-7】 在学生表 xs.dbf 的首记录位置加入一条空白记录。

依次执行下列命令:

```
USE xs
INSERT BLANK BEFORE
```

(5) APPEND FROM 命令

格式：

```
APPEND FROM<表文件名>|?[FIELDS<字段名列表>][FOR<条件>]
```

功能：从指定表文件中读出符合要求的记录，并追加到当前表文件中。

说明：若有 FIELDS<字段名列表>子句，则只追加字段名列表中指定的字段值，否则，只追加两个表文件共有的字段(同名、同类型)。

【例 4-8】 表 xsbf. dbf 与表 xs. dbf 具有相同的结构，但没有记录，将 xs 的记录全部追到 xsbf 中。

依次执行下列命令：

```
USE xsbf
APPEND FROM xs
```

执行后表 xsbf 和表 xs 具有完全相同的结构和数据。

用 SQL 命令也可以追加记录，具体方法见第 5 章有关 SQL 命令章节。

4.2.4 修改记录

记录的修改可以在浏览窗口中，以交互方式完成，也可以通过执行替换命令来完成。

1. 使用 REPLACE 命令

格式：

```
REPLACE [<范围>] [FOR<条件 1>] [WHILE <条件 2>]
    <字段名 1>WITH <表达式 1> [ADDITIVE]
    [,<字段名 2>WITH <表达式 2> [ADDITIVE]…]
```

功能：对当前表指定范围内满足条件的记录，用 WITH 子句中的表达式值替换对应字段值。

说明：

(1) ADDITIVE 子句仅适用于备注型字段，有 ADDITIVE 时，将表达式值追加在原数据之后，否则替换原数据。

(2) <范围>的省略值为当前记录。

【例 4-9】 将学生表 xs. dbf 中姓名为张力的班级改为“会计 1502”。

依次执行如下命令：

```
USE xs
REPLACE 班级 WITH "会计 1502" FOR 姓名="张力"
BROWSE
```

屏幕显示结果如图 4-11 所示。

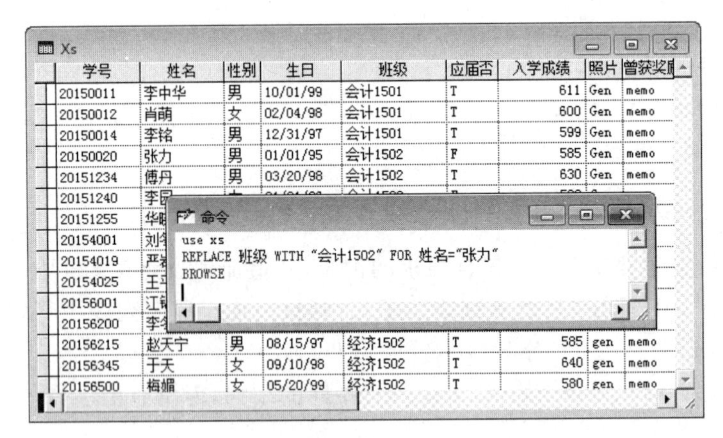

图 4-11　例 4-9 命令与执行结果

2. 其他命令

使用 GATHER 命令，通过数组给当前表的当前记录赋值，从而达到修改记录的目的。

【例 4-10】　将表 xs. dbf 中的第一条记录的“应届否”字段值修改为假值。

先执行以下命令：

```
USE xs
SCATTER TO ss
LIST MEMO LIKE ss *
```

结果如图 4-12 所示，第一条记录各个字段的值逐一被存放在 ss(1)到 ss(7)。

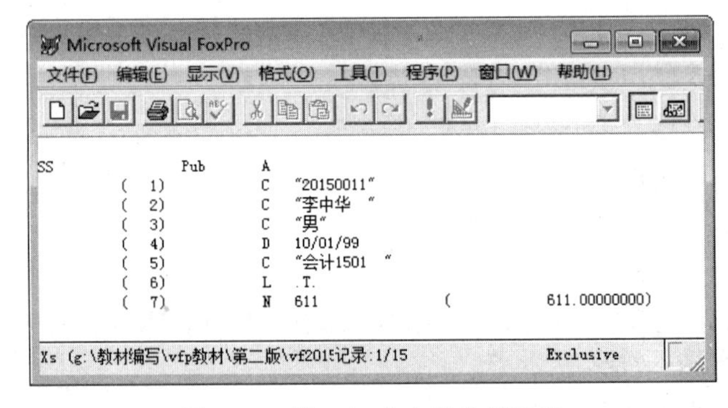

图 4-12　例 4-10 命令及执行结果

然后顺序执行以下命令。

```
ss(6)=.F.
GATHER FROM ss
```

GATHER 和 SCATTER 命令的使用说明参见 3.3.2 关于数组的章节。

另外，用 SQL 命令也可以修改记录，具体方法见第 5 章有关 SQL 命令章节。

4.2.5 定位记录

在对数据表的记录进行操作时，通常需要先进行记录定位。记录定位就是将记录指针指向某个记录，使之成为当前记录，函数 RECNO()的返回值就是当前记录的记录号。在打开表时，记录指针总是指向第一个记录。

1. 绝对定位命令

格式 1：

```
GO[TO] TOP|BOTTOM
```

格式 2：

```
[GO[TO][RECORD]] <数值表达式>
```

功能：

(1) GO TOP 将记录指针指向第一个记录。

(2) GO BOTTOM 将记录指针指向最后一个记录。

(3) GO <数值表达式>将记录指针指向记录号为<数值表达式>值的记录。

例如，在命令窗口执行以下命令序列时，屏幕显示当前记录指针所对应的记录号。命令执行情况参阅图 4-13 记录定位。

```
USE xs
? RECNO()
GO BOTTOM
? RECNO()
GO 4
? RECNO()
2
? RECNO()
```

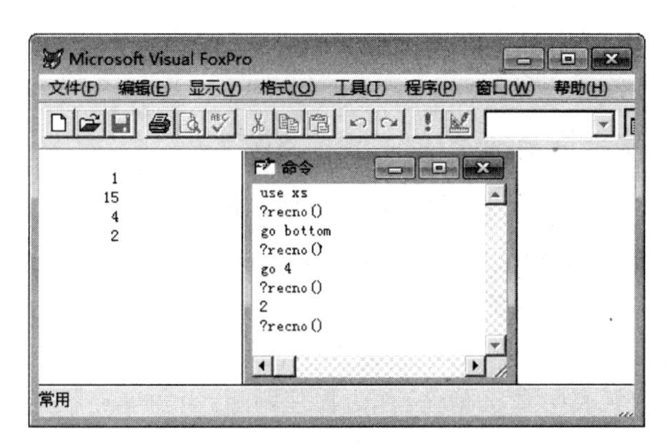

图 4-13 绝对定位命令示例

2. 相对定位命令

格式：

```
SKIP [< 数值表达式> ]
```

功能：从当前记录开始移动记录指针，指针的移动步长为表达式的绝对值。

说明：当表达式的值为正时，记录指针向记录尾部方向移动，否则向顶部方向移动。若无子句＜数值表达式＞时，默认为 1。

例如，执行下列命令：

```
USE xs
? RECNO(),BOF()
SKIP -1
? RECNO(),BOF()
SKIP 9
? RECNO(),EOF()
SKIP
? RECNO(),EOF()
```

执行结果如图 4-14 所示。

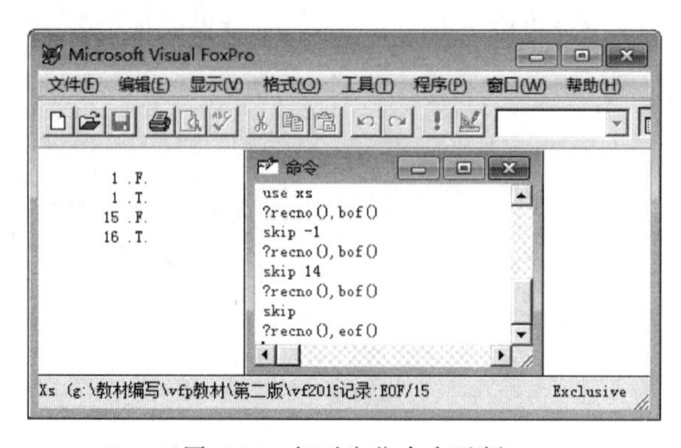

图 4-14　相对定位命令示例

4.2.6　记录的删除与恢复

记录的删除有两种，一种是逻辑删除，另一种是物理删除。逻辑删除就是对要要删除的数据打上一个删除标记，称之为逻辑删除标记。这样的记录在逻辑上数据是被删除的，但数据本身依然存在。而物理删除则是把数据从介质上彻底删除掉。逻辑删除是可逆的，添加了逻辑删除标记的记录可以去掉逻辑删除标记。对添加了逻辑删除标记的记录可以使用 PACK 命令从表中真正删除，称为物理删除，而物理删除是不可逆的。

1. 逻辑删除命令

格式：

```
DELETE [<范围>][FOR<条件 1>][WHILE <条件 2>]
```

功能：对当前表在指定范围内满足条件的记录加上删除标记。

说明：若无范围和条件子句，仅指当前记录。

用 SQL 命令也可以逻辑删除记录，具体方法见第 5 章有关 SQL 命令章节。

注意：添加逻辑删除标记是指每一行第一个字段前白色的方块变为黑色。

2. 物理删除命令

格式：

```
PACK
```

功能：把当前表有删除标记的记录从表中删除，即物理删除。

3. 恢复记录命令

格式：

```
RECALL [<范围>][FOR<条件 1>][WHILE <条件 2>]
```

功能：对当前表指定范围内满足条件的记录去掉删除标记。

说明：若无范围和条件子句，仅指当前记录。

4. 记录清除命令

格式：

```
ZAP
```

功能：物理删除当前表中的所有记录。

说明：ZAP 等价于执行 DELETE ALL 和 PACK 两条命令。

【例 4-11】 从表 xs. dbf 中彻底删除班级为“会计 1502”的记录。

执行下列命令序列：

```
USE xs
DELETE FOR 班级= "会计 1502 "
PACK
```

4.3 数据库

前面探讨的所有案例，使用的表都是自由表，自由表是独立存在的，可以用自由表存储数据并访问和处理其中的数据，但仅有自由表还不够。通常需要同时使用多个相互关联的二维表来描述客观实体的各种属性，只有将这些相互关联的表有机组织在一起，进行统一管理，才能更好、更便捷地记录客观事物的整体。作为关系型数据库管理系统，Visual FoxPro 使用数据库这一强有力的手段来组织和管理数据表。

数据库是一个容器，它按照数据库的组织结构构成表的集合，从而提高数据的一致性和有效性，降低数据冗余。同时，在数据库中还可以建立和保存数据表之间的永久关系，以使各表保持相互协调和相互制约机制。另外，与自由表相比，数据库表的字段名可以长达 254 个字节，更为重要的是数据库表增加了许多自由表所不具备的特性，例如，字段的标题、默认值、显示格式、输入掩码、触发器和有效性规则等，从而使数据表的功能更强大。

总之，在 Visual FoxPro 系统中可以建立两种表，自由表和数据库表。数据库表是数据库最基本的组成部分，并受到数据库的控制，受到与之相关联的表的制约，并也获得了更多的属性和操作方法。自由表则独立于数据库，不受其他表的制约，也不制约其他表。

本节将介绍有关数据库的基本操作。

4.3.1 数据库的创建与修改

1. 创建数据库

数据库的创建有向导方式、菜单方式、命令方式和在项目管理器里创建几种。除了向导方式之外，其实可归结为两种，一是在数据库设计器中通过交互操作方式，另一就是执行命令。

(1) 交互方式创建数据库。

操作步骤：在系统菜单中选择“文件”|“新建”，在“新建文件”对话框中选择文件类型为“数据库”，单击“新建”按钮，在“创建”对话框中指定保存位置和数据库文件名单击“保存”按钮。至此，已经创建了扩展名为.DBC 的数据库文件，而与此同时打开一个数据库设计器窗口。

数据库设计器顾名思义就是用来设计数据库的具体内容的，例如，创建数据库表，或将自由表添加到数据库中使之成为数据库表；从数据库中移去表；为相关的数据库表建立永久关系；设置参照完整性；创建或编辑存储过程等。在数据库设计器窗口中，各表之间的连线表示永久关系。另外，当打开数据库设计器窗口时，系统菜单中将出现“数据库”菜单项，并显示“数据库设计器”工具栏，工具栏中的大多按钮的功能也能在“数据库”中找到，如图 4-15 所示。

例如，创建数据库 xsgl.dbc，并在数据库设计器中将 xs.dbf、cj.dbf 和 kc.dbf 3 个表添加进去。

(2) 使用命令创建数据库。

格式：

```
CREATE DATABASE [<数据库文件名>|?]
```

功能：按指定的数据库文件名建立数据库文件，或在“创建”对话框中指定数据库文件的存储位置和文件名来建立。

例如，命令 CREATE DATABASE xsgl 创建名为 xsgl 的数据库文件。

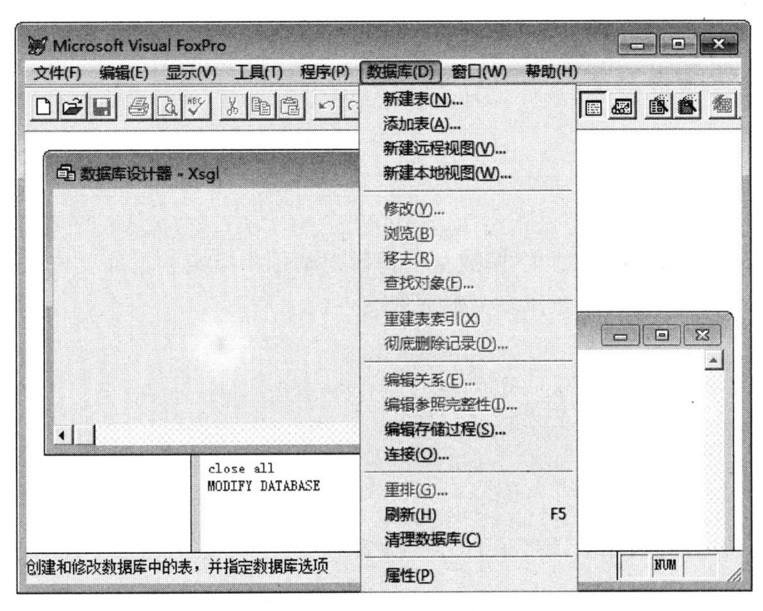

图 4-15　数据库设计器

2. 修改数据库

格式：

```
MODIFY DATABASE [<数据库名>|?]
```

功能：在数据库设计器中显示指定的数据库。

说明：若当前有打开的数据库，则可以省略文件名；若当前没有打开的数据库又省略了文件名或者使用了“?”，则需通过“打开”对话框来指定要打开修改的文件。

另外，数据库文件本身也是一个表文件，其中记载了它所管理的数据库表的参数，以及与索引、关系、存储过程等有关的参数。可以使用浏览命令来查看数据库文件，如下列命令。

```
CLOSE ALL            && 关闭所有文件,包括数据库文件
USE xsgl.dbc         && 打开数据库文件的时候必须指明扩展名 DBC
BROWSE
```

虽然数据库文件也可编辑，但如果修改出错将会破坏数据库，因此数据库的修改通常在数据库设计器中进行。

4.3.2　打开与关闭数据库

在使用数据库的时候也需要打开数据库，打开数据库的方式有直接和间接两种，间接方式就是当打开一个数据库表时，该数据库表所属的数据库被同时打开；直接打开是通过执行专门的命令来打开。当系统运行结束时，所有文件都将自动被关闭，当然其中也包括数据库文件，但有时还是需要人为关闭数据库，例如，上面提到的要浏览数据库文件内容

时，就需要先把数据库文件关闭。

1. 打开数据库命令

格式：

```
OPEN DATABASE [<数据库名>|?]
```

功能：打开指定的数据库文件，或从“打开”对话框中指定数据库文件来打开。

说明：使用该命令可以打开多个数据库文件。

2. 关闭数据库的命令

格式：

```
CLOSE DATABASE [ALL]
```

功能：ALL 子句表示关闭所有打开的数据库文件，若无子句 ALL，则仅关闭当前数据库文件。

4.3.3 数据库表的添加与移除

数据表是数据库最基本的组成部分，数据库中的表可以通过两种方式获得，一种是在数据库中创建表，另一种是将自由表添加到数据库中。当数据库不再需要某个数据表时，也可从数据库中移去，使之成为自由表；或者需要将一个表从一个数据库移动到另一个数据库，也必须先从源数据库移出，再添加到目的数据库。

1. 在数据库中创建表

本教材最终设计并实现学生管理系统，其中数据库中还要涉及课程和成绩等数据表。下面介绍这两个表的表结构及对应表中的数据。

cj. dbf 表结构：学号 C(8)，课程编号 C(4)，成绩 I。表记录见表 4-4。

表 4-4 成绩记录

记录号	学 号	课程编号	成绩	记录号	学 号	课程编号	成绩
1	20150012	A301	84	7	20156215	A101	67
2	20151234	A301	79	8	20156500	A101	50
3	20154001	A403	90	9	20156500	C001	95
4	20154001	B102	75	10	20156500	B501	70
5	20154001	C011	86	11	20156001	B501	90
6	20156200	A101	80				

kc. dbf 表结构：课程编号 C(4)，课程名称 C(12)，学分 N(3,1)。表记录见表 4-5。

表 4-5　课程记录

记录号	课程编号	课程名称	学分	记录号	课程编号	课程名称	学分
1	A101	高等数学	6.0	8	B102	运筹学	4.5
2	A201	哲学	4.0	9	B103	概率与统计	4.0
3	A301	大学英语	4.0	10	B501	数据结构	4.0
4	A401	微观经济学	5.0	11	B502	操作系统原理	3.5
5	A402	宏观经济学	5.0	12	C001	大学语文	3.0
6	A403	计量经济学	5.0	13	C010	法语	3.0
7	B101	数值分析	4.5	14	C011	德语	3.0

2. 向数据库添加自由表

一般有下列 3 种方法向数据库加入自由表。

(1) 在数据库设计器窗口添加。在数据库设计器窗口,使用数据库工具栏的添加按钮或者数据库菜单栏的添加表菜单项。

(2) 在项目管理器中添加。在项目管理器中,选择“数据”选项卡,选中要添加表的数据库,单击“添加”按钮,在弹出的“打开”对话框中选择要添加的自由表,单击“确定”按钮即可。

(3) 使用下列命令添加。

格式:

```
ADD TABLE <表文件名>
```

功能:将指定的自由表添加到当前数据库。

3. 从数据库中移去表

与添加表相对应,也有以下 3 种移去表的方法。

(1) 在数据库设计器窗口中移去表。

(2) 在项目管理器中移去表。在项目管理器中,选择要移去的数据库表,单击“移去”按钮,在弹出的对话框中单击“移去”按钮即可。

提示:使用上面两种方法时,均会遇到信息框询问是移去还是删除表,移去是指将指定的数据库表移出数据库成为自由表,也就是说移去之后表还是存在的;而删除是指移去的同时直接删除该表,表即不复存在。

(3) 使用下列命令移去表。

格式:

```
REMOVE TABLES <表文件名>
```

功能:从当前数据库中移去指定的数据库表,被移去的数据库表变为自由表。

【例 4-12】 把数据库表 cj.dbf 从数据库 xsgl.dbc 中移去。

执行如下命令：

```
OPEN DATABASE xsgl              && 打开数据库文件 xsgl
REMOVE TABLE cj                 && 移去指定的数据库表文件 cj
```

如此操作以后，原先属于数据库 xsgl.dbc 的数据库表 cj.dbf，现在已被移去变为自由表。

4.3.4 设置当前数据库

在 Visual FoxPro 中，尽管可以同时打开多个数据库，但任意时刻当前数据库只能有一个。所有对数据库操作的命令，例如，前面提到的添加表和移出表等命令以及与数据库有关的函数等，都是针对当前数据库进行的。由此可见，指定当前数据库是某些命令的执行前提。

1. 设置当前数据库

格式：

```
SET DATABASE TO [<数据库文件名>]
```

功能：设置指定数据库为当前数据库。

说明：如果省略＜数据库文件名＞，则没有设置当前数据库。

2. 非当前数据库的引用

格式：

```
< 非当前数据库文件名> ! < 表文件名>
```

说明：其中＜非当前数据库文件名＞为＜表文件＞所在的数据库文件名。

4.3.5 删除数据库

数据库的删除涉及是否删除数据库和与其相关的数据库表。通常使用下列命令删除数据库。

格式：

```
DELETE DATABASE <数据库文件名> [DELETE TABLES]
```

功能：当使用 DELETE TABLES 子句时，将数据库及其中的表一并删除，否则仅删除数据库文件，并将其中的表变为自由表。

应该注意的是，若要删除数据库，必须先关闭它。

4.4 数据库表的设置

与自由表相比，数据库表在字段级、记录级和索引项目上具有更多的可设置项，以 xs.dbf 表为例，数据库表的表设计器如图 4-16 所示。

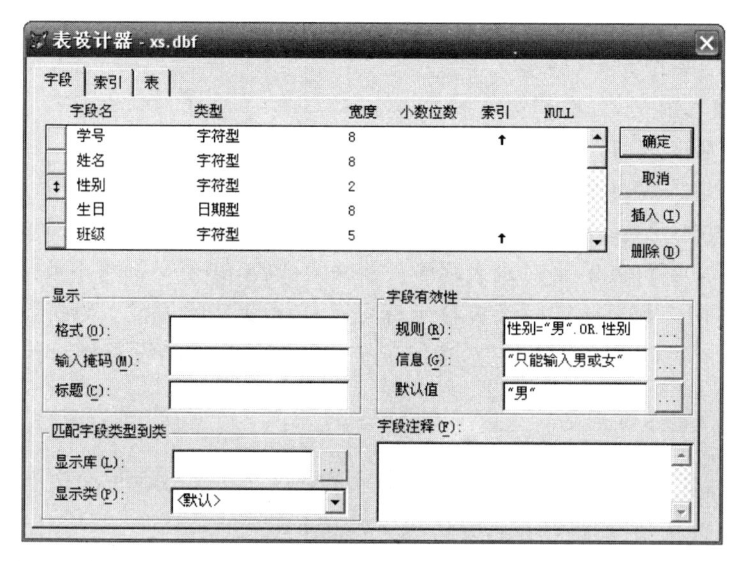

图 4-16　数据库表设计器的“字段”页面

在 Visual FoxPro 中，对于向数据库表中输入的数据允许设置三级验证，即字段级验证、记录级验证和表间验证。其中前两级属于表内检验，其规则一般在表设计器窗口中进行设置；最后一级属于表间检验，其规则可通过参照完整性生成器进行设置。

所有上述设置均由系统保存在数据字典中，直到相关的数据库表从数据库中移去为止。数据字典是包含数据库中所有表信息的一个表，存储在数据字典中的信息称为元数据，包括长表名或字段名、有效性规则和触发器，以及视图等有关数据库对象的定义。

实现表间检验的参照完整性设置将在第 5 节中介绍，本节介绍在表设计器中进行的字段级和记录级检验以及数据库表的其他特有设置。

4.4.1　字段级设置

1. 设置显示属性

(1) 格式：用以确定当前字段在浏览窗口、表单或报表中的显示格式。例如，使用格式码“!”，则当前字段在浏览窗口输出时全部字母均为大写；若换为格式码“L”，则表示输出数值型数据时，用 0 填满前导空格。常用的格式码如下。

L：当输出数值型数据时，用 0 填充前导空格。

!：全部字母以大写显示。

$：显示系统当前设置的货币符号。

*：在数值型数据的左侧显示 *。

.：用于指定数值数据的小数位置。

,：用于分隔整数，多用于设置千分位。

(2) 输入掩码：用于设置当前字段的输入格式，借以屏蔽非法输入，保证输入数据的格式统一、数据有效，减少人为的数据输入错误。常用的输入掩码如下。

X：可以输入任何字符。

9：允许输入数字和正负号。

#：允许输入数字、空格和正负号。

A：只允许输入字母。

N：只允许输入字母和数字。

与显示格式有所不同的是，输入掩码要按位来指定格式。例如，设置 xs.dbf 表的学号的输入掩码为 99999999，则对班级字段只能输入数符，其余字符均不被接受。

（3）标题：用于为当前字段设置显示标题。如果没有此项设置，则通常以字段名为默认列标题，但有时候也许并不适宜，这时就可以使用此项重新设置显示标题。

2. 设置字段有效性规则

字段有效性规则用来检验对当前字段输入的数据是否有效。可在文本框中直接输入表达式，也可单击其右边的按钮，在表达式生成器中生成表达式。

（1）规则：当前字段的有效性检验表达式，对于在该字段输入的数据，Visual FoxPro 会自动检查它是否使表达式为逻辑真值，若不是则不被接受，直到条件表达式为真值才允许光标离开该字段。

（2）信息：一个字符型表达式，用于指定对当前字段的输入不符合有效性规则时的出错提示信息。

（3）默认值：用于指定字段的默认值。当增加记录时，字段默认值会在新记录中显示，从而提高输入速度。

【例 4-13】 为表 xs.dbf 设定字段有效性规则，要求性别只能输入"男"或"女"，如果输入错误弹出对话框，提醒信息为"只能输入男或女"，并且为性别字段设定默认值为"男"。

操作过程：

在数据库中选中 xs.dbf，然后打开表设计器，选中"性别"字段，在"字段有效性"下的规则、信息以及默认值中入如图 4-16 所示内容。

注意：在设定规则之前，应定要选中设定规则所对应的字段，因为这里设定的规则只针对某一特定的字段；另外，文字中的引号都为英文半角引号。

3. 设置字段注释

为当前字段设置注释信息，有助于提高数据表的使用效率和增强共享性。

4. 设置匹配字段类型到类

这一设置用在基于对象的程序设计中，因为每种数据类型的字段在可视化编程环境中都有其默认的显示类，例如，字符型和数值型等字段，默认对应文本框；逻辑型默认对应复选框等等。若要改变当前字段对应的默认类，则可以在"显示库"和"显示类"两个区域进行设置。

4.4.2 记录级设置

记录级验证在数据库的表设计器的“表”页面中设置，如图 4-17 所示。

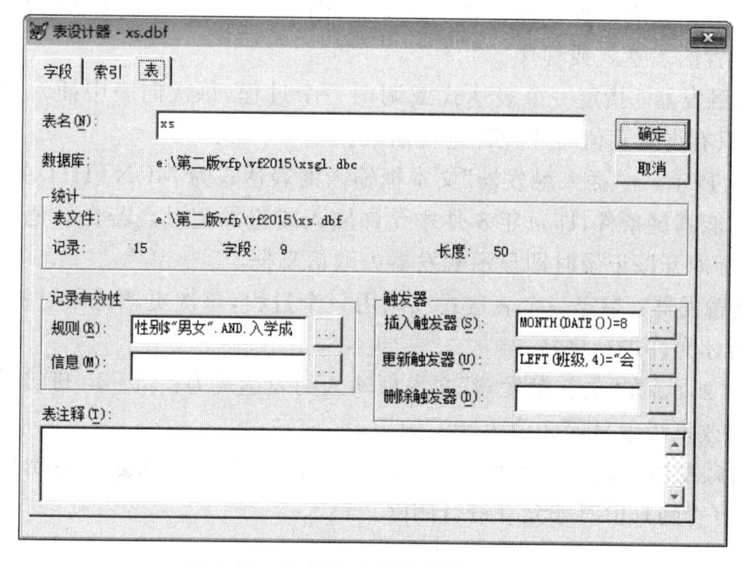

图 4-17 数据库表设计器的“表”页面

1. 设置长表名

为便于标识，丰富表名含义，可以在“表名”文本框中为数据库表设置一个长表名。但这个长表名不同于表文件名，设置长表名并不改变原有表文件名。默认情况下，表名与长表名等同。

2. 设置记录有效性规则

设置记录有效性规则用来检验同一记录中不同字段之间的逻辑关系是否满足要求。

(1) 规则：一个条件表达式，作为记录的有效性检验规则，只有当表达式的值为逻辑真值时才允许光标离开当前记录。

(2) 信息：一个字符型表达式，用于给出违反记录有效性规则时的出错信息。

注意：记录有效性中规则可以为任何一个字段设定规则，当然也可以设定同时涉及多个字段的规则，这要与字段有效性规则区分开。

【例 4-14】 为表 xs.dbf 设定记录有效性规则，要求性别只能输入“男”或“女”，入学成绩要求不小于 565。

操作过程如下：

在数据库中选中 xs.dbf，然后打开表设计器，选中“表”页面，在“记录有效性”下的规则中输入如图 4-17 所示内容。

3. 设置触发器

触发器是一个记录级的事件程序代码，在对表中的记录进行插入、更新或删除时激活执行。如果既有记录有效性规则设置了触发器，则系统先对记录的有效性进行判断，再运行触发器中设置的表达式或程序。

(1) 插入触发器：指定一个表达式或调用一个过程，每次向表中插入或追加记录时被触发执行，只有得到真值时才允许进行插入。

如图 4-17 所示，在“插入触发器”文本框输入的表达式为 MONTH(DATE())=8，表示每年 8 月才能满足条件，即每年 8 月才允许插入或追加记录。若在其他月份插入或追加记录，当光标离开该记录时即显示触发器失败信息框。

(2) 更新触发器：指定一个表达式或调用一个过程，每次更新记录时被触发执行，只有得到真值时才允许进行更新。

如图 4-25 所示，在“更新触发器”文本框输入的表达式为：LEFT(班级,4)="会计"，表示只允许修改班级编号前 2 位为“09”的记录。

(3) 删除触发器：指定一个表达式或调用一个过程，每次从表中逻辑删除记录时被触发执行，只有得到真值时才允许进行删除。

4.5 索引和表间关系

在数据库管理与应用中，索引是一个非常重要的概念并有着广泛的应用。本节主要介绍索引的概念、索引的分类、索引的建立以及利用索引建立表间关系。

4.5.1 索引的概念

在数据库中对表的索引和图书馆对馆藏图书的索引相类似。在通常网络引擎与搜索中，也有大量类似的应用。图书馆的索引就是对每本书依据书名、书号、作者和学科等各种关键字进行分类排序，从而以便捷有效的方式满足管理人员和读者的各种查找需要。表的索引也是对表建立各种关键字与表记录的对应关系，从而达到对表记录进行快速检索和处理的目的。

对于已经建立好的数据表，可以利用索引对其中的数据进行分类排序，以便加快数据的检索处理速度。对同一个表可以建立多个不同的索引，每一个索引代表一种相应关键字和记录的处理顺序。但在任何时刻，最多只有一个索引起作用，这个索引叫作主控索引。

通常情况下一个索引主要由以下两部分组成。

(1) 索引关键字表达式：它是索引的依据，是由表字段组成的表达式。

(2) 索引标识：它是索引的名称，以字母或下划线开始，由字母、数字等组成。但长度不能超过 10 个字符。

一旦索引建立并使用后，相应表中的记录顺序就会自动发生改变。下面是有关表的记录顺序的几个概念。

（1）物理顺序：记录在表中的实际排列次序。此顺序在表记录输入时已经确定，也就是记录号的顺序。

（2）逻辑顺序：对于打开的表文件，若有主控索引在使用，则表文件中的记录将按主控索引中的顺序展现给用户，供用户使用。记录在主控索引中的顺序称为逻辑顺序。

（3）使用顺序：实际展现给用户，提供用户使用的记录顺序称为记录的使用顺序。若有主控索引在起作用，则使用顺序就是逻辑顺序；否则使用顺序就是物理顺序。

4.5.2 索引类型

1. 按索引文件类型分

Visual FoxPro 支持复合索引和单索引两类索引文件，它们的扩展名分别是 CDX 和 IDX。单索引文件只包含一个索引，这种类型是为了与早期的 FOXBASE+ 兼容而保留的，有关使用在此不做详细介绍。

复合索引文件又有结构的和非结构两种。由用户自行命名的复合索引文件是非结构复合索引文件，而结构复合索引文件与对应的表文件同名，扩展名为 CDX，是由系统自动建立与删除的。结构复合索引文件使用广泛而简便，本章仅涉及结构复合索引。

2. 按索引关键字特征分

按索引关键字特征，可以分为主索引、候选索引、普通索引和唯一索引 4 种。表 4-6 列出 4 种索引的特征对比。

表 4-6 索引类型

<table>
<tr><th>索引类型</th><th>关键字值重复</th><th>说　　明</th><th>创建命令</th><th>索引个数</th></tr>
<tr><td>普通索引</td><td>允许</td><td>可作永久关系中的“多”方</td><td rowspan="2">INDEX</td><td rowspan="3">允许多个</td></tr>
<tr><td>唯一索引</td><td>允许、但无输出</td><td>为与以前版本兼容而设置</td></tr>
<tr><td>候选索引</td><td rowspan="2">不允许</td><td>可用作主关键字，允许在永久关系中建立参照完整性</td><td>INDEX CREATE TABLE</td></tr>
<tr><td>主索引</td><td>同上，但只能用于数据库表</td><td>CREATE TABLE</td><td>仅允许 1 个</td></tr>
</table>

说明：

（1）主关键字是能唯一标识记录的索引关键字，不会出现关键字重复值。例如，一般能作为主关键字的字段都是各种编号，例如学号、课程号等，但是并不是所有表中的编号都可以作为主键，例如 cj. dbf 中的学号和课程编号都不可以作为主键。

（2）唯一索引，忽略有重复索引值的记录，对于有重复索引值的记录，只列其中的第一个记录。

4.5.3 创建索引

数据库表的索引有主索引、候选索引、唯一索引和普通索引共 4 种，而自由表只能建立后 3 种索引。主索引和候选索引都不允许索引关键字有重复值，但每个表只能设置一个主索引，而候选索引则可以设置多个，因此，候选索引成为主索引的一个很好的补充。数据库表表设计器的索引页面如图 4-18 所示。除了多一个主索引之外，与自由表索引的设置相同，无须赘述。

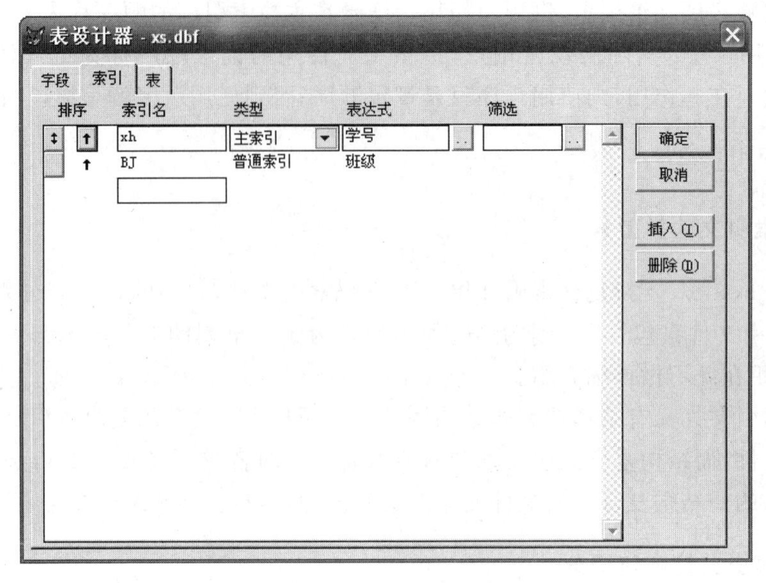

图 4-18　数据库表设计器的“索引”页面

创建索引可以使用命令和交互操作两种方式，交互操作方式就是在表设计器的索引页面进行索引设置，而命令方式是用索引命令来创建索引。无论用哪种方式，只要为一个表建立了第一个索引，系统就自动为该表创建一个与表同名的结构复合索引文件，随后再建立的结构复合索引也都自动存入其中。

1. 交互方式建立索引

选中要建立索引的表，打开表设计器，进入“索引”页面，设定“索引名称”，选择“索引类型”，点击表达式右侧按钮，在弹出的对话框中建立索引表达式，然后设定“筛选”条件，如果是对表中所有数据进行索引，则不需要设定筛选条件，另外选择升降序，索引设定完毕。

注意：索引的类型上文已经介绍，总共有四种，设定索引时索引类型与表达式应该是契合的，也就是如果选择主索引或者候选索引，表达式应该是唯一的。索引表达式可以是某个字段变量，也可以几个字段、常量以及变量组成的表达式。关于表达式的具体方式和种类，在下文中会有详细的介绍。

2. 使用命令建立普通索引

格式：

```
INDEX ON <索引关键字> TAG <索引标识名>
    [FOR <条件>] [ASCENDING | DESCENDING] [CANDIDATE]
```

功能：给当前表建立一个结构复合索引，存入表的结构复合索引文件。

说明：

(1) <索引关键字>表示要建立索引的字段或字段表达式。

(2) TAG <索引标识名>子句为索引定义一个标识。

(3) 有 FOR<条件>子句时，仅对满足条件的记录索引，否则对所有记录索引。

(4) ASCENDING 表示按升序索引，DESCENDING 表示按降序索引，省略时默认为升序。

(5) CANDIDATE 表示建立候选索引，默认为普通索引。

3. 基于单字段的索引

所谓基于单字段的索引，就是按某一个字段来建立索引，即索引关键字就是某个字段名，如下例。

【例 4-15】 创建索引，对学生表 xs.dbf 的记录按入学成绩降序排序。

执行以下命令序列：

```
USE xs
INDEX ON 入学成绩 TAG rxcj DESCENDING
BROWSE
```

执行结果如图 4-19 所示。

Xs

学号	姓名	性别	生日	班级	应届否	入学成绩	照片	曾获奖励
20156345	于天	女	09/10/98	经济1502	T	640	gen	memo
20154001	刘冬	女	11/09/98	经济1501	T	633	Gen	memo
20151234	傅丹	男	03/20/98	会计1502	T	630	Gen	memo
20154019	严岩	男	03/13/97	经济1501	T	615	Gen	memo
20150011	李中华	男	10/01/99	会计1501	T	611	Gen	memo
20156001	江锦添	男	04/27/95	经济1502	F	610	gen	memo
20154025	王平	男	06/19/98	经济1501	T	600	Gen	memo
20150012	肖萌	女	02/04/98	会计1501	T	600	Gen	memo
20150014	李铭	男	12/31/97	会计1501	T	599	Gen	memo
20151255	华晓天	男	07/17/99	会计1502	T	590	Gen	memo
20151240	李园	女	01/01/96	会计1502	F	588	Gen	memo
20156215	赵天宁	男	08/15/97	经济1502	T	585	gen	memo
20150020	张力	男	01/01/95	会计1502	F	585	Gen	memo
20156500	梅媚	女	05/20/99	经济1502	T	580	gen	memo
20156200	李冬冬	女	12/25/98	经济1502	T	570	gen	memo

图 4-19 例 4-14 命令及执行结果

注意，现在看到的记录顺序就是逻辑顺序，显然和物理顺序是不同的。

4. 基于多字段的索引

相对于单字段索引就很容易理解所谓多字段索引，指的是按照多个字段的某种计算关系进行索引，即索引关键字是由几个字段构成的一个表达式，如下例。

【例 4-16】 创建索引，对学生表 xs.dbf 的记录先按班级升序排序，班级相同再按入学成绩降序排序。

执行以下命令序列：

```
USE xs
INDEX ON (班级+STR(1000-入学成绩)) TAG bjrx
BROWSE
```

执行结果如图 4-20 所示，注意记录顺序的变化。

Xs

学号	姓名	性别	生日	班级	应届否	入学成绩	照片	曾获奖励
20150011	李中华	男	10/01/99	会计1501	T	611	Gen	memo
20150012	肖萌	女	02/04/98	会计1501	T	600	Gen	memo
20150014	李铭	男	12/31/97	会计1501	T	599	Gen	memo
20151234	傅丹	男	03/20/98	会计1502	T	630	Gen	memo
20151255	华晓天	男	07/17/99	会计1502	T	590	Gen	memo
20151240	李园	女	01/01/96	会计1502	F	588	Gen	memo
20150020	张力	男	01/01/95	会计1502	F	585	Gen	memo
20154001	刘冬	女	11/09/98	经济1501	T	633	Gen	memo
20154019	严岩	男	03/13/97	经济1501	T	615	Gen	memo
20154025	王平	男	06/19/98	经济1501	T	600	Gen	memo
20156345	于天	女	09/10/98	经济1502	T	640	gen	memo
20156001	江锦添	男	04/27/95	经济1502	F	610	gen	memo
20156215	赵天宁	男	08/15/97	经济1502	T	585	gen	memo
20156500	梅媚	女	05/20/99	经济1502	T	580	gen	memo
20156200	李冬冬	女	12/25/98	经济1502	T	570	gen	memo

图 4-20　例 4-15 命令及执行结果

注意：在建立基于多字段的索引时，若其中含有非字符型字段，并且要表达主次关键字含义时，则需要使用 STR()，DTOC()，CTOD()等转换函数，将数值型或者日期及日期时间型数据转换为字符型数据，再组成字符型的索引关键字表达式。

当例 4-14 和例 4-16 的索引建立之后，在表设计器的索引页面，可以看到图 4-21 所示结果。

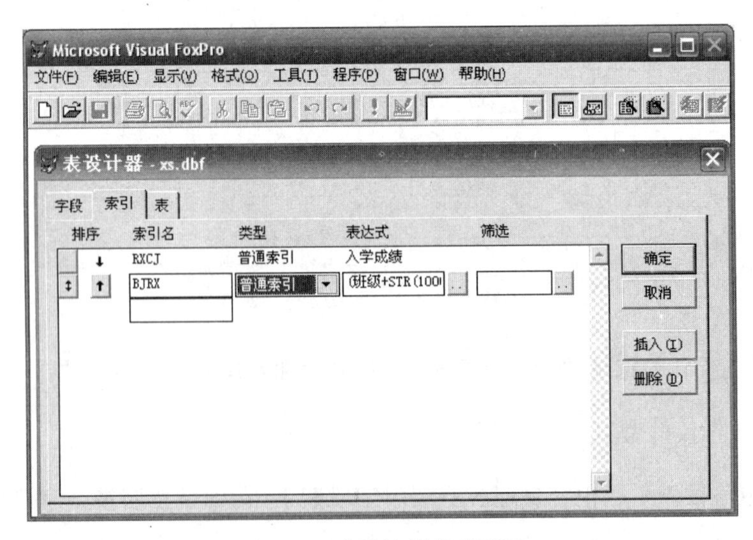

图 4-21　表设计器索引页面

4.5.4 使用索引

如前所述，一个复合索引文件可以容纳多个索引，但任意时刻最多只有一个索引起作用，那个起作用的索引被称为主控索引。

1. 主控索引的指定

格式：

```
SET ORDER TO [<数值表达式>| TAG <索引标识> [ASCENDING | DESCENDING]]
```

功能：为当前表指定索引顺序，即指定主控索引。

说明：

(1) <数值表达式>表示索引建立的次序号，可以依此指定主控索引。

(2) SET ORDER TO 或 SET ORDER TO 0 用于取消主控索引。

在前两例的基础上执行下列命令序列，观察记录的使用顺序。

```
USE xs
BROWSE                          && 记录按物理顺序排列
SET ORDER TO TAG bjrx           && 指定 bjrx 为主控索引
BROWSE                          && 记录按班级和入学成绩降序排序
SET ORDER TO                    && 取消主控索引
BROWSE                          && 记录按物理顺序排列
SET ORDER TO 1                  && 指定第一个索引为主控索引
BROWSE                          && 记录按入学成绩降序排序
SET ORDER TO 2                  && 指定第二个索引为主控索引
BROWSE                          && 记录按班级和入学成绩降序排序
```

注意：用 INDEX 命令所建立的索引，命令执行后自动成为主控索引。

2. 索引的更新

(1) 自动更新。若在有主控索引状态下，数据表中的记录数据发生变化，则索引自动更新。

(2) 重新索引。若在未指定主控状态下，数据表中的记录数据发生变化，索引文件不会自动更新。如果要维持记录的逻辑顺序，可用 REINDEX 命令重新索引，也可以重新建立索引。

3. 索引的删除

格式：

```
DELETE TAG ALL |<索引标识 1> [,<索引标识 2>,…]
```

功能：将所列出的索引从当前表的结构复合索引文件中删除。

说明：

(1) ALL 表示删除所有索引。

(2) 若当前表的所有索引都被删除，则其结构复合索引文件被自动删除。

4.5.5 表间关系

在解决实际的数据管理问题当中，在同一个数据库中的数据表，通常涉及多个数据表，各表之间不可能毫无关联，肯定会存在一定的关联关系。通常，表与表之间存在以下 3 种关系：

一对多关系：一个表的一条记录对应另一个表的多条记录。例如，表 xs.dbf 与表 cj.dbf 按学号具有一对多关系。

一对一关系：一个表的一条记录仅对应另一个表的一条记录。

Visual FoxPro 不处理多对多关系，若出现多对多关系，可先将其中的一个表进行分解，然后以两个一对多关系处理。

按两个表的主从关系，通常分为父表(又称主表)和子表两种。在建立关联的两个表中总有一个是父表，一个是子表。

在 Visual FoxPro 系统中，按照使用对象和使用要求的不同，表和表之间的关联关系又分为永久关系(Persistent Relationship)和临时关系(Temporary Relationship)两种。永久关系是专属于数据库的，将在下一节关于数据库的操作中介绍。而临时关系是一种通用的关系，顾名思义就是临时创建的关系，在需要的时候临时建立，当关系中的任何一个表被关闭时，临时关系即告解除。临时关系用 RELATION 命令创建，或者在数据工作期窗口创建。

1. 临时关系

(1) RELATION 命令。

格式：

```
SET RELATION TO [<表达式 1>INTO <别名 1>,…,<表达式 N>INTO<别名 N>]
[ADDITIVE]
```

功能：以当前表为父表，分别按给定表达式与相应别名表建立关联。

说明：

① ＜表达式＞用来指定父表的关联字段表达式，其值将与子表的主控索引关键字构成对照，相匹配的记录构成关联，＜别名＞表示子表或其所在的工作区。

② ADDITIVE 保证在建立关联时不取消以前建立的关联。

【例 4-17】 用命令方式建立表 xs.dbf 和 bxcj.dbf 的关联，观察相关表的记录指针变化情况和显示结果。

执行下列命令序列：

```
SELECT 2
USE cj                                  && 以 bxcj 为子表
INDEX ON 学号 TAG xh                    && 以学号为关键字建立索引
```

```
SELECT 1
USE xs                                          && 以 xs 为父表
SET RELATION TO 学号 INTO cj                    && 建立关联关系
DISPLAY 学号,姓名,cj.课程编号,cj.成绩           && 显示两个表学号相同的对应记录的字段值
GO 5                                            && 移动父表的记录指针
DISPLAY 学号,姓名,cj.课程编号,cj.成绩           && 子表的记录指针自动跟随父表移动
BROWSE FIELDS 学号,姓名,cj.课程编号,cj.成绩
```

(2) 在数据工作期窗口建立关联。

在数据工作期窗口建立关联的基本步骤如下：

① 打开数据工作期窗口。

② 打开需要建立关联的表。

③ 为子表按关联的关键字建立索引或确定主控索引。

④ 选定父表工作区为当前工作区,并与一个或多个子表建立关联。

⑤ 说明建立的关联为一对多关系,若省略本步骤则表示多对一关系。

2. 永久关系

前面已经提到过,永久关系是专属于数据库表的关联关系,永久关系存储在数据库文件(.DBC)中,一经建立则不会因关系中表的关闭而解除,它表示数据库表之间的一种默认关系。例如,在查询和视图(见第5章)设计中,自动作为默认的联接条件;在表单和报表设计中作为默认的关联关系,显示在数据环境设计器中,等等。而临时关系是不具有这样的特性的。

永久关系建立的前提是相关联的两个表在关联字段上已建立索引。如果两个表之间是一对多的关系,则对父表的关联字段必须是主索引或候选主索引,而子表的关联字段可以是任何类型的索引,但通常是普通索引。若是一对一关系,则子表的关联字段必须也是主索引或候选索引。

(1) 建立关联关系。数据库表之间的永久关系通常在数据库设计器中建立,方法很简单,就是将父表对应关联字段的索引标识拖到子表的相关联字段的索引标识上即可。两个表之间的永久关系呈现为两表索引标识之间的一条连线。而用于连接索引标识的连接线,在永久关系的"一"端和"多"端呈现不同的样态。

【例 4-18】 为数据库 xsgl 建立永久关系。

操作步骤如下：

① 打开 xsgl 数据库并使之在数据库设计器窗口中显示。

② 按表 4-7 建立必要的索引。在数据库设计器中打开表设计器的方法是,首先选中表,然后在"数据库"菜单或右键快捷菜单或数据库工具栏中选择"修改"即可。打开表设计器后,在"索引"页面建立所需索引。索引标识左侧显示一把钥匙的是主索引。

③ 用拖曳索引标识的方法建立每一个永久关系,结果如图 4-22 所示。

(2) 删除关联关系。如果要删除某个永久关系,只需单击对应的关系连线使之变粗,然后按 Delete 键,或右击,从弹出的快捷菜单中选择"删除关系"命令。

表 4-7　xsgl 数据库中各表的索引

数据库表	索引关键字	索引类型	数据库表	索引关键字	索引类型
xs	学号	主索引	cj	学号	普通索引
kc	课程编号	主索引	cj	课程	普通索引

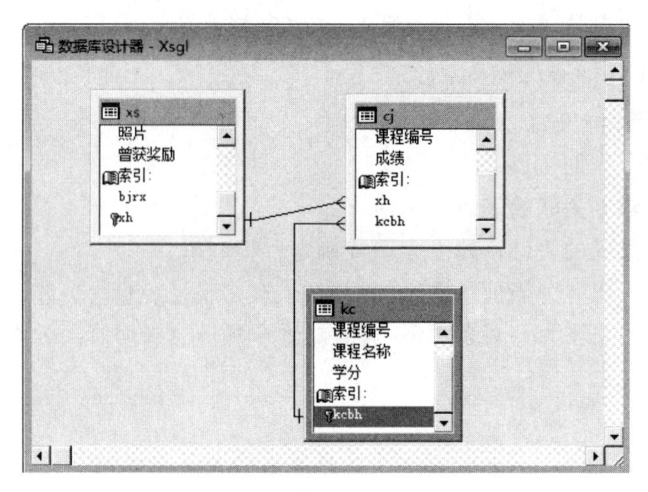

图 4-22　例 4-17 设计结果

(3) 编辑关联关系。要编辑永久关系,可以单击选中对应关系线,然后右击,从弹出的快捷菜单中选择“编辑关系”命令;或者直接双击关系线,也可以打开“编辑关系”对话框。然后在“编辑关系”对话框中对关系进行编辑。

4.5.6　参照完整性设置

对于彼此相关的数据库表,在更新、插入或删除记录时,如果只改其一不改其二,将会影响相关数据的一致性和完整性。而当数据库表之间建立了永久关系之后,可以通过设置参照完整性规则来建立必要的制约机制,以保证相关数据的完整性。

参照完整性可用交互设置方式或执行一段自编的程序来保证。此外,Visual FoxPro 提供了参照完整性规则,用户只需打开参照完整性生成器,即可选择是否保持参照完整性,并控制在相关表中的更新、插入或删除记录。

1. 打开参照完整性生成器

打开数据库设计器后,即可选用下述 3 种方法之一打开参考完整性生成器。

(1) 选择数据库设计器快捷菜单的“编辑参照完整性”命令。

(2) 选择“数据库”菜单中的“编辑参照完整性”命令。

(3) 在数据库设计器中双击两个表之间的联线,并在“编辑关系”对话框中选定“参照完整性”按钮。

注意:打开参照完整性时,通常会弹出对话框要求清理数据库,这是因为参照的完整性要求关系中不允许引用不存在的实体,如图 4-23 所示。

图 4-23　清理数据库对话框

当弹出该对话框时，只需要按照其提示要求在对应菜单下完成数据库清理就可以了。

2. 参照完整性生成器界面

参考完整性生成器有"更新规则"、"删除规则"和"插入规则"3 个页面，"级联"、"限制"和"忽略"等选项按钮和一个表格，如图 4-24 所示。"更新规则"用于指定修改父表中关键字值所用的规则。"删除规则"用于指定删除父表中的记录时所用的规则。"插入规则"用于指定在子表中插入新的记录或更新已存在的记录时所用的规则。

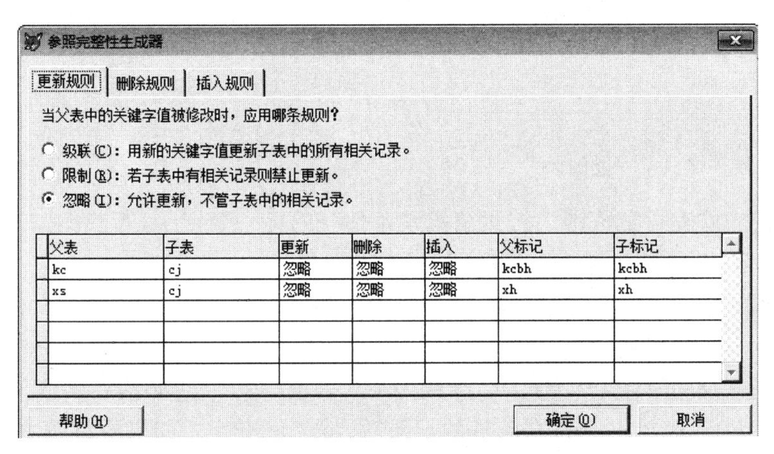

图 4-24　参照完整性生成器

在参照完整性生成器的不同页面，各选项按钮的功能如表 4-8 所示。

表 4-8　"参照完整性生成器"窗口中选项按钮的功能

	更 新 规 则	删 除 规 则	插 入 规 则
级联	更改父表关键字段值时，Visual FoxPro 会自动更改所有子表相关记录的对应值	删除父表中的记录时，相关子表中的记录将自动删除	
限制	若子表有相关记录，则更改父表关键字段值就会产生"触发器失败"的提示信息	若子表有相关记录，则父表中删除记录就会产生"触发器失败"的提示信息	若父表没有相匹配的记录，则在子表添加记录就会产生"触发器失败"的提示信息
忽略	允许父表更新、删除或插入记录，与子表记录无关		

参照完整性生成器窗口的表格表达了表的联接关系，以及参照完整性规则的设置值，其中父表列、子表列分别显示联接表的父表名、子表名；父标记列显示父表的索引关键字名，子标记列显示子表的索引标识名；更新列、删除列和插入列用来显示当前的设置结果，若单击这些列的单元格，会出现一个下拉列表框，同样用来供用户选择级联、限制和忽略等规则用。

4.6 表的其他操作

数据库建立之后，Visual FoxPro 还提供了一些其他命令，实现对数据表的记录查找、数据统计等功能，以及数据库环境下多表如何实现交互操作，本节将介绍上述功能实现的方法和命令。

4.6.1 记录的查找

表记录的查找是数据库应用系统中最频繁发生的操作之一，Visual FoxPro 提供了两种查找记录命令，一种是顺序查找，另一种是索引查找。

1. 顺序查找

格式：

```
LOCATE FOR <条件> [<范围>]
```

功能：在当前表指定范围内搜索满足<条件>的第一个记录，若找到，则使其成为当前记录，否则记录指针指向范围尾端。

说明：

(1) <范围>的省略值为 ALL。

(2) 找到记录的时候，FOUND()函数为逻辑真值(.T.)，否则为逻辑假值(.F.)。

(3) LOCATE 找到一个符合条件的记录后，就停止查找。如果要继续查找后面满足条件的记录，需要执行 CONTINUE 命令，CONTINUE 命令相当于在缩小了的范围内又执行了一次 LOCATE 命令。

【例 4-19】 用顺序查找命令查找表 xs.dbf 中入学成绩大于等于 630 分的记录。

执行以下命令序列：

```
USE xs
LOCATE FOR 入学成绩>=600
? FOUND()
DISPLAY 学号,姓名
CONTINUE
? FOUND()
DISPLAY 学号,姓名
CONTINUE
? FOUND(),RECNO()
```

结果如图 4-25 所示。

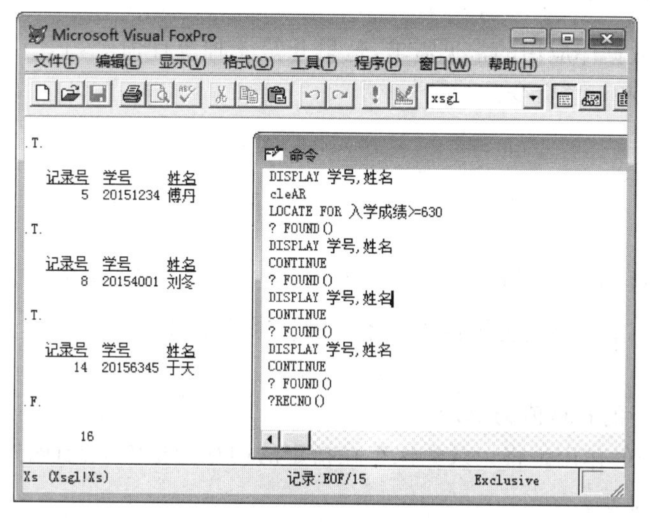

图 4-25　顺序查找示例

2. 索引查找

格式：

```
SEEK <表达式>
```

功能：在当前主控索引关键字中搜索与<表达式>的值相匹配的第一条记录，若找到，则使该记录成为当前记录，否则记录指针定位到文件尾。

说明：查找成功时函数 FOUND()为逻辑真值(.T.)，否则为逻辑假值(.F.)，且函数 EOF()为逻辑真值(.T.)。

【例 4-20】 使用 SEEK 命令在学生表 xs.dbf 中查找姓名为刘冬的记录。

命令与执行结果如图 4-26 所示。

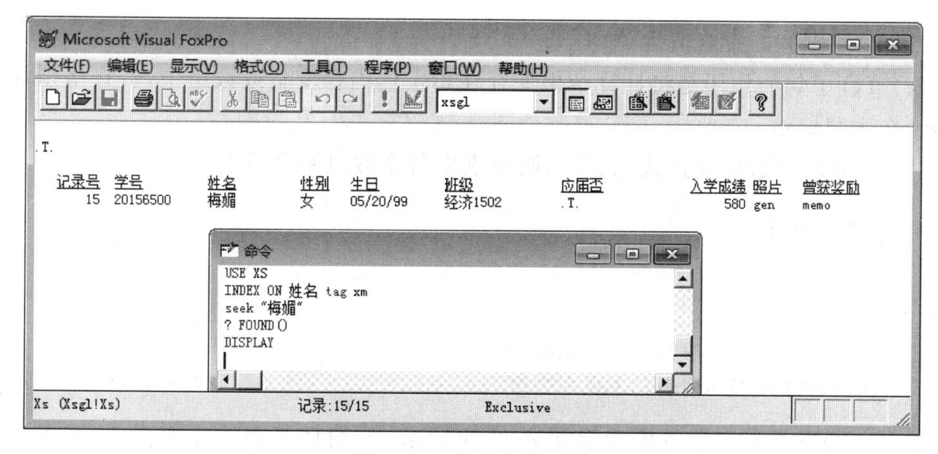

图 4-26　索引查找示例

4.6.2 记录的统计

数据统计是数据库应用的常见需求，这里介绍 4 种统计命令，它们是计数命令、求和命令、求平均命令和汇总命令。

1. 计数命令

格式：

```
COUNT [<范围>] [FOR <条件 1>] [WHILE <条件 2>] [TO <内存变量名>]
```

功能：计算当前表指定范围内满足条件的记录的个数。

说明：

(1) ＜范围＞的省略值为 ALL。

(2) TO 子句的作用是将记录数保存在指定的内存变量中，若省略则计算结果仅在主窗口的状态条中显示。

【例 4-21】 统计 xs.dbf 表中女生的人数。

执行以下命令序列：

```
USE xs
COUNT FOR 性别="女" TO ns          && 统计结果存入变量 ns 中
? ns                              && 显示女生人数
```

2. 求和命令

格式：

```
SUM [<数值表达式列表>] [<范围>] [FOR<条件 1>] [WHILE <条件 2>]
    [TO <内存变量名列表> | ARRAY<数组>]
```

功能：对当前表指定范围内满足条件的记录，分别计算各个＜数值表达式＞的和。

说明：

(1) ＜范围＞的省略值为 ALL。

(2) TO 子句的作用是将计算结果保存在指定的内存变量或数组中，若省略则计算结果显示在主窗口中。

(3) 若省略＜数值表达式列表＞，则分别求每个数值型字段的和。

3. 求平均命令

格式：

```
AVERAGE [<数值表达式列表>] [<范围>] [FOR<条件 1>] [WHILE<条件 2>]
    [TO <内存变量名列表 | ARRAY<数组>]
```

功能：对当前表指定范围内满足条件的记录，分别计算各个＜数值表达式＞的平均值。

说明：

(1) ＜范围＞的省略值为 ALL。

(2) TO 子句的作用是将计算结果保存在指定的内存变量或数组中，若省略则计算结果显示在主窗口中。

(3) 若省略＜数值表达式列表＞，则分别求每个数值型字段的平均值。

【例 4-22】 统计显示 xs.dbf 表中入学成绩的平均值。

执行下列命令序列：

```
USE xs
AVERAGE TO pj
? "入学成绩平均分为",pj
```

4. 汇总命令

格式：

```
TOTAL TO <表文件名>ON <字段名>
[<范围>][FOR<条件 1>][WHILE <条件 2>][FIELDS <数值型字段名列表>]
```

功能：对当前表指定范围内满足条件的记录，按＜字段名＞值分类，分别求各个数值型字段的和，并将结果存入表文件中。

说明：

(1) ＜范围＞的省略值为 ALL。

(2) 分类字段值相同的记录在新表中产生一条记录，对非求和字段，只有分类字段值相同的第一条记录的字段值出现在记录中，也就是说，存放汇总结果的表文件的记录数是分类字段值的种类数。

(3) 分类字段应该是当前表的主控索引，或者当前表在分类字段上是有序的，否则汇总结果是不正确的。

(4) FIELDS ＜数值型字段名列表＞若省略，则对所有数值型字段汇总。

【例 4-23】 汇总并显示 xs.dbf 表中各个班级入学成绩的总分。

命令序列与执行结果如图 4-27 所示。

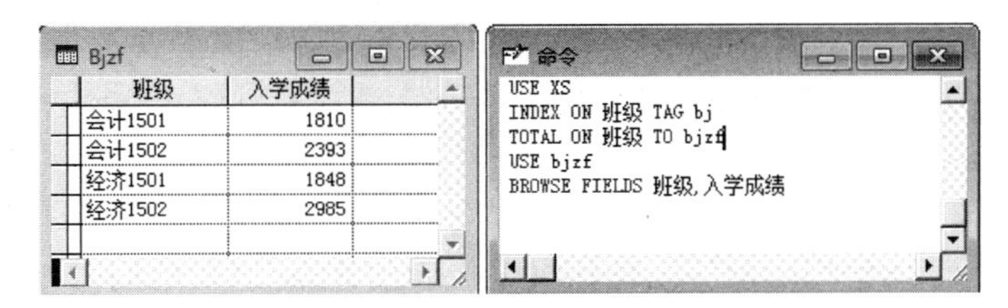

图 4-27　分类汇总命令示例

4.6.3 表的复制

在数据表的建立、维护、修改中，通常需要对现有表进行复制以得到它的一个副本。

这既是保护数据安全的方法之一,也是建立和维护数据表的有效手段。下面介绍几个复制表的相关命令。

1. 复制表

格式:

```
COPY TO <表文件名>[<范围>][FOR<条件 1>][WHILE <条件 2>][FIELDS <字段名表>]
```

功能:将当前表指定范围内满足条件记录的指定字段复制到指定表文件中。

说明:当省略全部可省略子句时,复制全部记录的所有字段到新表。

【例 4-24】 建立学生表 xs.dbf 的副本,副本文件为 xsbf.dbf。

执行下列命令:

```
USE xs
COPY TO xsbf
```

表 xsbf.dbf 与表 xs.dbf 具有完全相同的结构与记录。

2. 复制表的结构

格式:

```
COPY STRUCTURE TO <表文件名>[FIELDS <字段名表>]
```

功能:复制当前表的指定字段形成新表的结构。

说明:省略 FIELDS <字段名表>时,复制当前表的全部字段到新表。

3. 复制任何文件

格式:

```
COPY FILE<源文件全名>to <目的文件全名>
```

功能:复制文件 1 到文件 2。

说明:文件必须写完整文件名,且不能为打开的。

注意: 使用该命令复制表文件时,需要写出文件的全名,包括扩展名称,另外,如果表文件还有同名的 fpt 文件时,需要再次使用 COPY FILE 命令分别复制备注文件,而 COPY TO 命令则可同时生成备注文件。

4.6.4 工作区

通常在一个数据库应用系统中,往往有多个表文件,有时需要同时打开几个表文件,这种操作称为多表操作。而每一个表系统会同时分配给它一块单独的内存空间,成为工作区。

1. 工作区与当前工作区

所谓工作区就是 Visual FoxPro 的一块内存工作区域,Visual FoxPro 有 32767 个工作区。在任何一个工作区都可以打开一个表文件及其相关的备注文件和索引文件等，也就是说可以同时在不同的工作区打开不同的表文件。但是在任一时刻，只能对某一个工作区中的表进行操作，这个工作区称为当前工作区，在当前工作区中的表称为当前表。

每个工作区在任一时刻只允许打开一个表，在同一个工作区打开另一个表时，之前打开的表就会自动关闭。反之，一个表文件只能在一个工作区中打开，在其未关闭时若试图在其他工作区中同时打开，Visual FoxPro 会提示出错信息“文件正在使用”。

2. 选择当前工作区

工作区可以用标号或别名来标识，当前工作区即通过其标识来选择。

(1) 工作区标号。Visual FoxPro 的所有 32767 个工作区的标号就是其序号，即 1、2、3、…、32767。启动 Visual FoxPro 之后，初始以 1 号工作区为当前工作区，我们之前对表的所有操作都是在 1 号工作区中进行的。

(2) 工作区别名。当用户在某个工作区中打开了一个表文件的同时也为该工作区定义了一个别名，这个别名就是表的别名，而表的别名可以通过下列命令定义。

格式：

```
USE<表文件名>[ALIAS<表别名>]
```

其中，ALIAS＜表别名＞子句为打开的表文件定义一个别名，如果省略则表的别名就是表文件名，由此可推见，表别名的命名原则与表文件名相同。

另外，1～10 号工作区也可以分别用字母 A～J 作为工作区的别名，故而不可用 A～J 作为表文件名。

(3) 选择当前工作区命令

格式：

```
SELECT<工作区号>|<别名>|0
```

功能：指定＜工作区号＞或＜别名＞代表的工作区为当前工作区。

说明：

① SELECT 0 表示选定当前尚未使用的最小号工作区。

② 函数 SELECT()能够返回当前工作区的区号。

③ 使用命令：USE＜表名＞IN＜工作区号＞|＜别名＞能在指定的工作区打开表，但不改变当前工作区，要改变工作区仍需要使用 SELECT 命令。

④ 引用非当前工作区的字段可以有如下两种格式：

格式 1：

```
<工作区别名>.<字段名>
```

格式 2：

```
<工作区别名>-><字段名>
```

例如，执行下列命令观察当前表字段和非当前表字段的引用方式及其区别。

```
CLOSE ALL                      && 关闭所有打开的表,当前工作区默认为 1 号工作区
? SELECT()                     && 显示: 1
USE cj
GO 3
? 学号,成绩                      && 显示: 20154001 90
SELECT 2                       && 选定 2 号工作区为当前工作区
USE xs
GO 3
? 姓名,cj.学号,cj.成绩            && 显示: 李铭 20154001 90
```

【例 4-25】 通过多表操作根据 cj.dbf 的班级字段查找对应的学生的姓名。

执行如下命令序列:

```
CLOSE ALL                      && 关闭所有打开的表,当前工作区为 1 号工作区
SELECT 0                       && 1 号工作区未打开过表,选定的工作区即该区
USE cj
GO 8
xh=学号
SELECT 0                       && 选定 2 号工作区为当前工作区
USE xs
INDEX ON 学号 TAG xh
SEEK xh
? xs.学号,xs.姓名                && 显示: 20156500   梅媚
```

3. 数据工作期

除了用命令方式选择工作区和打开多个数据表外,为了方便用户了解和配置当前的数据工作环境,Visual FoxPro 提供一种称为数据工作期(Data Session)的窗口用于打开或显示表,建立表间关系,设置工作区属性。这种环境还可保存为视图文件(View File,扩展名.VUE),以后需要同样环境时,只需直接打开这一文件,从而免去了重复设置环境的麻烦。数据工作期窗口可用菜单或命令方式打开和关闭,参见表 4-9。

表 4-9 数据工作期窗口的打开与关闭

	菜单方式	命令方式	其他方式
打开	选定“窗口”菜单的“数据工作期”命令	SET 或 SET VIEW ON	
关闭	选定“文件”菜单的“关闭”命令	SET VIEW OFF	双击该窗口的控制菜单框

“数据工作期”窗口如图 4-28 所示,左边的“别名”列表框用于显示已打开的表或视图,反相显示的是当前表。右边的“关系”列表框用于显示表之间的关联状况。中间列的 6 个按钮功能如下。

(1)“属性”按钮:用于打开“工作区属性”对话框,可在其中修改当前表的结构、选择索引顺序和定义记录筛选条件。

(2)“浏览”按钮:打开当前表的浏览窗口。

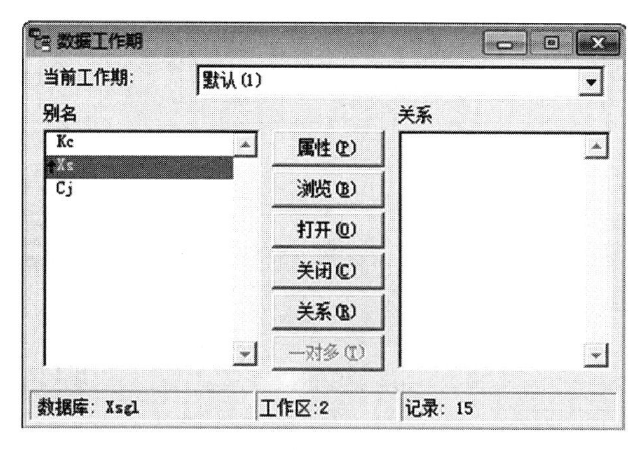

图 4-28 数据工作期窗口

(3)“打开”按钮：弹出“打开”对话框，以选择要打开的表或视图。

(4)“关闭”按钮：关闭当前表。

(5)“关系”按钮：以当前表为父表定义关系。

(6)“一对多”按钮：显示“创建一对多关系”对话框，为子表和父表建立一对多的临时关系。

习题 4

(1) 简述建立数据库和数据表的方法有哪些。

(2) 如何理解当前表文件、当前记录、当前记录指针？

(3) 显示与浏览记录的命令有哪些？它们主要有哪些差别？

(4) 查询记录的命令有哪些？有何区别？

(5) TOTAL 命令的功能是什么？如何正确使用？

(6) 什么是工作区和当前工作区？如何改变当前工作区？

(7) 什么是索引，索引包含哪些种类，它们的区别又是什么？

(8) 在建立表间永久关系时，必须对两个表创建什么类型的索引？建立的索引类型与关系类型有哪些要求？

(9) 如何理解记录的物理顺序、逻辑顺序和使用顺序的概念？

(10) 如何为表进行记录级设置、字段级设置和数据完整性设置？它们的区别是什么？

查询、视图与SQL

5.1 查询

查询是 Visual FoxPro 支持的一种数据库对象，是系统为检索数据提供的一种工具或方法。查询是一个特定的请求或一组对数据库中的数据进行检索、修改、插入或删除的指令。查询可以对数据源进行各种组合，有效地筛选记录，管理数据，对结果进行排序，并以用户需要的方式显示查询结果。查询结果输出的类型可以是浏览窗口、报表、表、标签、图形等。查询的主体是 SQL 语言的 SELECT 语句和输出定向有关的语句，查询文件的扩展名为.QPR。

Visual FoxPro 提供两种方法建立查询：查询向导和查询设计器。

5.1.1 查询设计器

可以使用“查询设计器”建立查询，启动查询设计器的方法有以下几种。

(1) 利用 CREATE QUERY 命令打开查询设计器建立查询。

(2) 利用“新建”对话框打开查询设计器建立查询。

(3) 在项目管理器的“数据”选项卡中打开查询设计器。

(4) 直接编辑.QPR 文件建立查询。

1. 启动查询设计器

(1) 命令方式。

格式：

```
CREATE QUERY [<查询文件名>/?]
```

功能：打开查询设计器建立查询。

(2) 菜单方式。

方法 1：选择“文件”|“新建”菜单命令，打开“新建”对话框，然后选择文件类型为“查询”，单击“新建文件”按钮，打开查询设计器，如图 5-1 所示。

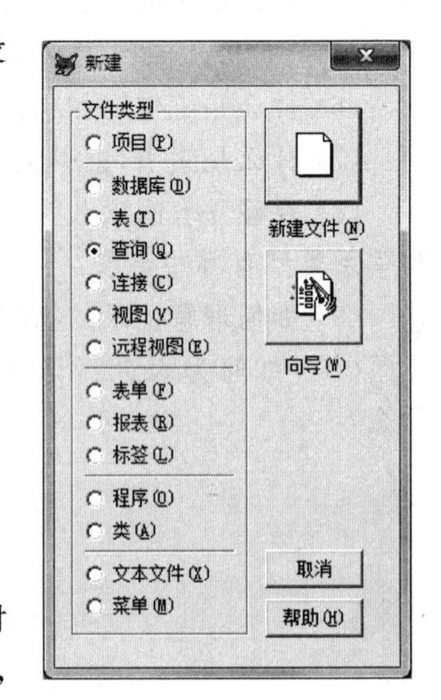

图 5-1 “新建”对话框

方法 2：在项目管理器的“数据”选项卡中选择“查询”，然后选择“新建”命令，单击“新建查询”按钮，打开查询设计器，如图 5-2 所示。

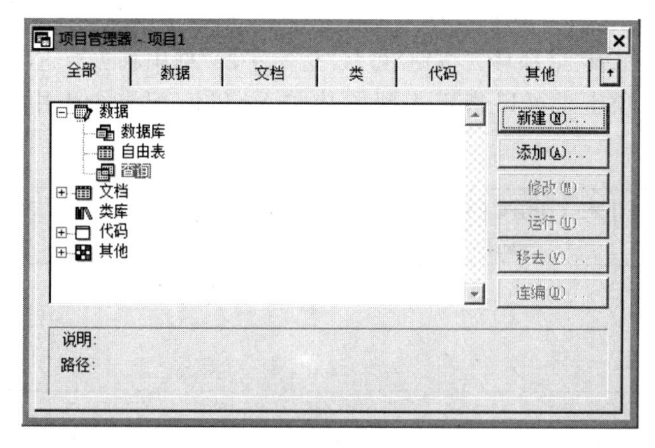

图 5-2　项目管理器创建查询

不管用哪种方法打开查询设计器建立查询，都会首先打开“添加表或视图”对话框，用以选择源数据表，选择完毕，单击“关闭”按钮进入查询设计器。

2. 查询设计器的使用

进入查询设计器后，系统菜单中添加了一个“查询”菜单项，一个“查询”工具栏，同时“显示”菜单的选项也有所改变。

在设计器的上部显示的是查询数据源。如果两个数据表间存在关联关系，将显示一条关联直线，把建立关联的两个数据表中的相应字段联接起来；在设计器的下部列有“字段”、“联接”、“筛选”、“排序依据”、“分组依据”和“杂项”选项卡。

(1) “字段”选项卡。“字段”选项卡主要是指定查询结果的字段以及函数和表达式，如图 5-3 所示。

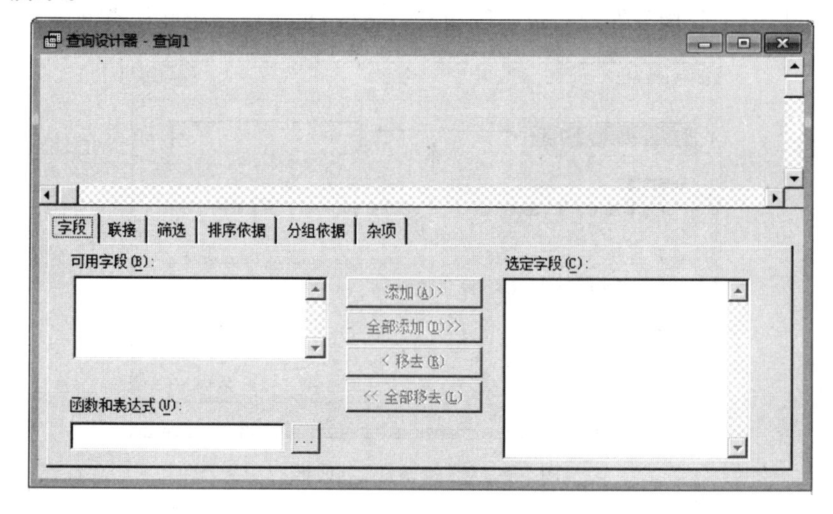

图 5-3　查询设计器

单击“添加”按钮逐个选择“可用字段”中字段(或直接双击列表框中的字段);单击“全部添加”按钮选择所有字段;在“函数和表达式”框中输入或由“表达式生成器”生成一个计算表达式。“选定字段”中字段的顺序为输出顺序,可拖动字段名旁边的⇕来改变顺序。

单击“移去”按钮或“全部移去按钮”可从“选定字段”框中移去所选项。

(2)“联接”选项卡。可以指定表间联接关系,以匹配多个表中的记录,如图 5-4 所示。

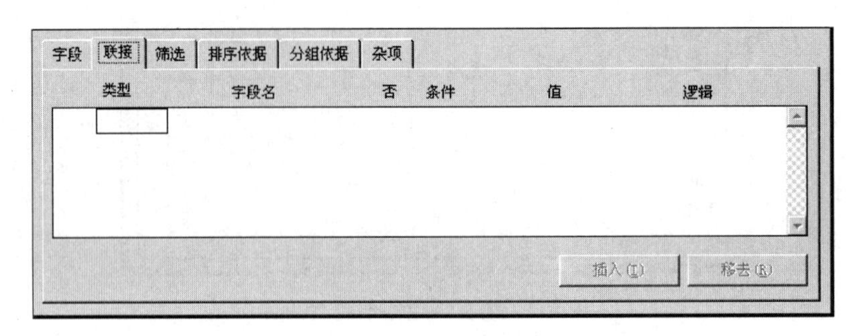

图 5-4 “联接”选项卡

① “类型”:用来指定联接条件的类型。默认情况下,联接条件的类型为“内部联接”。在联接类型的下拉列表中,可以选择其他类型的联接条件。

- Inner Join(内部联接):返回两表都满足联接条件的记录。
- Left Outer Join(左联接):返回左侧表中的所有记录以及右侧表中匹配的记录。
- Right Outer Join(右联接):返回右侧表中的所有记录以及左侧表中匹配的记录。
- Full Join(完全联接):返回两个表中的所有记录。

② “条件”按钮:如果有多个表联接在一起,则会显示↔按钮。在“联接”选项卡中,单击此按钮可以编辑已选条件或查询规则。

在查询设计器中,当添加一个以上的表,并且表与表之间尚未指定联接条件时,将会出现如图 5-5 所示的“联接条件”对话框,以指定表与表之间的联接条件。在“联接条件”对话框中,可以指定联接条件的右边字段和左边字段,也可以指定联接类型。

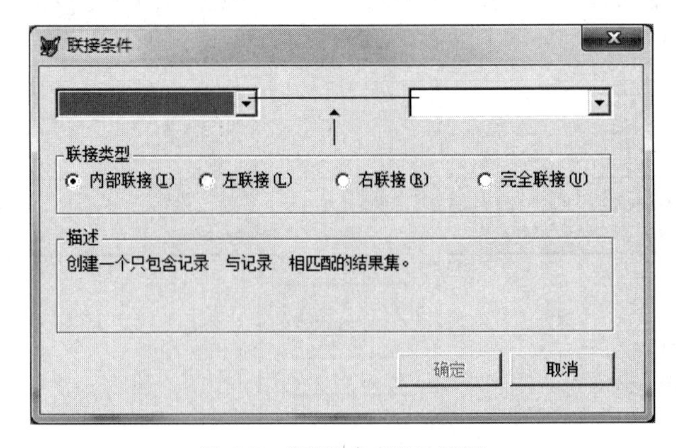

图 5-5 “联接条件”对话框

③“字段名”：指定联接条件的第 1 个字段。

④“否”：选定此选项，表示排除与该条件相匹配的记录。

⑤“条件”：指定比较类型。

⑥“值”：指定联接条件中的其他表和字段。

⑦“逻辑”：在联接条件列表中添加 AND 或 OR 条件。

⑧“插入”按钮：在所选定联接条件之上添加一个空联接条件。

⑨“移去”按钮：将所选定的联接条件删除。

(3)“筛选”选项卡。“筛选”选项卡用于指定查询条件，如图 5-6 所示。

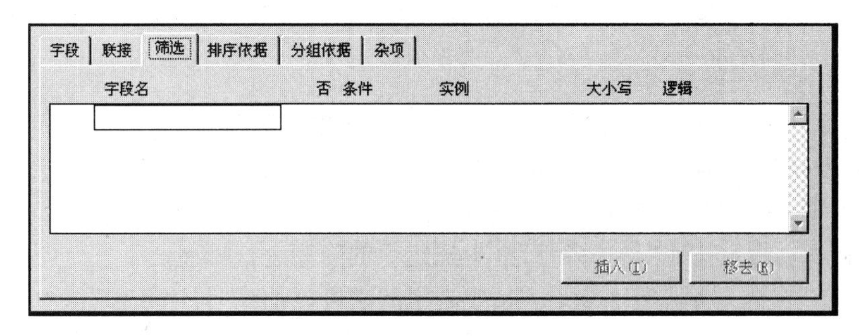

图 5-6 “筛选”选项卡

① 移动按钮：上下移动选定项，位于每个条件行的左端。

②“字段名”：指定用于筛选条件的字段名。

③“否”：逻辑取反操作，排除与该条件相匹配的记录。

④“条件”：指定比较类型，与“联接”选项卡中的比较类型相同。

＝：指定字段与右边的值相等。

Like：指定字段包含与右边的值相匹配的字符。

＝＝：指定字段与右边的值必须逐字符完全匹配。

＞：指定字段大于右边的值。

＞＝：指定字段大于或等于右边的值。

＜：指定字段小于右边的值。

＜＝：指定字段小于或等于右边的值。

Is Null：指定字段包含 Null 值。

Between：指定字段大于等于左边的低值，并小于等于右边的高值，两个值用逗号分隔。

In：指定字段必须与右边值的文本框中逗号分隔的几个值中的一个相匹配。

⑤“实例”：指定比较条件。

⑥“大小写”：指定在条件中是否与实例的大小写相匹配。

⑦“逻辑”：在筛选条件中添加 AND 或 OR 条件。

⑧“插入”按钮：在所选条件之上插入一个空的筛选条件。

⑨“移去”按钮：将所选定的筛选条件删除。

(4)“排序依据”选项卡。“排序依据”选项卡用于指定排序的字段和排序方式，如

图 5-7 所示。

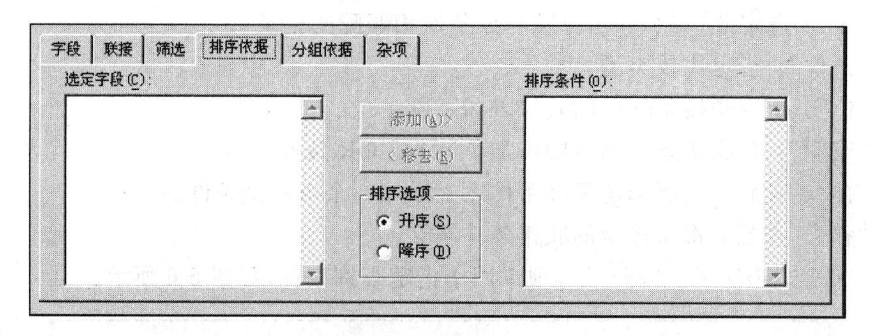

图 5-7 “排序依据”选项卡

① “选定字段”：在列表框中显示输出结果将出现的字段。

② “排序条件”：指定用于排序的字段和表达式。

③ “升序”：指定按照“排序条件”框中选定项的升序进行排序。

④ “降序”：指定按照“排序条件”框中选定项的降序进行排序。

⑤ “添加”按钮：将选定字段列表框中选定的字段添加到“排序条件”框中。

⑥ “移去”按钮：从“排序条件”框中移去选定项。

(5) “分组依据”选项卡。“分组依据”选项卡用于对记录进行分组，如图 5-8 所示。

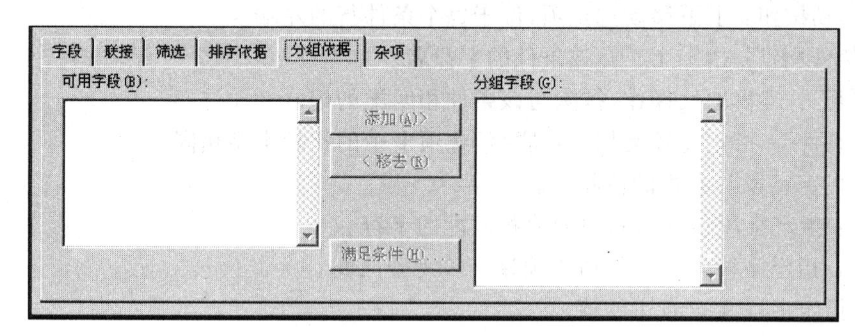

图 5-8 “分组依据”选项卡

① “可用字段”框：列出全部可用字段和其他表达式。

② “分组字段”框：列出确定查询结果分组的字段、函数和其他表达式。

③ “添加”按钮：向“分组”字段框中添加“可用字段”框中的选定项。

④ “移去”按钮：从“分组字段”框中移去选定项。

⑤ “满足条件”按钮：显示“满足条件”对话框，为记录组设置选择条件。

(6) “杂项”选项卡。“杂项”选项卡指定是否要重复记录和列在前面的记录，如图 5-9 所示。

① “无重复记录”复选框：是否允许有重复记录输出。

② “交叉数据表”复选框：是否将查询结果送往 Microsoft Graph、报表或一个交叉表格式的数据表中。

③ “列在前面的记录”框：用于指定将在查询结果中出现的记录数或百分比。

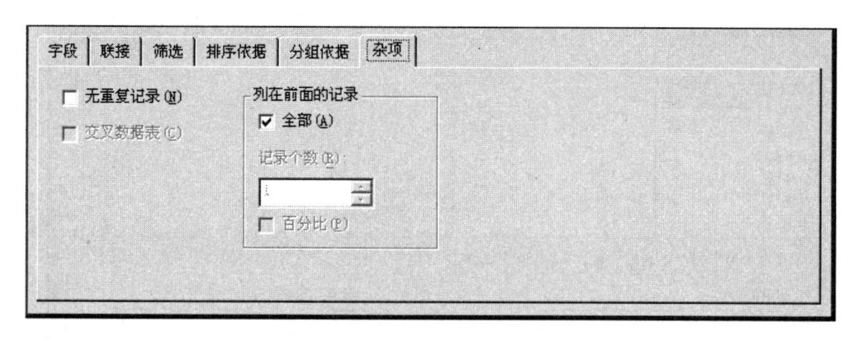

图 5-9 “杂项”选项卡

5.1.2 单表查询

1. 记录的筛选

【例 5-1】 利用 xs.dbf 表查询应届学生情况。操作步骤如下：

(1) 选择“文件”|“打开”菜单命令，打开 xsgl.dbc 数据库。

(2) 选择“文件”|“新建”菜单命令，打开“新建”对话框，然后选中“查询”单选按钮，单击“新建文件”按钮，弹出“添加表或视图”对话框，如图 5-10 所示。

图 5-10 “添加表或视图”对话框

(3) 在“添加表或视图”对话框中选择 xs 表，单击“添加”按钮，单击“关闭”按钮，打开“查询设计器”对话框。

(4) 在“字段”选项卡中单击“全部添加”按钮，如图 5-11 所示。

(5) 在“联接”选项卡中，将“字段名”选择“应届否”，条件选为“=”，实例输入为“.T.”。如图 5-12 所示。

(6) 运行查询。单击“查询”菜单中的“运行查询”或工具按钮 **!**。输出如图 5-13 所示。

2. 记录的排序

【例 5-2】 利用 xs.dbf 表查询学生的年龄，并按年龄升序排列。

(1) 选择“文件”|“新建”菜单命令，打开“新建”对话框，然后选中“查询”单选按钮，单击“新建文件”按钮，弹出“添加表或视图”对话框。

(2) 在“添加表或视图”对话框中选择 xs 表，单击“添加”按钮，单击“关闭”按钮，打开“查询设计器”对话框。

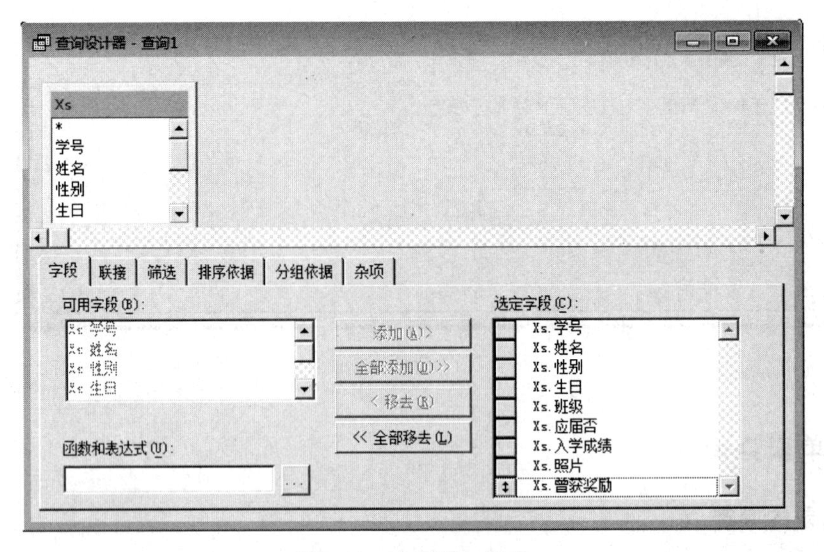

图 5-11　全部添加字段

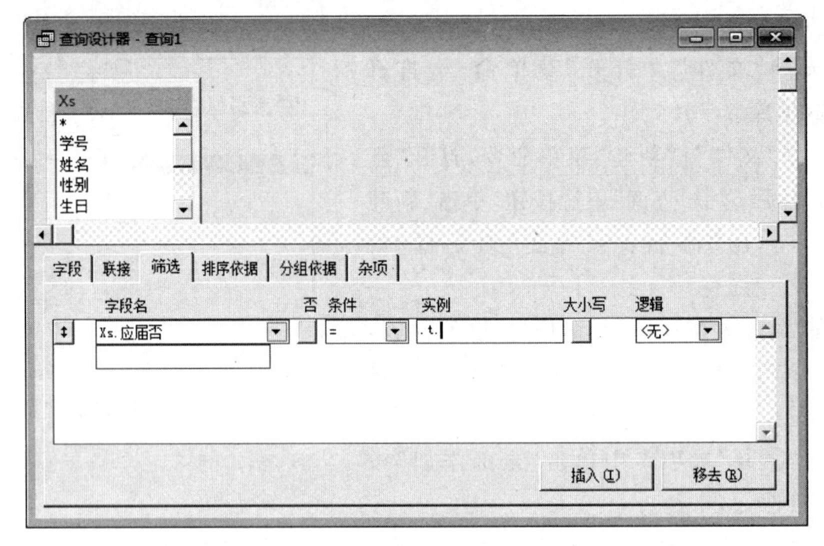

图 5-12　筛选应届学生

学号	姓名	性别	生日	班级	应届否	入学成绩	照片	曾获奖励
20150011	李中华	男	10/01/99	会计1501	T	611	Gen	memo
20150012	肖萌	女	02/04/98	会计1501	T	600	gen	memo
20150014	李铭	男	12/31/97	会计1501	T	599	Gen	memo
20151234	傅丹	男	03/20/98	会计1502	T	630	Gen	memo
20151255	华晓天	男	07/17/99	会计1502	T	590	Gen	memo
20154001	刘冬	女	11/09/98	经济1501	T	633	gen	memo
20154019	严岩	男	03/13/97	经济1501	T	615	gen	memo
20154025	王平	男	06/19/98	经济1501	T	600	Gen	memo
20156200	李冬冬	女	12/25/98	经济1502	T	570	gen	memo
20156215	赵天宁	男	08/15/97	经济1502	T	585	gen	memo
20156345	于天	女	09/10/98	经济1502	T	640	gen	memo
20156500	梅媚	女	05/20/99	经济1502	T	580	gen	memo

图 5-13　应届学生情况

(3) 在“字段”选项卡中双击“可用字段”中的“学号”、“姓名”，使其进入“选定字段”中。由于 xs 表中没有“年龄”字段，因此利用“学生年龄＝现在的年份-出生年份”来生成虚拟字段。在“函数和表达式”框中输入“YEAR(DATE())-YEAR(xs.生日) AS 年龄”。或通过单击“函数和表达式”框后的 ... ，打开“表达式生成器”对话框来输入。单击“添加”按钮，将表达式送入“选定字段”中，如图 5-14 所示。

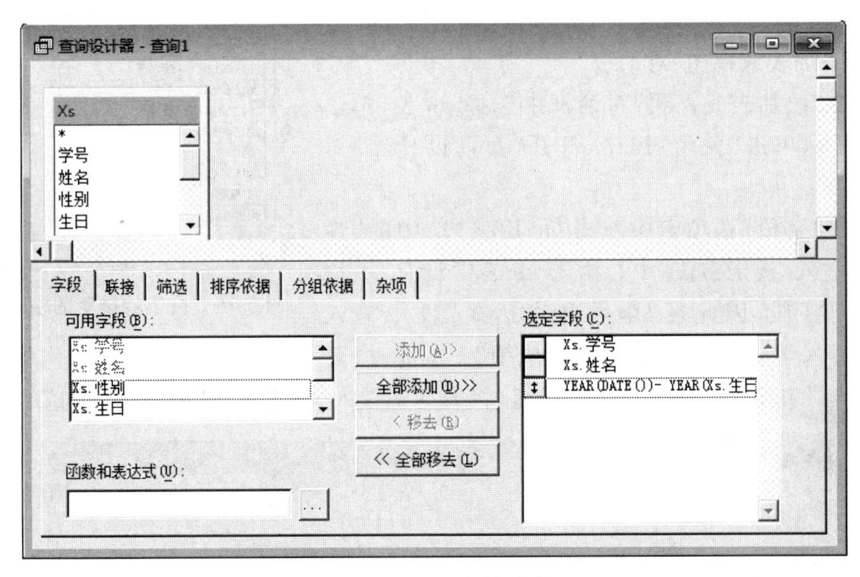

图 5-14　设置年龄字段

(4) 在“排序依据”选项卡中双击“可选字段”中的年龄表达式，“排序选项”为“升序”，如图 5-15 所示。

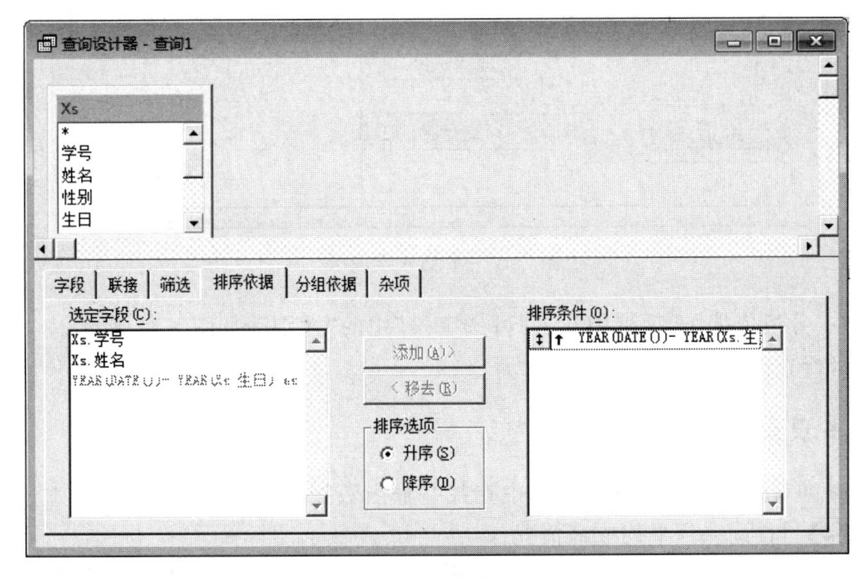

图 5-15　按年龄升序

(5) 运行查询,结果如图 5-16 所示。

3. 记录的分组

【例 5-3】 查询男女生的平均入学成绩。

(1) 选择"文件"|"新建"菜单命令,打开"新建"对话框,然后选中"查询"单选按钮,单击"新建文件"按钮,弹出"添加表或视图"对话框。

(2) 在"添加表或视图"对话框中选择 xs 表,单击"添加"按钮,单击"关闭"按钮,打开"查询设计器"对话框。

(3) 在"字段"选项卡中双击"可用字段"中的"性别",使其进入"选定字段"中。由于 xs 表中没有"平均入学成绩"字段,因此在"函数和表达式"框中输入"AVG(xs.入学成绩) AS 平均入学成绩"。或通过"表达式生成器"来输入。单击"添加"按钮,将表达式送入"选定字段"中,如图 5-17 所示。

查询

学号	姓名	年龄
20150011	李中华	16
20151255	华晓天	16
20156500	梅媚	16
20150012	肖萌	17
20151234	傅丹	17
20154001	刘冬	17
20154025	王平	17
20156200	李冬冬	17
20156345	于天	17
20150014	李铭	18
20154019	严岩	18
20156215	赵天宁	18
20151240	李园	19
20150020	张力	20
20156001	江锦添	20

图 5-16　按年龄排序的输出结果

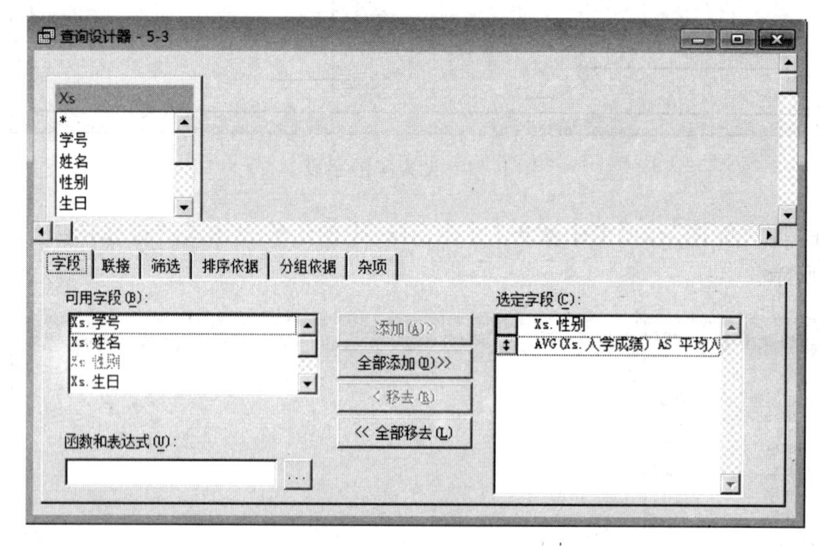

图 5-17　平均入学成绩

(4) 在"分组依据"选项卡中双击"可选字段"中的"性别",如图 5-18 所示。

(5) 运行查询。结果如图 5-19 所示。

5.1.3　多表查询

多表查询就是从相关联的多个表中查找并输出数据。

【例 5-4】 查询课程平均成绩情况。

(1) 选择"文件"|"新建"菜单命令,打开"新建"对话框,然后选择"查询"单选按钮,单击"新建文件"按钮,弹出"添加表或视图"对话框。

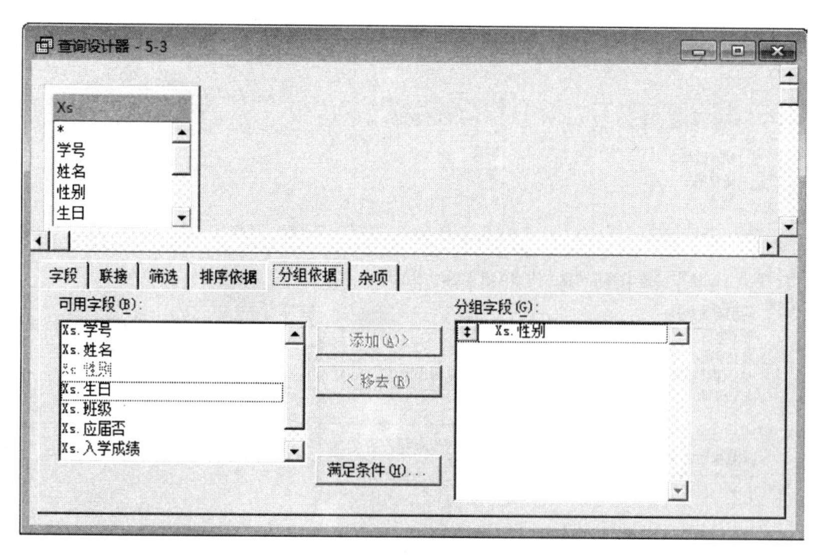

图 5-18　性别分组

(2) 在“添加表或视图”对话框中选择 Kc 表，单击“添加”按钮，再选择 Cj 表，单击“添加”按钮。单击“关闭”按钮。

如果 Kc 表和 Cj 表没有建立关系，将弹出“联接条件”对话框，选择好联接条件，如图 5-20 所示。选中“内部联接”单选按钮，单击“确定”按钮。

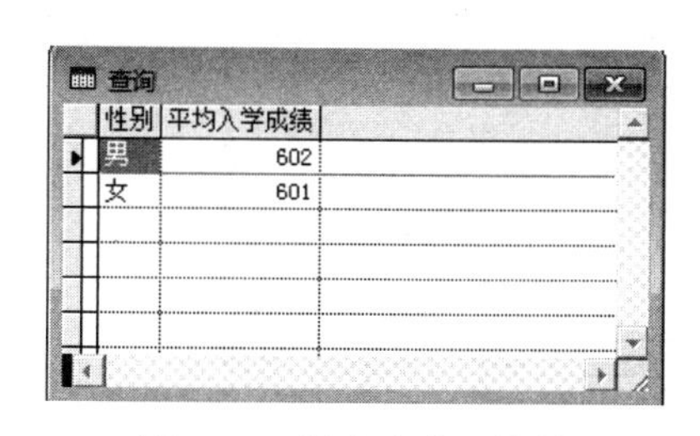

图 5-19　男女生分组结果

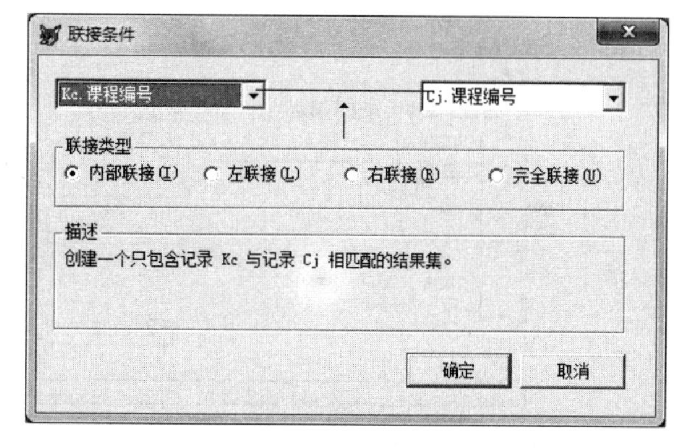

图 5-20　“联接条件”对话框

(3) 进入“查询设计器”，选择“Kc.课程名称”进入“选定字段”，在“函数和表达式”框中输入“AVG(Cj.成绩) AS 平均成绩”或通过“表达式生成器”来输入，单击“添加”按钮，将表达式送入“选定字段”中，如图 5-21 所示。

(4) 按课程进行分组。如图 5-22 所示。

(5) 运行查询。结果如图 5-23 所示。

【例 5-5】 查询所有学生的课程成绩。

(1) 选择“文件”|“新建”菜单命令，打开“新建”对话框，然后选中“查询”单选按钮，单击“新建文件”按钮，弹出“添加表或视图”对话框。

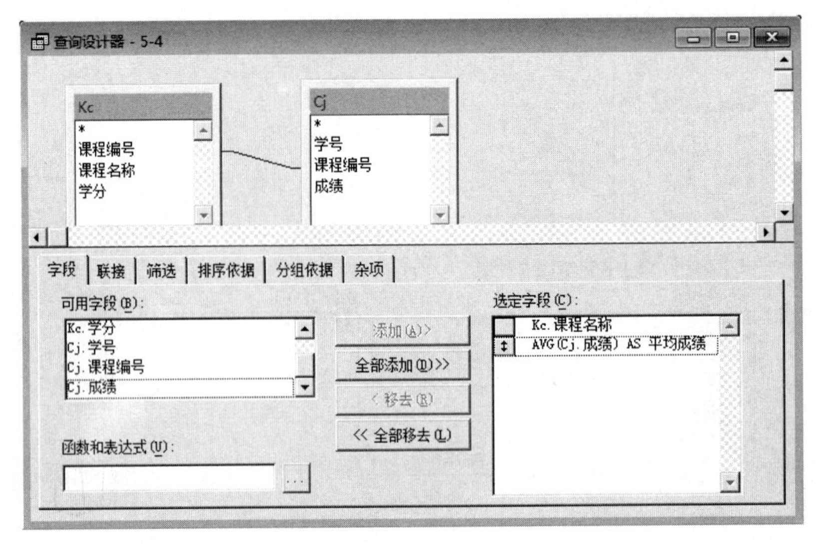

图 5-21　选定字段

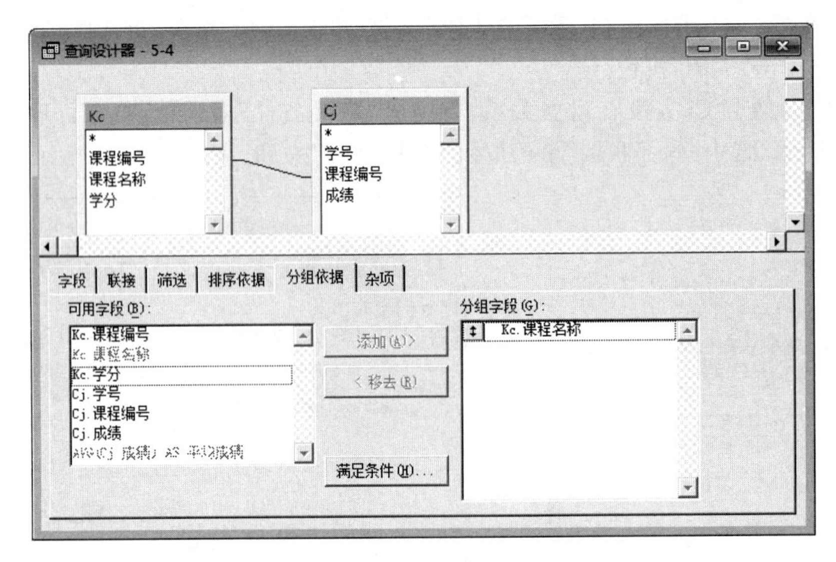

图 5-22　课程分组

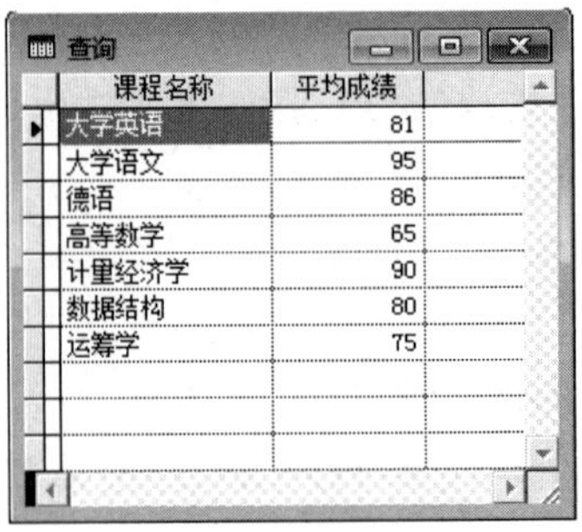

查询

课程名称	平均成绩
大学英语	81
大学语文	95
德语	86
高等数学	65
计量经济学	90
数据结构	80
运筹学	75

图 5-23　查询结果

(2) 在“添加表或视图”对话框中选择 xs 表，单击“添加”按钮，选择 Cj 表，单击“添加”按钮，再选择 Kc 表，单击“添加”按钮。单击“关闭”按钮。

Xs 表与 Cj 表以及 Kc 表的联接条件如图 5-24 所示。

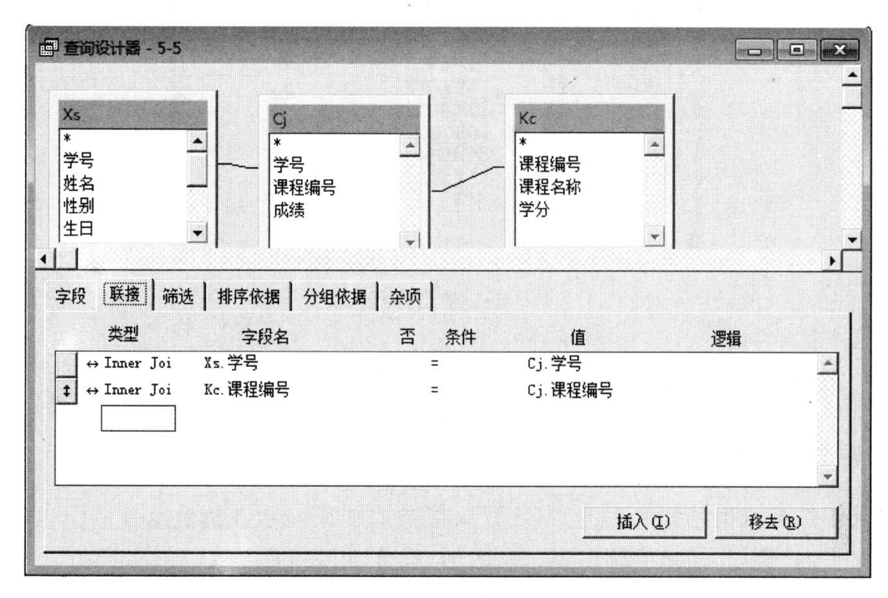

图 5-24 联接条件

(3) 进入“查询设计器”，选择“Xs.学号”、“Xs.姓名”、“Kc.课程名称”、“Cj.成绩”进入“选定字段”如图 5-25 所示。

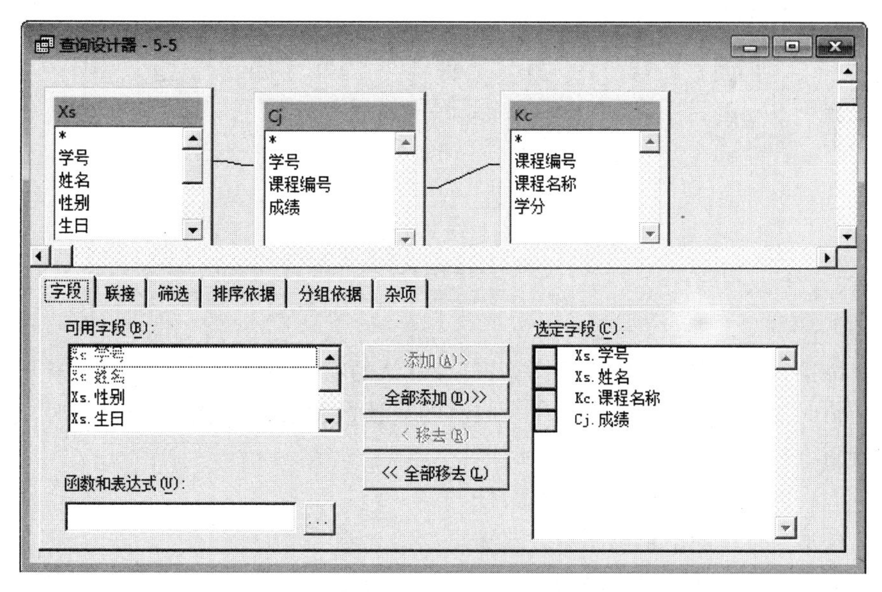

图 5-25 选定输出字段

(4) 运行查询。结果如图 5-26 所示。

学号	姓名	课程名称	成绩
20156215	赵天宁	高等数学	67
20156200	李冬冬	高等数学	80
20156500	梅媚	高等数学	50
20150012	肖萌	大学英语	84
20151234	傅丹	大学英语	79
20154001	刘冬	计量经济学	90
20154001	刘冬	运筹学	75
20156500	梅媚	数据结构	70
20156001	江锦添	数据结构	90
20156500	梅媚	大学语文	95
20154001	刘冬	德语	86

图 5-26　输出课程成绩

5.1.4　输出查询结果及运行查询

1. 输出查询结果

如果不选择查询结果的去向，系统默认将查询结果显示在浏览窗口中。也可以选择其他输出去向，例如，输出到临时表、表、图形、屏幕、报表和标签。

选择“查询”|“查询去向”菜单命令，打开图 5-27 所示的“查询去向”对话框，有 7 种输出格式。

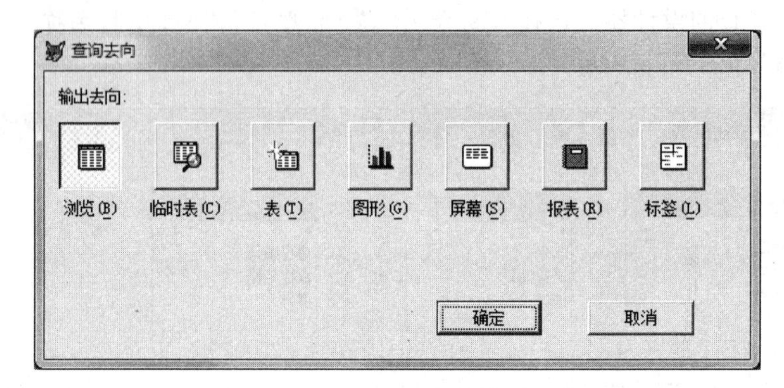

图 5-27　“查询去向”对话框

(1) 浏览：将查询结果输出到浏览窗口(默认的输出去向)。

(2) 临时表：将查询结果存入一个临时的只读数据表中，关闭此数据表时，系统会自动将其删除。

(3) 表：将查询结果存入指定表文件。

(4) 图形：将查询结果以图形方式输出。

(5) 屏幕：将查询结果输出到屏幕上。

(6) 报表：将查询结果输出到报表文件中。

(7) 标签：将查询结果输出到标签文件中。

2. 运行查询

使用查询设计器设计查询时，每设计一步，都可运行查询，查看运行结果。这样可以边设计、边运行，对结果不满意时再设计、再运行，直至达到满意的效果。设计查询工作完成并保存查询文件后，可通过下列菜单或命令方式运行查询文件。

(1) 按 Ctrl+Q 键。

(2) 单击工具栏中的运行按钮。

(3) 选择“运行查询”|“查询”菜单命令。

(4) 右击，从弹出的快捷菜单中选择“运行查询”命令。

(5) 在命令窗口中执行下列运行查询文件的命令。

格式：

```
DO<查询文件名.QPR>
```

注意：命令中的查询文件必须是全名，.QPR 扩展名不能省略。

3. 保存查询

在完成查询设计并指定输出格式之后，选择“文件”|“另存为”菜单命令，或单击“常用”工具栏上的“保存”按钮，系统弹出“另存为”对话框。输入查询文件名，并单击“保存”按钮。

4. 关闭查询设计器

选择“文件”|“关闭”菜单命令或单击“关闭”按钮，关闭查询设计器。

5. 打开并修改查询

(1) 菜单方式：选择“文件”|“打开”菜单命令，打开一个查询文件，进行编辑修改。

(2) 命令方式。

格式：

```
MODIFY QUERY<查询文件名>
```

5.1.5 查看 SQL 语句

系统会根据“查询设计器”中用户的设置，自动生成相应的 SQL 语句。完成查询操作后，用下列方法可查看生成的 SQL SELECT 命令，即查询文件内容。

(1) 选择“查看 SQL”|“查询”菜单命令。

(2) 单击查询设计器工具栏中的 SQL 按钮。

(3) 右击，从弹出的快捷菜单中选择“查看 SQL”命令。

如查看例 5-5 的 SQL 语句，如图 5-28 所示。

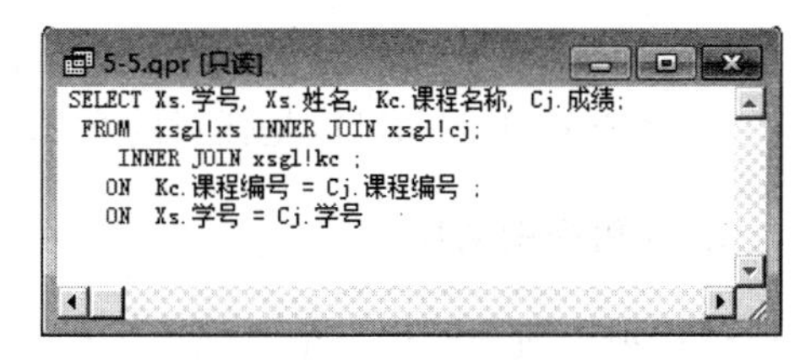

图 5-28　例 5-5 的 SQL 语句

5.2 视图

视图是操作数据表的一种手段，通过视图可以查询表，也可以更新表。视图是根据表定义的，因此视图基于表，在涉及视图时表文件被称为基本表，而视图可以使应用更灵活，因此它又超越表。视图是数据库中的一个特有功能，只有在打开包含视图的数据库时才能使用视图。

视图兼有“表”和“查询”的特点，与查询类似的地方是可以用来从一个或多个相关联的表中提取有用信息；与表类似的地方是可以用来更新其中的信息，并将结果永久性保存在磁盘上。

在 Visual FoxPro 中视图是一个定制的虚拟表，可以是本地的、远程的或带参数的。视图可引用一个或多个表，或者引用其他视图。视图是可更新的，它可引用远程表。创建视图与创建查询的步骤相似，首先选择要包含在视图中的表和字段，指定用来联接表的联接条件，然后指定过滤器选择指定的记录。与查询不同的是，通过视图可查询表，也可以更新表。创建视图时，Visual FoxPro 在当前数据库中保存一个视图定义，该定义包括视图中的表名、字段名以及它们的属性设置。在使用视图时，Visual FoxPro 根据视图定义构造一条 SQL 语句，定义视图的数据。

视图有两种类型：本地视图和远程视图。远程视图使用远程 SQL 语法从远程 ODBC 数据源表中选择信息，本地视图使用 Visual FoxPro SQL 语法从视图或表中选择信息。可以将一个或多个远程视图添加到本地视图中，以便能在同一个视图中同时访问 Visual FoxPro 数据和远程 ODBC 数据源中的数据。

5.2.1 创建视图

建立视图的方法有许多种。可以通过视图向导、视图设计器和命令方式来建立视图。与查询类似，视图的基础也是 SQL-SELECT 语句。

1. 命令方式

格式：

```
CREATE VIEW<视图名>[REMOTE] AS<SELECT 语句>
```

功能：打开视图设计器，创建视图。

说明：

(1) REMOTE 选项表示创建一个远程视图，如果无此选项，则创建一个本地视图。

(2) SELECT 语句可以是任意的 SELECT 查询语句，用来说明和限定视图中的数据。

2. 利用视图向导

使用视图向导创建一个本地视图的操作步骤如下：

(1) 打开需要使用的数据库文件，进入数据库设计器。

(2) 选择“新建本地视图”|“数据库”菜单命令,进入“新建本地视图”窗口。

(3) 单击“视图向导”按钮,进入“本地视图向导”窗口。后面的操作与“查询向导”类似,按提示进行操作即可。

3. 使用视图设计器

(1) 启动视图设计器。可以利用菜单启动视图设计器,方法如下。

方法 1：选择“文件”|“新建”菜单命令或单击“常用”工具栏中的“新建”按钮,打开“新建”对话框,然后选择“视图”,单击“新建文件”按钮,打开视图设计器。

方法 2：在项目管理器的“数据”选项卡中将要建立视图的数据库分支展开,选择“本地视图”或“远程视图”,然后单击“新建”按钮,再单击“新建视图”按钮,打开视图设计器。

注意：与查询是一个独立的程序文件不同,视图不能单独存在,它只能是数据库的一部分。在建立视图之前,首先要打开需要使用的数据库文件。

用以上方法打开视图设计器后,首先弹出“添加表或视图”对话框,加入相关数据表。在随后出现的“联接条件”对话框中,创建联接条件并选定联接类型。如果是建立单表视图或已创建联接条件,则不会出现此对话框。

(2) 使用视图设计器。如图 5-29 所示,视图设计器与查询设计器的界面基本一致,不同之处是视图设计器有 7 个选项卡,其中 6 个选项卡的功能与用法与查询设计器基本相同。

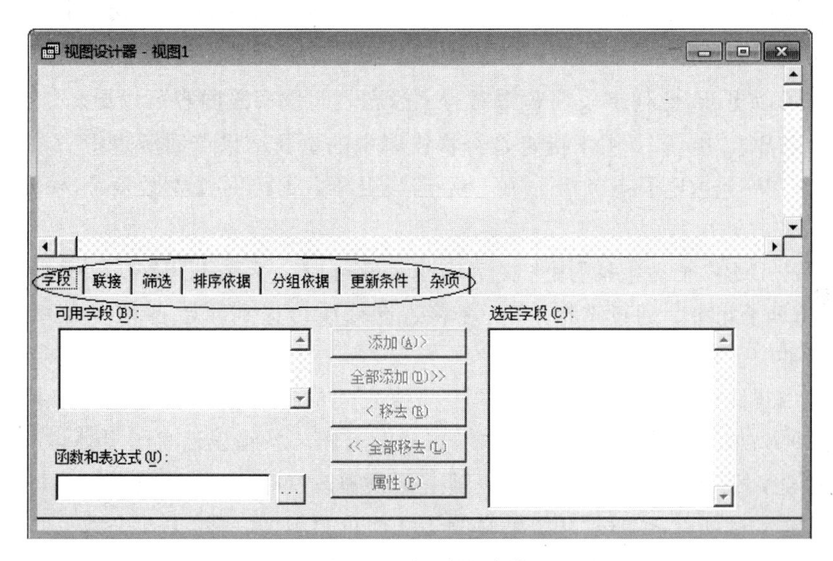

图 5-29　视图设计器

在视图设计器中选择视图中需要的字段、联接条件、查询条件、排序方式、分组方法等。视图设计器多了一个“更新条件”选项卡,少了“查询去向”的选择。

单击打开“更新条件”选项卡,如图 5-30 所示。

该选项卡用于设定更新数据的条件,其中各选项的含义如下。

① “表”：列表框中列出了添加到当前视图设计器中的所有表,从其下拉列表中可以指定视图文件中允许更新的表。如选择“全部表”选项,那么在“字段名”列表框中将显示

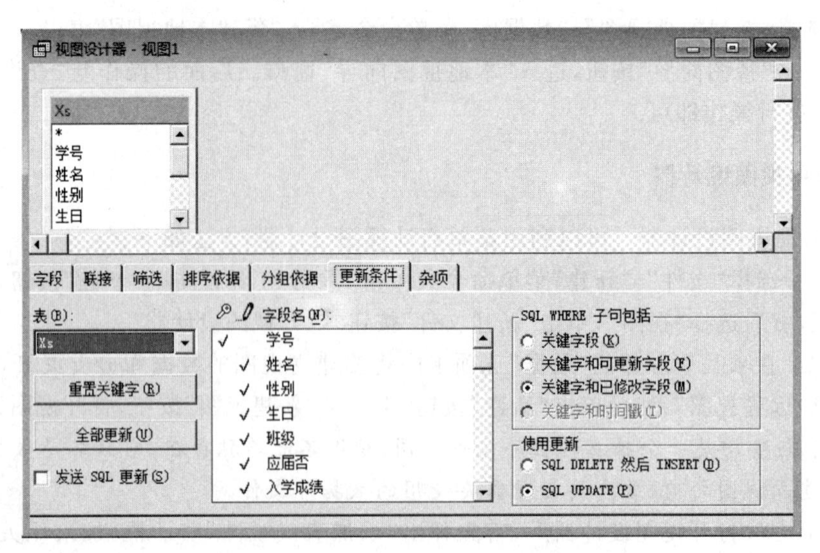

图 5-30　视图设计器中的"更新条件"选项卡

出在"字段"选项卡中选取的全部字段。如只选择其中的一个表,那么在"字段名"列表框中将只显示该表中被选择的字段。

② "字段名":该列表框中列出了可以更新的字段。其中标识的钥匙符号为指定字段是否为关键字段,此列字段前若带对号√标志表明该字段为关键字段;铅笔符号为指定的字段是否可以更新,此列字段前若带对号√标志表明该字段内容可以更新。

③ "发送 SQL 更新":用于指定是否将视图中的更新结果传回源表中。

④ "SQL WHERE 子句包括":用于指定当更新数据传回源数据表时,检测更改冲突的条件。

"SQL WHERE 子句包括"用来决定哪些字段可以包括到 UPDATE 或 DELETE 语句的 WHERE 子句中。通过选择选项,在将视图修改传送到原始表时,就可以检测服务器上的更新冲突。

冲突是由视图中的旧值和原始表的当前值之间的比较结果决定的。如果两个值相等,不存在冲突;如果不相等,则存在冲突,数据源返回一条错误信息。具体含义如下。

- "关键字段":基本表中的某个关键字字段被改变时,更新失败。
- "关键字和可更新字段":如果修改了任何可更新的字段,更新失败。
- "关键字和已修改字段":若在视图中改变的任一字段在基本表中被改变,更新失败。
- "关键字段和时间戳":如果源表记录的时间戳首次检索以后被修改,更新失败。

⑤ "使用更新":决定当向基本表发送 SQL 更新时的更新方式。

- "SQLDELETE 然后 INSERT":先用 SQL-DELETE 命令删除基本表中被更新的旧记录,然后用 SQL-INSERT 命令向基本表插入更新后的新记录。
- "SQLUPDATE":根据视图中的修改结果直接修改源数据表中的记录。

(3) 关闭视图设计器。单击"视图设计器"窗口右上角的"关闭"按钮,出现保存提示对话框，单击“是”按钮，进入视图“保存”窗口。在“保存”窗口中，输入要创建视图的名字，单击“确定”按钮，则所建视图被保存到打开的数据库中。

下面以 xsgl 数据库为例，说明创建视图的操作步骤。

【例 5-6】 查询男学生的所修课程成绩，并按学号升序排列。

操作步骤如下：

(1) 打开 xsgl 数据库，选择“文件”|“新建”菜单命令，选择“视图”，单击“新建文件”按钮，打开视图设计器。

(2) 在弹出的“添加表或视图”对话框中加入 Xs 表和 Cj 表以及 Kc 表，进入视图设计器。

(3) 在“字段”选项卡的“可用字段”中选择“Xs. 学号”、“Xs. 姓名”、“Xs. 性别”、“Kc. 课程名称”、“Cj. 成绩”字段添加到“选定字段”中。

(4) 在“筛选”选项卡中，指定查询条件为：Xs. 性别＝"男"。

(5) 在“排序依据”选项卡中指定排序的字段为：Xs. 学号，升序。

(6) 单击工具栏中的运行按钮运行查询，并观察查询的结果，如图 5-31 所示。

男生所修课程成绩

学号	姓名	性别	课程名称	成绩
20151234	傅丹	男	大学英语	79
20156001	江锦添	男	数据结构	90
20156215	赵天宁	男	高等数学	67

图 5-31 视图输出结果

(7) 关闭输出结果窗口。选择“文件”|“保存”菜单命令，弹出图 5-32 所示的“保存”对话框，在该对话框中输入视图名“男生所修课程成绩”，单击“确定”按钮。

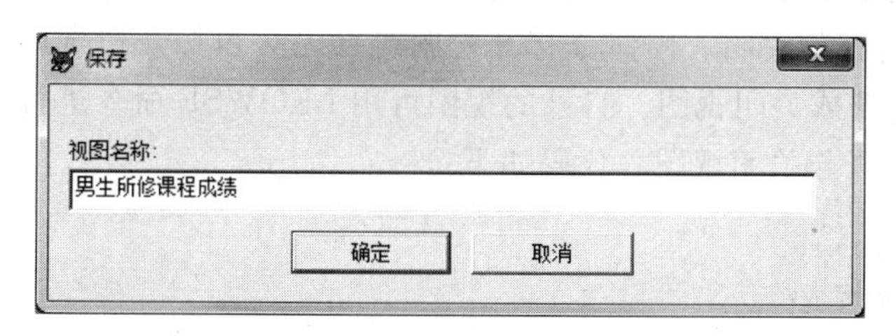

图 5-32 “保存”对话框

(8) 单击“视图”工具栏上的 SQL 按钮，查看系统生成的 SQL 命令，具体内容如图 5-33 所示。

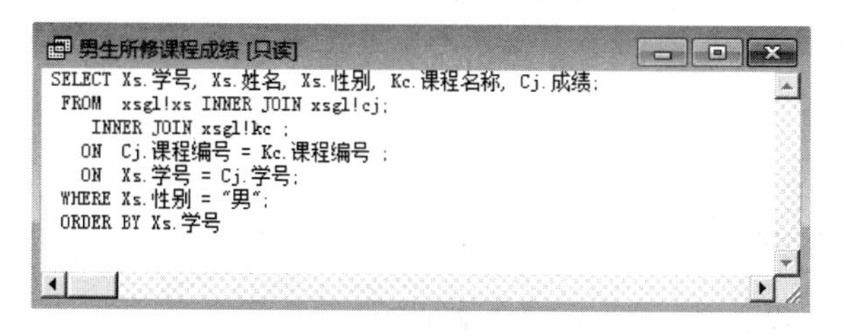

男生所修课程成绩 [只读]

```
SELECT Xs.学号, Xs.姓名, Xs.性别, Kc.课程名称, Cj.成绩;
 FROM  xsgl!xs INNER JOIN xsgl!cj;
    INNER JOIN xsgl!kc ;
   ON  Cj.课程编号 = Kc.课程编号 ;
   ON  Xs.学号 = Cj.学号;
 WHERE Xs.性别 = "男";
 ORDER BY Xs.学号
```

图 5-33 视图的 SQL 语句

(9) 单击“关闭”按钮，关闭视图设计器。在数据库设计器上可以看到“男生所修课程成绩”视图已保存在 xsgl 数据库中，如图 5-34 所示。

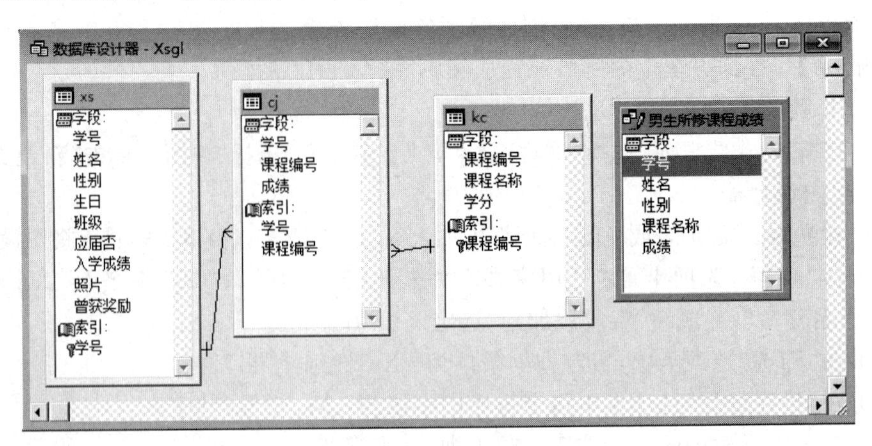

图 5-34　xsgl 数据库

4. 使用和编辑视图

建立视图后，不但可以用它来显示和更新数据，还可以通过调整它的属性来提高性能，它的使用类似于表。

在数据库中使用 USE 命令打开或关闭视图。

在浏览器窗口中显示或修改视图中的记录。

使用 SQL 语句操作视图。

在文本框、表格控件、表单或报表中使用视图作为数据源。

(1) 视图的打开与关闭。用命令打开视图时首先必须打开包含此视图的数据库，然后用 USE 命令打开或关闭视图。打开的视图可用 BROWSE 命令进行显示与修改。

【例 5-7】 打开与关闭视图。代码如下：

```
OPEN DATABASE xsgl
USE 男生所修课程成绩
BROWSE
USE
```

另外，在数据库设计器中，选中一个视图，然后选择“数据库”|“浏览”菜单命令，或者双击需要浏览的视图，均可显示视图内容。

(2) 修改视图。

① 命令方式。

格式：

```
MODIFY VIEW<视图名>
```

功能：打开视图设计器，对视图进行修改。

说明：使用此命令前，必须先打开要修改的视图所在的数据库。

② 菜单方式。首先打开相应的数据库，调出数据库设计器，激活“数据库设计器”中相应的视图，右击，从弹出的快捷菜单中选择“修改”命令，出现视图设计器，从而可以对视图进行修改。

(3) 重命名视图。

格式：

```
RENAME VIEW<原视图名>TO <新视图名>
```

(4) 删除视图。当所建立的视图对数据库没有任何使用价值时，可以将它删除。在删除视图之前，包含该视图的数据库必须是打开的，而且必须是当前数据库。

① 命令方式。

格式：

```
DELETE VIEW <视图名>
```

功能：删除视图。

② 菜单方式。打开要删除的视图所在数据库的数据库设计器，激活要删除的视图，选择“数据库”|“移去”菜单命令，在随后出现的对话框中单击“移去”按钮。

5.2.2 参数视图

参数视图，即视图在进行查询前，可根据提示输入查询条件。该功能使用户可更方便地操作视图，满足特殊的检索要求。

下面以实例介绍创建参数视图的操作的方法。

【例 5-8】 建立“各班级入学成绩”视图，是用户可根据输入的班级来查看相应班级同学的平均入学成绩。

操作步骤如下：

(1) 打开 xsgl 数据库，选择“文件”|“新建”菜单命令，选择“视图”，单击“新建文件”按钮，打开视图设计器。

(2) 在弹出的“添加表或视图”对话框中加入 xs 表，单击“关闭”按钮，进入视图设计器。

(3) 在“字段”选项卡的“可用字段”中选择“xs. 学号”、“xs. 姓名”、“xs. 班级”、“xs. 入学成绩”添加到“选定字段”中。

(4) 要在“筛选”选项卡中，指定查询条件为：xs. 班级＝ "?班级"。

(5) 输入参数名称。选择“查询”|“视图参数”菜单命令，在“视图参数”对话框中输入参数名和类型，如图 5-35 所示，单击“确定”按钮。

(6) 运行视图，输入“会计 1501”。如图 5-36 所示。

输出结果如图 5-37 所示。

5.2.3 使用视图更新数据

视图是根据基本表派生出来的，所以把它叫做虚拟表。为了通过视图能够更新基本表中的数据，需要在视图设计器的“更新条件”选项卡中选中“发送 SQL 更新”复选框。

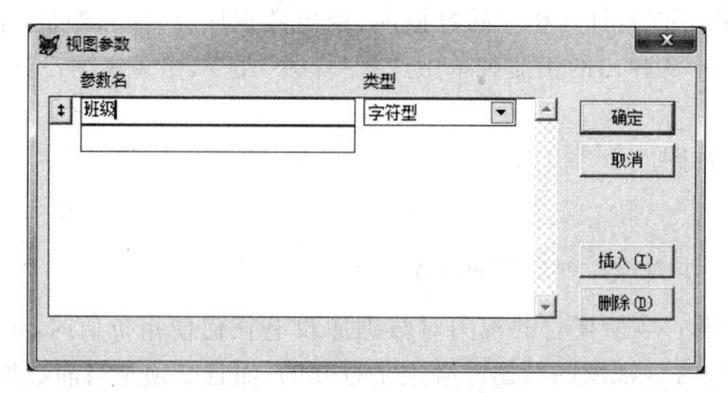

图 5-35 “视图参数”对话框

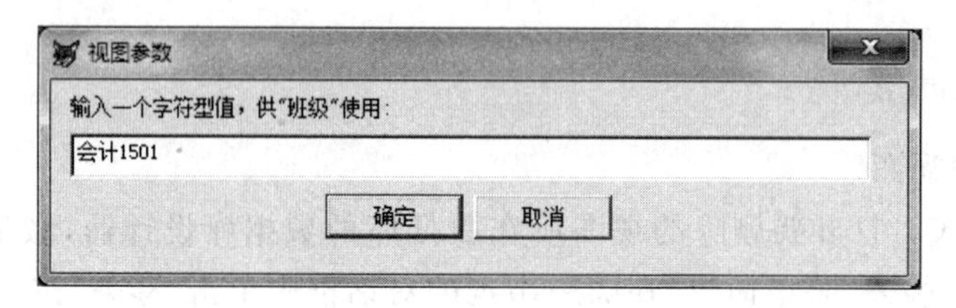

图 5-36 “视图参数”对话框

各班级入学成绩

学号	姓名	班级	入学成绩
20150011	李中华	会计1501	611
20150012	肖萌	会计1501	600
20150014	李铭	会计1501	599
20150020	张力	会计1501	585

图 5-37 视图输出结果

【例 5-9】 建立一个查询学生成绩的视图，并根据学生的学号修改课程的成绩。

操作步骤如下：

(1) 启动视图设计器，并将 xs 表和 cj 表以及 kc 表加入视图设计器。

(2) 选择字段。选定 xs 表的学号、姓名字段，kc 表的课程名称字段，cj 表的成绩字段。

(3) 设置联接条件为：xs. 学号＝cj. 学号、kc. 课程编号＝cj. 课程编号。

(4) 设置更新条件，如图 5-38 所示。

(5) 保存视图。

(6) 运行视图。修改课程的分数，关闭视图。

(7) 打开 cj 表，浏览表中数据，观察表中数据是否改变。

在关系数据库中，视图始终不真正含有数据，它总是原有表的一个窗口。所以，虽然视图可以像表一样对其进行各种查询，但是插入、更新和删除操作在视图上却有一定限制。在一般情况下，当一个视图是由单个表导出时，可以进行插入和更新操作，但不能进行删除操作；当视图是从多个表导出时，插入、更新和删除操作都不允许进行。这种限制

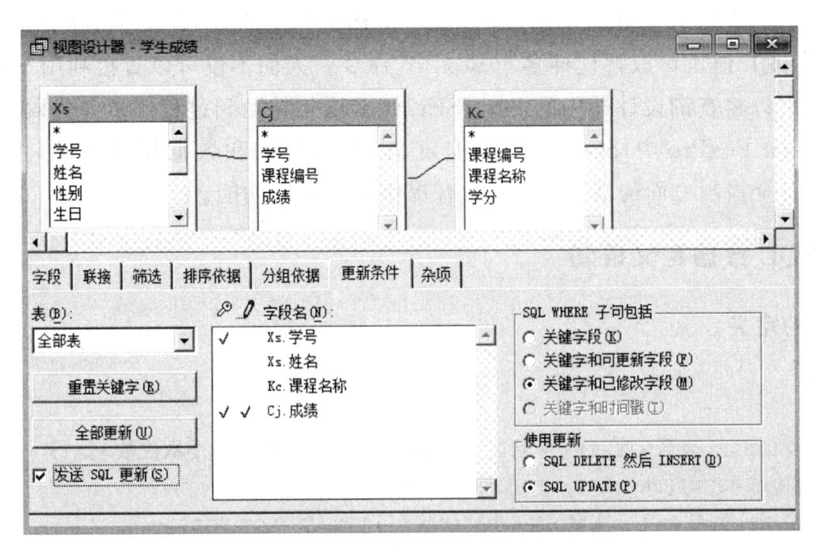

图 5-38 设置更新条件

是很有必要的,它可以避免一些潜在问题的发生。

总之,查询和视图既有相似之处,又有某些不同。它们都可以用来从一个或多个相关联的数据库中提取有用的信息。虽然查询可以显示,但是不能更新检索到的数据,以扩展名.QPR存储,而且查询是完全独立的,它不依赖于数据库的存在而存在。视图不能以自由表的形式单独存在,只能依赖于某一数据库而存在,并且只有在打开相关数据库之后,才能创建和使用视图。用户既可以通过视图从一个或多个表中提取数据,也可以通过视图来更改表中的数据。

5.3 SQL 语句

结构化查询语言(SQL, Structured Query Langage)是1974年由Boyce和Chamborlin提出的。1975—1979年,IBM公司的San Jose Research Laboratory研制了著名的关系数据库管理系统原型System R,并实现了这种语言。经过各公司的不断修改、扩充和完善,1987年,SQL语言最终成为关系数据库的标准语言。1986年美国颁布了SQL语言的美国标准,1987年国际标准化组织将其采纳为国际标准。SQL由于其使用方便、功能丰富、语言简洁易学等特点,很快得到推广和应用。目前,SQL语言已被确定为关系数据库系统的国际标准,被绝大多数商品化关系数据库系统采用,如Oracle、Sybase、DB2、Informix、SQL Server这些数据库管理系统都支持SQL语言作为查询语言。SQL成为国际标准后,对数据库以外的领域也产生了很大影响,不少软件产品已将SQL语言的数据查询功能与图形功能、软件工程工具、软件开发工具、人工智能程序结合起来。

SQL是一种为人们普遍使用的数据查询语言,绝大多数数据库管理系统都提供了对SQL的支持。Microsoft公司从推出的FoxPro 2.5 for DOS开始支持SQL,目前的

Visual FoxPro 在这方面更加完善。Visual FoxPro 引入 SQL 语言后大大增强了其自身功能，一条 SQL 语言可以替代许多个 FoxPro 命令。人们不仅可以直接利用 SQL 语言进行查询，还可以将查询设计器中的 SQL-SELECT 语句粘贴到过程或事件代码中运行。

在 Visual FoxPro 中，SQL 支持数据定义、数据查询和数据操纵功能，由于 Visual FoxPro 在安全控制方面的缺陷，SQL 没有提供数据控制功能。

5.3.1 SQL 数据定义语句

1. 表的定义

格式：

```
CREATE TABLE<表名>[FREE](<列名 1><类型 1>[(<宽度>[,<小数位数>])];
[NULL/NOT NULL][PRIMARY KEY/CANDIDATE];
[,<列名 2><类型 2>[(<宽度>[,<小数位数>])][NULL/NOT NULL]…)
```

功能：建立数据表。

说明：

(1) 表名是所要建立的数据表的名称。

(2) FREE 表示建立一个自由表。

(3) 类型为列的类型，字符型为 C，日期型为 D，日期时间型为 T，数值型为 N，浮点型为 F，整型为 I，双精度型为 B，货币型为 Y，逻辑型为 L，备注型为 M，通用型为 G。

(4) NULL 或 NOT NULL 表示是否允许该列为空值。

(5) PRIMARY KEY 指定该列为主关键字段，建立主索引，自由表不能使用该参数。CANDIDATE 指定该列为候选关键字段，建立候选索引。注意：指定为关键字段或候选关键字段的列不允许出现重复值。

【例 5-10】 建立学生.dbf 表，结构为：学号(C,10)，姓名(C,8)，性别(C,2)，出生日期(D)，党员否(L)，简历(M)。

```
CREATE TABLE 学生(学号 C(10),姓名 C(8),性别 C(2),出生日期 D,党员否 L,简历 M)
```

【例 5-11】 建立课程.dbf 表，结构为：课程编号(C,8)，课程名称(C,20)，学分(N(5,1))，并按课程编号字段建立主索引。

```
CREATE TABLE 课程(课程编号 C(8) PRIMARY KEY,课程名称 C(20),学分 N(5,1))
```

2. 表的删除

格式 1：

```
DROP TABLE<表名>
```

格式 2：

```
DROP VIEW<视图名>
```

【例 5-12】 删除上面建立的学生.dbf 表。

```
DROP TABLE 学生
```

3. 表结构的修改

格式 1：

```
ALTER TABLE<表名>ADD<新列名><类型>/ALTER<列名><新类型>
```

功能：添加新的列或修改已有列的定义。

【例 5-13】 向学生.dbf 表中增加“入学成绩”列，数据类型为整型。

```
ALTER TABLE 学生 ADD 入学成绩 I
```

【例 5-14】 将课程.dbf 表中“课程名称”列的宽度由原来的 20 改为 16。

```
ALTER TABLE 课程 ALTER 课程名称 C(16)
```

格式 2：

```
ALTER TABLE <表名>DROP <列名>/RENAME <列名>TO <新列名>
```

功能：删除列或修改列名。

【例 5-15】 删除学生.dbf 表的“入学成绩”列。

```
ALTER TABLE 学生 DROP 入学成绩
```

【例 5-16】 将学生.dbf 表中的“简历”字段改为“学习经历”。

```
ALTER TABLE 学生 RENAME 简历 TO 学习经历
```

5.3.2 SQL 数据操纵语句

1. 记录的插入

格式：

```
INSERT INTO <表名>[(<列名列表>)] VALUES(<表达式列表>)
```

功能：向指定表中添加一条记录。

说明：

(1) ＜列名列表＞为数据表指定的列，各列名间用逗号间隔，默认情况下，是按数据表列的顺序依次赋值。

(2) VALUES ＜表达式列表＞为要追加的记录的各列的值。

【例 5-17】 向学生.dbf 表中添加一条记录。

```
INSERT INTO 学生(学号,姓名,性别,出生日期,党员否) ;
VALUES("2015031005","依梅","女",{^1996-11-23},.F.)
```

2. 记录的删除

格式：

```
DELETE FROM <表名> [WHERE <条件表达式>]
```

功能：根据 WHERE 子句指定的条件，逻辑删除表中记录。省略 WHERE 子句，则逻辑删除表中所有记录。逻辑删除为打上删除标记，若要真正从表中删除记录，必须再使用 PACK 命令。

【例 5-18】 将学生.dbf 表中学号为“2015031005”的记录删除。

```
DELETE FROM 学生 WHERE 学号="2015031005"
```

3. 记录的更新

记录更新是指对表中的记录进行修改。

格式：

```
UPDATE <表名>SET <列名 1>=<表达式 1> [,<列名 2>=<表达式 2>…] [WHERE<条件>]
```

【例 5-19】 将 kc.dbf 表的每个课程的学分加 0.5 分。

```
UPDATE kc SET 学分=学分+0.5
```

5.3.3 SQL 数据查询语句

数据查询是 SQL 语言中最重要、最核心的功能。SQL 的数据查询操作是通过 SELECT 查询命令实现的。

1. SELECT 命令

格式：

```
SELECT [DISTINCT][TOP<表达式>[PERCENT]] * /<表达式 1>;
[AS<列名 1>][,<表达式 2>[AS<列名 2>]…];
FROM <数据库名!><表名 1>;
[INNER/LEFT[OUTER]/RIGHT[OUTER]/FULLJOIN ][<数据库名!>]<表名 2>];
[ON<联接条件>…];
[WHERE <记录筛选条件>];
[GROUP BY<分组列表>][ HAVING <分组结果筛选条件>];
[ORDER BY <排序项 1>[ ASC/DESC][,<排序项 2>[ ASC/DESC ]… ]];
[[INTO DBF/TABLE <表名>]/[TO FILE<文件名>[ADDITIVE]/TO PRINTER/TO SCREEN]]
```

功能：对一个或多个数据表进行查询。

说明：

(1) DISTINCT：表示查询结果相同的行只显示第一个。

(2) TOP <表达式>[PERCENT]：指定输出查询结果的前<表达式>行，或者前百分之＜表达式＞行，这个子句必须配合 ORDER BY 子句一起用，即，查询结果必须排序。

(3) */＜表达式＞[AS＜列名＞][,…]：当要输出源表的全部字段时使用*，否则使用＜表达式＞列表来表示要查询的所有列，若要给输出列重新命名则使用 AS 子句。＜表达式＞可以是表文件的一个字段，也可以是任意一个表达式。在表达式中还可以使用以下函数。

AVG(＜列名＞)：求列名所指定一列数据的平均值。

SUM(＜列名＞)：求列名所指定一列数据的和。

COUNT(*)：求查询结果的记录个数。

MIN(＜列名＞)：求列名所指定一列数据的最小值。

MAX(＜列名＞)：求列名所指定一列数据的最大值。

(4) FROM [数据库名!]＜表名＞：指出需查询的数据表文件。

(5) JOIN…ON ＜联接条件＞：当查询来自两个及以上表文件中的数据时，用以表示表与表之间的联接关系，联接的类型有以下几种：

① INNER：内部联接，表示只有满足联接条件的记录才出现在查询结果中。

② LEFT OUTER：左联接，将左表的每条记录分别与右表的所有记录依次比较，若有满足联接条件的，则产生一个真实值记录。若都不满足，则产生一个含有 NULL 值的记录。联接结果的记录个数与左表的记录个数一致，简单地讲，就是返回左侧表中的所有记录以及右侧表中匹配的记录。

③ RIGHT OUTER：右联接，与左联接正好相反，联接结果的记录个数与右表的记录个数一致，即返回右表中的所有记录以及左表中匹配的记录。

④ FULL：完全联接，先按右联接比较字段值，然后按左联接比较字段值，即返回左右两表中全部记录，重复记录不记入查询结果。

(6) WHERE ＜记录筛选条件＞：指定查询应满足的条件。筛选字符型数据时可以使用通配符"%"、"_"，"%"代表任意个任意字符，"_"代表一个任意字符。

(7) GROUP BY ＜分组列表＞：分组查询，若查询到的数据里有多个记录的指定列的值相同，只取一条记录作为查询结果。＜组合列表＞可以是数据表列名，也可以是指定查询结果中数据表的列位置的数字表达式。

(8) HAVING ＜分组结果筛选条件＞：设置对分组结果的筛选条件，本子句只能与 GROUP BY 一起使用。

(9) ORDER BY ＜排序列＞[ASC/DESC]：指定查询结果的排序依据列，ASC 表示升序，DESC 表示降序，默认排序方式为升序排序。

(10) INTO DBF/TABLE ＜表名＞：将查询结果存入指定表文件，而不在浏览窗口显示。

(11) TO FILE ＜文本文件名＞[ADDITIVE]：查询结果存为文本文件，ADDITIVE 表示将结果追加到文件尾部。

(12) TO PRINTER：查询结果送至打印机输出。

(13) TO SCREEN：查询结果在 Visual FoxPro 主窗口显示。

2. SELECT 命令使用示例

(1) 单表查询,即要查询的数据仅源于一个表。

【例 5-20】 查询 xs. dbf 表中所有学生的记录。

```
SELECT * FROM xs
```

查询结果如图 5-39 所示。

【例 5-21】 查询 xs. dbf 表中所有学生的姓名和入学成绩。

```
SELECT 姓名,入学成绩 FROM xs
```

查询结果如图 5-40 所示。

学号	姓名	性别	生日	班级	应届否	入学成绩	照片	曾获奖励
20150011	李中华	男	10/01/99	会计1501	T	611	Gen	memo
20150012	肖萌	女	02/04/98	会计1501	T	600	gen	memo
20150014	李铭	男	12/31/97	会计1501	T	599	Gen	memo
20150020	张力	男	01/01/95	会计1501	F	585	Gen	memo
20151234	傅丹	男	03/20/98	会计1502	T	630	Gen	memo
20151240	李园	女	01/01/96	会计1502	F	588	gen	memo
20151255	华晓天	男	07/17/99	会计1502	T	590	Gen	memo
20154001	刘冬	女	11/09/98	经济1501	T	633	gen	memo
20154019	严岩	男	03/13/97	经济1501	T	615	gen	memo
20154025	王平	男	06/19/98	经济1501	T	600	Gen	memo
20156001	江锦添	男	04/27/95	经济1502	F	610	gen	memo
20156200	李冬冬	女	12/25/98	经济1502	T	570	gen	memo
20156215	赵天宁	男	08/15/97	经济1502	T	585	gen	memo
20156345	于天	女	09/10/98	经济1502	T	640	gen	memo
20156500	梅媚	女	05/20/99	经济1502	T	580	gen	memo

图 5-39 例 5-20 查询结果

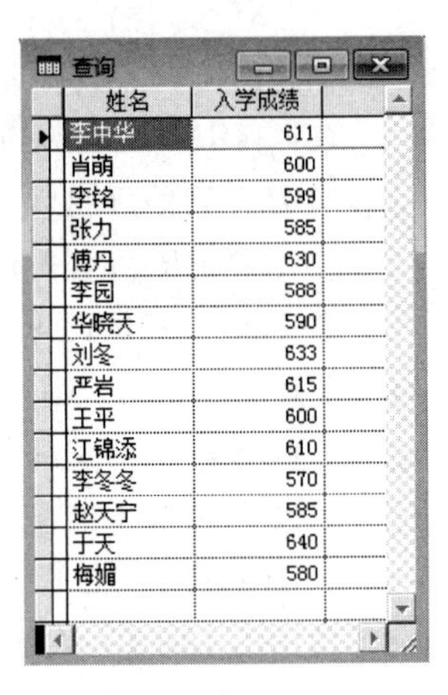

姓名	入学成绩
李中华	611
肖萌	600
李铭	599
张力	585
傅丹	630
李园	588
华晓天	590
刘冬	633
严岩	615
王平	600
江锦添	610
李冬冬	570
赵天宁	585
于天	640
梅媚	580

图 5-40 例 5-21 查询结果

(2) 在 SELECT 子句中使用函数构成查询结果列。

【例 5-22】 查询 xs. dbf 表中入学成绩的最高分和最低分。

```
SELECT MAX(入学成绩), MIN(入学成绩) FROM xs
```

查询结果如图 5-41 所示。

如果使用 AS 子句来为输出列重新命名,则查询结果更容易被人理解。执行下列命令,查询结果如图 5-42 所示。

```
SELECT MAX(入学成绩) AS 最高分, MIN(入学成绩) AS 最低分 FROM xs
```

注意: 这个结果不会对 xs. dbf 表中的数据有任何影响。

Max_入学成绩	Min_入学成绩
640	570

图 5-41 例 5-22 查询结果

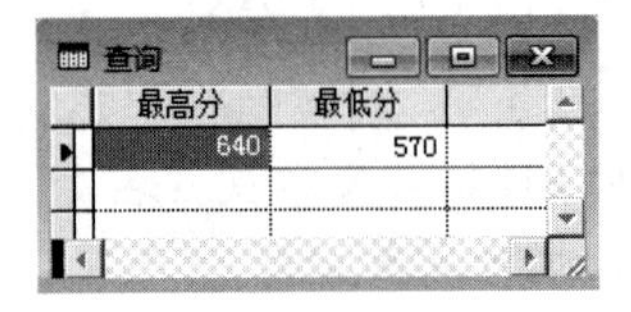

最高分	最低分
640	570

图 5-42 使用 AS 子句的例 5-22 的查询结果

(3) 使用 DISTINCT 消除查询结果的重复行。

【例 5-23】 从 xs. dbf 表中查询班级列数据。

```
SELECT 班级 FROM xs
```

输出结果如图 5-43 所示。

输出的结果包含了重复的记录,使用 DISTINCT 可消除重复的结果。

```
SELECT DISTINCT 班级 FROM xs
```

查询结果如图 5-44 所示。

(4) 条件查询,即使用 WHERE 子句筛选源数据。

【例 5-24】 查询 xs. dbf 表中女生的姓名与年龄。

```
SELECT 姓名,YEAR(DATE())-YEAR(生日) AS 年龄 FROM xs
WHERE 性别="女"
```

班级
会计1501
会计1501
会计1501
会计1501
会计1502
会计1502
会计1502
经济1501
经济1501
经济1501
经济1502
经济1502
经济1502
经济1502
经济1502

图 5-43 例 5-23 查询结果

输出结果如图 5-45 所示。

班级
会计1501
会计1502
经济1501
经济1502

图 5-44 在例 5-23 中使用了 DISTINCT 的查询结果

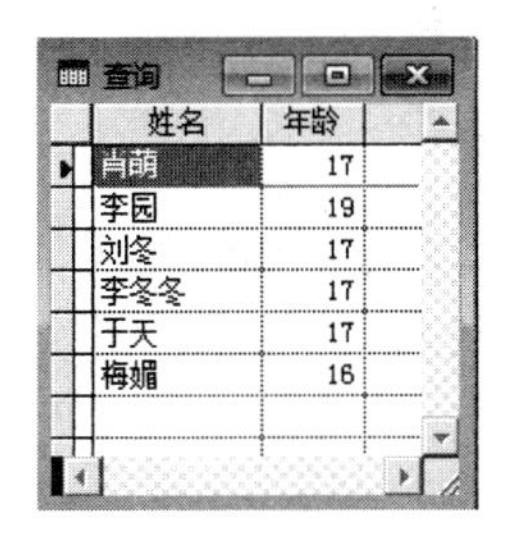

姓名	年龄
肖萌	17
李园	19
刘冬	17
李冬冬	17
于天	17
梅媚	16

图 5-45 查询女学生的姓名和年龄

【例 5-25】 查询 xs. dbf 表中应届学生的信息。

```
SELECT * FROM xs WHERE 应届否=.T.
```

或

```
SELECT * FROM xs WHERE 应届否
```

输出结果如图 5-46 所示。

【例 5-26】 查询 xs. dbf 中非应届的男同学的记录。

```
SELECT * FROM xs WHERE 性别="男"AND NOT 应届否
```

输出结果如图 5-47 所示。

除了用关系表达式和逻辑表达式来表示查询条件之外,还可以使用以下方式表达记录的筛选:

<列名> [NOT] IN(<数值列表>) :筛选列值等于数值列表中任意一个数据的记录。

<列名> [NOT] LIKE <字符表达式>:筛选字符型列值与指定表达式相匹配的

查询

学号	姓名	性别	生日	班级	应届否	入学成绩	照片	曾获奖励
20150011	李中华	男	10/01/99	会计1501	T	611	Gen	memo
20150012	肖萌	女	02/04/98	会计1501	T	600	gen	memo
20150014	李铭	男	12/31/97	会计1501	T	599	Gen	memo
20151234	傅丹	男	03/20/98	会计1502	T	630	Gen	memo
20151255	华晓天	男	07/17/99	会计1502	T	590	Gen	memo
20154001	刘冬	女	11/09/98	经济1501	T	633	gen	memo
20154019	严岩	男	03/13/97	经济1501	T	615	gen	memo
20154025	王平	男	06/19/98	经济1501	T	600	Gen	memo
20156200	李冬冬	女	12/25/98	经济1502	T	570	gen	memo
20156215	赵天宁	男	08/15/97	经济1502	T	585	gen	memo
20156345	于天	女	09/10/98	经济1502	T	640	gen	memo
20156500	梅媚	女	05/20/99	经济1502	T	580	gen	memo

图 5-46　应届学生

查询

学号	姓名	性别	生日	班级	应届否	入学成绩	照片	曾获奖励
20150020	张力	男	01/01/95	会计1501	F	585	Gen	memo
20156001	江锦添	男	04/27/95	经济1502	F	610	gen	memo

图 5-47　非应届男生情况

记录。LIKE 为字符匹配运算符。＜字符表达式＞中可以使用通配符“%”(百分号)和“_”(下划线)。“% ”代表任意多个字符,“_”代表任意一个字符。

＜列名＞[NOT] BETWEEN ＜低值＞AND＜高值＞：筛选列值大于等于＜低值＞且小于等于＜高值＞的记录。

【例 5-27】 查询 xs. dbf 表中班级为会计 1501 和经济 1501 的学生记录。

```
SELECT * FROM xs WHERE 班级 IN("会计 1501","经济 1501")
```

查询结果如图 5-48 所示。

查询

学号	姓名	性别	生日	班级	应届否	入学成绩	照片	曾获奖励
20150011	李中华	男	10/01/99	会计1501	T	611	Gen	memo
20150012	肖萌	女	02/04/98	会计1501	T	600	gen	memo
20150014	李铭	男	12/31/97	会计1501	T	599	Gen	memo
20150020	张力	男	01/01/95	会计1501	F	585	Gen	memo
20154001	刘冬	女	11/09/98	经济1501	T	633	gen	memo
20154019	严岩	男	03/13/97	经济1501	T	615	gen	memo
20154025	王平	男	06/19/98	经济1501	T	600	Gen	memo

图 5-48　查询指定两班的学生情况

【例 5-28】 查询 xs. dbf 表中姓“李”的学生的记录。

```
SELECT * FROM xs WHERE 姓名 LIKE"李%"
```

查询结果如图 5-49 所示。

学号	姓名	性别	生日	班级	应届否	入学成绩	照片	曾获奖励
20150011	李中华	男	10/01/99	会计1501	T	611	Gen	memo
20150014	李铭	男	12/31/97	会计1501	T	599	Gen	memo
20151240	李园	女	01/01/96	会计1502	F	588	gen	memo
20156200	李冬冬	女	12/25/98	经济1502	T	570	gen	memo

图 5-49　姓李同学情况

【例 5-29】　查询 xs. dbf 表中入学成绩在 550 到 600 之间学生的学号、姓名、入学成绩。

```
SELECT 学号,姓名,入学成绩 FROM xs WHERE 入学成绩 BETWEEN 550 AND 600
```

与下列语句

```
SELECT 学号,姓名,入学成绩 FROM xs WHERE 入学成绩>=550 AND 入学成绩<=600
```

等价。查询结果如图 5-50 所示。

学号	姓名	入学成绩
20150012	肖萌	600
20150014	李铭	599
20150020	张力	585
20151240	李园	588
20151255	华晓天	590
20154025	王平	600
20156200	李冬冬	570
20156215	赵天宁	585
20156500	梅媚	580

图 5-50　入学成绩在 550 到 600 之间的学生

(5) 查询结果的排序,即使用 ORDER BY 子句说明排序依据。

【例 5-30】　按入学成绩升序查询 xs. dbf 表中的记录。

```
SELECT * FROM xs ORDER BY 入学成绩 ASC
```

查询结果如图 5-51 所示。

学号	姓名	性别	生日	班级	应届否	入学成绩	照片	曾获奖励
20156200	李冬冬	女	12/25/98	经济1502	T	570	gen	memo
20156500	梅媚	女	05/20/99	经济1502	T	580	gen	memo
20150020	张力	男	01/01/95	会计1501	F	585	Gen	memo
20156215	赵天宁	男	08/15/97	经济1502	T	585	gen	memo
20151240	李园	女	01/01/96	会计1502	F	588	gen	memo
20151255	华晓天	男	07/17/99	会计1502	T	590	Gen	memo
20150014	李铭	男	12/31/97	会计1501	T	599	Gen	memo
20150012	肖萌	女	02/04/98	会计1501	T	600	gen	memo
20154025	王平	男	06/19/98	经济1501	T	600	Gen	memo
20156001	江锦添	男	04/27/95	经济1502	F	610	gen	memo
20150011	李中华	男	10/01/99	会计1501	T	611	Gen	memo
20154019	严岩	男	03/13/97	经济1501	T	615	gen	memo
20151234	傅丹	男	03/20/98	会计1502	T	630	Gen	memo
20154001	刘冬	女	11/09/98	经济1501	T	633	gen	memo
20156345	于天	女	09/10/98	经济1502	T	640	gen	memo

图 5-51　按入学成绩排列

【例 5-31】　先按性别升序,再按入学成绩降序查询学生的学号、姓名、性别、入学成绩。

```
SELECT 学号,姓名,性别,入学成绩 FROM xs ORDER BY 性别,入学成绩 DESC
```

查询结果如图 5-52 所示。

(6) 分组查询,即使用 GROUP BY 子句实现分组计算查询。

可以按一列或多列分组;分组依据可以是列名、SQL 函数表达式,也可以是列序号(最左边列为 1);在查询列中使用函数进行统计计算时,常常会配合使用分组子句,以实现分组统计计算;HAVING 子句用于对分组计算结果做进一步筛选,因此,必须跟在 GROUP BY 子句之后,不可单独使用。

学号	姓名	性别	入学成绩
20151234	傅丹	男	630
20154019	严岩	男	615
20150011	李中华	男	611
20156001	江锦添	男	610
20154025	王平	男	600
20150014	李铭	男	599
20151255	华晓天	男	590
20150020	张力	男	585
20156215	赵天宁	男	585
20156345	于天	女	640
20154001	刘冬	女	633
20150012	肖萌	女	600
20151240	李园	女	588
20156500	梅媚	女	580
20156200	李冬冬	女	570

图 5-52　查询排序

【例 5-32】 按性别分组查询 xs.dbf 表中男女同学的平均入学成绩。

```
SELECT 性别,AVG(入学成绩) AS 平均入学成绩
FROM xs GROUP BY 性别
```

查询结果如图 5-53 所示。

【例 5-33】 分别统计男女学生的人数。

```
SELECT 性别,COUNT(性别) AS 人数 FROM xs GROUP BY 性别
```

统计结果如图 5-54 所示。

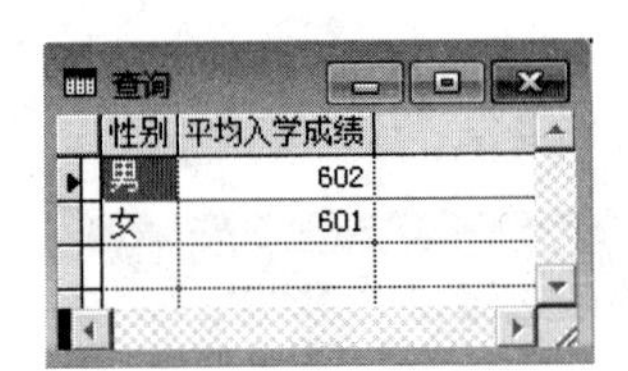

性别	平均入学成绩
男	602
女	601

图 5-53　按性别分组查询平均分

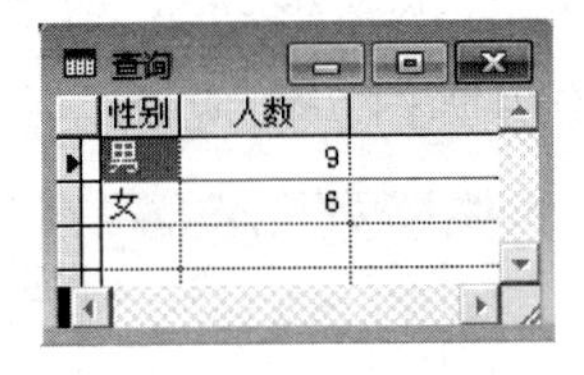

性别	人数
男	9
女	6

图 5-54　男女生人数

(7) 多表查询,即在两个或两个以上的表中进行的查询。

多表查询最主要的是要确定源表之间的关联关系,多表查询必须在相关联的表当中进行。

注意:在多表查询中,引用列名为所有表中唯一的字段时,可以省略列名前的别名,否则必须加上别名作为前缀,以免引起混淆。

① 用联接子句实现多表查询。使用联接子句来联接各个源表的优势在于可选择联接类型(内部联接、左联接、右联接和完全联接),以满足相应的查询需要。

【例 5-34】 查询学生的所修课程成绩,将 xs.dbf 表和 cj.dbf 表进行内部联接,输出学生的学号、姓名、课程编号、成绩。

```
SELECT xs.学号, xs.姓名, cj.课程编号,cj.成绩 FROM xs INNER JOIN cj ON xs.学号=
cj.学号
```

查询结果如图 5-55 所示。

【例 5-35】 查询学生的所修课程成绩，输出学生的学号、姓名、课程名称、成绩。

```
SELECT xs.学号, xs.姓名,kc.课程名称, cj.成绩;
FROM xs INNER JOIN cj INNER JOIN kc ON kc.课程编号=cj.课程编号 ON xs.学号=cj.学号
```

查询结果如图 5-56 所示。

查询

学号	姓名	课程编号	成绩
20150012	肖萌	A301	84
20151234	傅丹	A301	79
20154001	刘冬	C011	86
20154001	刘冬	A403	90
20154001	刘冬	B102	75
20156001	江锦添	B501	90
20156200	李冬冬	A101	80
20156215	赵天宁	A101	67
20156500	梅媚	C001	95
20156500	梅媚	B501	70
20156500	梅媚	A101	50

图 5-55 两表内部联接

查询

学号	姓名	课程名称	成绩
20156215	赵天宁	高等数学	67
20156200	李冬冬	高等数学	80
20156500	梅媚	高等数学	50
20150012	肖萌	大学英语	84
20151234	傅丹	大学英语	79
20154001	刘冬	计量经济学	90
20154001	刘冬	运筹学	75
20156500	梅媚	数据结构	70
20156001	江锦添	数据结构	90
20156500	梅媚	大学语文	95
20154001	刘冬	德语	86

图 5-56 所修课程成绩

【例 5-36】 将例 5-34 查询改为两表左联接。

```
SELECT xs.学号, xs.姓名, cj.课程编号,cj.成绩 FROM xs LEFT JOIN cj ON xs.学号=cj.学号
```

查询结果如图 5-57 所示。

【例 5-37】 将例 5-34 查询改为两表右联接。

```
SELECT xs.学号, xs.姓名, cj.课程编号,cj.成绩 FROM xs RIGHT JOIN cj ON xs.学号=cj.学号
```

查询结果如图 5-58 所示。

查询

学号	姓名	课程编号	成绩
20150011	李中华	.NULL.	.NULL.
20150012	肖萌	A301	84
20150014	李铭	.NULL.	.NULL.
20150020	张力	.NULL.	.NULL.
20151234	傅丹	A301	79
20151240	李园	.NULL.	.NULL.
20151255	华晓天	.NULL.	.NULL.
20154001	刘冬	A403	90
20154001	刘冬	B102	75
20154001	刘冬	C011	86
20154019	严岩	.NULL.	.NULL.
20154025	王平	.NULL.	.NULL.
20156001	江锦添	B501	90
20156200	李冬冬	A101	80
20156215	赵天宁	A101	67
20156345	于天	.NULL.	.NULL.
20156500	梅媚	A101	50
20156500	梅媚	C001	95
20156500	梅媚	B501	70

图 5-57 两表左联接

查询

学号	姓名	课程编号	成绩
20150012	肖萌	A301	84
20151234	傅丹	A301	79
20154001	刘冬	A403	90
20154001	刘冬	B102	75
20154001	刘冬	C011	86
20156200	李冬冬	A101	80
20156215	赵天宁	A101	67
20156500	梅媚	A101	50
20156500	梅媚	C001	95
20156500	梅媚	B501	70
20156001	江锦添	B501	90

图 5-58 两表右联接

【例 5-38】 将例 5-34 查询改为两表完全联接。

```
SELECT xs.学号, xs.姓名, cj.课程编号,cj.成绩 FROM xs FULL JOIN cj ON xs.学号=cj.学号
```

查询结果如图 5-59 所示。

② 使用 WHERE 子句实现多表查询。

【例 5-39】 查询选修课程在 2 门以上(含 2 门)的学生的学号、姓名。

```
SELECT xs.学号,姓名;
FROM xs,cj;
WHERE xs.学号=cj.学号;
GROUP BY xs.学号 HAVING COUNT(课程编号)>=2
```

查询结果如图 5-60 所示。

③ 使用嵌套查询实现多表查询。嵌套查询是在一个 SELECT 命令的 WHERE 子句中,使用另一个 SELECT 命令的查询结果来构成查询筛选条件的查询方式,通常用以实现单一 SELECT 命令无法实现的复杂条件查询。

【例 5-40】 查询成绩不低于 80 分的学生。

```
SELECT 学号,姓名 FROM xs;
WHERE 学号 IN(SELECT 学号 FROM cj WHERE 成绩>=80)
```

查询结果如图 5-61 所示。

查询

学号	姓名	课程编号	成绩
20150012	肖萌	A301	84
20151234	傅丹	A301	79
20154001	刘冬	A403	90
20154001	刘冬	B102	75
20154001	刘冬	C011	86
20156200	李冬冬	A101	80
20156215	赵天宁	A101	67
20156500	梅媚	A101	50
20156500	梅媚	C001	95
20156500	梅媚	B501	70
20156001	江锦添	B501	90
20150011	李中华	.NULL.	.NULL.
20150014	李铭	.NULL.	.NULL.
20150020	张力	.NULL.	.NULL.
20151240	李园	.NULL.	.NULL.
20151255	华晓天	.NULL.	.NULL.
20154019	严岩	.NULL.	.NULL.
20154025	王平	.NULL.	.NULL.
20156345	于天	.NULL.	.NULL.

图 5-59 完全联接

查询

学号	姓名
20154001	刘冬
20156500	梅媚

图 5-60 查询结果

查询

学号	姓名
20150012	肖萌
20154001	刘冬
20156001	江锦添
20156200	李冬冬
20156500	梅媚

图 5-61 成绩不低于 80 分的学生

嵌套查询所要求的结果出自一个关系,但关系的条件却涉及多个关系。其内层也是一个 SELECT 查询语句。查询时由里向外查,先由子查询得到一组值的集合,再进行外查询。

【例 5-41】 查询选修了课程为"高等数学"的学生。

```
SELECT 学号,姓名 FROM xs WHERE 学号 IN;
(SELECT 学号 FROM cj,kc WHERE cj.课程编号=kc.课程编号 AND kc.课程名称="高等数学")
```

查询结果如图 5-62 所示。

在嵌套查询的 WHERE 子句中还可以使用一些特有的关键字,例如 EXISTS 或 NOT EXISTS,用来检查子查询有无查询结果,其本身并没有进行任何运算或比较,只用来返回子查询结果。

查询

学号	姓名
20156200	李冬冬
20156215	赵天宁
20156500	梅媚

图 5-62 选修了"高等数学"的学生

【例 5-42】 查询 xs. dbf 表中没有选修课程的学生情况。

```
SELECT * FROM xs WHERE NOT EXISTS(SELECT * FROM cj WHERE 学号=xs.学号)
```

查询结果如图 5-63 所示。

查询

学号	姓名	性别	生日	班级	应届否	入学成绩	照片	曾获奖励
20150011	李中华	男	10/01/99	会计1501	T	611	Gen	memo
20150014	李铭	男	12/31/97	会计1501	T	599	Gen	memo
20150020	张力	男	01/01/95	会计1501	F	585	Gen	memo
20151240	李园	女	01/01/96	会计1502	F	588	gen	memo
20151255	华晓天	男	07/17/99	会计1502	T	590	Gen	memo
20154019	严岩	男	03/13/97	经济1501	T	615	gen	memo
20154025	王平	男	06/19/98	经济1501	T	600	Gen	memo
20156345	于天	女	09/10/98	经济1502	T	640	gen	memo

图 5-63 没有选修课程的学生

(8) 查询结果的输出。查询结果的默认输出方向是浏览窗口,除此之外还可以输出到临时表、表文件、文本文件、打印机、主窗口等。

【例 5-43】 查询 xs. dbf 表,将结果存放到临时表 tmp 中。

```
SELECT * FROM xs INTO CURSOR tmp
```

【例 5-44】 查询 xs. dbf 表,将结果存放到数据表 tb1. dbf 中。

```
SELECT * FROM xs INTO TABLE tb1
```

【例 5-45】 查询 xs. dbf 表,将结果存放到文本文件 text1. txt 中。

```
SELECT * FROM xs TO FILE text1
```

(9) 其他常用子句示例。

【例 5-46】 查询 xs. dbf 表中入学成绩位居前 5 名的学生。

```
SELECT TOP 5 * FROM xs ORDER BY 入学成绩 DESC
```

查询结果如图 5-64 所示。

【例 5-47】 查询 xs. dbf 表中入学成绩位居总人数前 20%的学生。

```
SELECT TOP 20 PERCENT * FROM xs ORDER BY 入学成绩 DESC
```

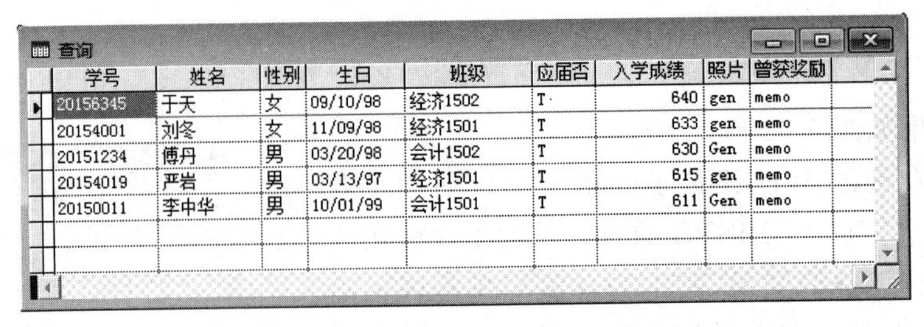

学号	姓名	性别	生日	班级	应届否	入学成绩	照片	曾获奖励
20156345	于天	女	09/10/98	经济1502	T	640	gen	memo
20154001	刘冬	女	11/09/98	经济1501	T	633	gen	memo
20151234	傅丹	男	03/20/98	会计1502	T	630	Gen	memo
20154019	严岩	男	03/13/97	经济1501	T	615	gen	memo
20150011	李中华	男	10/01/99	会计1501	T	611	Gen	memo

图 5-64　入学成绩前 5 名的学生

查询结果如图 5-65 所示。

学号	姓名	性别	生日	班级	应届否	入学成绩	照片	曾获奖励
20156345	于天	女	09/10/98	经济1502	T	640	gen	memo
20154001	刘冬	女	11/09/98	经济1501	T	633	gen	memo
20151234	傅丹	男	03/20/98	会计1502	T	630	Gen	memo

图 5-65　入学成绩总人数前 20%的学生

习题 5

1．简答题

(1) 查询设计器的作用是什么？各选项卡的作用是什么？
(2) 查询可以更新数据表中的数据吗？
(3) 视图设计器的作用是什么？
(4) 视图有哪几种类型？
(5) 查询和视图有什么相同与相异之处？
(6) SQL 语言具有哪些主要功能？
(7) SQL 语言中有哪些基本命令？

2．填空题

(1) 视图的________功能可修改源表中的数据。
(2) 视图可分为________视图和________视图。
(3) 查询文件的扩展名是________。
(4) 创建视图时，相应的数据库是________状态。
(5) 视图设计器比查询设计器多出的选项卡是________。
(6) 视图中的数据取自数据库中的________和________。
(7) 关系数据库的标准语言是________。
(8) 如果要在查询结果中去掉重复行，必须在 SQL-SELECT 命令中加________。
(9) 在 SQL-SELECT 中可以利用________子句进行分组查询。

(10) 在 SQL 中使用________语句能删除数据表。

(11) 在 SQL 中使用________语句能修改数据表的结构。

3. 选择题

(1) 在"查询设计器"中默认的查询结果的输出去向是________。

A. 浏览　　B. 报表　　C. 数据表　　D. 图

(2) 表间默认联接类型是________。

A. 内部联接　　B. 左联接　　C. 右联接　　D. 完全联接

(3) 视图不能单独存在,它必须依赖于________。

A. 视图　　B. 数据库　　C. 表　　D. 查询

(4) 修改本地视图的命令是________。

A. DELETE VIEW　　B. CREATE SQL VIEW

C. MODIFY VIEW　　D. SET VIEW

(5) SQL 的核心功能是________。

A. 数据查询　　B. 数据修改　　C. 数据定义　　D. 数据控制

(6) 向指定表中插入记录的 SQL 语句是________。

A. INSERT　　B. INSERT BLANK

C. INSERT INTO　　D. INSERT BEFORE

第6章 程序设计基础

Visual FoxPro 命令的执行有交互操作方式和程序执行方式两种。之前各章大多采用的是交互操作方式，也就是在命令窗口输入一条命令或通过选择系统菜单、立刻执行那条命令、得到执行结果的方式。交互操作方式对于理解掌握 Visual FoxPro 命令，完成简单的数据处理任务，调试应用程序等都是简单易用且不可或缺的途径。而程序执行方式更加重要，因为只有程序执行方式才是实现数据库应用程序功能的唯一途径。本章要介绍的就是 Visual FoxPro 程序设计的基础方法，重点放在程序的基本结构的运用，以及过程和自定义函数等基本程序单位的设计与使用上，而目前广泛使用的基于对象的可视化程序设计方法将在第 7 章中介绍。

6.1 程序与程序文件

本节主要介绍 Visual FoxPro 程序文件的建立、编辑和执行，以及一些通常用于程序当中的语句。

6.1.1 程序的概念

程序是能够完成一定任务的命令的序列，这样的命令序列被存放在程序文件或者称为命令文件当中，Visual FoxPro 程序文件与用其他高级语言编写的程序一样，是一个文本文件。当程序运行的时候，系统按照程序的编写逻辑自动执行程序文件当中的命令。

与命令的交互执行方式相比，采用程序运行方式有以下优点：

(1) 程序是能完成某一任务的命令序列，被保存在文件中，便于阅读、编辑和修改。

(2) 程序可以用不同方式反复运行。

(3) 可以实现程序判断逻辑和程序循环逻辑。

(4) 程序可以彼此调用。

总之，和使用其他计算机语言一样，利用 Visual FoxPro 实现相应任务的程序设计才是终极目标。

6.1.2 程序的建立、编辑与运行

1. 程序的建立与编辑

程序的建立与编辑实际就是程序文件的建立与编辑，通常通过调用 Visual FoxPro 系统内置的文本编辑器来完成，一般有如下 3 个步骤。

(1) 建立程序文件。常用的有以下 3 种方法建立程序文件。

① 菜单方式。在 Visual FoxPro 中选择"文件"|"新建"菜单命令，在"新建"对话框中单击"程序"选项，单击"新建文件"按钮。

② 命令方式。

格式：

```
MODIFY COMMAND [<程序文件名>]
```

③ 在项目管理器中。打开项目管理器，在"代码"选项卡中选择"程序"组，单击"新建"按钮。

通过以上 3 种方法之任何一种，都可以打开程序编辑窗口，如图 6-1 所示。

(2) 编辑程序文件。在程序编辑窗口输入程序行。注意，此时仅仅是把程序写入程序文件，相当于在一张白纸上先记录下需要的命令序列，丝毫没有使各条命令立即执行的作用，和之前在命令窗口输入一命令就立即执行完全不同。

(3) 保存程序文件。在 Visual FoxPro 中选择"文件"|"保存"菜单命令，或者直接关闭程序编辑窗口并回答系统的保存文件提示，然后在"另存为"对话框中选定程序文件的保存位置，输入文件名并单击"保存"按钮。如图 6-2 所示，程序文件的默认扩展名是.PRG。也可以按 Ctrl＋W 键保存程序文件。

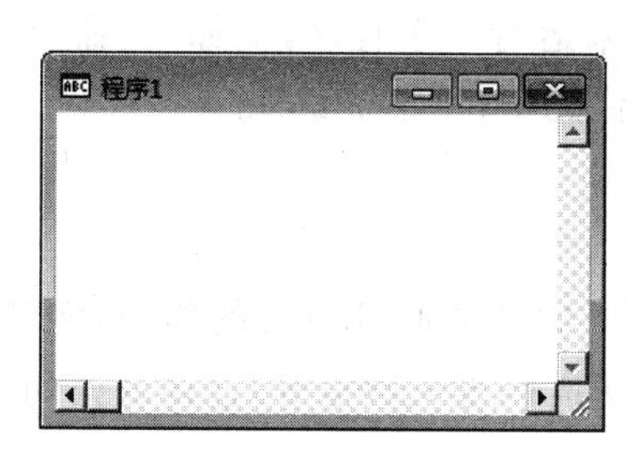

图 6-1 程序编辑窗口

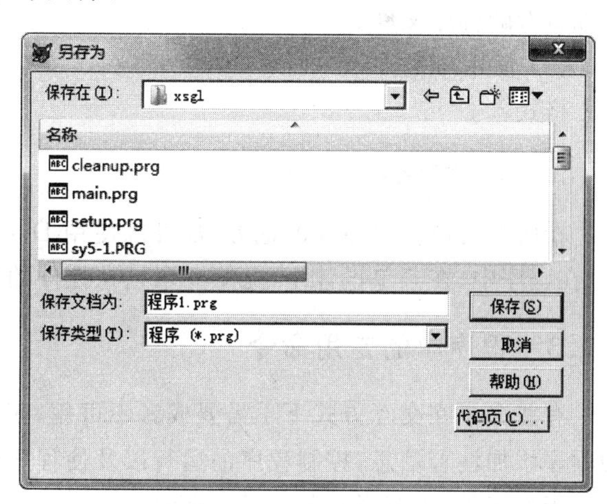

图 6-2 "另存为"对话框

如果要查看、修改程序文件，也可以在程序编辑窗口中进行，与上述相似，方法如下。

① 菜单方式。在 Visual FoxPro 中选择"文件"|"打开"菜单命令，在"打开"对话框的"查找范围"下拉列表中选定要打开的程序文件的所在位置，在"文件类型"下拉列表

中选择程序类，然后在显示的文件列表中选择要查看或者修改的文件名，单击“确定”按钮。

② 命令方式。执行命令

```
MODIFY COMMAND [<程序文件名>]
```

如果指定的文件在当前文件夹中不存在，如前所述，则打开空白的程序编辑窗口，准备新建该程序文件；如果指定的文件在当前文件夹中已经存在，则在程序编辑窗口中显示该程序文件的内容，以供查看和修改，同时将该程序文件复制生成一个同名的.BAK备份文件。

③ 使用项目管理器。打开项目管理器，在“代码”选项卡中，展开“程序”组，选择要查看或者修改的程序并单击“修改”按钮。

在程序编辑窗口对程序文件进行修改后，可确定保留本次修改结果，也可以放弃本次修改，使程序文件还原。保留修改结果的步骤(3)中已有类似描述，而放弃修改的几种方法分别是：在 Visual FoxPro 中选择“文件”|“还原”菜单命令、或者按 Esc 键、或者按 Ctrl＋Q 键，然后在放弃修改提示信息的对话框中单击“是”按钮。

2. 程序的运行

对于程序文件，令其运行的方法有多种，下面列出几种常用的方法。

(1) 使用菜单。在 Visual FoxPro 中选择“程序”|“运行”菜单命令，在打开的“运行”对话框的文件列表中选择要运行的程序文件，然后单击“运行”按钮。

(2) 使用工具按钮或者快捷键。对于正在程序编辑窗口中显示着的程序文件，还可以单击常用工具栏中以红色惊叹号标识的运行按钮 ! 来运行，或者按 Ctrl＋E 键运行正在编辑着的程序文件。

(3) 使用命令。

格式：

```
DO <程序文件名>
```

在所有可以执行命令的地方，都可以使用 DO 命令来运行一个程序，例如，在命令窗口、在程序中、在菜单设计中(见第 9 章)、在控件的事件代码中(见第 7 章)等。

6.1.3 程序中的专用命令

有些命令在交互方式下不需要或者不可用，仅在程序中才能起到应有的作用，例如，为程序添加注释信息，控制程序的运行以及使程序获得所需的键入数据等；这样的语句都是属于程序的，本节择其若干予以介绍。

1. 程序的注释

为了提高程序的可读性，编程者通常会在程序中加一些注释。Visual FoxPro 提供了注释语句和注释子句两种方式来为程序添加说明信息。

(1) 注释语句。

格式：

```
NOTE / * <注释内容>
```

注释内容可以是任何文本符号，程序运行时，不理会以 NOTE 或者 * 打头的语句行。在程序调试时，有时也通过给某些语句行首加 * 的方法来暂时屏蔽该语句的作用。

(2) 注释子句。

注释子句也可以叫作行尾注释，是加在命令行尾部的注释，带有注释子句的命令格式如下。

```
<命令>      &&<注释内容>
```

【例 6-1】 注释语句示例。计算圆面积的程序。

```
*根据半径，计算圆的面积。
INPUT "圆的半径 R=" TO r           && 读入圆的半径，存入内存变量 r
s=PI()*r*r                         && 计算圆的面积，存入内存变量 s
? "该圆的面积为：",s               && 显示计算结果
```

由此例可见，通常用注释语句给程序段添加说明，而注释子句用来对所在命令进行简短说明。总之，为程序添加必要的注释是一种良好的编程习惯。

2. 终止程序命令

如果运行例 6-1 所示程序会发现，当程序顺序执行完每条命令后自然结束，并将控制返回命令窗口。但在很多情况下，需要在没有执行完程序中的所有命令时就结束程序，或者程序执行结束的同时退出 Visual FoxPro 系统，这时需要用到终止程序的命令。

(1) RETURN 命令。

格式：

```
RETURN
```

功能：结束当前程序的执行，返回到调用它的上一级程序，若无上一级程序，则返回到命令窗口。

(2) CANCEL 命令。

格式：

```
CANCEL
```

功能：终止正在运行的程序，返回命令窗口。

(3) QUIT 命令。

格式：

```
QUIT
```

功能：退出 Visual FoxPro 系统，返回到操作系统。

3. 暂停程序命令

格式：

```
WAIT [<字符表达式>] [TO<内存变量>]
  [WINDOW [AT <行>,<列>]] [TIMEOUT <数值表达式>]
```

功能：在屏幕上显示以字符表达式表示的提示信息，直到用户键入一个字符或按任一键。

说明：

(1) 用于显示提示信息的字符表达式可以省略，省略时，系统自动提示"按任意键继续……"。

(2) 内存变量用来保存键入的字符，如果省略 TO 子句，则键入的字符不保存。

(3) WINDOW 子句使屏幕上出现一个提示窗口，位置由 AT 子句的<行>，<列>来指定。如果省略 AT 子句，提示窗口显示在屏幕右上角。

(4) TIMEOUT 子句用来设定等待按键时间(以秒为单位)，超过等待时间，则本命令自动结束，继续后续程序的执行。

WAIT 命令通常用来使程序暂停一下，暂停的时间长短可以在命令中指定，也可以在运行时，一直等到用户按键为止。

【例 6-2】 WAIT 命令示例。

```
WAIT "浏览之后请按任意键…"WINDOW
```

命令执行时，在屏幕右上角出现的提示窗口里显示"浏览之后请按任意键…"字样，保持此状态直到用户按任一键后，提示窗口关闭，继续执行后续程序。

4. 键盘输入命令

按照目前习惯的程序设计方式，键入数据大多采用文本框，这些内容将在面向对象程序设计章节中介绍。为辅助程序基本结构的叙述，这里仍然需要介绍两个传统的键盘输入命令，主要是为了配合本章示例程序的调试与验证。因为，本章的重点在于使读者能熟练而灵活地运用程序基本结构将程序算法正确、简洁地表达出来，而在实际的应用程序设计中，还是要使用基于控件的数据输入方式的，具体方法参见面向对象程序设计的相关章节。

(1) INPUT 命令。

格式：

```
INPUT [<字符表达式>] TO <内存变量>
```

功能：在屏幕上显示以字符表达式表示的提示信息，等待用户输入以回车键表示结束的数据，并存入内存变量。

说明：

① 如果字符表达式省略，则不显示任何提示信息，只是等待用户的输入数据。

② 内存变量的类型由输入数据的类型决定。如果输入常量，则需要输入完整的表达方式，例如，字符常量需使用定界符，日期和日期时间常量需使用允许的格式和有效的数据。如果输入的是表达式，则表达式当中所引用的变量必须是有定义的。

实例参见例 6-1。由例 6-1 的运行可见，INPUT 命令用来接收数值型常量时，用户的操作最简便。

（2）ACCEPT 命令。

格式：

```
ACCEPT [<字符表达式>] TO <内存变量>
```

功能：在屏幕上显示以字符表达式表示的提示信息，等待用户输入以回车符表示结束的字符串，并将该字符串存入内存变量。

说明：

① 如果字符表达式省略，则不显示任何提示信息，只是等待用户的输入数据。

② 因为内存变量的数据是确定的字符型，因此，输入字符串时无须使用定界符，命令直接将键入的字符串作为字符常量，存入内存变量中。

在实际使用中，ACCEPT 命令用来接收字符串数据时，用户的操作最为简便。因此，在设计程序时，应根据需要选择最方便使用的键盘输入命令。

6.2 程序的基本结构

依照结构化程序原则，程序设计语言至少要提供 3 种基本的程序控制结构，即顺序结构、分支结构和循环结构。使用这 3 种基本结构可以使绝大多数的程序算法得以用程序的方式编写表达出来，因此，这 3 种基本结构是程序设计的基础。

6.2.1 顺序结构

顺序结构在 3 种基本结构中最为简单，它用来表达命令的依次顺序执行，即命令按其在程序中的排列顺序依次被执行一次，例如下列实例。

【例 6-3】 输入三角形的 3 条边长，计算该三角形的面积，并显示计算结果。

依题意创建一个程序文件，然后写入下列程序行，可实现三角形面积的计算。

```
NOTE 计算三角形面积
INPUT "请输入三角形边长之一 a=" TO a          && 边长之一存入内存变量 a 中
INPUT "请输入三角形边长之一 b="TO b           && 边长之二存入内存变量 b 中
INPUT "请输入三角形边长之一 c="TO c           && 边长之三存入内存变量 c 中
r=(a+b+c)/2
s=SQRT(r*(r-a)*(r-b)*(r-c))                 && 按照三角形面积计算公式计算
? "该三角形的面积为：", s                     && 显示计算结果
* END
```

执行上述程序，按提示依次键入三角形的三边长，得到显示结果，例如

```
请输入三角形边长之一 a=3
请输入三角形边长之一 b=4
请输入三角形边长之一 c=5
该三角形的面积为：6.00
```

由上述实例可见，顺序结构程序逻辑简单，各条命令依其在程序中的排列次序被逐一执行。

6.2.2 分支结构

在解决实际问题时，只有顺序结构是远远不够的，很多时候需要根据不同情况做不同的处理，也就是说在一个程序中，需要根据不同的情况选择执行不同的程序段落。Visual FoxPro 系统提供 IF 和 DO CASE 两种分支语句构成分支结构，实现逻辑判断与处理功能，分支结构也称为选择结构。

1. 简单分支语句

格式：

```
IF <条件表达式>
  <命令序列 1>
[ELSE
  <命令序列 2>]
ENDIF
```

功能：首先计算条件表达式的值，若为逻辑真值，则执行命令序列 1，然后转到 ENDIF 执行后续命令；否则，执行命令序列 2，然后也转到 ENDIF 执行后续命令。

IF 语句执行过程如图 6-3 所示。

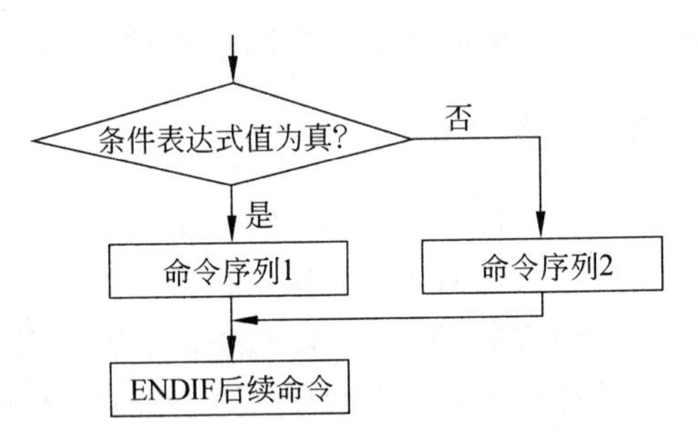

图 6-3 简单分支语句执行流程

说明：

(1) 条件表达式就是用来表示简单条件的关系表达式或者用来表示复杂条件的逻辑表达式。

(2) 如果省略 ELSE 语句段，则变成下列单分支结构。

```
IF <条件表达式>
    <命令序列>
ENDIF
```

【例 6-4】 输入三角形的 3 条边长，计算该三角形的面积，并显示计算结果。

不难发现本例与例 6-3 的要求完全相同，但是为什么要重复给出呢？也许读者在反复运行例 6-3 程序的时候已经发现问题了，那就是任意输入的 3 个数并不总能构成三角形。因此，程序的运行结果有时候并不代表一个三角形的面积，从语法上讲程序是没错的，但从算法上说程序是有缺陷的。进一步完善的程序应该是对键入的 3 个数先进行合理性判断，只有满足任意两边之和大于第三边这一原则的数才能予以计算，对于不满足条件的键入数据，不予计算并给用户以提示。要实现这样的编程逻辑，就需要运用分支结构。如此分析之后，可编写出下列程序。

```
* 计算三角形面积
INPUT "请输入三角形边长之一 a=" TO a
INPUT "请输入三角形边长之一 b=" TO b
INPUT "请输入三角形边长之一 c=" TO c
IF A+B>C AND A+C>B AND B+C>A          && 如果键入数据能构成三角形则计算面积
  r=(a+b+c)/2
  s=SQRT(r*(r-a)*(r-b)*(r-c))
  ? "该三角形的面积为：", s
ELSE                                  && 否则仅显示提示信息
  ? "所输入的 3 个数无法构成三角形！"
ENDIF
```

另外，如果去掉上述程序中从 ELSE 语句开始的两行，程序也一样可以正确执行，是没有任何语法错误的一个单分支结构，但运行程序者一定不会满意这样的程序，因为如果用户有意或无意地输入了不合适的数据，程序没有任何显示结果就结束了，这不是好的程序。因此，充分运用编程方法，使程序最便于使用也是程序设计的重要目标之一。

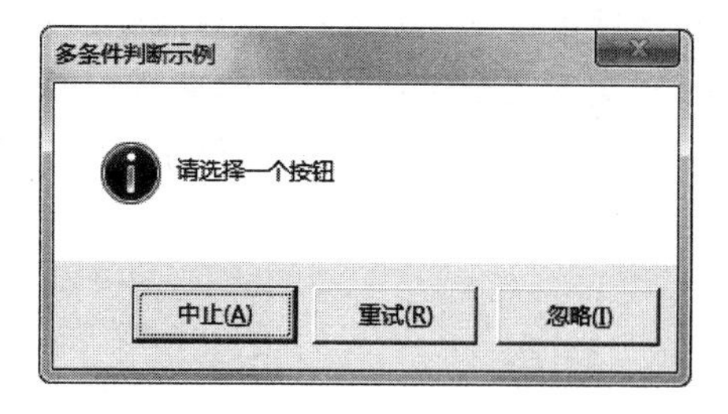

图 6-4　信息框实例

【例 6-5】　编写程序，生成如图 6-4 所示的信息框，然后显示用户的选择结果。

创建一个程序文件，键入下列程序。

```
xz=MESSAGEBOX("请选择一个按钮",2+64+0,"多条件判断示例")
IF xz=3
  WAIT "您选择的是终止操作"WINDOW AT 10,80
ELSE
  IF xz=4
    WAIT "您选择的是重试操作"WINDOW AT 10,80
  ELSE
    WAIT "您选择的是忽略操作"WINDOW AT 10,80
  ENDIF
ENDIF
```

由于需要在 3 种可能性中进行选择，因此上述程序中的 IF 语句形成了嵌套结构。虽然用 IF 语句嵌套的方式可以解决在多种可能性中选择一种的问题，但是当可能性较多时，程序显得比较复杂、冗长。对于这样的情形，使用下面介绍的多分支语句来编写才是上佳选择。

2. 多分支语句

语句格式：

```
DO CASE
  CASE <条件表达式 1>
      <命令序列 1>
  CASE <条件表达式 2>
      <命令序列 2>
      …
  CASE <条件表达式 n>
      <命令序列 n>
  [OTHERWISE
      <命令序列 n+1>]
ENDCASE
```

功能：依次判断条件表达式的值，直到有一个为真值，则执行该 CASE 语句的命令序列，然后执行 ENDCASE 后续命令。若所有条件表达式值均为假，且有 OTHERWISE 子句，则执行命令序列 $n+1$，然后执行 ENDCASE 后续命令，否则，直接结束多分支语句。

DO CASE 语句执行过程如图 6-5 所示。

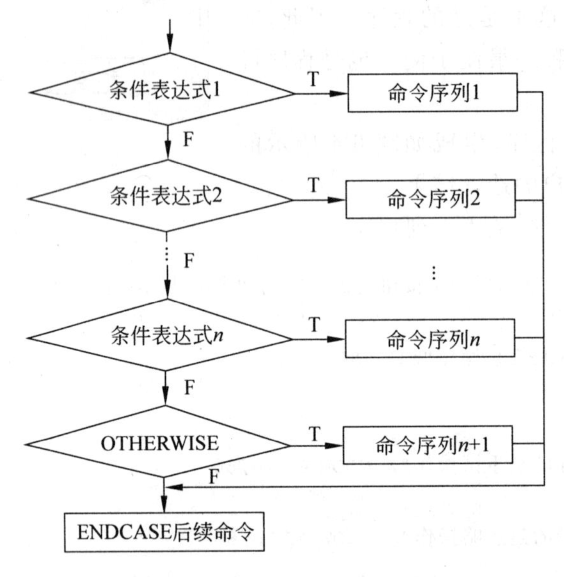

图 6-5　多分支语句执行过程

【例 6-6】 编写程序，生成如图 6-4 所示的信息框，然后显示用户的选择结果。本例和例 6-5 的要求完全相同，但使用多分支语句编写程序。

```
xz=MESSAGEBOX("请选择一个按钮",2+64+0,"多条件判断示例")
DO CASE
  CASE xz=3
```

```
    WAIT "您选择的是终止操作" WINDOW AT 10,80
  CASE xz=4
    WAIT "您选择的是重试操作" WINDOW AT 10,80
  CASE xz=5
    WAIT "您选择的是忽略操作" WINDOW AT 10,80
ENDCASE
```

3. 关于分支语句的提示

(1) IF 语句和 ENDIF 语句、DO CASE 语句和 ENDCASE 语句必须成对使用,在分支嵌套时特别要注意这一点。

(2) 一条语句占一行,不可在一行内写多个语句。由此可见,分支语句是无法在命令窗口中使用的。

(3) 通常,程序行采用按不同层次向右缩进的写法,而同层次的程序行的左端是对齐的,这样的书写方法使结构更清晰,程序易读,这一提示也同样适用于下面所有的循环结构语句。

6.2.3 循环结构

前面介绍的顺序结构和分支结构程序有个共同之处,就是每条语句最多被执行一次,不会重复执行。但实际上,很多时候同一命令序列需要被多次重复执行,也就是需要连续反复执行相同的操作,这样的需求单纯用顺序结构和分支结构是无法实现的,需要使用循环结构才可以。

1. 条件循环语句

格式:

```
DO WHILE <条件表达式>
    <命令序列>
ENDDO
```

功能:DO WHILE 语句负责计算条件表达式的值,并依其为逻辑真值或者假值分别把程序导向命令序列或者 ENDDO 后续命令(即结束循环),ENDDO 语句负责在命令序列执行完毕时将程序导向 DO WHILE 语句。

条件循环语句执行过程如图 6-6 所示。

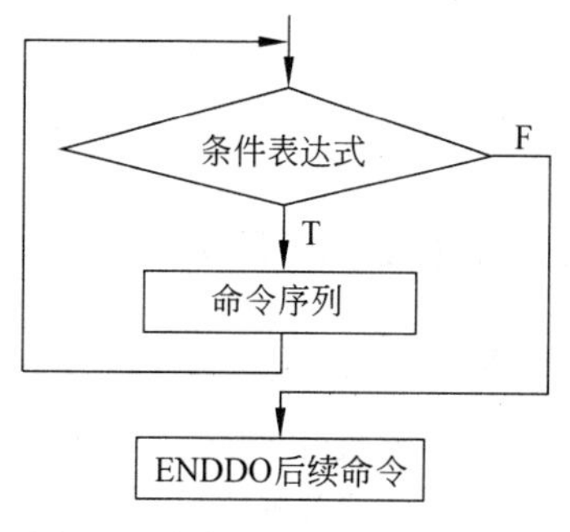

图 6-6　条件循环语句执行过程

DO WHILE 语句中的条件表达式也称为循环条件,DO WHILE 和 ENDDO 语句之间的命令序列也称为循环体,DO WHILE 语句和 ENDDO 语句相互配合,实现了循环体在满足循环条件的情况下被重复执行。

【例 6-7】 编写程序,设计一个正数累加器,计算键入正数之和以及统计键入数据个数,以键入负数作为数据结束标志,显示计算结果。

创建一个程序文件,写入下列程序。

```
CLEAR
s=0
a=0
n=-1
DO WHILE a>=0
  s=s+a
  n=n+1
  INPUT "请键入一个数据: " TO a
ENDDO
? "键入数据个数为: ",n
? "键入数据累加和为: ",s
```

【例 6-8】 使用循环语句编写程序,计算 0~500 之间的奇数和。

```
CLEAR
t=0                         && 存放和值的变量初始值置零
i=1                         && 初始奇数为 1
DO WHILE i<500              && 当奇数值不超过 500 时循环
  t=t+i                     && 累加当前奇数值
  i=i+2                     && 获得下一个奇数值
ENDDO
? "0~500 之间的奇数和为: ",t
```

【例 6-9】 编写程序,显示学生表(xs. dbf)的学号,姓名,性别和班级 4 个字段的值,每行数据下边加一条分隔线。

```
CLEAR
? "学号     姓名  性别  班级"
? REPLICATE(" -",30)
USE xs
DO WHILE NOT EOF()
  ? 学号,姓名,性别,班级
  ? REPLICATE(" -",30)
  SKIP
ENDDO
USE
```

2. 步长循环语句

格式:

```
FOR <N 型内存变量>=<初值>TO <终值>[STEP<步长值>]
    <命令序列>
ENDFOR | NEXT
```

功能：首先N型内存变量取初值，执行命令序列直到ENDFOR语句，ENDFOR语句使流程转向FOR语句，内存变量增加一个步长，如果没有越过终值，则再次执行命令序列直到ENDFOR语句，否则结束循环，转向ENDFOR的后续命令。

步长循环语句执行过程如图6-7所示。

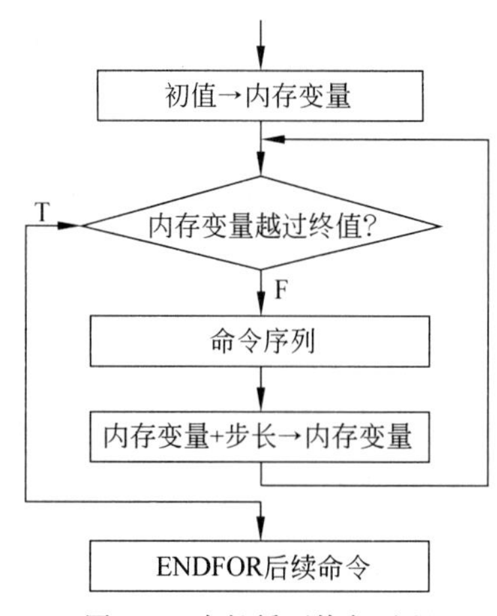

图6-7　步长循环执行过程

说明：

(1) N型内存变量通常也称为循环变量，其初值、终值和步长值均为有确定数值的数值型表达式，并且只在首次执行FOR语句时被计算一次，然后在整个循环过程中，初值、终值和步长值是不会改变的。

(2) STEP <步长值>子句的省略值为1。

(3) 在嵌套循环中，相互嵌套的各层循环不要使用同名的循环变量，否则有可能形成无休止循环。如果发生无休止循环，可以按Esc键，终止程序。

【例6-10】 使用循环语句编写程序，计算正整数n的阶乘。

```
CLEAR
INPUT "n=" TO n
s=1
FOR i=1 TO n
  s=s*i
ENDFOR
? ALLTRIM(STR(n))+"!=",s
```

【例6-11】 编写程序，将键入的字符串反序显示出来。

```
CLEAR
ACCEPT "请输入字符串：" TO fs
bs=""
fs=ALLTRIM(fs)
n=LEN(fs)
FOR i=n TO 1 STEP -1
  bs=bs+SUBSTR(fs,i,1)
ENDFOR
? "原字符串为：",fs
? "反序结果为：",bs
```

3. 扫描循环语句

格式：

```
SCAN [<范围>] [FOR<条件表达式 1>] [WHILE<条件表达式 2>]
    <命令序列>
ENDSCAN
```

功能：对当前表指定范围内满足条件的所有记录，逐一执行一次命令序列。

说明：范围的省略值为 ALL。

【例 6-12】 编写程序，显示学生表(xs.dbf)的学号，姓名，性别和班级 4 个字段的值，每行数据下边加一条分隔线。

本例要求与例 6-9 完全相同，但使用扫描循环编写，不难看出程序更加简洁。

```
CLEAR
?"学号      姓名   性别   班级"
?REPLICATE("-",30)
USE xs
SCAN
  ?学号,姓名,性别,班级
  ?REPLICATE("-",30)
ENDSCAN
USE
```

如果例 6-12 改为显示学生表(xs.dbf)中女学生的学号，姓名，性别和班级 4 个字段的值，每行数据下边加一条分隔线。那么，只需要在 SCAN 语句中加上记录筛选条件即可：

```
SCAN FOR 性别="女"
```

通过上述各个循环程序实例可以看出，当循环可以由一个已知其初值、终值和变化步长的数值变量控制的时候，使用 FOR…ENDFOR 循环最方便；当需要对数据表中的某些或者全部记录，逐一进行相同处理时，使用 SCAN…ENDSCAN 循环最方便；而 DO WHILE 循环是可以取代 FOR 和 SCAN 循环、并能处理所有循环问题的最基本的循环。

4. 循环体专用命令

(1) 中止循环命令。

格式：

```
LOOP
```

功能：中止本次循环，转向当前循环的开始语句(DO WHILE、FOR 或 SCAN)继续执行。

(2) 结束循环命令。

格式：

```
EXIT
```

功能：结束当前循环，转向当前循环终端语句(ENDDO、ENDFOR 或 ENDSCAN)的后续命令去执行。

LOOP 和 EXIT 命令只能用在循环体中，通常出现在分支语句中，也就是只有在满足某种条件的情况下，才会中途停止本次循环转向循环开始语句、或者结束当前循环转向循环终端语句之后的命令。

LOOP 命令和 EXIT 命令的功能如图 6-8 所示。

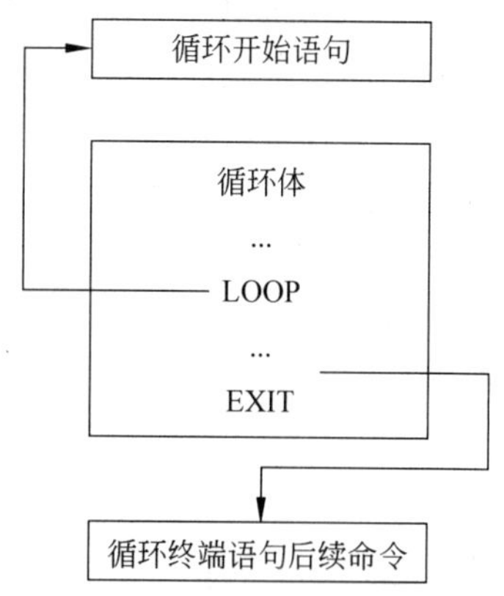

图 6-8　LOOP 和 EXIT 命令功能示意

5. 关于循环语句的提示

（1）DO WHILE 语句和 ENDDO 语句、FOR 语句和 ENDFOR 语句、SCAN 语句和 ENDSCAN 语句必须成对使用，在循环嵌套时特别要注意这一点。

（2）一条语句占一行，不可在一行内写多个语句。由此可见，循环语句也是无法在命令窗口中使用的。

6.2.4　基本结构的嵌套

所谓基本结构的嵌套，指的是在一个基本结构中又完整的包含有其他的基本结构，如以下实例所示。

【例 6-13】 根据输入的 3 个边长计算三角形的面积，当一次计算完毕后，由用户决定是继续进行下一次计算还是结束计算。

```
an=6
DO WHILE an=6
    CLEAR
    INPUT "请输入三角形边长之一 a=" TO a
    INPUT "请输入三角形边长之一 b=" TO b
    INPUT "请输入三角形边长之一 c=" TO c
    IF A+B>C AND A+C>B AND B+C>A
        r=(a+b+c)/2
        s=SQRT(r*(r-a)*(r-b)*(r-c))
        ? "该三角形的面积为：", s
    ELSE
        ? "所输入的 3 个数无法构成三角形！"
    ENDIF
    an=MESSAGEBOX("继续计算吗？"4+32+0,"提示")
ENDDO
```

从程序结构上讲，本例是在 DO WHILE 循环中嵌套了简单分支结构；从功能上讲，加入了 DO WHILE 循环，使得程序可连续进行多次计算。

对比例 6-3，例 6-4 和例 6-13，可以体会程序的完善过程。

【例 6-14】 有些 3 位正整数具有这样的特点：各位数字的立方和等于该数本身，例如，$153=1^3+5^3+3^3$。编写程序找出所有这样的数来。

本例要点：

① 确定搜索范围。3 位数就是 100～999 之间的所有数，把所有这些数都检验一次，看是否具有题目所说的特点，若是则显示，否则继续检验。这种把所有可能性都遍历一遍的方法也称为枚举法，或者穷举法，是程序设计的常用方法。

② 构造检验条件表达式。这里的关键就是如何把一个 3 位数的各位数字拆解出来，方法不止一种，在此仅举一种。假设 n 表示一个 3 位数，a，b，c 分别表示 n 在百位、十位和个位上的 3 个数字。则，$a=\mathrm{INT}(n/100)$，$b=\mathrm{INT}((n-a\times 100)/10)$，$c=n-a\times 100-b\times 10$。

程序如下：

```
CLEAR
FOR n=100 to 999                    && 每当 n 在 100～999 之间取一个数
  a=INT(n/100)
  b=INT((n-a*100)/10)
  c=n-a*100-b*10
  IF n=a^3+b^3+c^3                  && 检验这个 n 是否具有给定的特点
    ? n
  ENDIF
ENDFOR
```

【例 6-15】 编写程序，运用循环语句显示下列样子的九九乘法表。

```
*   1   2   3   4   5   6   7   8   9
1   1
2   2   4
3   3   6   9
4   4   8  12  16
5   5  10  15  20  25
6   6  12  18  24  30  36
7   7  14  21  28  35  42  49
8   8  16  24  32  40  48  56  64
9   9  18  27  26  45  54  63  72  81
```

```
CLEAR
? "   *"                            && 显示 3 个空格后跟 1 个乘号
FOR i=1 TO 9                        && 本循环用来显示首行数字
  ?? str(i,4)
ENDFOR
FOR i=1 TO 9                        && 外层循环用来控制行数
  ? str(i,4)
  FOR j=1 TO i                      && 内层循环用来显示第 i 行上的各个乘积
    ?? str(i*j,4)
  ENDFOR
ENDFOR
```

注意：如上例，在前后并列的循环中可以使用同名的循环变量，因为彼此无关。但在嵌套的循环中，内外层循环不要使用同名的循环变量。

【例 6-16】 输入一个字符序列，然后分别统计其中空格、英文字母、数符和其他符号的个数并显示，编写程序完成这些要求。

这个问题实质就是对输入字符串中的每一个字符进行归类统计，归类依据可以用每个符号的 ASCII 代码值。例如，空格的 ASCII 代码值为 32，数符 0～9 的 ASCII 代码值为 48～57，英文大写字母的 ASCII 代码值为 65～90、小写字母为 97～122，此外的就是其他符号了。

当字符串输入之后，可以用 LEN 函数得到它的长度，也就是含有多少个字符，对每一个字符都要判断它应归为哪一类。因此，自然需要用循环来实现，而循环次数正是输入字符串的字符个数。循环体要做的事情就是判断、分类统计，因此，需要用到多分支判断结构。

程序如下：

```
CLEAR
ACCEPT"请输入符号序列："TO c
w=LEN(c)
STORE 0 to space,alpha,number
FOR i=1 TO w
  a=ASC(SUBSTR(c,i,1))
  DO CASE
    CASE a=32
      space=space+1
    CASE a>=65 and a<=90 or a>=97 and a<=122
      alpha=alpha+1
    CASE a>=48 and a<=57
      number=number+1
  ENDCASE
ENDFOR
?'  空格个数：'+ALLTRIM(STR(space))
?'  字母个数：'+ALLTRIM(STR(str(alpha))
?'  数字个数：'+ALLTRIM(STR(number))
?'  其他符号：'+ALLTRIM(STR(w-space-alpha-number))
```

下面是运行程序、输入一句话、得到统计结果的一个实例。

```
请输入符号序列：11...Coffee is lonely without cups just as I'm lonely without U.

空格个数：10
字母个数：47
数字个数：2
其他符号：5
```

由上述各例可见，在嵌套结构中，为使相互的结构关系清晰，程序使用缩进写法更加有必要。

6.3 子程序、过程和自定义函数

在程序设计中，有些运算或者处理过程常常是相同的，只是每次可能以不同的参数来参与程序的运行。如果在程序中重复写入这些相同的程序段，则使程序冗长、啰嗦，造成编程时间上和存储空间上的浪费。因此，将重复出现的或者单独使用的程序段写成可供其他程序调用的、公用的程序单位，就会使程序更加简洁，同时也将使程序的可读性和易维护性得到提高。在 Visual FoxPro 中，每一个程序单位都可以调用其他程序单位，调用其他程序单位的程序称为主程序；反之，每一个程序单位可以被其他程序所调用，被调用的程序单位可以是子程序、过程和自定义函数。

6.3.1 子程序

子程序就是一个程序文件，但由于可以不同的参数被主程序调用，因此，子程序可以使用参数语句来说明其可变参数有哪些，如例 6-17 所示。

【例 6-17】 编写子程序 jc. prg，计算 *n*!。

```
PARAMETERS n,f
f=1
FOR i=1 TO n
  f=f * i
ENDFOR
```

这个程序的功能是计算 n 的阶乘，结果用 f 表示，n 和 f 这两个量是这个程序的可变参数，它们是用下列的参数语句来说明的。

1. 参数说明语句

格式：

```
PARAMETERS <虚参数列表>
```

功能：用于说明需要和上级程序进行数据传递的变量。

说明：

(1) 参数语句必须是子程序的第一条可执行语句。

(2) 虚参数也称为形式参数，命名原则与内存变量相同。

根据具体问题的需要，子程序可以是带参数的，也可以是不带参数的。对于带参数的子程序，其虚参数是没有数据定义的，只有在被上级程序调用的时候，才能获得具体的数据从而执行程序。

【例 6-18】 编写主程序 call_jc. prg，调用例 6-17 的子程序，计算并显示表达式 $n!/m!/(n-m)!$的值，其中，n 和 m 由键盘输入，且 $n>m$。

```
CLEAR
```

```
INPUT "n=" TO n
DO WHILE .T.
  INPUT "m=(m<n)" TO m
  IF m>=n
    LOOP
  ELSE
    EXIT
  ENDIF
ENDDO
STORE 1 TO c1,c2,c3
DO jc WITH n,c1
DO jc WITH m,c2
DO jc WITH n-m,c3
? "结果为：",c1/c2/c3
```

本例要说明的重点问题在程序的最后几行，它们给出了带参数程序单位的调用方式，即使用带 WITH 子句的 DO 命令来调用。

2. 调用程序命令

格式：

```
DO <程序名> [WITH <表达式列表>]
```

说明：

(1) 带有 WITH 子句的 DO 命令用来调用带有 PARAMETERS 参数语句的程序，相应的，WITH 子句中的表达式也称为实参数，它将与调用程序中的虚参数进行数据传递，因此，实参数与虚参数要在个数、数据类型和含义上对应一致。

(2) 不带 WITH 子句的 DO 命令用来调用不带参数的子程序。

6.3.2 过程

过程也是用来设计供调用的程序单位的，但在定义、存放和使用形式上与子程序有所不同。

1. 过程的定义

格式：

```
PROCEDURE <过程名>
[PARAMETERS <虚参数列表>]
<命令序列>
[RETURN TO MASTER]
```

说明：

(1) PROCEDURE 语句用来命名一个过程并表示该过程的开始，过程名的命名原则与内存变量相同。

(2) 与子程序一样，如果过程中有需要与调用程序进行数据传递的量，则使用参数说明语句进行说明。

(3) RETURN 命令在 6.1.3 节已经介绍过，它表示返回调用层(也许是程序也许是命令窗口)。但在过程的嵌套调用中，有时候需要越过其调用层，直接返回最高层，这时需要使用 RETURN TO MASTER 命令。

2. 过程的存放

过程可以放在调用它的程序的尾部，即与调用程序存放在同一个程序文件当中；也可以存放在专门用来保存过程等程序单位的过程文件当中。

3. 过程的调用

过程的调用也使用 DO 命令：

格式：

```
DO <过程名>[WITH <表达式列表>]
```

与子程序调用唯一不同的是，不是通过子程序文件名，而是通过过程名来调用相应的程序单位。

【例 6-19】 设计计算 $n!$ 的过程，然后通过调用该过程的方式，计算并显示表达式 $n!/m!/(n-m)!$ 的值，其中，n 和 m 由键盘输入($n>m$)。

建立程序文件 main.prg，写入下列程序代码。

```
* 主程序
CLEAR
INPUT "n=" TO n
DO WHILE .T.
INPUT "m=(m<n)" TO m
  IF m>=n
    LOOP
  ELSE
    EXIT
  ENDIF
ENDDO
STORE 1 TO c1,c2,c3
DO fac WITH n,c1
DO fac WITH m,c2
DO fac WITH n-m,c3
? "结果为：",c1/c2/c3

* 过程，与调用程序在同一个程序文件中，位于调用程序的尾部。
PROCEDURE fac
PARAMETERS n,f
f=1
```

```
FOR i=1 TO n
  f=f * i
ENDFOR
```

4. 过程文件

过程文件也是一个默认扩展名为.prg 的程序文件，专门用来集中存放过程等只有被调用才能运行的程序单位，一个过程文件最多可容纳 128 个程序单位。过程文件的创建和编辑方法与程序文件一样，但是要调用其中的过程等，需要先打开过程文件。

(1) 过程文件的打开。

格式：

```
SET PROCEDURE TO <过程文件名列表>
```

功能：打开所列出的过程文件。

当过程文件被打开之后，其中的过程等程序单位均可被调用。

(2) 过程文件的关闭。当调用结束后，过程文件不会自动关闭，其中的过程仍可被调用。若要关闭过程文件，要使用以下命令。

格式 1：

```
SET PROCEDURE TO
```

格式 2：

```
CLOSE PROCEDURE
```

功能：关闭所有打开的过程文件。

【例 6-20】 设计计算 n!的过程，然后通过调用该过程的方式，计算并显示表达式 $n!/m!/(n-m)!$的值，其中，n 和 m 由键盘输入($n>m$)。

本例与例 6-19 题意完全一样，但换成过程文件方式，以使读者了解过程文件的使用。

建立过程文件 pa.prg，写入下列程序代码：

```
PROCEDURE fac
PARAMETERS n,f
f=1
FOR i=1 TO n
  f=f * i
ENDFOR
```

建立程序文件 cfp.prg，写入下列程序代码：

```
* 主程序
CLEAR
SET PROCEDURE TO pa
INPUT "n=" TO n
DO WHILE .T.
```

```
INPUT "m=(m<n)" TO m
  IF m>=n
    LOOP
  ELSE
    EXIT
  ENDIF
ENDDO
STORE 1 TO c1,c2,c3
DO fac WITH n,c1
DO fac WITH m,c2
DO fac WITH n-m,c3
? "结果为：",c1/c2/c3
CLOSE PROCEDURE
```

运行程序 cfp.prg，得到计算结果。对比例 6-19 的程序可以看出，过程可以有两种存放方式，不同的存放方式，其使用的步骤也有所不同。

6.3.3 自定义函数

尽管 Visual FoxPro 已经提供了大量的函数，但在实际编程过程中，仍然会遇到一些需要重复的专门的计算。为了便于编程，Visual FoxPro 允许程序员自己编写程序来定义函数，即创建自定义函数。

1. 自定义函数的定义

格式：

```
FUNCTION<自定义函数名>
[PARAMETERS <虚参数列表>]
<命令序列>
[RETURN <表达式>]
```

说明：

(1) FUNCTION 语句用来命名一个自定义函数，自定义函数名的命名原则与内存变量相同，但不可以与系统提供的函数同名。

(2) 如果自定义函数需要自变量，则使用参数说明语句进行说明。

(3) RETURN＜表达式＞语句中的表达式表示函数值，如果省略 RETURN 语句，则表示函数值为真值(.T.)。

2. 自定义函数的存放

与过程一样，自定义函数既可以放在调用它的程序的尾部，也可以存放在过程文件当中。如果放在过程文件当中，则调用函数之前也要确保过程文件是打开的。

另外，自定义函数也可以像子程序那样以一个单独的程序文件的形式编写，这时候，不需要使用 FUNCTION 语句来给函数命名，函数名就是程序文件名。

3. 自定义函数的调用

既然称为函数，那么自定义函数的调用方式与系统所提供函数的调用方式相同。

格式：

```
函数名([<表达式列表>])
```

【例 6-21】 编写计算 $n!$ 的自定义函数 jc，然后通过调用 jc 函数，计算并显示表达式 $n!/m!/(n-m)!$ 的值，其中，n 和 m 由键盘输入($n>m$)。

本例与例 6-19、例 6-20 题意完全一样，但换成自定义函数方式，以使读者经由对比来了解自定义函数与过程在设计和使用上的异同点。

在过程文件 pa.prg 中，写入下列程序代码：

```
FUNCTION jc
PARAMETERS n
f=1
FOR i=1 TO n
  f=f*i
ENDFOR
RETURN f
```

建立程序文件 cjc.prg，写入下列程序代码：

```
* 主程序
CLEAR
SET PROCEDURE TO pa
INPUT "n=" TO n
DO WHILE .T.
INPUT "m=(m<n)" TO m
  IF m>=n
    LOOP
  ELSE
    EXIT
  ENDIF
ENDDO
? "结果为：",jc(n)/jc(m)/jc(n-m)          && 调用自定义函数 jc
CLOSE PROCEDURE
```

通常情况下，如果一个公用的程序其主要作用是由一系列自变量计算得到一个数值，那么设计为自定义函数使用起来比较简便；否则才考虑设计为子程序或者过程。

6.4 程序单位之间的数据传递

当一个应用程序设计成由多程序单位构成时，程序单位之间常常需要进行数据传递。在 Visual FoxPro 系统中，数据传递的方式主要有两种，一是通过虚实结合的显式传递，另一是通过内存变量作用域的隐式传递。

6.4.1 通过虚实结合的显式传递

通过虚实结合的传递,就是在主程序调用下级程序的 DO 命令中,用 WITH 子句给被调用程序提供实际数据(或者调用自定义函数时所提供的实参自变量),而被调用程序所需要的数据由 PARAMETERS 语句来说明。由于虚实结合的传递方式,把要传递的数据清楚列出,因此,这种方式也称为数据的显式传递。

例如,例 6-20 的 fac 过程,用 PARAMETERS n,y 说明了所需数据的数量和含义。对应的主程序在调用 fac 的时候,就要给 n 和 y 提供合适的数据。因此,主程序根据需要分别使用了 DO fac WITH n,c1、DO fac WITH m,c2 和 DO fac WITH n-m,c3。

在虚实结合方式中,WITH 子句所提供的实参数要在个数、类型和含义上,与 PARAMETERS 语句列出的虚参数对应一致;如果实参数少于虚参数,则未得到虚实结合的虚参数取逻辑假值(.F.);系统不允许实参数多于虚参数。

6.4.2 利用内存变量作用域的隐式传递

程序设计通常离不开内存变量,一个内存变量除了数据类型和取值之外,还有一个重要的属性就是它的作用域。内存变量的作用域指的是该变量在什么范围内是有效的或者可访问。按照内存变量的作用域来分类,Visual FoxPro 的内存变量可分为全局变量和局部变量两种,全局变量一旦定义,在应用系统运行期间的所有程序当中都可引用;而对于局部变量,一旦定义它的程序运行结束,其定义就随之消失。因此,全局变量用来在应用系统运行期间的所有程序中共享数值、传递数据;局部变量用来在调用和被调用程序之间共享数值、传递数据,全局变量和局部变量各有各的用途。

1. 全局变量与 PUBLIC 语句

全局变量指的是那些一旦被定义,在命令窗口和所有程序都有效的内存变量。全局变量也称为公用变量,它可以通过以下两种方式得到。

(1) 在命令窗口定义的内存变量。所有在命令窗口形成的内存变量都是全局变量。例如,在命令窗口键入命令:

```
y=100
```

在命令窗口正确执行了

```
COUNT TO rs
```

y 和 rs 则都成为全局变量,在随后的所有程序当中都可以直接引用它们。

如果在程序当中定义的某些内存变量,当程序运行结束之后希望它们的定义不消失,也就是说仍然能够被引用、仍然是有效的变量,那么,需要使用 PUBLIC 语句,把那些变量声明为全局变量。

(2) 使用 PUBLIC 语句声明内存变量。

格式:

```
PUBLIC <内存变量名列表>
```

功能：定义所列出的内存变量为全局变量，并赋初始值为逻辑假值(.F.)。

例如，在某程序当中有如下语句：

```
PUBLIC xa,xd
xa=100
xd=date()-30
…
```

当程序运行结束之后，内存变量 xa 和 xd 仍然有效，可以继续被其他程序使用。

2. 局部变量

在程序中定义的、没有经过任何作用域声明语句说明的变量都是局部变量，其作用域是定义它的程序段及它所调用的下级所有程序单位，包括子程序、过程和自定义函数。一旦定义它的程序单位运行结束，局部变量就失去定义了，也就是说它的数值无法继续被其他程序或命令使用了。

例如，建立如图 6-9 所示的 rl.prg 程序并运行这个程序，假如输入数值 50 给内存变量 yc，则运行过程显示如下：

```
延迟天数：50

当前日期：15.06.25
延期到：2015 年 8 月 14 日
```

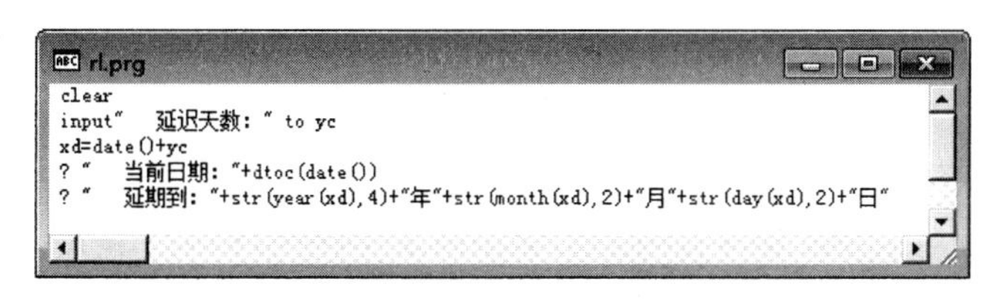

图 6-9　示例程序 rl.prg

内存变量 xd 是在 rl.prg 程序当中定义的、并且没有被特别声明的，因此，它是一个局部内存变量，那么，当 rl.prg 程序运行结束之后，xd 的定义就消失了，这时如果在命令窗口输入一条显示内存变量 xd 的命令，则系统将有出错提示，即如图 6-10 所示。

又如，建立如图 6-11 所示的程序 mprog.prg。

然后运行程序 mprog.prg，假如输入数值 12 给内存变量 n，则运行过程和结果显示如下：

```
n(n 介于 0-20 之间)=12
12!=479001600
```

分析程序 mprog.prg 可以看出，在上级主调用程序中定义的局部内存变量 n 和 y，在下级被调用过程 jc 中依然是有效的，而且，在下级过程 jc 中对 y 值的更改还可以带回到上级主调用程序中。由此可见，利用内存变量的作用域特性，可以使数值在调用与被调用程序之间进行所需要的传递。

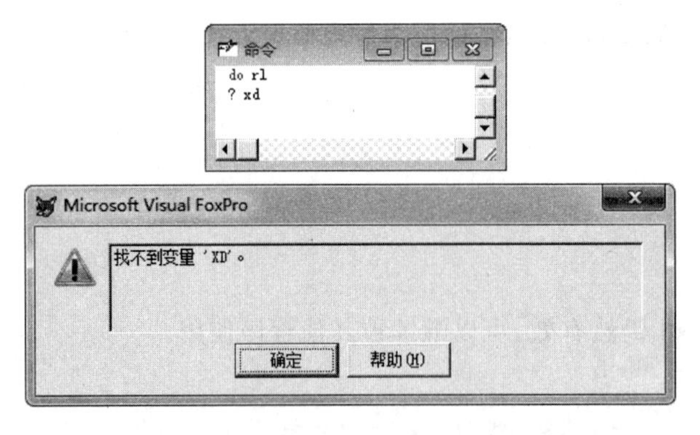

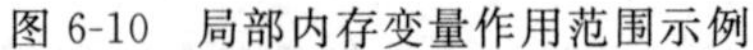

图 6-10 局部内存变量作用范围示例

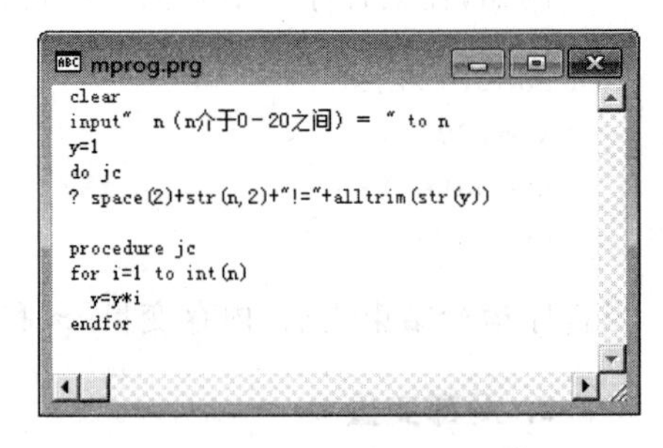

图 6-11 示例程序 mprog.prg

接下来的问题是，如果上级程序中定义的局部内存变量不希望传递到下级被调用程序当中；或者，下级程序当中使用的某些局部内存变量恰好与上级程序当中的局部内存变量同名，而它们却是完全不相干的变量，那么，这样两种情况该如何解决呢？办法是有的，就是使用下面介绍的 LOCAL 语句和 PRIVATE 语句，对局部内存变量的作用范围做进一步的特别的声明。

3. 使用 LOCAL 语句声明局部变量为本地变量

本地变量是仅在建立它的程序单位中有效，一旦离开该程序段，便失去定义。也就是说，本地变量除了在定义它的程序单位，无论在上级和下级程序单位均无效。本地变量需要用 LOCAL 语句先声明再使用。

格式：

```
LOCAL <内存变量名列表>
```

功能：声明语句中列出的内存变量为本地变量，并赋初始值为逻辑假值(.F.)。

说明：由于 LOCAL 和 LOCATE 命令的前 4 个字母相同，因此，这个声明语句不可以缩写。

4. 使用 PRIVATE 语句屏蔽上级程序的同名局部变量

在具有调用和被调用关系的上下级程序当中，可以使用同名的局部内存变量，但是，如果两者的数值含义毫不相关，而又没有特别的声明，就容易造成逻辑上的混乱，得到错误的运行结果。为避免这种错误的发生，就需要使用 PRIVATE 语句，在下级程序当中，对有命名冲突的局部内存变量做一下声明，表示当前程序中的这些变量与上级程序中的同名变量无关，互不影响。

用 PRIVATE 语句声明的变量也称为私有变量。

格式：

```
PRIVATE [<内存变量列表>] [ALL [LIKE / EXCEPT <通配符>]]
```

功能：声明所列出的内存变量为私有变量。

说明：

(1) PRIVATE 语句屏蔽上级程序对同名变量的定义，但是可以向它的下级调用程序传递，直到当前程序执行结束，所声明的私有变量的定义消失。

(2) 参数说明语句 PARAMETERS 声明的虚参数也是私有变量，与 PRIVATE 语句的作用相同。

下面通过一个简单的示例来说明一下 LOCAL 语句和 PRIVATE 语句的作用。

建立如图 6-12 所示的 3 个程序 main. prg、sub1. prg 和 sub2. prg，然后运行程序 main. prg，得到如下显示结果：

```
**Main-Beginning**
x=       150     y=       200     z=       100
**In sub2**
x=       225.0000     y=       75.0000
**In sub1**
x=       225.0000     y=       500
**Main-End**
x=       225.0000     y=       200     z=       100
```

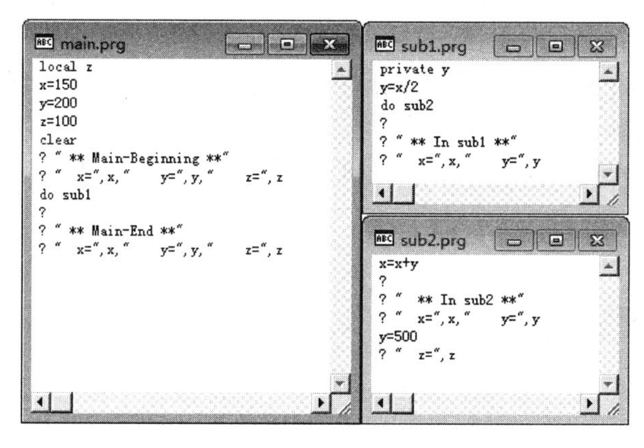

图 6-12　示例程序 main/sub1/sub2

在程序运行期间一共出现了 3 个内存变量，即，x、y、z，具体分析每个变量的作用域可见：

(1) 变量 x：在主程序 main 中定义，在下级程序 sub1 中被引用，在 sub2 中被重新赋值并带回到最上级程序 main 当中，x 的有效范围贯穿全部程序。

变量 x 没有被特别声明过，它就是最普通意义上的局部变量，它把主程序中定义的数值传递给下级程序，并将在下级程序当中的更改结果带回主程序，起到在程序单位之间传递数据的作用。

(2) 变量 y：在主程序 main 中定义，在下级程序 sub1 中用 PRIVATE 声明为私有变量并被赋值，其数值向下传递到 sub2，当 sub1 运行结束，私有变量 y 就失去定义了，当流程返回主程序之后，y 的数值仍然是最初在 main 当中定义的值。

变量 y 示例了下级程序屏蔽上级同名变量的方法和效果。

(3) 变量 z：在主程序 main 中被声明为本地变量，因此，它只在 main 当中有效，在所有下级程序当中都不可用。假如，在 sub2.prg 中引用到 main 的本地变量 z，则会出现程序错误提示，参见图 6-13。

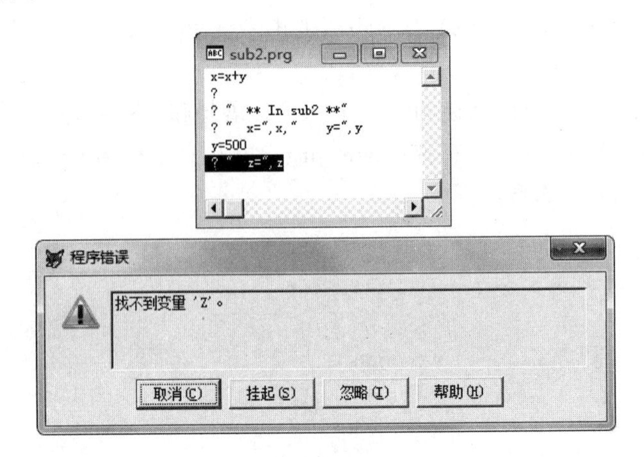

图 6-13　本地变量作用域示例

变量 z 示例了上级程序当中的本地变量的作用效果和声明方法。

前面的示例说明的都是在上级程序当中定义局部变量，然后向下传递数据并可带回结果数值，如果需要自下而上地、把在下级程序中生成的量传递给上级程序，则可以使用全局变量来实现，如例 6-22 所示。

【例 6-22】 通过过程调用生成一个随机数序列、找出其最大值和最小值、求其平均值。

```
* 主程序
CLEAR
INPUT "请输入数据个数：" TO n
DIMENSION a(n)                && 定义数组 a 用来存放随机数序列
j=0                           && 变量 j 用来存放平均值
DO sjs
? "随机数序列为："
FOR i=1 TO n
  ?? a(i)
ENDFOR
DO zdzx
? "其最大值为：",ma
? "其最小值为：",mi
DO pj
? "其平均值为：",j

* 生成 n 个随机数的过程
PROCEDURE sjs
PRIVATE j                     && 屏蔽主程序中的同名变量，在此换 LOCAL 语句亦可
```

```
FOR j=1 TO n
  a(j)=INT(100*RAND())   && 数组 a 已在主程序建立,在此逐一赋值
ENDFOR

* 找出最大数和最小数的过程
PROCEDURE zdzx
PUBLIC ma,mi             && 最大数和最小数以公用变量返回主程序
ma=a(1)                  && 数组 a 的值在主程序中已经获得,在此直接引用即可
mi=a(1)
FOR i=1 to n
  IF a(i)>ma
    ma=a(i)
  ENDIF
  IF a(i)<mi
    mi=a(i)
  ENDIF
ENDFOR

* 求随机数序列平均值的过程
PROCEDURE pj
FOR i=1 TO n
  j=j+a(i)               && j 的初值在主程序已经定义过
ENDFOR
j=j/n
```

程序分析:

(1) 主程序首先调用过程 sjs,sjs 的作用是生成随机数。由于数组 a 在主程序中已经建立,是主程序的局部变量,根据局部变量的特性,它在主程序及其随后调用的所有程序单位中都是有效的。因此,在 sjs 过程中直接给 a 数组赋值即可,并且该赋值结果将直接带回到主程序;在 sjs 过程中使用了私有变量 j 作循环变量,但是,主程序中也使用了同名变量 j 用来表示随机数的平均值,可见两者毫不相干。为使两者互不干扰,在 sjs 过程中使用 PRIVATE 语句使它的 j 值对主程序无影响。另外,RAND()函数的作用是产生 1 个 0~1 之间的随机数,那么表达式 INT(100 * RAND())就是得到一个 2 位的随机正整数,以此来给 a 的数组元素赋值。

(2) 随后主程序继续调用过程 zdzx,zdzx 的作用是在 a 数组中找出最大值(ma)和最小值(mi)。由于 ma 和 mi 是在 zdzx 过程中建立的,它们的定义是无法直接带回给上级程序的,因此,使用 PUBLIC 语句将 ma 和 mi 定义为全局变量,这样,ma 和 mi 在主程序中就可以使用了。

(3) 最后主程序调用过程 pj,pj 的作用是计算随即数序列的平均值。由于存放平均值的变量 j 在主程序中已经获得初值 0,因而在此过程中,直接累加、计算得到 j 值即可,当过程 pj 执行结束之后,j 的值带回到主程序中。

本例的主要目的是展示利用内存变量作用域全局性和局部性的特点,实现上下级程

序单位之间的数据传递，同时展示 PRIVATE 语句和 LOCAL 语句的作用。

总之，利用内存变量的作用域特征，可以实现程序单位之间的数据传递，但是，这种数据传递是隐形的、没有被任何显式说明的，仅有意会而没有言传。

6.5 程序的调试

在运行程序时，如果发现程序有错误则需要调试程序。程序调试是指在发现程序有错误的情况下，确定出错位置并改正错误。有些程序错误(例如语法错误)系统是能够发现的，而且能给出出错信息和出错位置；而有些错误(例如数据计算和数据处理的逻辑错误)系统是无法确定的，需要由程序设计者自行检查。Visual FoxPro 提供了程序调试工具-调试器，用来辅助程序的调试。

6.5.1 程序调试器

1. 打开调试器

打开调试器的方法有两种：

(1) 在系统菜单中，选择"工具"|"调试器"命令。

(2) 在命令窗口键入命令：

```
DEBUG
```

调试器窗口如图 6-14 所示。在调试器窗口中可以打开 5 个子窗口：跟踪、监视、局部、调用堆栈和调试输出。这 5 个子窗口可根据调试需要选择打开，其打开方法是在调试器窗口菜单中选择"窗口"，然后选择相应子窗口名。要关闭子窗口，只需单击相应子窗口右上角的关闭按钮即可。

2. 调试器子窗口的用途

(1) 跟踪窗口，用于显示正在调试执行的程序。打开需要调试的程序的方法是，在调试器窗口中选择"打开""文件"菜单命令，然后在打开的"添加"对话框中选择要调试的程序文件。所选择的程序将显示在跟踪窗口中，以供查看及设置断点等操作。

在跟踪窗口中显示的程序行左端区域，会根据当前的调试操作显示某些标志，常见的标志和含义如下：

① →：表示当前正在执行的程序行。

② ●：表示程序断点位置。所谓断点指的是当程序执行到该行时中断，为程序设置断点是常用的调试方法，用来中断程序以便观察中间结果。

(2) 监视窗口，用于显示指定表达式在程序调试运行过程中的取值变化过程。

设置监视表达式的方法是，在"监视"文本框中输入表达式，按 Enter 键确定后，该表达式即列入下方的监视列表框当中。当程序调试运行时，列表框内将显示所有监视表达式、当前值和数据类型。双击列表框中的某个监视表达式即可对它进行编辑；右击某个表

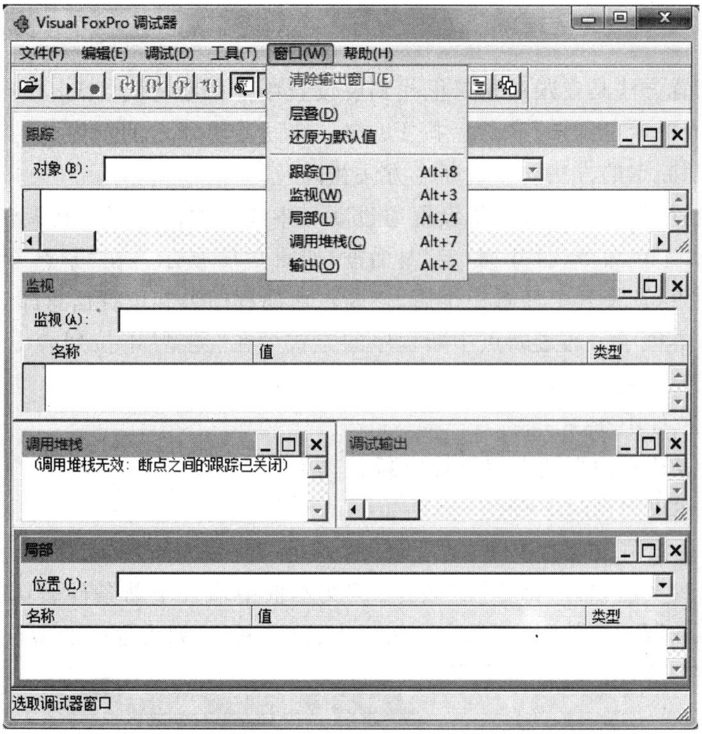

图 6-14　调试器窗口

达式，从弹出的快捷菜单中选择“删除监视”命令，即可取消对该表达式的监视。

(3) 局部窗口，用于显示选定程序在调试运行中，其内存变量(包括数组和对象)的名称、当前值和数据类型。

选定程序的方法是，在“位置”下拉列表中选择一个程序。

(4) 调用堆栈窗口，用于显示当前处于执行状态的程序或过程。若正在执行的是一个过程，那么调用程序和被调用程序的名称都会显示在窗口中。

(5) 调试输出窗口，用于显示由 DEBUGOUT 命令指定的表达式的值。

在调试的程序中可以加入若干 DEBUGOUT 命令。

格式：

```
DEBUGOUT <表达式>
```

当程序调试运行到该命令时，将计算得到的表达式的值在调试输出窗口中显示出来。注意，命令字 DEBUGOUT 至少要写前 6 个字母，以区别于 DEBUG 命令。若要把调试输出窗口的显示内容保存到文本文件，可以调试器窗口中选择“文件”|“另存输出”菜单命令，或者在窗口中右击，从弹出的窗口快捷菜单中选择“另存为”命令。要清除窗口中的显示，可在窗口中右击，从弹出的快捷菜单中选择“清除”命令即可。

6.5.2　在调试器中调试程序

在调试器中调试程序的常用方法有设置断点、单步运行和逐句跟踪等。

1. 通过设置断点调试程序

断点的设置方法是在跟踪窗口里找到要设置断点的程序行，双击该行左端的灰色区域；或者先将光标定位到该行，然后按 F9 键。被设置为断点的程序行，其左端显示一个红色圆点，取消断点的方法与设置断点方法相同。

当断点设置好后，可以进一步设置通过断点中断程序的方式。在调试器窗口中选择“工具”|“断点”菜单命令，打开“断点”对话框，如图 6-15 所示。在“断点”列表框中显示出已经设置的断点，选择其中任意一个后，该断点所属程序名和位置信息即出现在“定位”和“文件”两个文本框中。通过断点中断程序的方式可在“类型”下拉列表中选择，“类型”下拉列表的选项有下列几个：

(1) 在定位处中断。

(2) 如果表达式为真则在定位处中断。

(3) 当表达式为真时中断。

(4) 当表达式值改变时中断。

除了第 1 种类型以外，都需在“表达式”文本框中输入中断条件表达式。而“添加”、“删除”、“使无效”和“全部删除”几个按钮用来管理“断点”列表框中的断点。

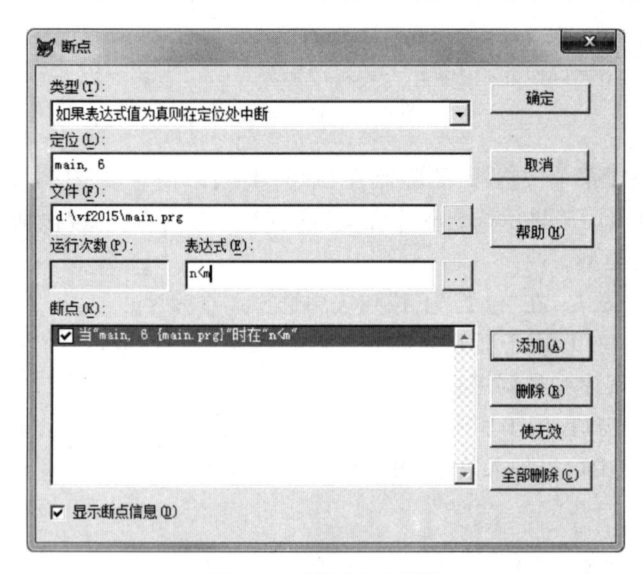

图 6-15 “断点”对话框

2. 使用“调试菜单”调试程序

调试器窗口的“调试”菜单如图 6-16 所示，其中的各项功能用于调试程序。

(1) 运行：执行在跟踪窗口中打开的程序。如果在跟踪窗口中尚无打开的程序，则出现“运行”对话框，以供选择要调试的程序。

(2) 继续运行：当程序处于中断状态时，使程序由中断处继续执行。

(3) 取消：终止程序的调试执行。

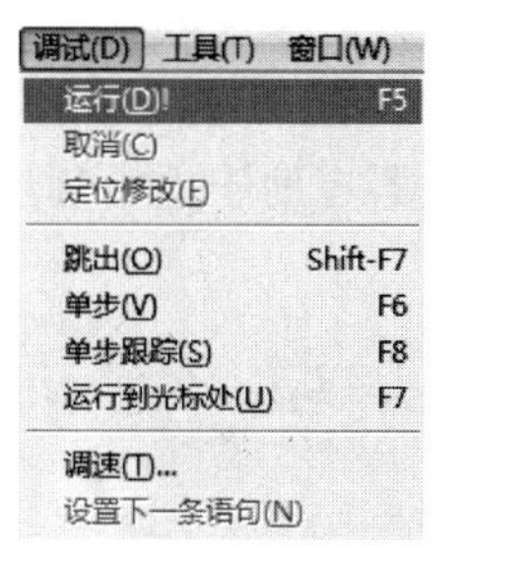

(a)“运行”子菜单

(b)“定位修改”子菜单

图 6-16 “调试”子菜单

(4) 定位修改：终止程序的调试执行，在文本编辑窗口显示程序以供修改。

(5) 跳出：以连续方式继续执行被调用程序，然后在调用程序的调用语句的后一条语句处中断。

(6) 单步：单步执行后一行程序，如果后一行程序是一调用语句，则被调用程序在后台执行。

(7) 单步跟踪：单步执行后一行程序。

(8) 运行到光标处：从当前程序行执行直至光标处中断。

(9) 调速：打开“调整运行速度”对话框，设置前后两行程序执行之间的延迟秒数。

(10) 设置下一条语句：当程序中断时，可将光标放置在继续执行时想要执行的程序行上。

如图 6-17 所示，打开需要调试的程序；设置断点；调试运行后，用 DEBUGOUT 语句设置的调试输出量在“调试输出”窗格显示。

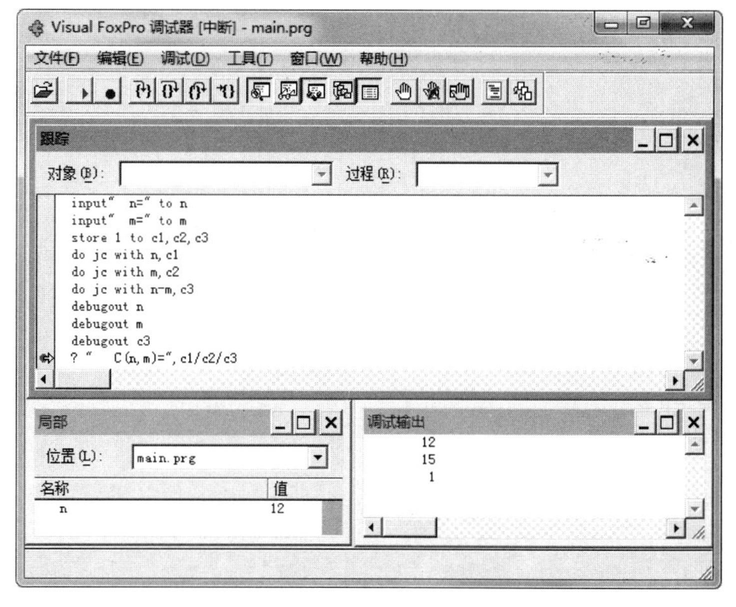

图 6-17 调试器应用实例

总之,程序是需要调试的,调试是需要正确方法和必要辅助工具的。程序是设计与编写的成果,首先,最基本的是不能有语法错误,然后是不能有算法错误,也就是说运行后必须得到满足设计要求的正确的结果。使用调试器有助于检验程序算法是否正确。

习题 6

1. 思考题

(1) 程序的基本结构有哪些? 各有什么作用?

(2) 循环语句有哪几种? 它们分别适用于什么情况?

(3) LOOP 和 EXIT 命令的功能是什么? 二者有何差别?

(4) 从内容和使用方式上总结程序文件和过程文件的异同点。

(5) 什么是过程? 简述过程的调用步骤。

(6) 什么是自定义函数? 总结自定义函数和过程的异同点。

(7) 总结程序单位之间数据传递的各种方式。

(8) 若以变量的作用域来分,内存变量可分为哪几类? 各自特点是什么?

2. 分析程序题

(1) 运行下列程序后将显示________。

```
STORE 0 TO x,y
DO WHILE .T.
  x=x+1
  y=y+x
  IF x>=5
    EXIT
  ENDIF
ENDDO
? x,y
```

(2) 假设当下列程序运行时,输入数值为 5,则显示结果为________。

```
CLEAR
INPUT "n=" TO n
i=1
DO WHILE i<=n
  ? SPACE(i)
  p=1
  DO WHILE p<=i
    ?? "*"
    p=p+1
  ENDDO
  i=i+1
```

```
ENDDO
```

(3) 运行下列程序后,将显示________。

```
a=3
b=5
DO sub1 WITH 2 * a,b,1
? "a="+STR(a,2),"b="+STR(b,2)

PROCEDURE sub1
PARAMETERS x,y,z
CLEAR
s=x * y+z
x=2 * x
y=y+2
? "x="+STR(x,2),"y="+STR(y,2),"s="+STR(s,2)
```

(4) 运行下列程序后,将显示________。

```
CLEAR
a=3
b=5
DO sub1
p=p * a
? "a="+STR(a,2)," b=",STR(b,2)
? "p="+STR(p,4)

PROCEDURE sub1
PUBLIC p
PRIVATE a
p=1
FOR a=1 TO b
  p=p * a
ENDFOR
b=b * 2
RETURN
```

3. 编程序题

(1) 计算并显示下列函数的值,自变量 x 和 y 的值由键盘输入。

$$z=\begin{cases} x^2+2xy+y^2, & x>y^2, y<0 \\ x^2-2xy+y^2, & x>y^2, y>0 \\ 0, & \text{其他} \end{cases}$$

(2) 按近似公式:$e=1+1/1!+1/2!+1/3!+\cdots+1/n!$,计算并显示 e 的值,设 n 取值 100。

(3) 程序运行时，从键盘输入一个正整数 n，然后统计并显示 $0 \sim n$ 之间，有多少个能被 3 整除的数、有多少个能被 7 整除的数、有多少个能被 8 整除的数，以及所有这些数的和是多少。

(4) 根据输入的半径值计算圆的面积，并通过使用函数 MESSAGEBOX("需要继续计算吗?",4+32+0,"提示")，由用户决定是继续进行下一次计算还是结束计算。

(5) 使用循环语句，按学生表(xs. dbf)记录的倒序显示学号，姓名，性别和班级 4 个字段的值(即第一行显示最大号记录的，第二行显示次大号记录的，以此类推最后一行显示 1 号记录的)。

(6) 假设有数据表 yxcj. dbf(学号 C(8)，高等数学 I，外语 I)，编写程序，按下列样式显示数据表 yxcj. dbf 的所有记录，其中“预选结果”的划分原则如下：高等数学和外语两门课的平均成绩在 85 以上为入选、在 60～85 之间为备选、低于 60 分为淘汰。

```
学号        高等数学   外语   预选结果
---------------------------------------
20150090    70         75     备选
20150091    86         89     入选
…
20150372    70         40     淘汰
```

(7) 在学生表：xs. dbf 当中查找记录，首先按键入的学号查询，如果没有找到，再按键入的姓名查询，若找到则显示该记录，否则用 MESSAGEBOX 函数显示提示信息，并由用户决定是继续查询还是结束查询。

(8) 假设有课题 1. dbf 和课题 2. dbf 两个课题研究报名表，表结构均由学号和姓名两个字段构成，用来存放参与相应课题研究的学生的报名结果。如果规定，每个学生只能选择一个课题，如果有两个课题都报了名的，则以课题 1 为优先，删去其在课题 2 中的报名记录。例如下列表数据，课题 2. dbf 中有星号的就是要删除的记录。试编写程序，实现上述报名结果的筛选工作。

```
课题 1.dbf                     课题 2.dbf
  学号        姓名               学号        姓名
2015022      张一             2015011      李二
2015015      张三            *2015015      李四
2015222      张五             2015111      李六
2015333      张七            *2015333      李八
```

第7章 面向对象程序设计

Visual FoxPro 不但支持标准的结构化程序设计，而且在语言上还进行了扩展，提供了面向对象程序设计的强大功能，使得程序设计具有更大的灵活性。

面向对象的程序设计方法与编程技术不同于标准的结构化程序设计。程序设计人员在进行面向对象的程序设计时，不再单纯地从代码的第一行一直编到最后一行，而是考虑如何创建对象，利用对象来简化程序设计，提供代码的可重用性。对象可以是应用程序的一个自包含组件，一方面具有私有的功能，供自己使用；另一方面又提供公用的功能，供其他用户使用。

7.1 面向对象的基本概念

在面向对象程序设计中，最重要的概念是对象(Object)和类(Class)，类和对象关系密切，但并不相同。类包含了有关对象的特征和行为信息，它是对象的蓝图和框架。如图7-1所示，电话的电路结构和设计布局可以是一个类，而这个类的实例——对象，便是一部电话。本节将详细介绍这两个最基本的概念。

图7-1 类与对象的关系

7.1.1 对象

对象(Object)是反映客观事物属性及行为特征的描述，它可以是具体的物，也可以是某些概念，例如前面所说的电话就是一个对象。

每个对象都有一定的特征，例如，一部电话有一定的颜色和大小。当把一部电话放在办公室中，它又有了一定的位置，而它的听筒也有拿起和挂上两种状态。这种特征称作为对象的属性。

每个对象都可以对一些动作进行识别和响应。这些预先定义好的特定动作称作为事件，它由用户或系统激活。例如，对一部电话来说，当用户提起听筒时，便激发了一个事件，同样，当用户拨号打电话时也激发了若干事件。

在多种情况下，事件是通过用户的交互操作产生的，在 Visual FoxPro 中，可以激发事件的用户动作包括单击鼠标、移动鼠标和按键等。当一个事件被激发以后，Visual FoxPro 就会按相应的方法对事件进行处理，这种处理方法称作为方法程序。

事件集合虽然范围很广，但却是固定的。用户不能创建新的事件，然而方法程序集合却可以无限扩展。也就是说事件可以具有与之相关联的方法程序，例如，为 Click 事件编写的方法程序代码将在 Click 事件出现时被执行。同时，方法程序也可以独立于事件而单独存在，此类方法程序必须在代码中被显式地调用。

7.1.2 类

类和对象关系密切，但它们是不同的，类是对一组对象的属性和特征的抽象描述，这些对象具有相同的性质。类是抽象的，对象是具体的，通常，把基于某个类生成的对象称为这个类的实例。在 Visual FoxPro 中，类是一组对象的模板，有了类就可以定义这个类中的任何一个对象，类定义了对象的所有属性、事件和方法，从而决定了对象的属性和它的行为。类具有封装性和继承性等特征。

1. 封装性

当使用一部电话时，并不需要关心这部电话在内部如何接收呼叫，怎样启动或终止与交换台的连接，以及如何将拨号转换为电子信号。所要知道的全部信息就是可以拿起听筒，拨打合适的电话号码，然后与要找的人通话。在这里，如何建立连接的复杂性被隐藏起来，如图 7-2 所示。所谓封装性便是指能够忽略对象的内部细节，使用户集中精力来使用对象的特性。封装就是指将对象的方法程序和属性代码包装在一起。在使用类的过程中用户不必关心类内部的复杂性，只需掌握它的使用方法。也就是说，对象的内部信息是隐蔽的，只有程序开发者才了解真正的内部信息。

图 7-2 类的封装性

在 Visual FoxPro 中，通过系统为用户提供的基类，可以定义几乎所有可以使用的对象。

2. 继承性

继承性的概念是指在一个类上所做的改动会反映到它的所有子类当中。这种自动更新节省了用户的时间和精力。例如，电话制造商想以按键电话代替以前的拨号电话。若只改变主设计框架，则基于此框架生产出的电话机能自动继承这种新特点，而不是逐部电话去改造，会节省大量的时间，如图 7-3 所示。

在面向对象程序设计中，继承是指在基于现有的类创建新类时，新类继承了现有类的所有方法和属性。通常把已有的类称为父类，新创建的类称作为子类。子类不但继承了父类的所有属性和方法，还同时允许用户对已有的属性和方法进行修改，并且用户还可以添加新的属性和方法，如图 7-4 所示。

正是由于有了类的继承性，用户在编写程序时，可以通过已经存在的类创建适合自己使用的新类并应用到自己的程序中，从而降低了代码的编写和维护工作的难度。

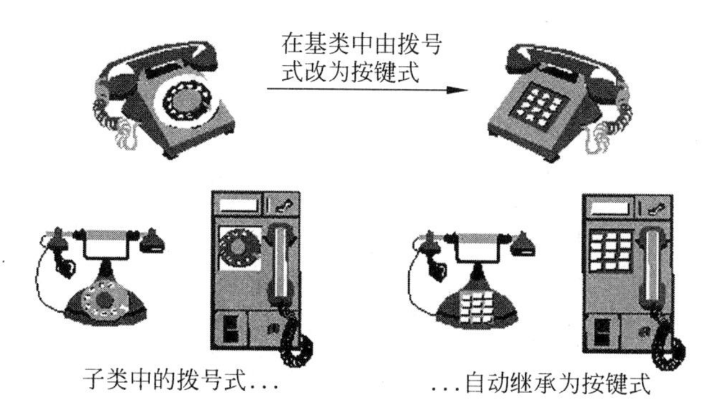

图 7-3　类的继承性

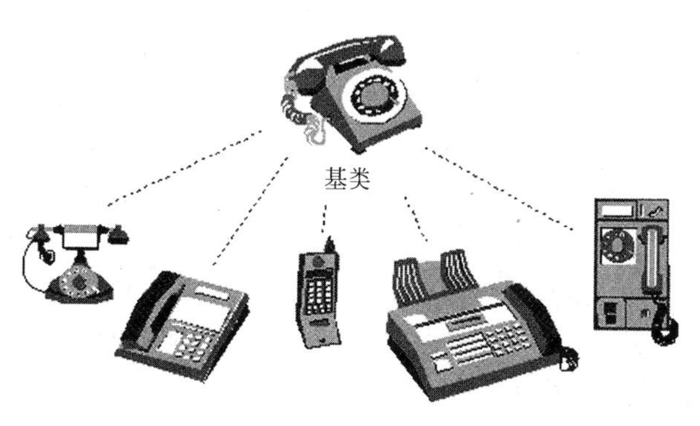

图 7-4　父类和子类

7.2　Visual FoxPro 中的类

在面向对象程序设计中，必然会用到 Visual FoxPro 提供的各种各样的类，因此，首先要了解 Visual FoxPro 提供的基础类和基类的类型。

7.2.1　Visual FoxPro 基类

Visual FoxPro 的基类是系统本身内含的、并不存放在某个类库中。用户可以基于基类创建自己的类，从而生成所需要的对象。表 7-1 是 Visual FoxPro 的所有基类。

表 7-1　Visual FoxPro 的基类

类　名	含　义	类　名	含　义
ActiveDoc	活动文档	Label	标签
CheckBox	复选框	Line	线条
Column	（表格）列	ListBox	列表框
CommandButton	命令按钮	OLEBoundControl	OLE 容器控件
CommandGroup	命令按钮组	OLEContainerControl	OLE 绑定控件

续表

类　名	含　义	类　名	含　义
ComboBox	组合框	OptionButton	选项按钮
Container	容器	OptionGroup	选项按钮组
Control	控件	Page	页
Custom	定制	PageFrame	页框
EditBox	编辑框	ProjectHook	项目挂钩
Form	表单	Separator	分隔符
FormSet	表单集	Shape	形状
Grid	表格	Spinner	微调控件
Header	(列)标头	TextBox	文本框
Hyperlink Object	超级链接	Timer	定时器
Image	图像	ToolBar	工具栏

每个 Visual FoxPro 基类都拥有自己固定的属性、事件和方法程序，如果用户基于某个基类创建了自定义类后，这个基类就是该自定义类的父类，同时该自定义类继承了父类的所有属性、事件和方法程序。表 7-2 是 Visual FoxPro 基类的最小属性集，任何一个基类和由它所创建的自定义类都包含这些属性。

表 7-2　Visual FoxPro 基类的最小属性集

属　性	说　明
Class	该类属于何种类型
BaseClass	该类由何种基类派生而来，例如 Form、Commandbutton 或 Custom 等
ClassLibrary	该类从属于哪个类库
ParentClass	对象所基于的类。若该类直接由 Visual FoxPro 基类派生而来，则 ParentClass 属性值与 BaseClass 属性值相同

如果依据 Visual FoxPro 的某一个基类生成了一个对象，那么这个对象的 Class 属性和 BaseClass 属性的取值相同，同时在属性 ClassLibrary 和属性 ParentClass 上的取值为空串。如果依据 Visual FoxPro 某一个基类的自定义类生成一个对象，那么这个对象的 BaseClass 和 ParentClass 的取值相同，都指向该基类。

7.2.2　Visual FoxPro 基类的类型

Visual FoxPro 的类有两大主要类型，它们便是容器类和控件类，因此，Visual FoxPro 对象也分为两大类型。

1. 容器类

容器类可以包含其他对象，并且允许访问这些对象。这些对象无论在设计时刻还是在运行时刻，都可以对其进行操作，表 7-3 列出了常用的容器类。

表 7-3　Visual FoxPro 常用的容器类及其所能包含的对象

容　　器	能包含的对象
表单集	表单、工具栏
表单	任意控件以及页框、Container 对象、命令按钮组、选项按钮组、表格等对象
表格	表格列
表格列	标头和除表单集、表单、工具栏、计时器和其他列以外的其余任意对象
页框	页面
页面	任意控件以及 Container 对象、命令按钮组、选项按钮组、表格等对象
命令按钮组	命令按钮
选项按钮组	选项按钮
Container 对象	任意控件以及页框、命令按钮组、选项按钮组、表格等对象

2. 控件类

控件类不能像容器类那样包含其他对象，它只能加入到其他的对象中，因此，它的封装比容器类更为严密，但也因此丧失了一些灵活性。标准 Visual FoxPro 控件有复选框、超级链接、列表框、微调控件、组合框、图像、ActiveX 绑定控件、文本框、命令按钮、标签、ActiveX 控件、计时器、编辑框、线条、形状等。

由控件类生成的控件一般只能作为容器类中的一个对象，但是一个容器类中的对象并不一定是由控件类生成的，从表 7-3 可以看到，不同容器可以包含的对象是不同的，有些容器可以包含的对象本身又是一个容器。例如，表单集中可以包含容器表单，表单中又可以包含容器页框，页框又可以包含页面，页面还可以包含其他控件等，这种结构称作为对象的嵌套层次关系。要注意的是类的层次结构和容器的层次结构是 Visual FoxPro 中两个完全不同的概念：类的层次指的是继承与被继承的关系，而对象的层次指的是包容与被包容的关系。

若要在容器分层结构中引用对象，需要知道它相对于容器分层结构的关系。例如，如果要在表单集中处理一个表单的控件，则需要引用表单集、表单和控件。在容器层次中引用对象就好像 Visual FoxPro 提供了这个对象地址。例如，当给一个外地人讲述一个房子的位置时，需要根据其距离远近，指明这幢房子所在的国家(地区)、省份、城市、街道，甚至这幢房子的门牌号码，否则将引起混淆。图 7-5 给出了一个容器嵌套的例子，在这个图中如果要说明其中的选项 1，就需要依次指明它所在的：表单集——表单——组——选项 1，这种引用方式就像文件系统中目录路径里的绝对引用。

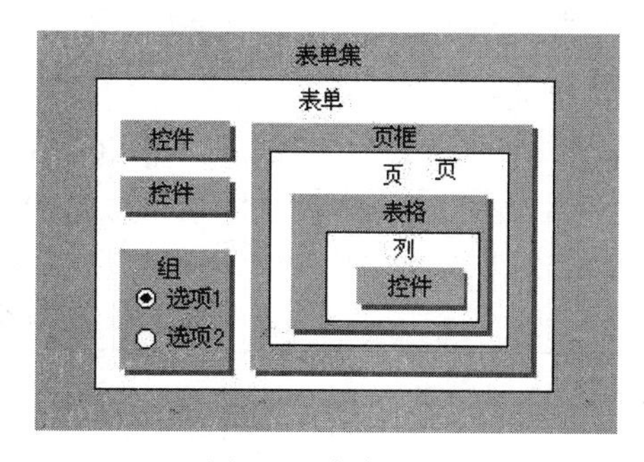

图 7-5　嵌套容器

除了可以使用绝对引用的方式指明对象，Visual FoxPro 还提供了相对引用的方式：在容器层次中引用对象时(例如表单集中，在表单上命令按钮的 Click 事件里)，可以通过快捷方式指明所要处理的对象。表 7-4 列出了一些属性和关键字，这些属性和关键字允许更方便地从对象层次中引用对象。

表 7-4　容器层次中对象引用属性或关键字

属性或关键字	引　用	属性或关键字	引　用
Parent	该对象的直接容器	ThisForm	包含该对象的表单
This	该对象	ThisFornSet	包含该对象的表单集

这里的 Parent 是指的对象的属性，属性值是指向该对象的直接容器对象。This、ThisForm 和 ThisFormSet 是 3 个关键字，分别表示当前对象、当前表单和当前表单集，它们在方法代码和事件代码中起到指明对象的作用。

表 7-5 提供了使用 ThisFormSet、ThisForm、This 和 Parent 来设置对象属性的示例。

表 7-5　对象属性的引用示例

命　令	命令的功能和含义
ThisFormSet. frm1. cmd1. Caption = "标题"	设置当前表单集中的 frm1 表单中控件 cmd1 的标题属性为“标题”
ThisForm. cmd1. Caption = "标题"	设置当前表单中控件 cmd1 的标题属性为“标题”
This. Caption = "标题"	设置当前对象的标题属性为“标题”
This. Parent. Caption ="标题"	设置当前对象的直接容器对象的标题属性为“标题”

7.2.3　Visual FoxPro 中的事件

事件是一种由系统预先定义而由用户或系统发出的动作。事件作用于对象，对象识别事件并作出相应反应。事件可以由系统引发，例如生成对象时，系统自动引发一个 Init 事件，对象识别该事件，并执行相应的 Init 事件代码。事件也可以由用户引发，例如用户用鼠标单击程序界面上的一个命令按钮就引发了一个 Click 事件，命令按钮识别该事件并执行相应的 Click 事件代码。

表 7-6 列出了 Visual FoxPro 基类的最小事件集，任何一个基类和由它所创建的自定义类都包含有这些事件。

表 7-6　Visual FoxPro 基类的最小事件集

事　件	说　明
Init	当对象创建时激活
Destroy	当对象从内存中释放时激活
Error	当类中的事件或方法程序过程中发生错误时激活

在容器对象的嵌套层次中，事件的处理遵循独立性原则，即每个对象识别并处理属于自己的事件。例如，当用户单击表单中的一个命令按钮时，将引发该命令按钮的Click事件，而不会引发表单的Click事件。如果没有指定该命令按钮的Click事件代码，那么该事件将不会有任何反应。但这个原则有一个例外，它不适用于命令按钮组和选项按钮组。在命令按钮组或选项按钮组中，如果为按钮组编写了某事件代码，而组中的某个按钮没有该事件相关联的代码，那么当这个按钮的事件引发时，将执行组事件代码。

7.3 创建类

在进行面向对象程序设计时，一般的设计顺序是首先把需要用到的所有属性、事件和方法定义到一个类中，然后再根据需要在这个类的基础上生成一个或多个对象，最后再将这些对象加入到应用程序当中。

可以通过调用类设计器可视化地创建类。用类设计器创建、定义的类保存在类库文件中，便于管理和维护。类库以文件形式存放，其默认扩展名是.vcx。

7.3.1 创建类

可以通过菜单和命令两种方式创建类。

【例7-1】 扩展Visual FoxPro基类CommandButton，创建一个名为MyCommand的新类。新类保存在名为Myclass的类库中。

方法1：通过菜单创建。

(1) 在Visual FoxPro中选择“文件”|“新建”菜单命令，在弹出的“新建”对话框中选中“类”单选按钮，如图7-6所示。

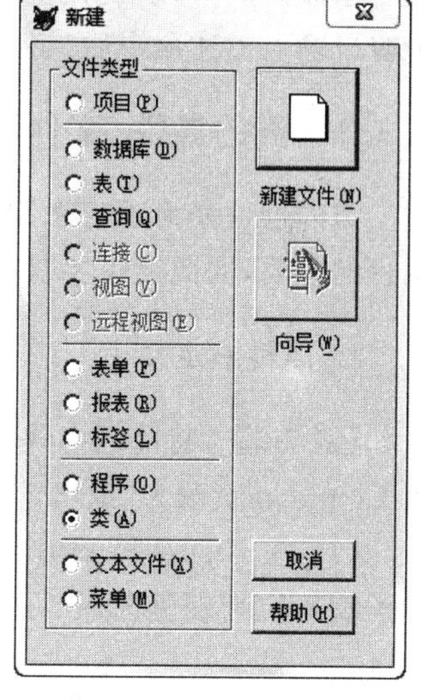

图7-6 新建对话框

(2) 在弹出的“新建类”对话框中，输入类名为MyCommand，在“派生于”下拉列表中选择CommandButton，在“存储于”文本框中输入Myclass，然后单击“确定”按钮，如图7-7所示。

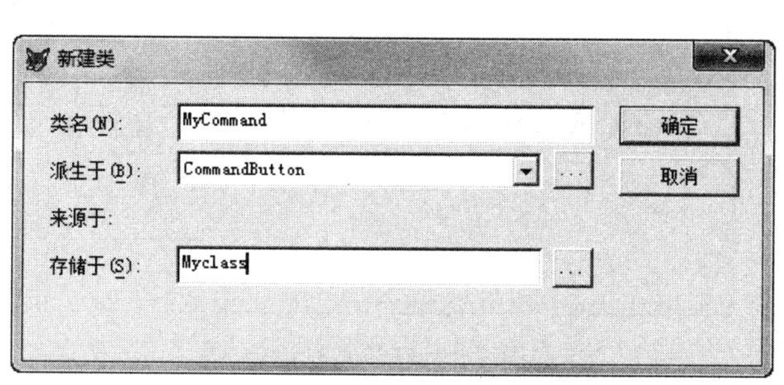

图7-7 “新建类”对话框

(3) 进入到“类设计器”窗口，此时可以看到一个自定义类Mycommand已经建立完成，如图 7-8 所示，它是由 Visual FoxPro 的基类 CommandButton 派生而来的，因此它继承了该基类的所有属性、事件和方法。如果想修改这些属性、事件和方法，或是添加新的属性、事件和方法，可以在“类设计器”窗口进行进一步的设计。

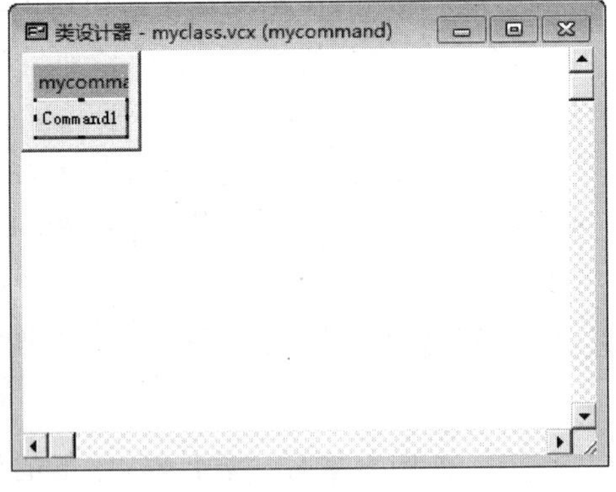

图 7-8 “类设计器”窗口

方法 2：命令方式创建。

格式 1：

```
CREATE CLASS <类名>
```

格式 2：

```
CREATE CLASS <类名>OF <类库名>
```

该命令的作用和菜单操作相同，当在命令窗口输入上述命令后，将进入到“新建类”对话框，其后的操作与方法 1 相同。

7.3.2 类的属性、事件和方法的定义

类的创建是为了将来能够在程序设计时来使用，但是往往新建的类并不能完全适合编程的需要，因此还需要对相关的属性和方法程序进行修改或添加。

1. 属性的定义

【例 7-2】 将前例中建立的新类 MyCommand 的属性进行修改，将其的 Caption 属性由 Command1 改为“退出”。

(1) 在 Visual FoxPro 中选择“文件”|“打开”菜单命令，在弹出的“打开”对话框中文件类型下拉列表里选择“可视类库”，选中“Myclass. VCX”，单击“确定”，如图 7-9 所示。

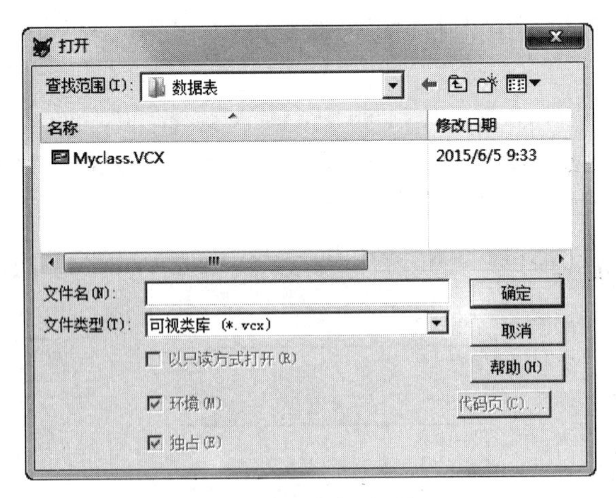

图 7-9 打开类对话框

(2) 在弹出的另一个“打开”对话框右侧“类名”列表中选择前例中建立的新类 Mycommand，然后单击“打开”按钮，如图 7-10 所示。

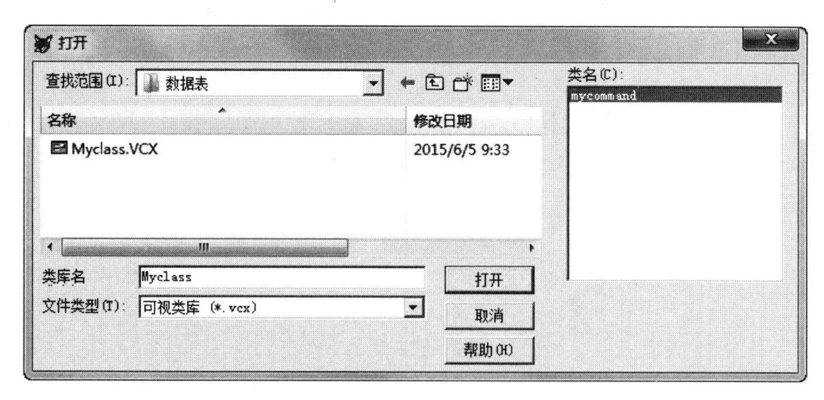

图 7-10　选择类库和类名

(3) 进入到“类设计器”窗口,选择“显示”|“属性”菜单命令,使得“属性”窗口出现在 Visual FoxPro 主窗口中,如图 7-11 所示。

(4) 在“属性”窗口中选择属性 Caption,将它的值由 Command1 改为“退出”,如图 7-12 所示。

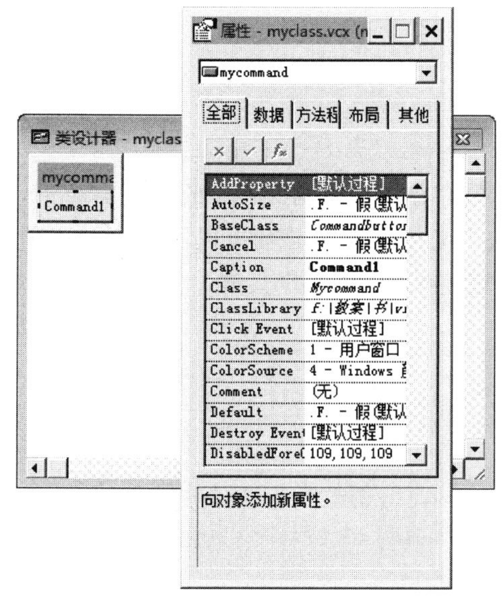

图 7-11　打开属性设置窗口

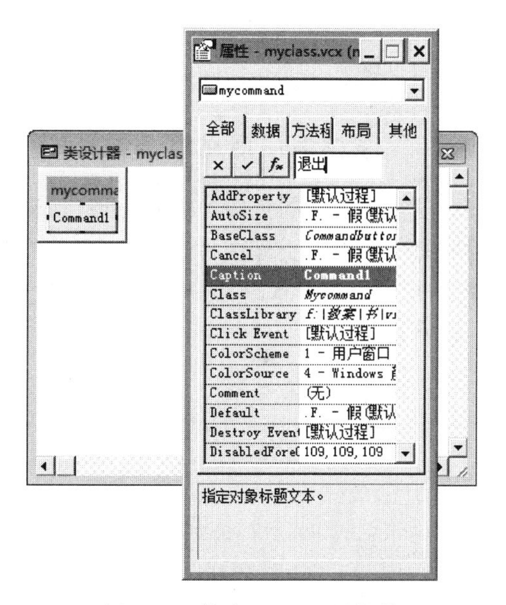

图 7-12　修改 Caption 属性值

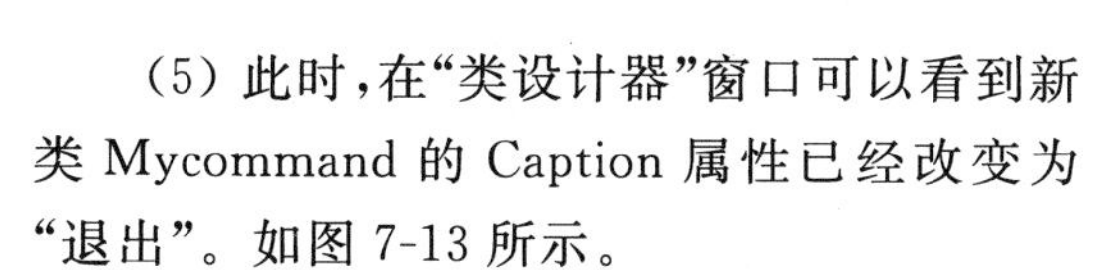

(5) 此时,在“类设计器”窗口可以看到新类 Mycommand 的 Caption 属性已经改变为“退出”。如图 7-13 所示。

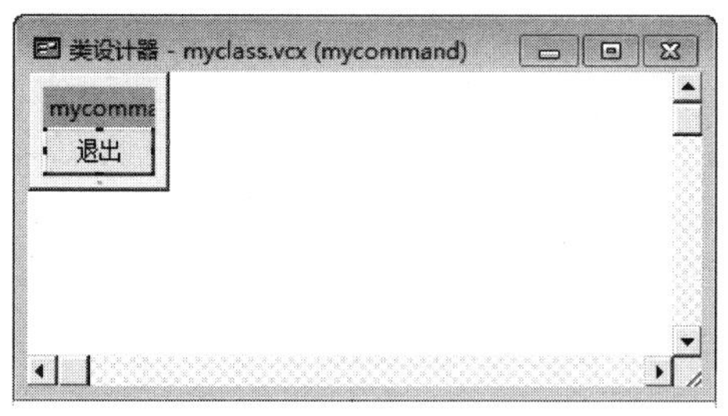

图 7-13　修改后的自定义类

2. 方法的定义

【例 7-3】　为前例中建立的新类 MyCommand 添加 Click 事件的方法程序。

(1) 按照例题 7-2 的前两个步骤进入到

“类设计器”窗口，选择“显示”|“代码”菜单命令，使得“代码编辑”窗口出现在 Visual FoxPro 主窗口中。

(2) 在“代码编辑”窗口，选择“对象”下拉列表的 Mycommand 对象，再在“过程”下拉列表中选择 Click 事件，然后在窗口中输入如下过程，如图 7-14 所示。

```
choice=MESSAGEBOX("确实要退出系统吗?",20,"确认窗口")
IF choice=6
   Release ThisForm
ENDIF
```

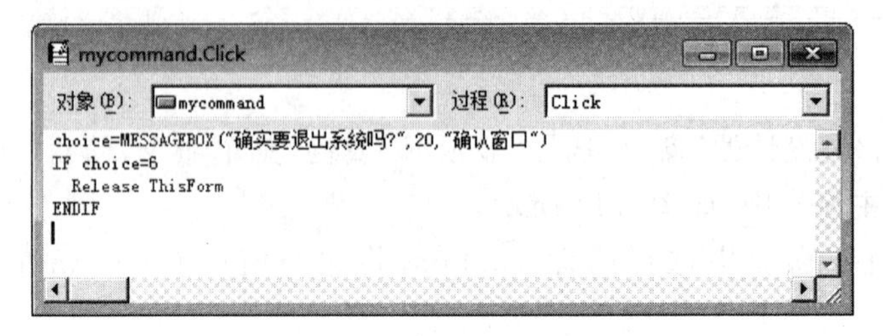

图 7-14 代码编辑窗口

(3) 退出“代码编辑”窗口，保存对“类”的修改。

7.3.3 通过编程定义类

通过类设计器创建类直观方便，新建的类会保存在扩展名为.VCX 的可视类库中，使用时只需要打开类库文件，然后直接按需要由自定义类生成对象就可以了。除了这种方法之外，Visual FoxPro 还允许用户通过编程方式直接用代码来定义类。

格式：

```
DEFINE CLASS 类名 AS 父类名 [OLEPUBLIC]
[[PROTECTED | HIDDEN PropertyName1, PropertyName2 …]
[Object.]PropertyName =eExpression …]
[ADD OBJECT [PROTECTED] ObjectName AS ClassName2 [NOINIT][WITH cPropertylist]]…
[[PROTECTED | HIDDEN] FUNCTION | PROCEDURE Name[_ACCESS | _ASSIGN]
| THIS_ACCESS [NODEFAULT]
cStatements
[ENDFUNC | ENDPROC]]…
ENDDEFINE
```

下面根据一个例题来了解通过编程方式定义类和使用对象的方法。

【例 7-4】 通过编程方式建立自定义类 Myclass，并由该类生成对象。新建程序文件 myform.prg，代码如下：

```
Myform=CREATEOBJECT("Myclass")      && 基于 Myclass 类创建对象 Myform
Myform.show                         && 显示 Myform 对象
Read Events                         && 启动 VisualFoxPro 的事件处理过程
***由基类表单定义 Myclass 类***
```

```
DEFINE CLASS MyclassAS FORM
    Caption="我的表单"
    Width=300
    Height=150

***为 Myclass 类增加命令按钮 MyCmd***
ADD OBJECT MyCmdAS COMMANDBUTTON WITH;
  Caption="退出",;
  Top=70,;
  Autosize=.t.,;
  Left=140,;
  Visible=.t.

***定义命令按钮 MyCmd 的 Click 事件代码***
PROCEDURE MyCmd.Click
  Choice=Messagebox("确实要退出吗?",4+32+0,"确认退出")
  IF Choice=6
    Thisform.Release
    Clear Events                        && 结束事件处理过程
  ELSE
    RETURN
  ENDIF
ENDPROC
ENDDEFINE
```

程序运行后会显示出“我的表单”窗口，如图 7-15 所示，单击窗口中的“退出”按钮，会弹出“确认退出”对话框，如图 7-16 所示，选择“是”退出，选择“否”返回到图 7-15 所示窗口。

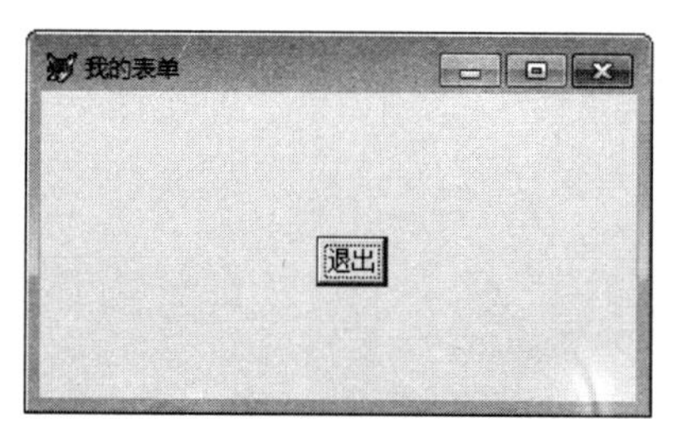

图 7-15　程序运行后得到的表单

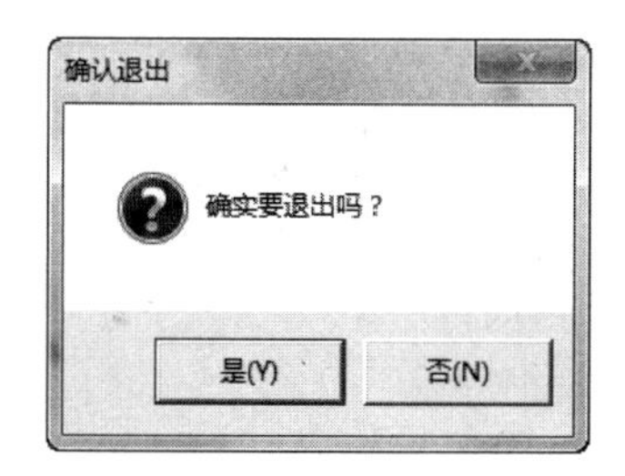

图 7-16　“确认退出”对话框

7.4　对象的操作

无论是使用 Visual FoxPro 提供的基类还是用户自定义类，目的都是为了生成对象应用到程序设计中去。对象的属性、事件和方法决定了对象的操作方式，因此对对象的过程代码设计就显得尤为重要，下面介绍一些有关对象基本操作的代码。

7.4.1 由类创建对象

可以使用函数 CREATEOBJECT()创建对象，函数的格式如下：

```
CREATEOBJECT(ClassName [, eParameter1, eParameter2, …])
```

其中，ClassName 为对象所基于的类名，它既可以是 Visual FoxPro 的基类，也可以是用户自定义了类。

【例 7-5】 基于基类 FORM 创建对象 Myform，其代码如下：

```
Myform=CREATEOBJECT("FORM")
```

7.4.2 设置对象的属性

每个对象都会拥有大量的属性，不同属性的设置和取值的方法也不相同。有的属性可以通过“属性”窗口进行设置而不需要编写代码，这些属性称为在设计时可用；有的属性没有办法在“属性”窗口而只能通过代码在运行时设置，这些属性称为在运行时可用。对象的大部分属性既可以在设计时设置也可以在运行时设置。

对象属性的设置代码的一般语法格式如下：

```
Container.Object.Property =Value
```

它表示：容器.对象.属性=属性值。

由于对象都包含大量的属性，如果要同时设置多个属性，可以使用 WITH … ENDWITH 结构简化设置多个属性的过程。具体的语法格式如下：

```
WITH<路径>
    <属性>…
ENDWITH
```

【例 7-6】 设置例 7-5 建立的对象 Myform 的部分属性。

```
Myform.Caption="我的表单"
Myform.BackColor=rgb(192,192,192)
Myform.Left=20
Myform.Top=10
Myform.Height=200
Myform.Width=300
```

还可以使用下面的格式：

```
WITH Myform
    .Caption="我的表单"
    .BackColor=RGB(192,192,192)
    .Left=20
    .Top=10
    .Height=200
```

```
    .Width=300
ENDWITH
```

7.4.3 事件的触发和方法的调用

1. 触发对象的事件

只有当事件发生后，对应的事件代码才会被执行，当事件发生时，将执行包含在事件过程中的代码。例如，单击命令按钮；双击对象，拖放等操作都会触发相应的事件。

2. 对象方法的调用

格式：

```
Parent.Object.Method
```

其中 Parent 为当前对象的父对象；Object 为当前对象；Method 为调用的方法名。

【例 7-7】 显示表单对象 Myform。

代码如下：

```
Myform.Show
```

其中 Myform 为要操作的对象，Show 为操作的方法，用于显示表单。

7.5 面向对象程序设计实例

用编程方式实现面向对象程序设计的基础是，设计各种需要的对象，然后再把各个具有独立功能的对象有机的组合起来，就形成了应用系统。

【例 7-8】 通过编程方式建立表单，实现登录界面，程序代码如下：

```
***程序名：start.prg,实现登录界面的建立***
Myform=CreateObject("Form")                  && 创建表单对象
Myform.Caption="登录界面"                     && 设置表单标题
Myform.AddObject("Label1","Mylabel")         && 添加标签控件
Myform.AddObject("Text1","Mytext")           && 添加文本框,输入口令
Myform.AddObject("Password","MyCmd1")        && 添加命令按钮验证口令
Myform.AddObject ("Quit","MyCmd2")           && 添加命令按钮释放表单
Myform.Show                                  && 显示表单
Read Events                                  && 调用事件处理程序

DEFINE CLASS Mylabel AS Label                && 自定义标签控件
    Height=25
    Left=100
    Top=80
    Width=190
```

```
    Autosize=.t.
    FontSize=12
    Caption="请输入口令:"
    Visible=.t.
ENDDEFINE

DEFINE CLASS Mytext AS TextBox                  && 自定义文本框控件
    Height=25
    Left=210
    Top=80
    Width=50
    Autosize=.t.
    PassWordChar="*"
    FontSize=12
    Visible=.t.
ENDDEFINE

DEFINE CLASS MyCmd1 AS CommandButton            && 自定义命令按钮
    Height=30
    Left=100
    Top=150
    Width=70
    Caption="确定"
    Visible=.t.
PROCEDURE Click                                 && 验证口令的 Click 事件代码
    IF ThisForm.Text1.Value="1234"
      =MESSAGEBOX("口令正确,谢谢使用",64)
    ELSE
      =MESSAGEBOX ("口令错误,请重新输入",16)
    ENDIF
ENDDEFINE
DEFINE CLASS MyCmd2 AS CommandButton            && 自定义命令按钮
    Height=30
    Left=200
    Top=150
    Width=70
    Caption="退出"
    Visible=.t.

PROCEDURE Click                                 && 释放表单的 Click 事件代码
    ThisForm.Release
    Clear Events
ENDDEFINE
```

程序运行后,会显示如图 7-17 所示表单。当用户输入正确口令“1234”时,会出现如

图 7-18 所示对话框，提示输入正确。当输入口令错误时，会出现如图 7-19 所示对话框，提示口令错误。

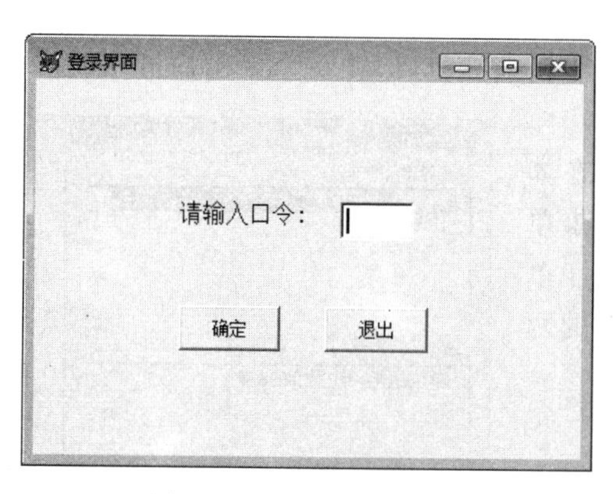

图 7-17 “登录界面”窗口

图 7-18 输入口令正确时的欢迎对话框

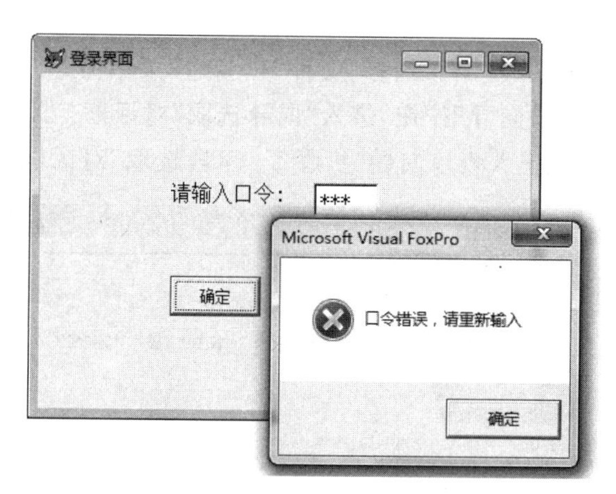

图 7-19 输入口令错误时的提示对话框

7.6 创建表单

表单(Form)在 Visual FoxPro 中又称作屏幕(Screen)或窗口，主要用于创建应用程序用户界面，为数据的显示、输入和编辑提供简便直观的方法。

表单不是一个普通的窗口，它自身就是一个对象，有相应的属性、事件和方法，同时表单还可以包含其他对象，因此表单中的每一个控件又都有自己的属性、事件和方法。

在 Visual FoxPro 中，可以用以下任意一种方法生成表单。

(1) 使用表单向导。

(2) 通过选择“表单”|“快速表单”菜单命令。

(3) 使用“表单设计器”修改已有的表单或创建自己的表单。

生成的表单将被保存在一个表单文件和一个表单备注文件里。表单文件的扩展名是.scx,表单备注文件的扩展名是.sct。

7.6.1 使用表单向导创建表单

表单向导可以指导用户根据选定的表创建浏览和维护窗口,在窗口中用户可以通过设定的按钮对表进行翻页、编辑、查找等操作。

利用表单向导可以生成两种类型的表单。在如图7-20所示的“向导选取”对话框中可以看到有表单向导和一对多表单向导两个选项。表单向导适合于单表表单,一对多表单向导适合于含有一对多关系的两个表的表单。

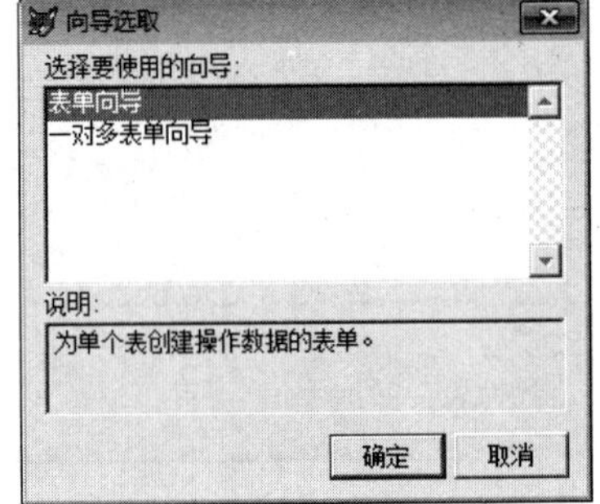

图 7-20 “向导选取”对话框

1. 用表单向导创建单表表单

【例 7-9】 利用表单向导创建一个学生信息管理表单。

(1) 在 Visual FoxPro 系统菜单选择“文件”|“新建”菜单命令,在“新建”对话框中选择类型为“表单”,然后单击“向导”按钮,进入“向导选取”对话框。

(2) 选择“表单向导”,进入表单向导“步骤 1—字段选取”对话框,如图 7-21 所示。

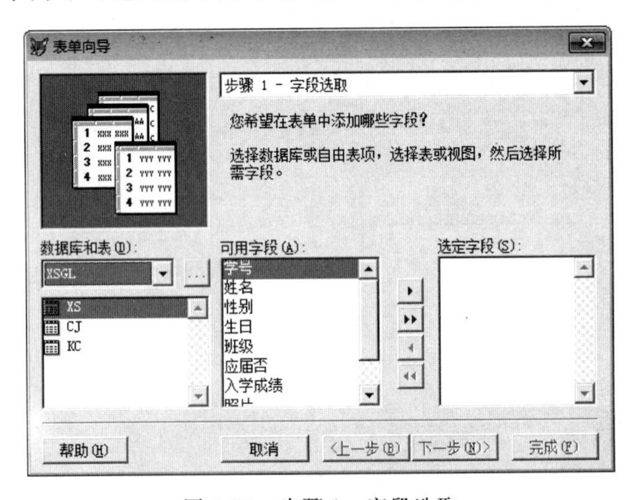

图 7-21 步骤 1—字段选取

(3) 在“步骤 1—字段选取”对话框中,首先从“数据库和表”列表框中选择要使用的数据库和表,这里选择 xs 表;然后在“可用字段”列表框中选择全部字段,然后单击“下一步”,进入“步骤 2—选择表单样式”对话框,如图 7-22 所示。

(4) 在“样式”列表中选择“浮雕式”,按钮类型选择“文本按钮”,单击“下一步”按钮,进入“步骤 3—排序次序”对话框,如图 7-23 所示。

(5) 选择“学号”字段作为排序字段,然后单击“下一步”按钮,进入“步骤 4—完成”对话框,如图 7-24 所示。

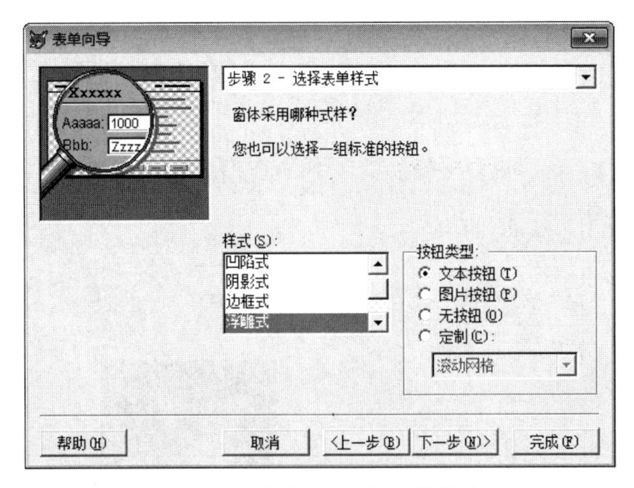

图 7-22　步骤 2—选择表单样式

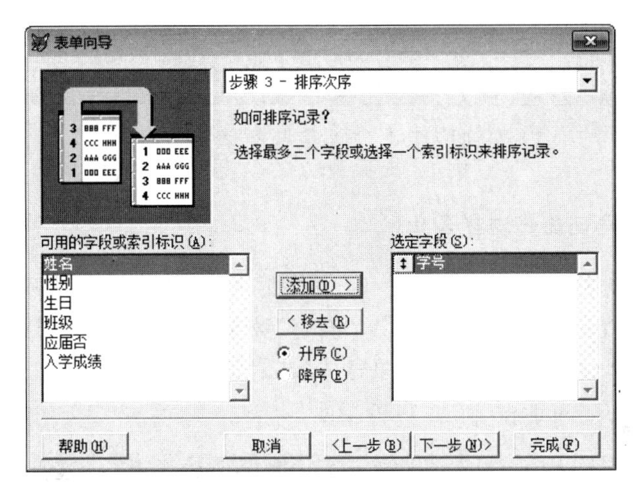

图 7-23　步骤 3—排序次序

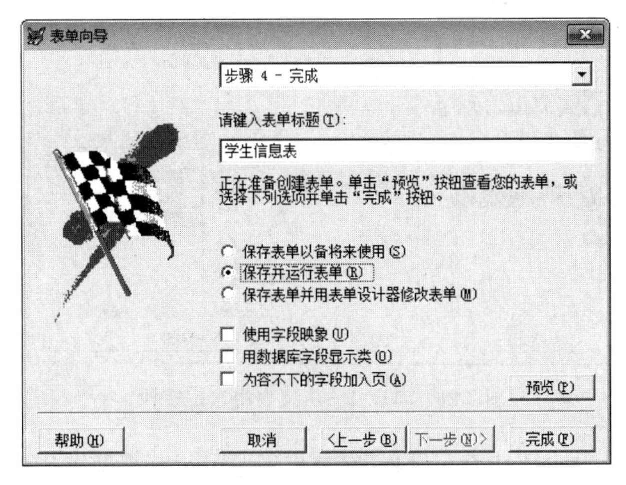

图 7-24　步骤 4—完成

（6）输入标题“学生信息表”，选择“保存并运行表单”，在完成之前可以通过“预览”查看表单的运行效果，最后单击“完成”按钮，在“另存为”对话框中输入表单文件名 xsxx，然后保存。建立好的表单如图 7-25 所示。

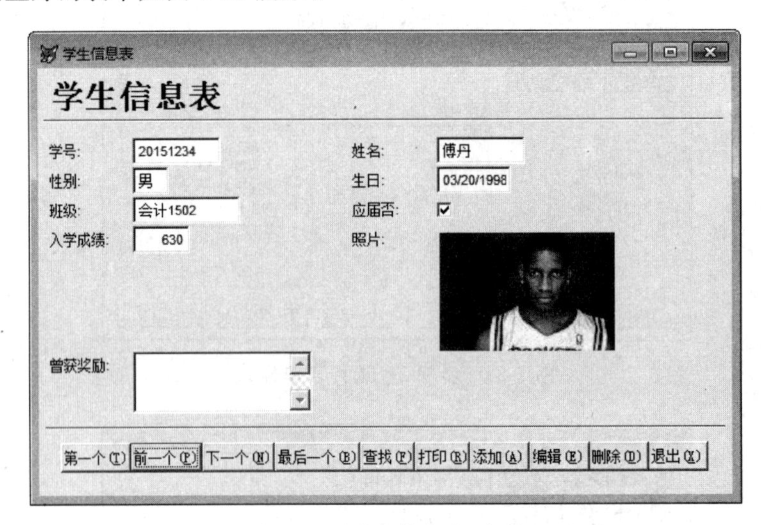

图 7-25 “学生信息表”表单

2. 使用表单向导创建一对多表单

【例 7-10】 利用表单向导创建包含 xs. dbf 和 cj. dbf 两个表的表单。

（1）在 Visual FoxPro 中选择“文件”|“新建”菜单命令，在“新建”对话框中选择类型为“表单”，然后单击“向导”按钮，进入“向导选取”对话框。选择“一对多表单向导”，进入一对多表单向导步骤 1 对话框，如图 7-26 所示。

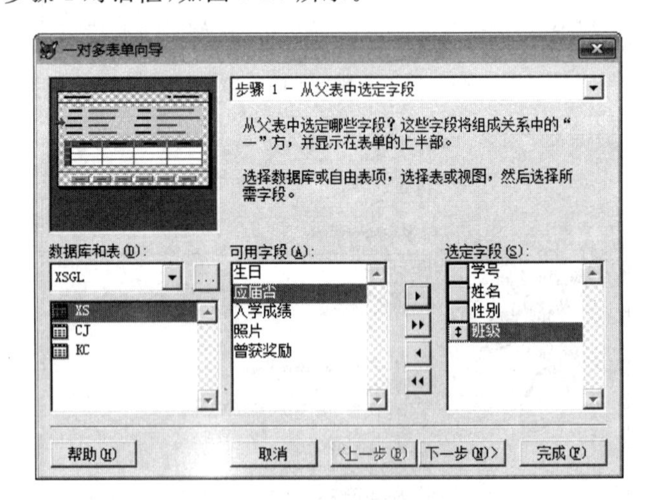

图 7-26 步骤 1—从父表中选定字段

（2）在“步骤 1—从父表中选定字段”对话框中，首先从“数据库和表”列表框中选择所需要的数据库和表，并且所选数据库中必须有两张表具备一对多的关系。这里选择 XS

表作为父表，在可用字段中选择学号、姓名、性别和班级，单击“下一步”按钮，进入“步骤2—从子表中选定字段”对话框，如图 7-27 所示。

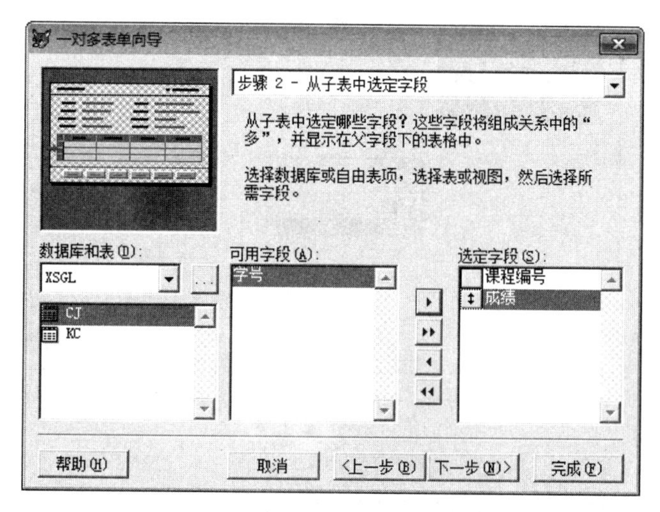

图 7-27　步骤 2—从子表中选定字段

(3) 选择 cj 表作为子表，在可用字段中选择课程编号和成绩字段，然后单击“下一步”按钮，进入“步骤 3—建立表之间的关系”对话框，如图 7-28 所示。

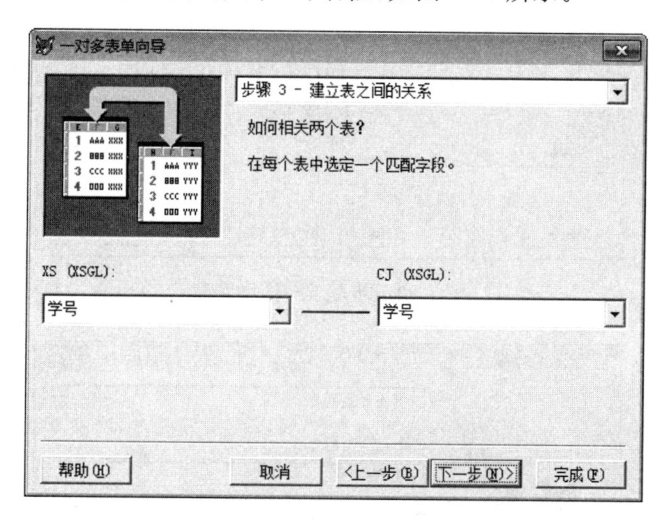

图 7-28　步骤 3—建立表之间的关系

(4) 如已在数据库建立好 xs 表和 cj 表之间的一对多的永久关系，则在这里会自动按照两个表之间的默认连接，利用“学号”字段建立两个表之间的关联。单击“下一步”按钮，进入“步骤 4—选择表单样式”对话框，如图 7-29 所示。

(5) 在“样式”列表中选择“新奇式”，按钮类型选择“图片按钮”，单击“下一步”按钮，进入“步骤 5—排序次序”对话框，如图 7-30 所示。

(6) 选择“学号”字段作为排序字段，然后单击“下一步”按钮，进入“步骤 6—完成”对话框，如图 7-31 所示。

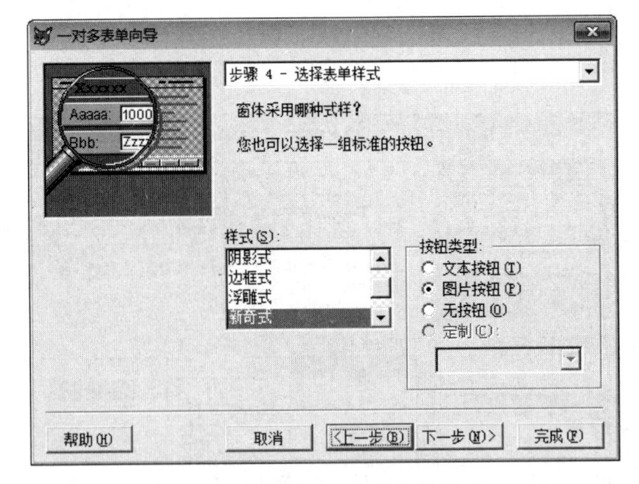

图 7-29　步骤 4—选择表单样式

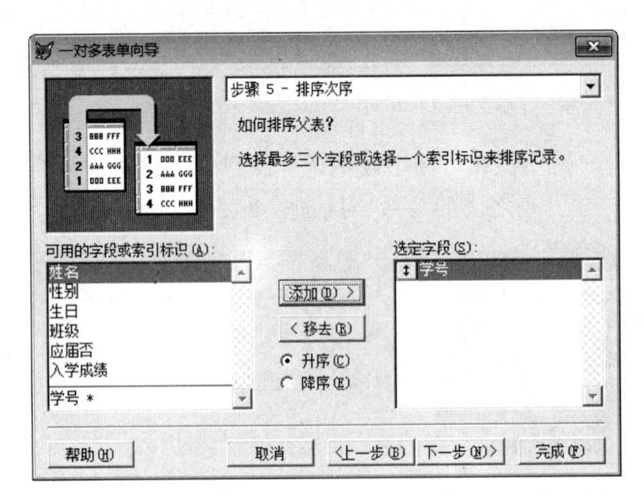

图 7-30　步骤 5—排序次序

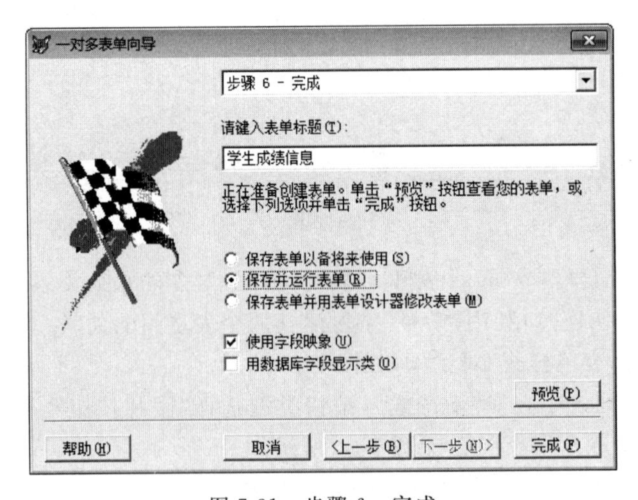

图 7-31　步骤 6—完成

(7) 输入标题“学生成绩信息”，选择“保存并运行表单”，在完成之前可以通过“预览”查看表单的运行效果，最后单击“完成”按钮，在“另存为”对话框中输入表单文件名 xscj，然后保存。建立好的表单如图 7-32 所示。

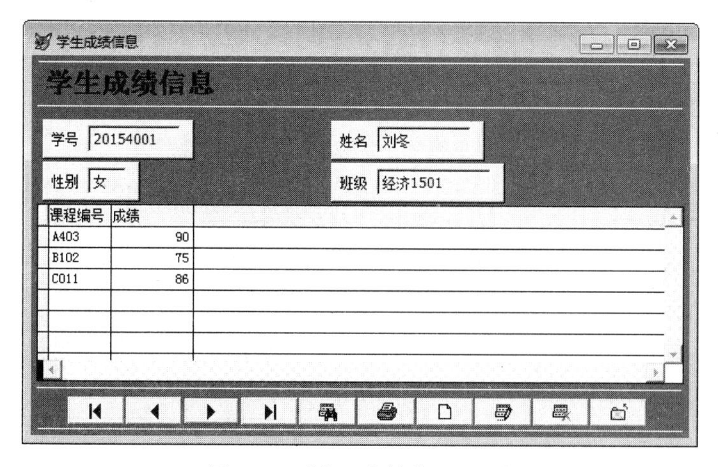

图 7-32 “学生成绩信息”表单

7.6.2 通过表单设计器建立表单

进入表单设计器的方法是选择“文件”|“新建”菜单命令，从弹出的“新建”对话框中选择“表单”，然后单击“新建文件”按钮，即可进入表单设计器。

此时，Visual FoxPro 主窗口中将出现“表单设计器”窗口、“属性”窗口、“表单控件”工具栏、“表单设计器”工具栏以及“表单”菜单，如图 7-33 所示。

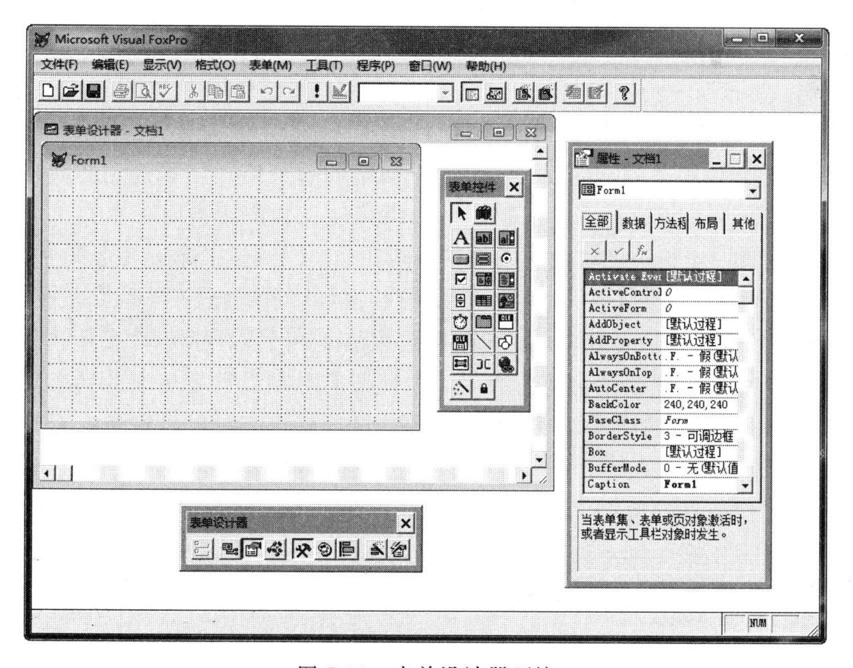

图 7-33 表单设计器环境

1. 表单设计器窗口

进入表单设计器后会自动建立一个名为 Form1 的空白表单，利用表单设计器建立表单就是通过在空白表单上可视的添加和修改控件来实现用户表单的设计。因此可以看到，利用表单设计器不仅可以建立新表单，还可以修改已经存在的表单，所以表单设计器是一个非常重要的工具。

2. 属性窗口

属性窗口如图 7-34 所示，由对象列表框、选项卡、属性值设置窗口、属性列表框和属性说明几部分组成。

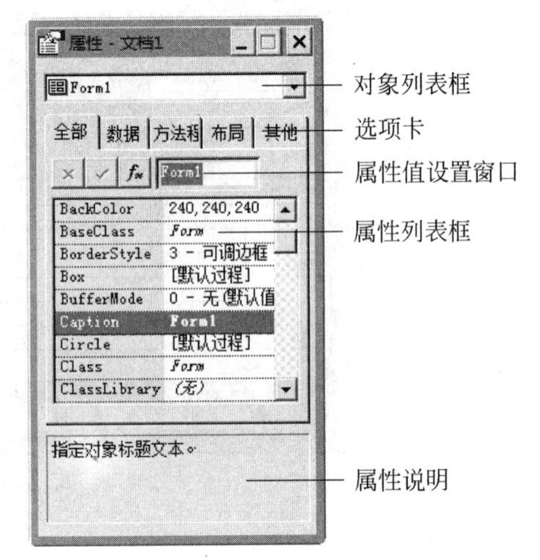

图 7-34　属性窗口的组成

(1) 对象列表框：通常显示当前选定的对象，单击右端的向下箭头，可看到包含当前表单、表单集和全部控件的列表。如果打开“数据环境设计器”，可以看到“对象”中还包括数据环境，和数据环境的全部临时表和关系。可以从列表中选择要更改其属性的表单或控件。

(2) 选项卡：一共有 5 个选项卡，分别是全部、数据、方法程序、布局和其他，选择不同的选项卡，属性列表框中就会显示相应的属性。各选项卡的具体内容如下。

① 全部：显示全部属性、事件和方法程序。

② 数据：显示有关对象如何显示或怎样操纵数据的属性。

③ 方法程序：显示方法程序和事件。

④ 布局：显示所有的布局属性。

⑤ 其他：显示其他和用户自定义的属性。

(3) 属性设置窗口：可以更改属性列表中选定的属性值。如果选定的属性需要预定义的设置值，则在右边出现一个向下箭头。如果属性设置需要指定一个文件名或一种颜色，则在右边出现三点标记的按钮。单击接受按钮(对号标记)来确认对此属性的更改。单击取消按钮(叉号)取消更改，恢复以前的值。有些属性(例如背景色)显示一个三点标记的按钮，允许从一个对话框中设置属性。单击函数按钮(Fx 记号)，可打开“表达式生成器”。

(4) 属性列表框：这个包含两列的列表显示所有可在设计时更改的属性和它们的当前值。对于具有预定值的属性，在“属性”列表中双击属性名可以查看所有可选项。对于具有两个预定值的属性，在“属性”列表中双击属性名可在两者间切换。选择任何属性并按 F1 键可得到此属性的帮助信息。只读的属性、事件和方法程序以斜体显示。

(5) 属性说明：显示选定的属性、事件或方法程序的功能说明。

3. 表单控件工具栏

使用表单控件工具栏可以在表单上创建控件。单击需要的控件按钮，将鼠标指针移动到表单上，然后单击表单放置控件或把控件拖至所需的大小，可以将所需表单控件添加到表单中。

当打开“表单设计器”时，此工具栏会自动显示。此外，任何时候都可以通过“工具栏”对话框来选择显示它。工具栏各个按钮的功能如表 7-7 所示。

表 7-7　表单控件工具栏按钮功能

控件名称	图标	说　明
选定对象		移动和改变控件的大小。在创建了一个控件之后，“选择对象”按钮被自动选定
查看类		使用户可以选择显示一个已注册的类库。在选择一个类后，工具栏只显示选定类库中类的按钮
标签	A	创建一个标签控件，用于保存不希望用户改动的文本，如复选框上面或图形下面的标题
文本框	abl	创建一个文本框控件，用于保存单行文本，用户可以在其中输入或更改文本
编辑框		创建一个编辑框控件，用于保存多行文本，用户可以在其中输入或更改文本
命令按钮		创建一个命令按钮控件，用于执行命令
命令按钮组		创建一个命令按钮组控件，用于把相关的命令编成组
选项按钮组		创建一个选项按钮组控件，用于显示多个选项，用户只能从中选择一项
复选框		创建一个复选框控件，允许用户选择开关状态，或显示多个选项，用户可从中选择多于一项
组合框		创建一个组合框控件，用于创建一个下拉式组合框或下拉式列表框，用户可以从列表项中选择一项或输入一个值
列表框		创建一个列表框控件，用于显示供用户选择的列表项。当列表项很多，不能同时显示时，列表可以滚动
微调控件		创建一个微调控件，用于接受给定范围之内的数值输入
表格		创建一个表格控件，用于在电子表格样式的表格中显示数据
图像		在表单上显示图像
计时器		创建计时器控件，可以在指定时间或按照设定间隔运行进程。此控件在运行时不可见
页框		显示控件的多个页面
ActiveX 控件	OLE	向应用程序中添加 OLE 对象
ActiveX 绑定控件	OLE	与 OLE 容器控件一样，可用于向应用程序中添加 OLE 对象。与 OLE 容器控件不同的是，ActiveX 绑定控件绑定在一个通用字段上
线条		设计时用于在表单上画各种类型的线条
形状		设计时用于在表单上画各种类型的形状。可以画矩形、圆角矩形、正方形、圆角正方形，椭圆或圆
分隔符		在工具栏的控件间加上空格

续表

控件名称	图标	说明
超级链接		创建一个超级链接对象
生成器锁定		为任何添加到表单上的控件打开一个生成器
按钮锁定		可以添加同种类型的多个控件，而不需多次按此控件的按钮
容器		将容器控件置于当前的表单上

4. 表单设计器工具栏

表单设计器工具栏用于对表单的设计环境进行设置，可以选择“显示”|“工具栏”菜单命令打开和关闭。工具栏中按钮的功能如表 7-8 所示。

表 7-8 表单设计器工具栏按钮功能

按钮名称	说明
设置 Tab 键次序	在设计模式和 Tab 键次序方式之间切换，Tab 键次序方式设置对象的 Tab 键次序方式。当表单含有一个或多个对象时可用
数据环境	显示“数据环境设计器”
属性窗口	显示一个反映当前对象设置值的窗口
代码窗口	显示当前对象的“代码”窗口，以便查看和编辑代码
表单控件工具栏	显示或隐藏表单控件工具栏
调色板工具栏	显示或隐藏调色板工具栏
布局工具栏	显示或隐藏布局工具栏
表单生成器	运行“表单生成器”，提供一种简单、交互的方法把字段作为控件添加到表单上，并可以定义表单的样式和布局
自动格式	运行“自动格式生成器”，提供一种简单、交互的方法为选定控件应用格式化样式。要使用此按钮应先选定一个或多个控件

7.6.3 通过“快速表单”建立表单

选择“表单”|“快速表单”菜单命令，可以利用“表单生成器”方便的生成表单。使用“表单生成器”向表单中添加字段十分方便，添加的字段用作新的控件。可以在“表单生成器”中选择选项，来添加控件和指定的样式。

【例 7-11】 利用快速表单创建包含学生表中所有字段的表单。

(1) 进入表单设计器，选择“表单”|“快速表单”菜单命令进入“表单生成器”对话框，如图 7-35 所示。

(2) 在“字段选取”选项卡的“数据库和表”列表中选择 xs 表，在“可用字段”中选择全部字段。然后切换到“样式”选项卡，选择“标准样式”。单击“确定”按钮，关闭生成器，返回到表单设计器，可以看到设计好的表单格式，如图 7-36 所示。

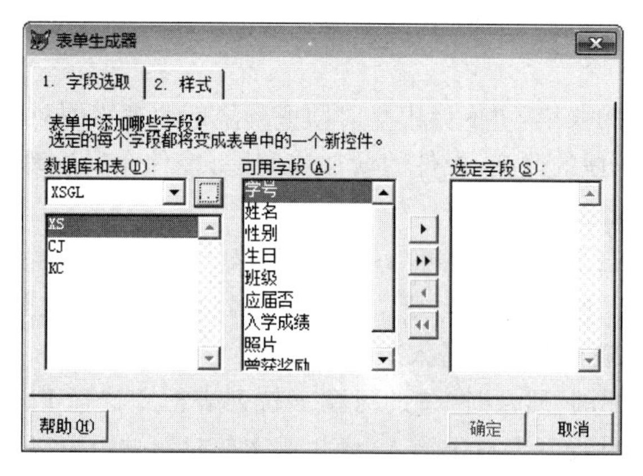

图 7-35　表单生成器对话框

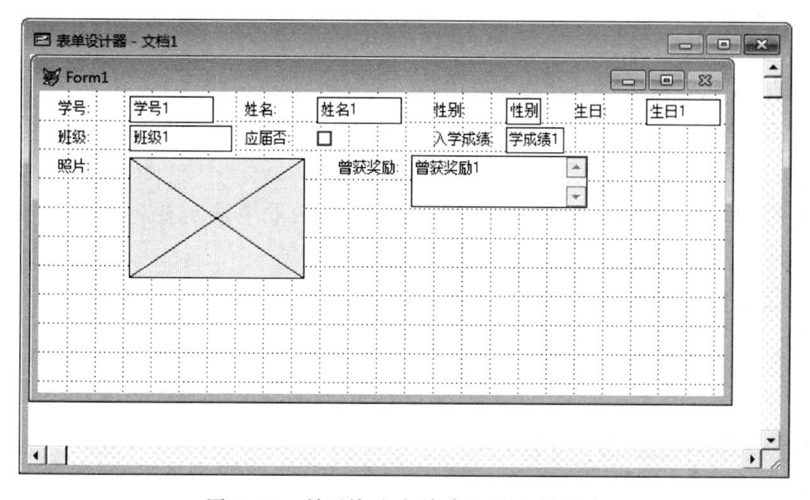

图 7-36　利用快速表单建立的表单样式

(3) 可以在表单设计器中对生成的表单进行进一步的修改,最后选择“文件”|“保存”菜单命令,输入文件名 ksbd,单击“保存”按钮。表单的运行结果如图 7-37 所示。

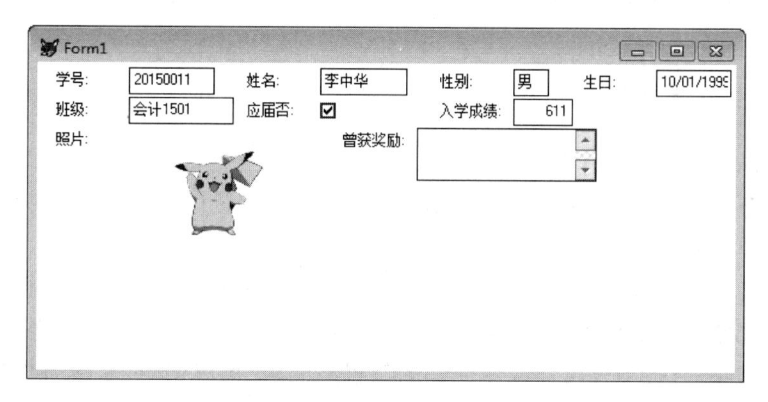

图 7-37　快速表单的运行结果

7.6.4 修改已有的表单

一个已经建立好的表单，可能会由于时间或环境的改变需要对其进行修改，这些修改包括表单属性、方法程序的改变，控件的增加或删除，控件布局的改变，等等，所有的修改都可以利用表单设计器完成。

【例 7-12】 修改前例所建的表单 ksbd，将表单的标题改为“学生基本信息”。

(1) 选择“文件”|“打开”菜单命令，在“打开”对话框中选择文件类型为“表单”，然后选择 ksbd.scx，单击“确定”按钮，进入表单设计器。

(2) 在表单设计器的“属性”窗口的对象下拉列表框中选择 Form1，然后在属性列表中选择 Caption，在属性设置窗口中输入“学生基本信息”，这时可以看到，表单的标题已经改变为“学生基本信息”。

7.6.5 运行表单

可以通过以下方法运行已经创建好的表单。

(1) 在表单设计器中，选择“表单”|“执行表单”菜单命令，或单击工具栏上的“运行”按钮。

(2) 选择“程序”|“运行”菜单命令，在“运行”对话框中选定要运行的表单并单击“运行”按钮。

(3) 在命令窗口输入命令

```
DO FORM <表单文件名>
```

7.7 向表单中添加控件

在上一节例题 7-11 中利用快速表单建立的 KSBD 中可以看到，当表单运行时只能显示一条记录，并不能实现对数据表中的数据进行浏览、修改、查询、删除等操作。为了增强表单的功能，可以利用表单设计器的控件工具栏向表单中添加控件，以增强表单的操作功能。

7.7.1 添加控件

向表单添加控件的操作步骤如下：

(1) 在表单控件工具栏中选择需要添加的控件，并将鼠标移动到表单内，在需要添加控件的位置单击，相应选定的控件会添加到当前位置。

(2) 当控件添加到表单之后，控件的大小和位置可能不是非常符合要求，因此还需要对控件进行调整。选定该控件，被选定的控件四周会出现 8 个控点，利用这 8 个控点可以改变控件的大小；直接拖曳可以改变控件的位置；“编辑”菜单中的“复制”和“粘贴”命令可以实现控件的复制；按 Delete 键或选择“编辑”|“剪切”菜单命令，可以删除不需要的控件。还可以通过使用布局工具栏在表单上对齐和调整控件的位置，布局工具栏的各按钮

的功能如表 7-9 所示。

表 7-9　布局工具栏各按钮功能

按　钮	图标	说　明
左边对齐		按最左边界对齐选定控件。当选定多个控件时可用
右边对齐		按最右边界对齐选定控件。当选定多个控件时可用
顶边对齐		按最上边界对齐选定控件。当选定多个控件时可用
底边对齐		按最下边界对齐选定控件。当选定多个控件时可用
垂直居中对齐		按垂直轴线对齐选定控件的中心。当选定多个控件时可用
水平居中对齐		按水平轴线对齐选定控件的中心。当选定多个控件时可用
相同宽度		把选定控件的宽度调整到与最宽控件的宽度相同
相同高度		把选定控件的高度调整到与最高控件的高度相同
相同大小		把选定控件的尺寸调整到最大控件的尺寸
水平居中		按照通过表单中心的垂直轴线对齐选定控件的中心
垂直居中		按照通过表单中心的水平轴线对齐选定控件的中心
置前		把选定控件放置到所有其他控件的前面
置后		把选定控件放置到所有其他控件的后面

7.7.2　设置 Tab 键的次序

当表单运行时，可以通过按 Tab 键依次选择表单中的控件，当按下 Tab 键在表单上移动时，表单的 Tab 键次序决定了选定控件的顺序。

可以用两种不同的方法设置 Tab 键次序：交互方式，按照使用表单时选取控件的顺序单击控件；列表方式，在对话框中重排列表。

可以通过下面的步骤选择设置 Tab 键次序的方法：

(1) 选择“工具”|“选项”菜单命令。

(2) 在“选项”对话框中选择“表单”选项卡。

(3) 在“Tab 键次序”选项下，选择“交互”或“按列表”。

以交互方式设置 Tab 键次序可以通过用鼠标单击控件进行，单击的顺序即为表单中选定控件时的顺序。操作步骤如下：

(1) 选择“显示”|“Tab 键次序”菜单命令，此时在每个控件上出现一个黑色的顺序框，显示控件的当前顺序，如图 7-38 所示。

(2) 若想使某个控件成为 Tab 键次序中的第一个，可以单击该控件旁的 Tab 键顺序框，对其他的每个控件依次单击选项卡顺序框。

(3) 单击表单的任何一处以保存所做的更改，并退出“Tab 键次序”方式；或者按 Esc 键退出“Tab 键次序”方式，但不保存所做的更改。

在列表方式中，可以通过在“Tab 键次序”对话框中重新排列控件的名字来设置 Tab

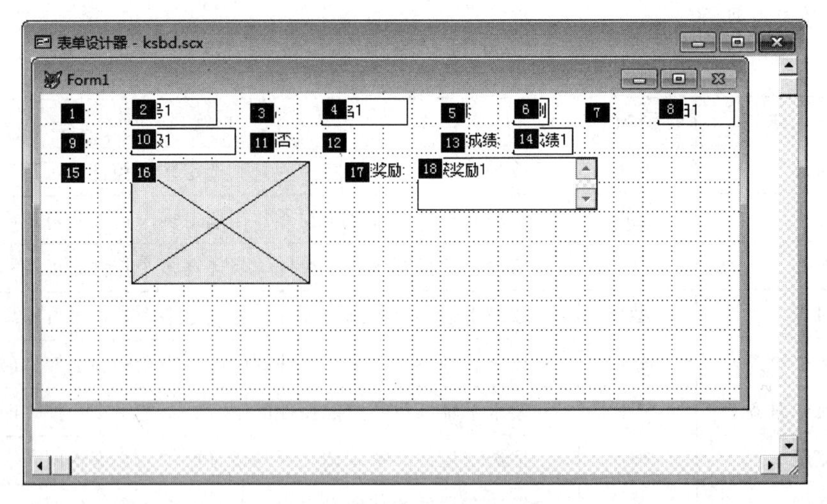

图 7-38　交互方式设置 Tab 键次序

键次序。可以按行(在表单中由上向下)或按列(在表单中由左向右)设置 Tab 键次序。步骤如下：

(1) 在“显示”菜单中选择“Tab 键次序”,出现“Tab 键次序”对话框,如图 7-39 所示。

(2) 选择“按行”或“按列”按钮。

(3) 在“Tab 键次序”对话框中,拖动左侧指针重排列表。

(4) 单击“确定”按钮。

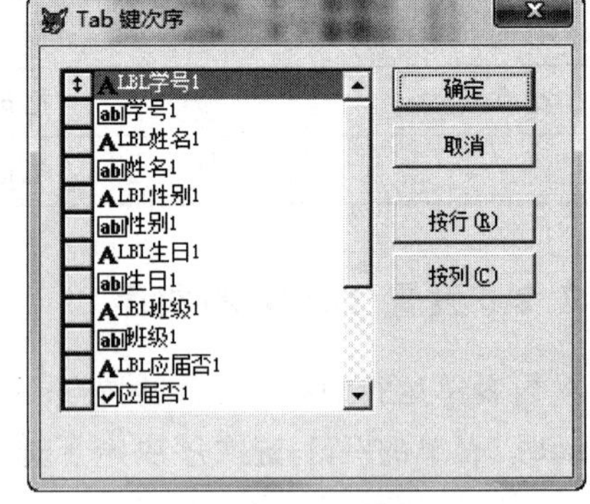

图 7-39　列表方式更改 Tab 键次序

7.7.3　使用代码编辑器设定控件的功能

按照前面的方法向表单中添加控件之后,有些控件和数据表的数据还没有联系,因此这些控件还不能完成任何操作,必须编制相应的方法程序才能够完成所需的功能。例如,要在表单中添加一个命令按钮,当单击该按钮时能够关闭表单,这就需要在向表单添加命令按钮控件后,进一步设定控件的方法程序,也就是 Click 事件的代码,这样才实现相应的功能。

进入代码编辑器的方法如下：

(1) 双击要编写代码的对象或控件。

(2) 右击对象或控件,从弹出的快捷菜单中选择“代码”命令。

代码编辑器窗口如图 7-40 所示,对象下拉列表中列出了当前的全部控件和对象,过程下拉列表中列出了每个对象所对应的事件,可以在下方的空白区域输入相应的方法程序。

【例 7-13】　修改例 7-11 建立的 ksbd 表单,向表单中增加 6 个按钮：第一个、上一个、下一个、最后一个、删除、退出,分别实现相应功能。

(1) 打开 ksbd 表单,进入表单设计器。

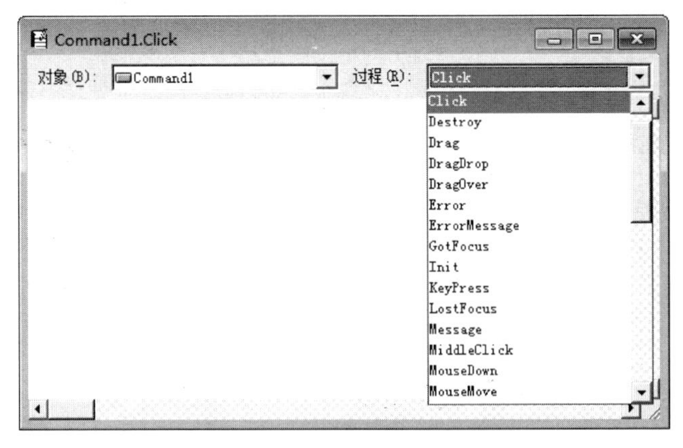

图 7-40　代码编辑窗口

(2) 单击控件工具栏中的“命令按钮”控件，然后单击“按钮锁定”按钮。

(3) 在表单的适当位置添加 6 个按钮。

(4) 移动表单中的各个控件位置，如图 7-41 所示，修改 6 个命令按钮的 Caption 属性分别为“第一个”、“上一个”、“下一个”、“最后一个”、“删除”和“退出”。

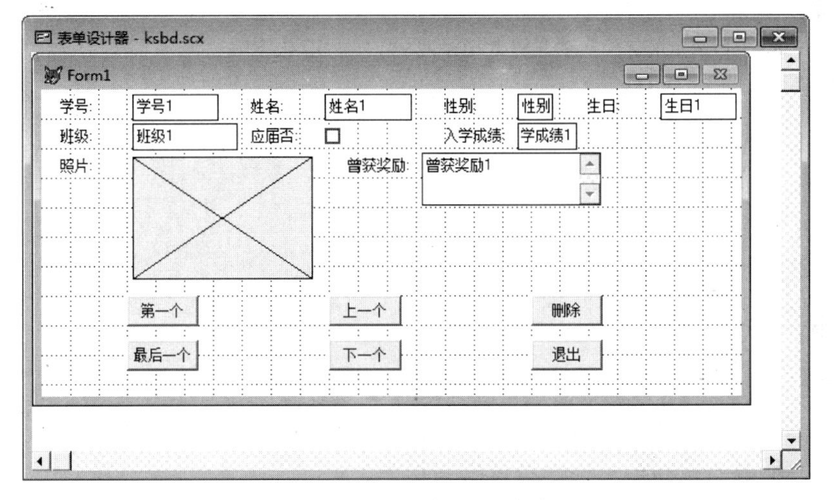

图 7-41　向表单中添加控件

(5) 分别输入 6 个按钮的 Click 事件的方法代码。

① “第一个”按钮的代码：

```
GO TOP
ThisForm.Refresh
```

② “上一个”按钮的代码：

```
IF RECNO()=1
  MESSAGEBOX("已经是第一条记录了")
ELSE
```

```
  SKIP -1
ENDIF
ThisForm.Refresh
```

③ “下一个”按钮的代码：

```
count=RECCOUNT()
IF RECNO()=count
  MESSAGEBOX("已经是最后一条记录了")
ELSE
  SKIP
ENDIF
Thisform.Refresh
```

④ “最后一个”按钮的代码：

```
GO BOTTOM
ThisForm.Refresh
```

⑤ “删除”按钮的代码：

```
DELETE
choice=MESSAGEBOX("确实要删除此记录吗?",17,"确认删除")
IF choice=1
  PACK
ELSE
  RECALL
ENDIF
ThisForm.Refresh
```

⑥ “退出”按钮的代码：

```
ThisForm.Release
```

(6) 各个按钮的代码输入完毕后，关闭代码编辑器窗口，保存对表单的修改，下次运行时可以看到，各个按钮的功能已经可以实现了。

7.8 数据环境

每一个表单或表单集都包括一个数据环境。数据环境是一个对象，它包含与表单相互作用的表或视图，以及表单所要求的表之间的关系。可以在“数据环境设计器”中直观地设置数据环境，并与表单一起保存。在表单运行时数据环境可自动打开、关闭表和视图。

7.8.1 打开数据环境设计器

打开数据环境设计器的步骤如下：

打开需要设置数据环境的表单，选择“显示”|“数据环境”菜单命令，打开“数据环境设计器”窗口，如图7-42所示。此时系统菜单将出现“数据环境”命令。

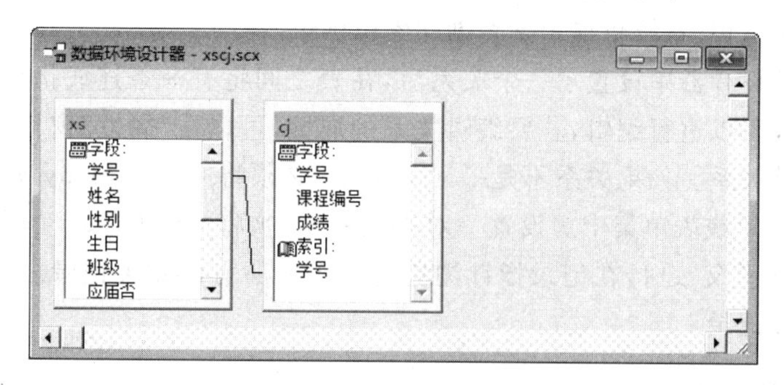

图7-42 数据环境设计器

数据环境本身是一个对象，因此会有自己的属性、事件和方法。常用的数据环境属性如表7-10所示。

表7-10 常用的数据环境属性

属性	说明	默认设置
AutoCloseTables	控制当释放表或表单集时，是否关闭表或视图	“真”(.T.)
AutoOpenTables	控制当运行表单时，是否打开数据环境中的表或视图	“真”(.T.)

7.8.2 在数据环境设计器中添加和移去表或视图

向数据环境中添加表或视图的步骤如下：

(1) 在数据环境设计器中，选择“数据环境”|“添加”菜单命令，出现“添加表和视图”对话框。如果数据环境原来是空的，则在打开数据环境设计器时会自动出现该对话框。

(2) 在“添加表或视图”对话框中，从列表中选择一个表或视图。如果当前没有打开的数据库，则可以单击“其他”按钮选择表。还可以将表或视图从打开的项目或“数据库设计器”拖到“数据环境设计器”中。

当数据环境设计器处于活动状态时，“属性”窗口会显示与数据环境相关联的对象及属性。在“属性”窗口的对象列表框中，数据环境的每个表格或视图、表格之间的每个关系，以及数据环境本身均是各自独立的对象。

从数据环境设计器中移去表或视图的步骤如下：

(1) 在数据环境设计器中选择要移去的表或视图。

(2) 选择“数据环境”|“移去”菜单命令。

当将表从数据环境中移去时，与这个表有关的所有关系也随之移去。

7.8.3 在数据环境设计器中设置关系

如果添加进数据环境设计器的表具有在数据库中设置的永久关系，这些关系将自动地加到数据环境中。如果表中没有永久的关系，可以在数据环境设计器中设置这些关系。

在数据环境设计器中设置关系方法是将字段从主表拖动到相关表中的相匹配的索引标识上。也可以将字段从主表拖动到相关表中的字段上。如果和主表中的字段对应的相关表中没有索引标识，系统将提示是否创建索引标识。

在数据环境设计器中设置了一个关系后，在表之间将有一条连线指出这个关系。关系创建完成后还可以进行编辑，若要编辑关系的属性，可以在“属性”窗口中，从名称列表框选择要编辑的关系。如果关系不是一对多关系，必须将 OneToMany 属性设置为“假”(.F.)，如果在表单或表单集中想设置一对多关系，必须将 OneToMany 属性设置为“真”(.T.)，这时当浏览父表时，在记录指针浏览完子表中所有的相关记录之前，记录指针一直停留在同一父记录上。

7.8.4 向表单中添加字段

向表单添加字段有以下几种方法。

(1) 从数据环境设计器中将表直接拖到表单上，可以将表中的全部字段以表格的形式放到表单中。

(2) 从数据环境设计器中将单个字段拖放到表单上，可以产生文本框或编辑框控件。

(3) 在表单设计器中利用控件工具栏选择文本框，生成一个新的文本框控件，将文本框的 ControlSource 属性设置为某个字段。

7.9 常用的表单属性、事件和方法

表单和表单集是拥有自己的属性、事件和方法程序的对象，在表单设计器中可以设置这些属性、事件和方法程序。

7.9.1 常用的表单属性

表 7-11 列出了在设计时常用的表单属性，它们定义了表单的外观和行为。

表 7-11 常用的表单属性

属　性	说　明	默认值
AlwaysOnTop	控制表单是否总是处在其他打开窗口之上	“假”(.F.)
AutoCenter	控制表单初始化时是否让表单自动地在 Visual FoxPro 主窗口中居中	“假”(.F.)
BackColor	决定表单窗口的颜色	255,255,255
BorderStyle	决定表单有没有边框，还是具有单线边框、双线边框或系统边框	3
Caption	决定表单标题栏显示的文本	Form1
Closable	控制用户是否能通过双击“关闭”框来关闭表单	“真”(.T.)
DataSession	控制表单或表单集里的表是否能在可全局访问的工作区中打开，或仅能在表单或表单集所属的私有工作区内打开	1

续表

属　性	说　明	默认值
MaxButton	控制表单是否具有最大化按钮	真(.T.)
MinButton	控制表单是否具有最小化按钮	真(.T.)
Movable	控制表单是否能移动到屏幕的新位置	真(.T.)
Name	指定在代码中用以引用对象的名称	From1
Scrollbars	控制表单所具有的滚动条类型	0:无
ShowWindow	控制表单是否在屏幕中、悬浮在顶层表单中或作为顶层表单出现	0:在屏幕中
WindowState	控制表单是否最小化、最大化还是正常状态	0:普通
WindowType	控制表单是非模式表单(默认)还是模式表单。如果表单是模式表单,在访问应用程序用户界面中任何其他单元前必须关闭这个表单	0:无模式

7.9.2　常用的表单事件

1. Load 事件

在表单对象建立之前激活,即运行表单时,表单的 Load 事件在 Init 事件之前激活。

2. Init 事件

当表单创建时激活,在表单对象的 Init 事件被激活之前,将先激活表单所包含的控件对象的 Init 事件,因此在表单对象的 Init 事件代码中可以访问它所包含的所有控件对象。

3. Destroy 事件

当表单从内存中释放时激活,表单对象的 Destroy 事件在表单所包含的所有控件对象的 Destroy 事件激活之前激活,因此在表单对象的 Destroy 事件代码中可以访问它所包含的所有控件对象。

4. Unload 事件

是表单对象释放时最后一个要激活的事件,在表单和所包含的所有控件的 Destroy 事件激活之后激活。

5. Error 事件

当对象方法或事件代码在运行过程中产生错误时激活,此时系统会把发生错误的类型和发生错误的位置等信息传递给事件代码,事件代码根据相应的错误进行处理。

6. Click 事件

单击对象时激活。

7. DblClick 事件

双击对象时激活。

8. RightClick 事件

右击对象时激活。

9. GotFocus 事件

当对象因为用户动作或通过代码获得焦点时激活。

10. InteractiveChange 事件

当通过鼠标或键盘交互式改变一个控件的值时引发。

【例 7-14】 表单 Load、Init、Destroy、Unload、Click、RightClick 事件演示。

(1) 打开表单设计器,建立一个新表单。

(2) 选择"显示"|"代码"菜单命令,进入代码设计器。

(3) 分别输入各事件的代码:

Load 事件:

```
MESSAGEBOX("现在激活 Load 事件!")
```

Init 事件:

```
MESSAGEBOX("现在激活 Init 事件!")
```

Click 事件:

```
MESSAGEBOX("现在激活 Click 事件!")
```

RightClick 事件:

```
MESSAGEBOX("现在激活 RightClick 事件!")
```

Destroy 事件:

```
MESSAGEBOX("现在激活 Destroy 事件!")
```

Unload 事件:

```
MESSAGEBOX("现在激活 UnLoad 事件!")
```

(4) 保存表单并运行后,可以看到屏幕首先会显示"现在激活 Load 事件!"对话框,当关闭该对话框后又会出现"现在激活 Init 事件!"对话框,再次关闭对话框后,会出现一个空白表单,在表单上单击,会弹出"现在激活 Click 事件!"对话框,在表单上右击,会弹出"现在激活 RightClick 事件!"对话框,当关闭表单后,会弹出"现在激活 Destroy 事件!"对话框,最后会出现"现在激活 UnLoad 事件!"对话框。

通过这个例题,可以进一步理解各个事件的激活条件和出现顺序。

7.9.3 常用的表单方法

1. Release 方法

将当前表单释放,一般用于关闭表单。
格式:

```
Object.Release
```

2. Refresh 方法

重绘当前表单或控件,刷新所有的值。
格式:

```
Object.Refresh
```

3. Show 方法

显示表单,并决定当前表单是否为模式表单,并将 Visible 属性设置为.T.。
格式:

```
Object.Show([nStyle])
```

4. Hide 方法

隐藏表单,将 Visible 属性设置为.F.。
格式:

```
Object.Hide
```

5. SetFocus 方法

使得某个控件获得焦点,成为活动对象。
格式:

```
Control.SetFocus
```

7.10 常用表单控件

在表单中,可以使用控件显示数据,执行操作,为设计应用程序良好的用户界面和人机交互提供方便,因此在表单的设计中大量的工作是控件的设计。本节着重介绍各控件的功能和使用方法。

7.10.1 标签控件

标签(Label)是一个图形控件,主要用于显示不能直接被修改的文本,被显示的文本可以在设计时刻通过Caption属性设定，也可以在运行时刻通过代码动态的修改。标签文本中可包含的字符不能超过256个。

标签控件的常用属性如下。

(1) Alignment：指定标签中文本的显示对齐方式，默认为左对齐。

(2) Autosize：决定是否根据文本大小来调整标签的大小，默认值为.F.。

(3) Backstyle：指定标签的背景是否透明，默认值为.F.。

(4) Caption：标签的标题，用于确定标签的值，默认值为Label1。

(5) FontName：指定用于显示文本的字体名。

(6) FontSize：指定对象文本的字体大小。

(7) ForeColor：指定标签中文本和图形的前景色，默认为黑色。

【例7-15】 设计一个表单包含有3个标签控件，当单击任意一个标签时，标签的内容会改变。

(1) 利用表单设计器建立一个新表单，设置表单的Caption属性为“标签控件”。

(2) 添加3个标签控件，分别为Label1、Label2和Label3，设置3个控件的大小和位置，并改变3个标签控件的Caption属性，分别为“第一个标签”、“第二个标签”、“第三个标签”，如图7-43所示。

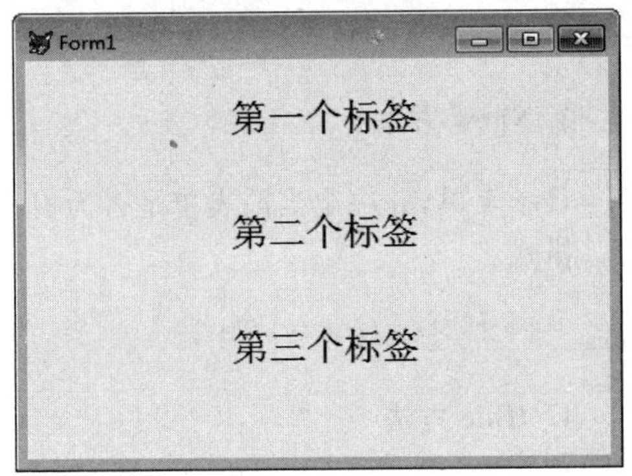

图7-43　标签控件

(3) 修改3个标签的Click事件代码如下。

Label1的Click事件代码：

```
ThisForm.label1.Caption="这里是第一个标签"
```

Label2的Click事件代码：

```
ThisForm.label2.Caption="这里是第二个标签"
```

Label3的Click事件代码：

```
ThisForm.label3.Caption="这里是第三个标签"
```

(4) 关闭表单设计器，保存表单为label.scx。当运行表单时，单击某一个标签，会看到标签的内容产生的变化。

7.10.2　命令按钮控件

命令按钮(CommandButton)控件通常用于激活一个事件的执行，例如关闭表单、移动记录指针、打印报表等。通常通过指定Click事件代码来决定当单击命令按钮时会执行的操作。

命令按钮控件的常用属性如下。

(1) Cancel：指定按钮是否为“取消”按钮，默认值为.F.，当设定为.T.时，可以通过

Esc 键激活命令按钮。

(2) Caption：指定对象的标题文本，默认值为 Command1。

(3) Default：指定按下 Enter 键后，哪一个命令按钮进行相应，默认值为.F.，当设置为.T.时，该命令按钮得到焦点时，可以直接通过 Enter 键激活该按钮的 Click 事件。

(4) Enabled：指定表单和控件能否响应由用户引发的事件，默认值为.T.，也就是说对象有效，能够响应用户的操作并激活响应事件。若设置该值为.F.，则该按钮可以显示，但无法响应用户的操作。

(5) Picture：指定用作命令按钮的图形文件，可以选定.BMP 文件作为图形命令按钮。

(6) Visible：指定对象是可见还是隐藏，默认值为.T.，若设置该值为.F.，则对象不可见，但仍可通过代码访问，并可利用 Show 方法将其设为可见。

7.10.3 文本框控件

文本框(TextBox)是 Visual FoxPro 中常用的控件之一，主要用于显示和输入文本。用户可以利用文本框对内存变量、数组元素或字段进行编辑。所有 Visual FoxPro 的编辑功能如剪切、复制和粘贴等操作在文本框中均可使用。文本框一般占一行，如果文本框中用于编辑一个日期或日期时间型数据，则在所有内容被选定的情况下，按"+"或"-"按钮可以进行增加和减少。

文本框的常用属性如下。

(1) ControlSource：指定与对象建立联系的数据源。一般指定一个字段或内存变量作为文本框显示和编辑的数据源，用户在表单运行时对文本框的修改会相应的修改对应数据源的内容。

(2) InputMask：指定在一个控件中如何输入和显示数据。该属性的值为一个字符串，代表输入和显示数据的格式，这个字符串叫做模式符，常用的模式符如表 7-12 所示。

表 7-12 模式符和功能表

模式符	功　能	模式符	功　能
X	允许输入任何字符	*	在数值的左边显示"*"
9	允许输入数字和正负号	.	指定小数点的位置
#	允许输入数字，空格和正负号	,	分割小数点左边的数字串
$	在固定的位置上显示当前的货币符号		

(3) PasswordChar：指定文本框控件内是显示用户输入的字符还是显示占位符，如果显示占位符则需指定占位符的形式。该属性默认值为空，此时在文本框中输入的内容原样显示，如果指定了占位符(通常为 * 号)，则文本框中只会显示相应的占位符，而不会看到输入的真实内容，该属性通常用于口令验证。

(4) ReadOnly：指定用户能否编辑对象，默认值为.F.，如果设置为.T.，则文本框成为只读，用户只能查看而不能修改文本框的内容。

(5) Value：返回文本框当前的值，一般会返回由 ControlSource 指定的字段或内存变量的值。

【例 7-16】 建立一个用户登录表单，用户输入密码进行校验，如果正确显示欢迎信息，如果错误需要重新输入，单击“取消”关闭表单退出登录。

(1) 利用表单设计器建立一个新表单，修改表单的 Caption 属性为“登录窗口”。

(2) 向表单中添加一个标签控件，一个文本框和两个命令按钮，修改标签的 Caption 属性为“请输入密码：”，两个命令按钮的 Caption 属性分别为“确定”和“取消”，修改文本框的 PasswordChar 属性值为“ * ”。

(3) 输入“确定”和“取消”两个命令按钮的 Click 事件代码：

① “确定”按钮的事件代码：

```
IF ThisForm.Text1.Value="1234"
    =MESSAGEBOX("欢迎使用本系统!")
    ThisForm.Release
ELSE
  =MESSAGEBOX ("密码错误,请重新输入!")
  ThisForm.Text1.Value=""
  ThisForm.Text1.SetFocus
ENDIF
```

② “取消”按钮的事件代码：

```
ThisForm.Release
```

(4) 以文件名 wbk.scx 保存表单并运行，当用户输入密码为“1234”时，显示欢迎对话框并关闭登录窗口，如果输入错误，则出现错误窗口并提示重新输入，如图 7-44 所示。

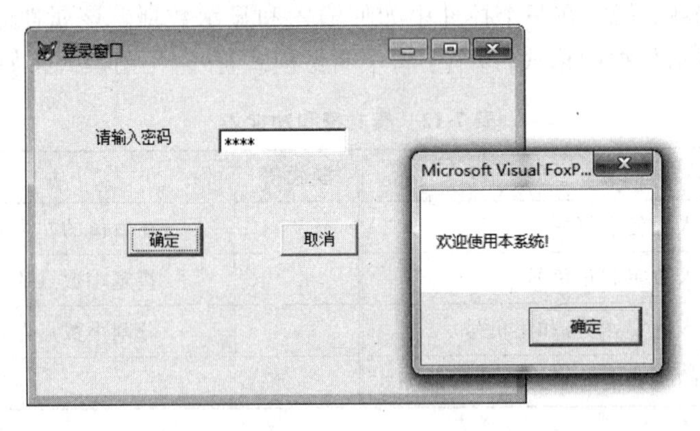

图 7-44 登录界面

7.10.4 编辑框控件

编辑框(EditBox)和文本框一样，都是用于显示和编辑数据的，但是它们又有明显的不同。文本框一般都只有一行，而编辑框可以含有多行；它们都可以使用剪切、复制和粘贴等常用的编辑操作，此外编辑框还可以实现文本的自动换行，可以包含滚动条，而编辑框只能输入和编辑字符型数据，包括字符型内存变量、数组元素、字段变量以及备注字段的内容。文本框的大部分属性(除了 PasswordChar)都适用于编辑框。

编辑框的常用属性如下。

(1) AllowTabs：指定编辑框控件中能否使用 Tab 键，默认值为.F.。

(2) HideSelection：指当控件失去焦点时，控件中选定的文本是否仍显示为被选定的状态，默认值为.T.。

(3) ReadOnly：指定用户能否修改编辑框中的内容，默认值为.F.。

(4) ScrollBars：指定控件所具有的滚动条类型。默认是包含垂直滚动条。

(5) SelStart：返回用户在控件的文本输入区中所选定文本的起始点位置，或指出插入点的位置。该属性在设计时刻不能修改，在运行时刻可以使用，该值的有效范围在 0 至编辑区中字符总数之间。

(6) SelLength：返回用户在控件的文本输入区所选定字符的数目，或指定要选定的字符数目。该属性在设计时不可用，在运行时可以修改。

(7) SelText：返回用户在控件的文本输入区内选定的文本，如果没有选定任何文本则返回零长度字符串("")。该属性在设计时不可用，在运行时可以修改。

【例 7-17】 建立一个表单，包含一个编辑框和 3 个命令按钮，分别是“查找”、“替换”和“退出”，表单的功能是，用户在编辑框中输入文字，单击查找，可以查找用户输入文字中是否包含“VFP”字符串，如果有则该字符被选定，单击替换，可以将编辑框中的“VFP”替换为“Visual FoxPro”，单击退出关闭表单。

(1) 打开表单设计器，新建表单并添加一个编辑框和 3 个命令按钮控件。

(2) 分别修改各个按钮的属性和事件代码：

① 编辑框的 HideSelection 属性值设为“.F.”，当查找到后该字符会成为选定状态。

② 命令按钮 Command1 的 Caption 属性为“查找”，Click 事件代码为：

```
n=AT("VFP",ThisForm.Edit1.Value)
IF n<>0
  ThisForm.Edit1.SelStart=n-1
  ThisForm.Edit1.SelLength=LEN("VFP")
ELSE
  MESSAGEBOX("没有查找到!")
ENDIF
```

③ 命令按钮 Command2 的 Caption 属性为“替换”，Click 事件代码为：

```
IF ThisForm.Edit1.SelText="VFP"
  ThisForm.Edit1.SelText="Visual FoxPro"
ELSE
  MESSAGEBOX("没有找到要替换的单词!")
ENDIF
```

④ 命令按钮 Command3 的 Caption 属性为“退出”，Click 事件代码为：

```
ThisForm.Release
```

(3) 以文件名 bjk. scx 保存表单并运行,在编辑框输入"这是一本 VFP 教材",然后单击"查找",可以看到编辑框中的"VFP"被选中,单击"替换"会将其替换为"Visual FoxPro",单击"退出"会关闭表单,如图 7-45 和图 7-46 所示。

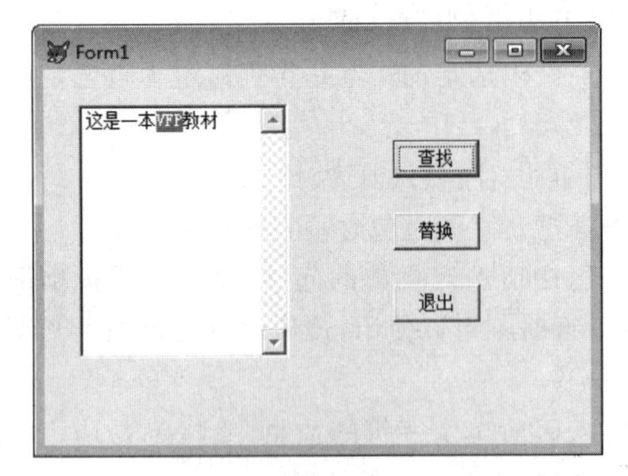

图 7-45　编辑框查找后结果

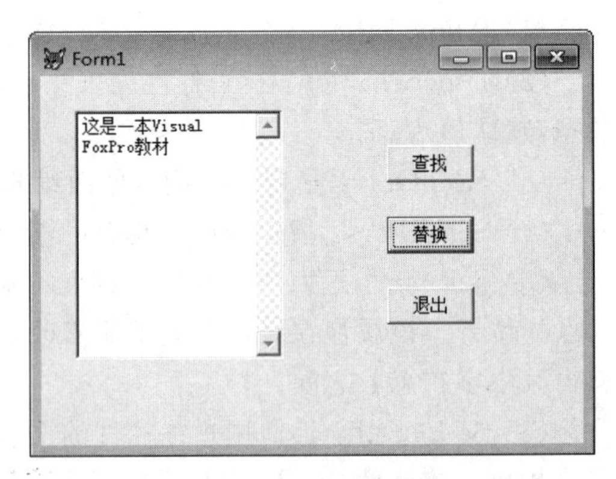

图 7-46　编辑框替换后结果

7.10.5　复选框控件

复选框(CheckBox)控件通常用于确定一个有两种状态的选项,如真(.T.)或假(.F.)、是(.Y.)或否(.N.)等,如果处于选定状态,复选框的内部会有一个"√",否则,复选框内部为空白。复选框还可以用于显示数据表中的逻辑型字段。

复选框的常用属性如下。

(1) Caption:指定对象的标题文本,也就是复选按钮旁边的文字。

(2) Value:用来指明复选框的当前状态,其值有 3 种可能,如表 7-13 所示。

表 7-13　复选框 Value 属性的值

属性值	说　　明	属性值	说　　明
0	(默认值)未被选定	2	不确定,只能在运行代码中使用
1	选定		

(3) ControlSource:指定与复选框建立联系的数据源。数据源的类型和值会直接影响复选框的显示状态,根据值的不同,复选框会出现下面几种显示状态。

① 如果数据源是逻辑型,且值为.F.或是数值型,值为 0,此时复选框为未选定状态。

② 如果数据源是逻辑型,且值为.T.或是数值型值为 1,此时复选框为选定状态。

③ 如果数据源是逻辑型,且值为.null.或是数值型,值为 2,此时复选框为不确定状态。

【例 7-18】 建立一个表单,包含有一个复选框和一个命令按钮,命令按钮的标题是"退出",表单的功能是,用户根据复选框的选择确定"退出"按钮能否执行关闭表单的操作。

(1) 打开表单设计器,新建表单并添加一个复选框和一个命令按钮控件。

(2) 分别修改各个对象的属性和事件代码。

① 复选框 Ckeck1 的 Caption 属性值设为“是否退出?”。

② 命令按钮 Command1 的 Caption 属性为“退出”,Click 事件代码如下:

```
if thisform.check1.value=1
  thisform.release
  endif
```

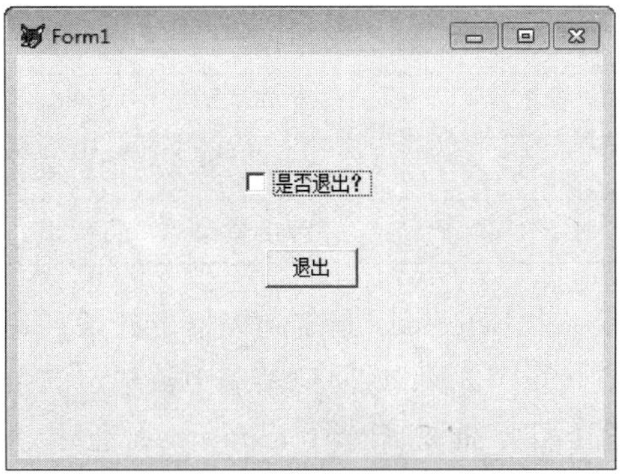

(3) 以文件名 fxk. scx 保存表单并运行,选中其中的复选框后再单击“退出”按钮会关闭表单,如果未选中复选框,则“退出”按钮无任何操作执行。表单运行界面如图 7-47 所示。

图 7-47 复选框应用

7.10.6 列表框控件

列表框(ListBox)控件可以显示一组可滚动的条目,用户可以从中选择一个或多个条目。

列表框控件的常用属性如下。

(1) ColumnCount:指定列表框中列对象的数目。

(2) ControlSource:指定与对象建立联系的数据源。这里可以指定一个字段或内存变量用于保存用户从列表框中选择的结果。

(3) List:用以存取列表框中数据项的字符串数组。可以使用 List(N)来访问列表框中的某一项,例如指定列表框的第 4 个项目的语句是

```
Thisform.List1.List(4)
```

(4) ListCount:列表框控件的列表部分中数据项的数目。该属性在设计时不可用,在运行时只读。

(5) MultiSelect:指定用户能否在列表框控件内进行多重选定,以及如何进行多重选定。默认值为.F.。

(6) RowSource:指定列表框中数据值的源。

(7) RowSoruceType:指定控件中数据值的源的类型。其各属性的值和含义如表 7-14 所示。

表 7-14 RowSoruceType 属性的设置值

属性值	说　明
0	无(默认值),可以在程序运行时利用 AddItem 方法添加列表框条目
1	值。通常通过逗号来作为列表中个项目的分割
2	别名。利用 ColumnCount 属性的值去指定表中作为列表框条目的个数
3	SQL 语句。利用 SQL SELECT 命令建立的表或临时表作为数据源
4	查询(.qpr)。将查询的运行结果作为数据源

续表

属性值	说 明
5	数组。利用 columns 属性确定将数组的若干元素作为数据源
6	字段。将表中的一个或多个字段作为列表框的数据源
7	文件。将某个驱动器上或目录中的文件名作为列表框的条目
8	结构。将表中的字段名作为列表框的条目
9	弹出式菜单。将弹出式菜单作为列表框条目的数据源

(8) Selected：指定列表框中的条目是否处于选定状态。

(9) Value：返回列表框中被选定的条目。该属性可以是字符型(默认值)，也可以是数值型。如果 ControlSource 属性指定了字段或内存变量，那么 Value 属性与 ControlSource 属性指定的变量就会有相同的数据和类型。其值一般为该条目在列表中的次序号。

7.10.7 组合框控件

组合框(ComboBox)与列表框非常类似，它们都是提供一组条目供用户选择。除了(MultiSelect)属性外，组合框和列表框拥有相同的属性、方法和事件。对于组合框和列表框，它们的主要区别如下。

(1) 组合框往往只有一个条目可见，用户可以通过下拉列表进行选择，因此，组合框比列表框节省设计空间。

(2) 组合框没有列表框的(MultiSelect)属性，因此不支持多重选择。

(3) 组合框可以设置为两种格式，通过(Style)可以设置组合框为下拉组合框或下拉列表框，其中下拉组合框既允许用户进行选择也允许用户输入新值。

组合框和列表框的常用属性类似，这里就不再重复说明了。

【例 7-19】 建立一个表单，包含一个列表框、一个组合框和两个命令按钮，命令按钮的标题分别是“查询”和“关闭”，表单的功能是根据在列表框中选择的学生和在组合框中选定的课程名称查询该学生该课程的成绩信息。

(1) 打开表单设计器，新建表单并添加一个列表框、一个组合框和两个命令按钮控件。

(2) 右击表单空白位置，从弹出的快捷菜单中选择“数据环境”命令，在数据环境设计器中依次添加 xs、cj 和 kc 这 3 个表。

(3) 分别修改各个对象的属性和事件代码如下。

① 列表框 List1 的 RowSourceType 属性值设为“6-字段”，RowSource 属性值设置为“xs. 姓名”。

② 组合框 Combo1 的 RowSourceType 属性值设为“6-字段”，RowSource 属性值设置为“kc. 课程名称”。

③ 命令按钮 Command1 的 Caption 属性为“查询”，Click 事件代码为：

```
xm=thisform.list1.value
kc=thisform.combo1.value
select xs.学号,姓名,班级,课程名称,成绩 from xs,cj,kc where xs.学号=cj.学号 and
cj.课程编号=kc.课程编号 and 姓名=xm and 课程名称=kc
```

④ 命令按钮 Command2 的 Caption 属性为“关闭”,Click 事件代码为:

```
thisform.release
```

(4) 以文件名 lbzh.scx 保存表单并运行,在列表框选取姓名为“肖萌”,组合框中选取课程为“大学英语”,单击查询按钮,如果该学生该课程有成绩,则会显示出查询结果。表单运行界面及查询结果如图 7-48、图 7-49 所示。

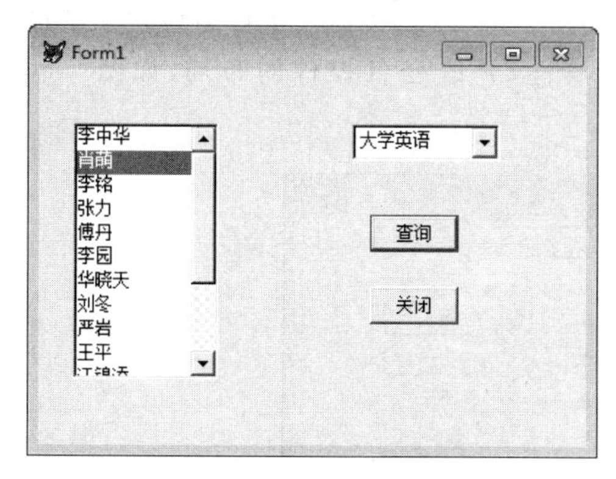

图 7-48 列表框及组合框应用

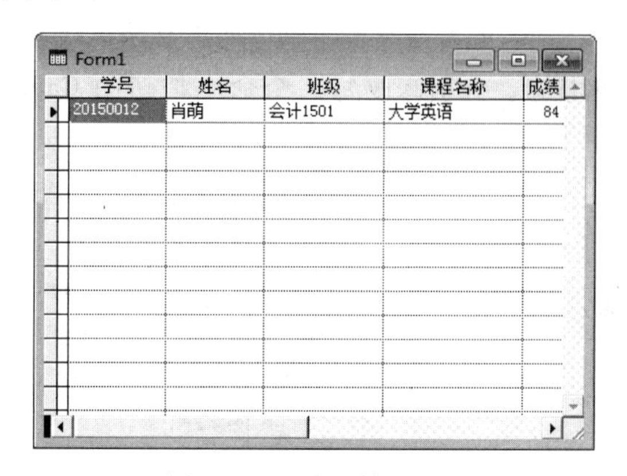

图 7-49 查询后结果显示

7.10.8 命令按钮组控件

命令按钮组(CommandGroup)控件是包含一组命令按钮的容器控件,用户既可以用单个的方式也可以用组的方式来使用其所包含的按钮。

在表单设计器中,既可以设置命令按钮组的属性、事件、方法,也可以设置单个按钮的属性、事件、方法,默认情况下是对整个命令按钮组的设定,如果要单独设定某一个按钮,可以采用下面的两种方法。

(1) 右击命令按钮组,从弹出的快捷菜单中选择“编辑”命令,此时再用鼠标单击即可以选定某个命令按钮,在按钮上右击,从弹出的快捷菜单中可以选择需要编辑的项目。

(2) 直接从属性列表框的下拉列表中选择需要设置的具体按钮也可以进行相应设置。

命令按钮组的常用属性如下。

(1) ButtonCount:指定一个命令按钮组中的按钮数目,默认值为 2,可以根据需要修改该属性来改变按钮的数目。

(2) Buttons:用于存取一个组中每一按钮的数组。使用该属性可以访问命令按钮组中的每一个按钮,并为每一个按钮设置属性。

格式 1:

```
Control.Buttons (nIndex).Property=Value
```

格式 2：

```
Control.Buttons (nIndex).Method
```

该属性只能在运行时使用，在设计时不可用。

(3) Value：指定控件的当前状态，默认值为 1，说明表单运行时，命令按钮组中的第一个按钮为默认按钮。

【例 7-20】 将例 7.13 中添加的 6 个命令按钮以命令按钮组的形式添加到表单中，各按钮实现的功能和前例相同。

(1) 在表单设计器中打开表单 ksbd. scx，添加一个命令按钮组控件。

(2) 修改命令按钮组控件得 ButtonCount 属性为“6”，使得该命令按钮组包含 6 个命名按钮。分别修改每一个命令按钮的 Caption 属性，并改变各控件的布局，如图 7-50 所示。

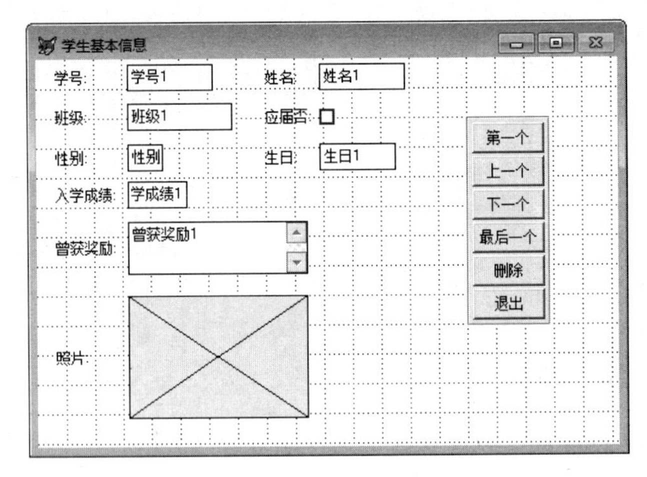

图 7-50　命令按钮组

(3) 编辑命令按钮组的 Click 事件代码，内容如下：

```
DO CASE
  CASE ThisForm.CommandGroup1.Value=1
      GO TOP
      ThisForm.Refresh
  CASE ThisForm.CommandGroup1.Value=2
      IF RECNO()=1
        MESSAGEBOX("已经是第一条记录了")
      ELSE
        SKIP -1
      ENDIF
      ThisForm.Refresh
  CASE ThisForm.CommandGroup1.Value=3
```

```
        count=RECCOUNT()
        IF RECNO()=count
          MESSAGEBOX("已经是最后一条记录了")
        ELSE
          SKIP
        ENDIF
        ThisForm.Refresh
    CASE ThisForm.CommandGroup1.Value=4
        GO BOTTOM
        ThisForm.Refresh
    CASE ThisForm.CommandGroup1.Value=5
        DELETE
        choice=MESSAGEBOX("确实要删除此记录吗?",17,"确认删除")
        IF choice=1
          PACK
        ELSE
          RECALL
        ENDIF
        ThisForm.Refresh
    CASE ThisForm.CommandGroup1.Value=6
        ThisForm.Release
ENDCASE
```

(4) 保存表单并运行，可以看到，命令按钮组中的各个按钮可以实现如前例一样的功能。

本例中，可以看到，在设置事件代码时，仅仅是设置了命令按钮组的 Click 事件而并没有单独设置每一个命令按钮的 Click 事件代码，同样可以实现各个按钮的功能。

7.10.9 选项按钮组控件

选项按钮组(OptionGroup)是一种容器，可以包含选项按钮控件。一个选项按钮组中往往会包含有多个选项按钮，每个选项按钮代表着一种选择，各个按钮之间的功能应该是互斥的，也就是说用户只能在多个选项按钮中选择其中的一个。当用户选择某一个按钮之后，该按钮就成为选中状态，而其他的按钮无论原来处于什么状态，都会成为未选状态。例如，用户建立一个选项按钮组提供输出选择，可以将输出到文件、输出到打印机、输出到屏幕等分别设定为一个选项按钮，用户只能在多个输出选项中选择一种，被选中选项按钮中会显示一个圆点。

选项按钮组的常用属性如下。

(1) ButtonCount：指定选项按钮组中的按钮数目，默认值为 2，即包含两个选项按钮。

(2) Buttons：用于存取选项按钮组中每个按钮的数组，使用该属性可以访问选项按钮组中的每一个按钮，并为每一个按钮设置属性。

格式 1：

```
Control.Buttons (nIndex).Property =Value
```

格式 2：

```
Control.Buttons (nIndex).Method
```

该属性只能在运行时使用，在设计时不可用。

(3) ControlSource：指定与对象建立联系的数据源。数据源可以是内存变量或字段变量，其值的类型为数值型或字符型。

(4) Value：指定控件的当前状态，默认值为 1。该属性值返回当前被选定的选项按钮的顺序号或名称。

【例 7-21】 建立表单完成一个计算器的功能。表单文件名和表单控件名均为 calculator，表单标题为"计算器"。

表单运行时，分别在操作数 1 和操作数 2 下的文本框中输入数字(不接受其他字符输入)，通过选项组选择计算方法，然后单击命令按钮"计算"，就会在"计算结果"下的文本框中显示计算结果，表单另有一命令按钮(Command2)，按钮标题为"关闭"，表单运行时单击此按钮关闭并释放表单。

(1) 利用表单设计器新建表单，修改表单的 Name 属性为：calculator，Caption 属性为“计算器”。

(2) 添加 3 个标签控件 Label1、Label2 和 Label3，分别修改它们的 Caption 属性为“操作数 1”、“操作数 2”和“计算结果”。

(3) 添加 3 个文本框控件 Text1、Text2 和 Text3，修改 Text1 和 Text2 控件的 InputMask 属性为 9999999999，修改 Text3 的 ReadOnly 属性为. T. 一真。

(4) 添加一个选项按钮组控件 Optiongroup1，修改 ButtonCount 属性为：4，然后调整各选项按钮到合适位置，并按要求修改各选项按钮的 Caption 属性为：+，-，*，/。

(5) 添加两个命令按钮控件 Command1 和 Command2，分别修改它们的 Caption 属性为：计算和关闭。

(6) 输入“计算”按钮的 Click 事件代码如下：

```
do case
    case thisform.OptionGroup1.value =1
        thisform.text3.value=val(thisform.text1.value)+val(thisform.text2.
                  value)
    case thisform.OptionGroup1.value=2
        thisform.text3.value=val(thisform.text1.value)-val(thisform.text2.
                  value)
    case thisform.OptionGroup1.value=3
         thisform. text3. value = val (thisform. text1. value) * val (thisform.
                   text2.value)
    case thisform.OptionGroup1.value=4
        thisform.text3.value=val(thisform.text1.value)/val(thisform.text2.
```

```
            value)
endcase
```

(7) 输入"关闭"按钮的 Click 事件代码如下：

```
Thisform.release
```

(8) 以文件名 calculator. scx 保存表单并运行，表单设计界面及运行计算结果如图 7-51 和图 7-52 所示。

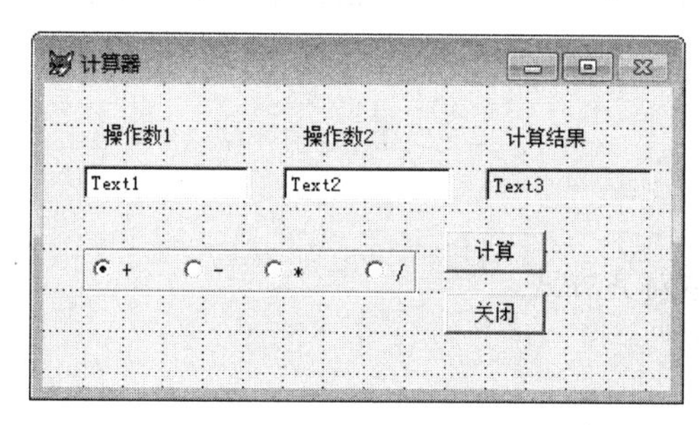

图 7-51　计算器应用

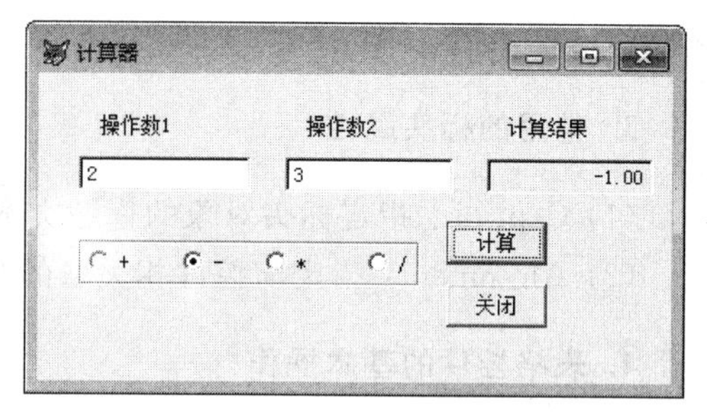

图 7-52　计算器应用结果显示

7.10.10　表格控件

表格(Grid)控件是将数据以表格形式表示出来的一种控件，它是一种容器对象，以行列的方式来显示数据，因此从外形上很像 Browse 窗口。表格控件作为一种容器对象包含有列对象，列对象又包含有列标头对象和控件。由于表格和它的列、列标头以及控件都含有各自的属性集，因此用户可以更加精确和灵活的使用表格控件。

1. 表格控件的常用属性

(1) RecordSource：指定与表格建立联系的数据源，如果指定了表格的该属性，则可以通过 ControlSource 属性指定表格每一列的内容，如果没有指定某一列的 ControlSource 属性，则该列会显示 RecordSource 指定的数据表中下一个未被显示的可用字段。

(2) RecordSourceType：指定与表格控件建立联系的数据源如何打开，其属性值如表 7-15 所示。

表 7-15　RecordSourceType 属性的取值说明

属性值	说　明
0	表。对于由 RecordSource 指定的数据表会被自动打开
1	(默认值)别名。数据来源于已打开的表，由 RecordSource 指定该表的别名
2	提示。在运行时，用户可以根据提示由已经打开的数据库中选择表作为数据源
3	查询(. qpr)。数据源来源于一个查询文件
4	SQL 语句。数据源来源于一条 SQL 语句

(3) ColumnCount：指定表格中列对象的数目，默认值为"－1"，此时表格将所有的字

段显示出来。

2. 常用的列属性

(1) ControlSource：指定与对象建立联系的数据源，一般为表中的一个字段。

(2) CurrentControl：指定列对象中的控件哪一个被用来显示活动单元格的值，默认状态下，列对象包含有列标头和文本框两个对象，默认值为 Text1 的文本框对象。

(3) Sparse：指定 CurrentControl 属性是影响 Column 对象中的所有单元格，还是只影响活动单元格。

3. 常用的标头属性

(1) Caption：指定标头对象的标题文本。

(2) Alignment：指定与控件相关联的文本对齐方式。

4. 表格控件的基本操作

对于表格控件可以通过交互的方式来调整表格的行高和列宽，也就是说可以像 Word 那样通过鼠标拖动来改变，也可以通过设置 HearderHeight 和 RowHeight 属性调整。

表格的设计还可以利用表格生成器，利用表格生成器可以通过交互方式快速的建立表格。打开表格生成器的步骤是：

(1) 在表单上添加一个"表格"控件，然后在表格上右击，从弹出的快捷菜单中选择"生成器"命令，打开"表格生成器"对话框，如图 7-53 所示。

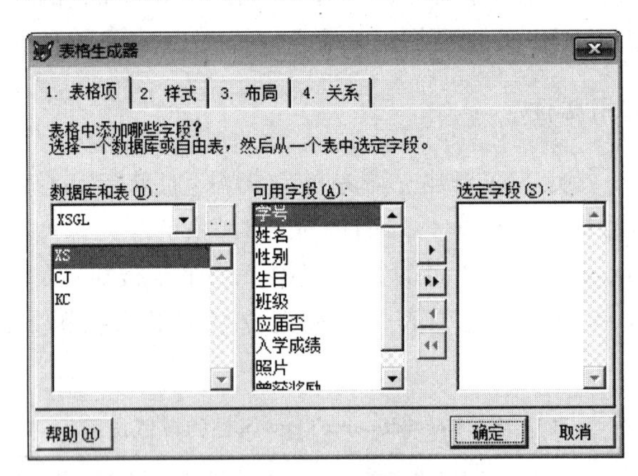

图 7-53 表格生成器对话框

(2) 在表格生成器中含有 4 个选项卡，各选项卡的功能如下。

① 表格项：指定要在表格中显示的字段。

② 样式：指定表格显示的样式。

③ 布局：指定列标题和控件类型。

④ 关系：指定表格字段与表字段之间的关系。

除了表格可以使用生成器的方法之外，其他的一些控件也可以通过生成器来快速的建立。

【例 7-22】 建立一个查询表单 cjcx. scx,其界面如图 7-54 所示。用户从下拉列表中选择要查询的姓名,然后单击“查询”按钮,可以在表格中显示该学生的所在班级和各科成绩,单击“退出”关闭表单。

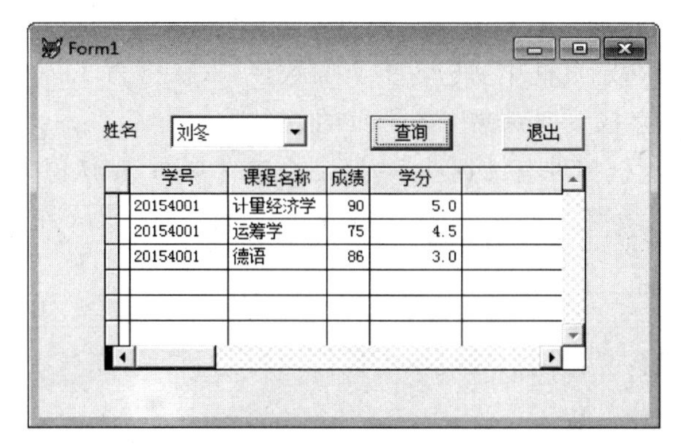

图 7-54　查询表单

(1) 打开表单设计器建立一个新表单,如图 7-54 添加所需的各种控件并相应的调整大小和布局,并将 xs. dbf 表加入到表单数据环境。

(2) 设置各控件的属性和事件代码。

① 设置标签控件的 Caption 属性值为“姓名”。

② 设置组合框控件的 RowSourceType 的属性值为 6,RowSource 的属性值为“xs. 姓名”,Style 的属性值为“2”。

③ 设置表格控件的 RecordSourceType 属性值为“4-SQL 说明”。

④ 设置命令按钮的 Caption 属性分别为“查询”和“退出”。

⑤ 添加“查询”按钮的 Click 事件代码如下:

```
xm=thisform.combo1.value
ThisForm.Grid1.RecordSource="SELECT Xs.学号, 课程名称, 成绩, 学分 FROM xs,cj,kc;
    WHERE Cj.课程编号=Kc.课程编号 and Xs.学号 =Cj.学号 and Xs.姓名 =xm INTO
                         CURSOR lsb"
```

⑥ 添加“退出”按钮的 Click 事件代码如下:

```
ThisForm.Release
```

(3) 保存表单,并运行。可以看到当在下拉列表框选中一个学生的姓名后单击查询,表格中会自动显示该学生对应的学号、课程名称、成绩和学分。

7.10.11　页框控件

页框(PageFrame)控件是包含页面(Page)的容器对象,而页面本身也是一个容器控件,其中可以包含所需的各种控件。通常情况下可以利用页框、页面和各种控件建立对话框中的选项卡。

页框定义了页面全局特征，包括大小、位置、边界类型以及活动页面顺序等，默认情况下，新建的页框控件包含有两个页面，它们的名字分别为 Page1 和 Page2，页面定位于页框的左上角，并随页框的移动而移动。

页框的常用属性如下。

(1) ActivePage：返回页框对象中活动页的页码，默认值为 1。

(2) PageCount：指定页框中所包含的页面数量，默认值为 2。

(3) Pages：用以存取页框对象中各个页的数组。

(4) Tabs：指定页框控件有无选项卡，即是否包含页面，默认值为“.T.”。

(5) TabStretch：指定页面控件的标题是否可多行显示，默认值为“1－单行”。

7.10.12 微调控件

微调(Spinner)控件允许用户通过单击控件中的上下箭头在一定范围内调整数值，也允许在微调框中直接输入值。

微调控件的常用属性如下。

(1) Increment：用户每次单击向上或向下按钮时增加或减少的数值。

(2) KeyBoardHighValue：指定微调控件中允许输入的最大值，如果设置为默认值 2147483647 则忽略。

(3) KeyBoardLowValue：指定微调控件中允许输入的最小值，如果设置为默认值 －2147483647，则忽略。

(4) SpinnerHighValue：指定通过单击向上箭头按钮或按住向上箭头键，微调控件可以达到的最大值。

(5) SpinnerLowValue：指定通过单击向下箭头按钮或按住向下箭头键，微调控件可以达到的最小值。

习题 7

1. 思考题

(1) 什么是对象？什么是类？对象与类的关系如何？

(2) 什么是对象的属性？什么是对象的方法？什么是对象的事件？它们的关系如何？

(3) Visual FoxPro 中的类分为几大类？各自包含哪些？特点如何？

(4) 简要说明下列常用属性的作用：

Alignmen　Autosize　Caption　Enabled　Visible　ReadOnly　Name　Value

(5) 简要说明下列常用方法的作用：

Hide　Refresh　Release　SetFocus　Show

(6) 简要说明下列常用事件的功能：

Click　Init　InteractiveChange　KeyPress　Timer　Valid

(7) 什么是对象的绝对引用和相对引用?

2. 选择题

(1) 面向对象的程序设计(OOP)是近年来程序设计方法的主流方式。下面这些对于OOP的描述错误的是________。

A. OOP以对象及其数据结构为中心

B. OOP用“对象”表现事物、用“类”表示对象的抽象

C. OOP用“方法”表现处理事物的过程

D. OOP工作的中心是程序代码的编写

(2) ________是面向对象程序设计中程序运行的最基本实体。

A. 对象　　B. 类　　C. 方法　　D. 函数

(3) 现实世界中的每一个事物都是一个对象,任何对象都有自己的属性和方法。对属性的正确描述是________。

A. 属性只是对象所具有的内部特征

B. 属性就是对象所具有的固有特征,一般用各种类型的数据来表示

C. 属性只是对象所具有的外部特征

D. 属性就是对象所具有的固有方法

(4) 每个对象都可以对一个被称为事件的动作进行识别和响应。下面对于事件的描述中,错误的是________。

A. 事件是一种预先定义好的特定的动作,由用户或系统激活

B. VisualFoxPro基类的事件集合是由系统预先定义好的,是唯一的

C. VisualFoxPro基类的事件也可以由用户创建

D. 可以激活事件的用户动作有按键、单击鼠标、移动鼠标等

(5) “类”是面向对象程序设计的关键部分,创建新类不正确的方法是________。

A. 在.prg文件中以编程方式定义类

B. 从菜单方式进入“类设计器”

C. 在命令窗口输入CREATE CLASS命令,进入“类设计器”

D. 在命令窗口输入ADD CLASS命令

(6) 如果需要在Myform=CreateObject(“form”)所创建的表单对象Myform中添加command1按钮对象,应当使用命令________。

A. Add Object Command1 AS Commandbutton

B. Myform.AddObject("command1","Commandbutton")

C. Myform.AddObject("Commandbutton","command1")

D. command1=AddObject("command1","Commandbutton")

(7) 在定义类的基本命令DEFINE CLASS中,如果引用了关键字PROTECTED,就可以保护类定义中相应的对象、属性和方法程序。访问由该关键字说明的属性、方法程序和对象的方法是________。

A. 用<对象>.<属性或方法程序>访问

B. 用＜对象＞.＜属性或方法程序＞访问

C. 用类定义中的其他方法访问

D. 用 THIS.＜属性或方法程序＞访问

(8) 下面关于“类”的描述，错误的是________。

A. 一个类包含了相似的有关对象的特征和行为方法

B. 类只是实例对象的抽象

C. 类并不实行任何行为操作，它仅仅表明该怎么做

D. 类可以按所定义的属性、事件和方法进行实例的行为操作

(9) 下面对于控件类的各种描述中，错误的是________。

A. 控件类用于进行一种或多种相关的控制

B. 可以对控件类对象中的组件单独进行修改或操作

C. 控件类一般作为容器类中的控件

D. 控件类的封装性比容器类更加严密

(10) 在程序中用 WITH Myform……ENDWITH 修改表单对象的属性再显示该表单，其中“……”的正确书写方式是________。

A. Width＝500
Show

B. Myform. Width＝500
Myform. Show

C. . Width＝500
. Show

D. . ThisForm. Width＝500
. ThisForm. Show

(11) 能够将表单的 Visual 属性设置为. T.，并使用表单成为活动对象的方法是________。

A. Hide　　B. Show　　C. Release　　D. SetFocus

(12) 下面对编辑框(EditBox)控件属性的描述正确的是________。

A. SelLength 属性的设置可以小于 0

B. 当 ScrollBars 的属性值为 0 时，编辑框内包含水平滚动条

C. SelText 属性在做界面设计时不可用，在运行时可读写

D. Readonly 属性值为. T. 时，用户不能使用编辑框上的滚动条

(13) 下面对控件的描述正确的是________。

A. 用户可以在组合框中进行多重选择

B. 用户可以在列表框中进行多重选择

C. 用户可以在一个选项组中选中多个选项按钮

D. 用户对一个表单内的一组复选框只能选中其中一个

(14) 确定列表框内的某个条目是否被选定应使用的属性是________。

A. Value　　B. ColumnCount　　C. ListCount　　D. Selected

(15) 在 Visual FoxPro 中，运行表单 T1. SCX 的命令是________。

A. DO T1　　B. RUN FORM T1

C. DO FORM T1　　D. DO FROM T1

(16) 在 Visual FoxPro 中，为了将表单从内存中释放(清除)，可将表单中退出命令

按钮的 Click 事件代码设置为________。

A. ThisForm. Refresh　　　　B. ThisForm. Delete

C. ThisForm. Hide　　　　D. ThisForm. Release

(17) 假定一个表单里有一个文本框 Text1 和一个命令按钮组 CommandGroup1，命令按钮组是一个容器对象，其中包含 Command1 和 Command2 两个命令按钮。如果要在 Command1 命令按钮的某个方法中访问文本框的 Value 属性值，下面式子正确的是________。

A. ThisForm. Text1. Value　　　　B. This. Parent. Value

C. Parent . Text1. Value　　　　D. This. Parent. Text1. Value

(18) 下面是关于表单数据环境的叙述，其中错误的是________。

A. 可以在数据环境中加入与表单操作有关的表

B. 数据环境是表单的容器

C. 可以在数据环境中建立表之间的联系

D. 表单运行时自动打开其数据环境中的表

(19) 在 Visual FoxPro 中，表单(Form)是指________。

A. 数据库中各个表的清单　　　　B. 一个表中各个记录的清单

C. 数据库查询的列表　　　　D. 窗口界面

(20) 下面关于表单控件基本操作的陈述中，________是不正确的？

A. 要在"表单控件"工具栏中显示某个类库文件中自定义类，可以单击工具栏中的"查看类"按钮，然后在弹出的菜单中选择"添加"命令。

B. 要在表单中复制某个控件，可以按住 Ctrl 键并拖曳该控件。

C. 要使表单中所有被选控件具有相同的大小，可单击"布局"工具栏中的"相同大小"按钮

D. 要将某个控件的 Tab 序号设置为 1，可在进入 Tab 键次序交互式设置状态后，双击控件的 Tab 键次序盒。

3. 填空题

(1) Visual FoxPro 基类的最小属性集是________、________、________和________。

(2) 用户用________命令定义的类是一段命令集合，它们定义了对象的属性、事件和方法，放在应用程序可执行部分的________，运行程序时不执行。它仅仅表明该怎么做，而实际的行为操作则是由它创建的________来完成的。

(3) ________是用类创建对象的函数，括号内的自变量就是一个已有的类名，该函数返回一个________。

(4) 现实世界中的每一个事物都是一个对象，对象所具有的固有特征称为________。

(5) 在程序中为了显示已创建的 Myform1 表单对象，应当使用的命令是________。

(6) 用来确定复选框是否被选中的属性是________，用来指定显示在复选框旁的文字的属性是________。

(7) 在表单中确定控件是否可见的属性是________。

(8) 假定表单中包含一个命令按钮，那么在运行表单时，下面有关事件的引发次序是：先________的 Load 事件，然后是________的 Init 事件，最后是________的 Init 事件。

(9) 在 Visual FoxPro 中，创建对象时发生的事件是________，从内存中释放对象时发生的事件是________，用户使用鼠标左键单击对象时发生的事件是________。

(10) 如果想在表单上添加多个同类型的控件，可在选定控件按钮后，单击________按钮，然后在表单的不同位置单击，就可以添加多个同类型的控件。

第8章 报表与标签设计

在数据库应用系统中，除了要为用户提供各种数据的操作和查询功能，还经常需要将数据和数据处理结果按用户要求的格式打印出来，Visual FoxPro 6.0 通过报表和标签来完成数据的打印输出。本章主要介绍报表和标签的设计方法和输出方法。

8.1 报表文件与标签文件的作用

报表与标签用于打印显示数据。

报表与标签均包括两个基本组成部分：数据源和布局。数据源通常是数据库中的表，也可以是视图、查询或临时表。在设计了表、视图或查询后，便可以创建报表或标签；布局定义了报表与标签的打印显示格式。标签是多列报表布局，为匹配特定标签纸而具有相应的特殊设置。

8.1.1 报表文件及其作用

报表的布局设计以及对数据源的引用说明保存在扩展名为.frx的文件中，每个报表文件还跟随一个扩展名为.frt的报表备注文件。报表文件中不包含要打印显示的数据源中的具体数据，因此，当数据源中的数据更新后，无须修改报表文件，报表使用的是打印输出时的数据源中的数据。

8.1.2 标签文件及其作用

标签的布局设计以及对数据源的引用说明保存在扩展名为.lbx和.lbt的标签文件中。标签文件中并不包含要打印显示的数据源中的具体数据，因此，当数据源中的数据更新后，无须修改标签文件，标签使用的是打印输出时的数据源中的数据。

在 Visual FoxPro 程序设计中，通常通过标签设计器来创建和修改标签。标签设计器与报表设计器使用相同的菜单和工具栏，标签设计器是报表设计器的一部分。只是两种设计器使用不同的默认页面和纸张。报表设计器使用整页标准纸张，标签设计器的默认页面和纸张与标准标签的纸张一致。

8.2 创建报表文件

8.2.1 创建报表的方法和步骤

1. 创建报表的方法

Visual FoxPro 提供了 3 种创建报表的方法：报表向导、报表设计器和快速报表。

2. 创建报表的步骤

创建报表主要包括以下 4 个步骤。

(1) 确定报表类型。

(2) 添加数据源,创建报表布局文件。

(3) 修改报表布局文件。

(4) 预览和打印报表。

8.2.2 利用报表向导创建报表

1. 报表的类型

创建报表之前,应该首先确定报表类型。Visual FoxPro 6.0 中常用的报表布局类型见表 8-1。

表 8-1 常用的报表布局类型

布局类型	说　　明	示　　例
列报表	每行一条记录,字段在页面上按水平方向放置	财务报表、销售统计
行报表	每列一条记录,每条记录的字段在一侧竖直放置	列表
一对多报表	一个表的一条记录对应另一表中的多条记录	发票和会计报表
多栏报表	一行多条记录,每条记录的字段沿左边界垂直放置	电话号码簿、名片
标签	多列记录,每条记录的字段沿左边界垂直放置,打印在特殊纸上	邮件标签

2. 使用报表向导创建报表

使用报表向导可以创建规范报表。首先应打开报表的数据源,数据源可以是数据库表或自由表,也可以是视图或临时表。报表向导提示用户回答简单的问题,按照“报表向导”对话框的提示进行操作。启动报表向导可以使用以下 3 种方法。

(1) 打开项目管理器,选择“文档”选项卡,再选择“报表”,单击“新建”按钮,在弹出的“新建报表”对话框中单击“报表向导”。

(2) 选择“文件”|“新建”菜单命令,或者单击“常用”工具栏上的“新建”按钮,打开“新建”对话框,在文件类型栏中选择“报表”,然后单击“向导”按钮。

(3) 选择“工具”|“向导”菜单命令,然后选择“报表”。

报表向导启动后,首先弹出“向导选取”对话框,如图 8-1 所示。如果数据源是一个表,应选取“报表向导”;如果数据源包括父表和子表,则应选取“一对多报表向导”。

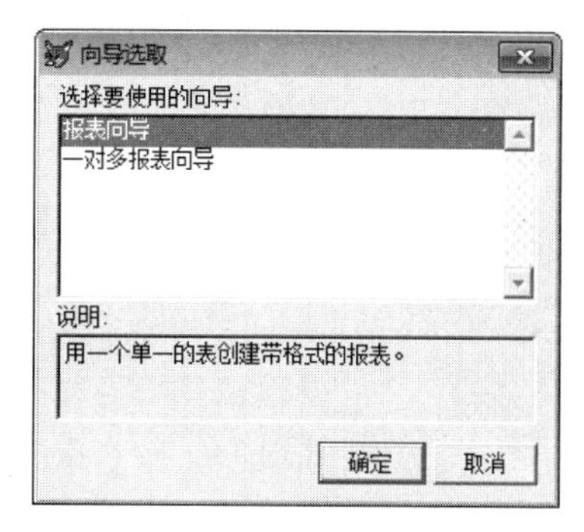

图 8-1 向导选取对话框

下面通过例子来说明使用报表向导的操作步骤。

【例 8-1】 对 xs. dbf 表创建报表,取名为“学生. frx”。

① 选择“文件”|“新建”菜单命令,打开“新建”窗口,选择“报表”选项,单击“向导”,弹出“向导选取”对话框。

② 也可以先打开 xs. dbf 表,再选择“工具”|“向导”|“报表”菜单命令,出现“向导选取”对话框。

由于本例的数据源是一个表,因此选定“报表向导”,单击“确定”按钮。

③ 进入报表向导,共分 6 个步骤。

步骤 1 字段选取,确定报表中需要输出的字段,如图 8-2 所示。

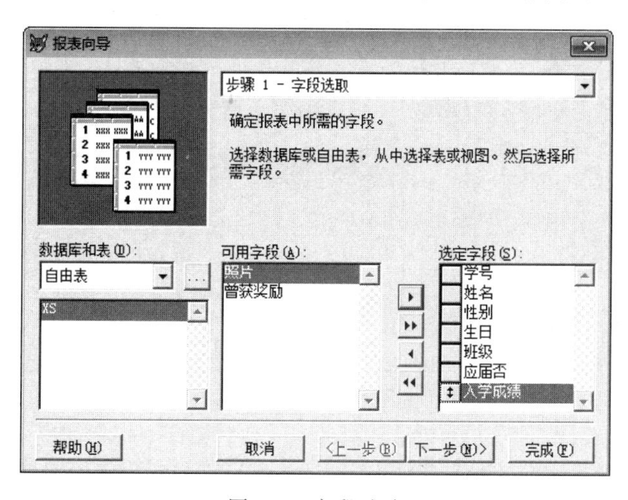

图 8-2 字段选取

在“数据库和表”列表框中选择表 xs,“可用字段”列表框中将自动出现表中的所有字段。可选中字段名并单击“ ▸ ”,也可直接双击字段名,该字段就移动到“选定字段”列表框中;若单击“▸▸”则将全部字段移动到“选定字段”列表框中,然后单击“下一步”。

步骤 2 分组记录,确定数据分组方式,最多可选择 3 层分组,如图 8-3 所示。本例没有指定分组,直接单击“下一步”按钮。

步骤 3 选择报表样式,“样式”列表框中提供 5 种样式,每种样式的差别可通过窗口左上角的放大镜观察,本例选择“经营式”,如图 8-4 所示,然后单击“下一步”按钮。

步骤 4 定义报表布局,“字段布局”栏中提供了两种布局方式:列布局和行布局,通过微调按钮可以设置行数或列数,如图 8-5 所示。本例选择纵向、单列的报表布局,再单击“下一步”按钮。

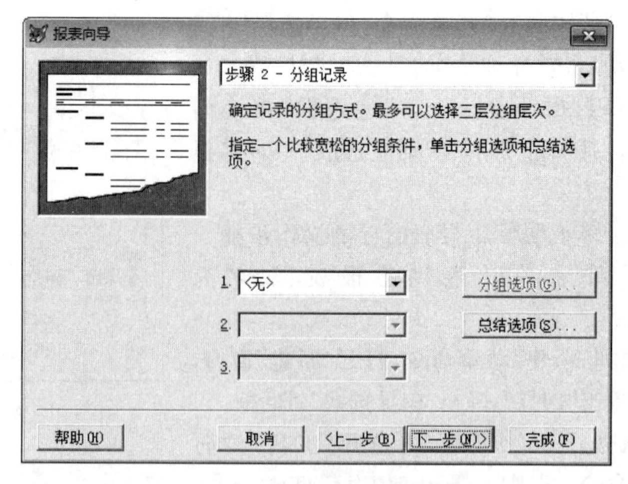

图 8-3　确定分组记录

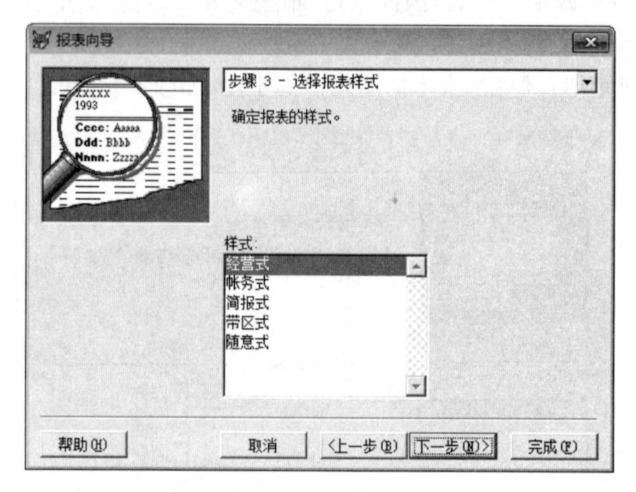

图 8-4　选择报表样式

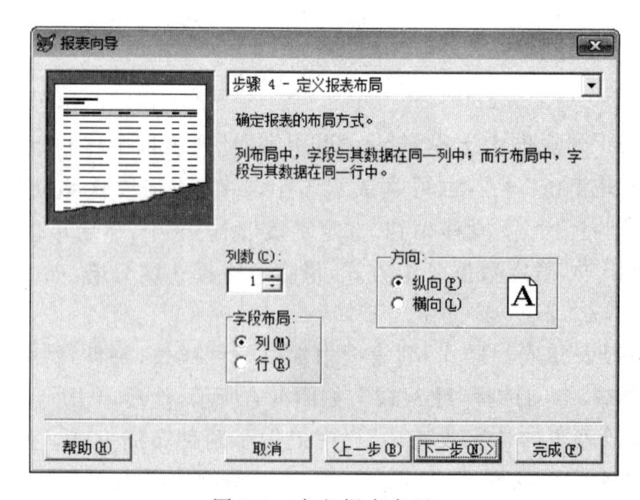

图 8-5　定义报表布局

步骤 5　排序记录，确定记录在报表中出现的顺序，如图 8-6 所示。本例选择按“学号”升序排序，并单击“下一步”按钮。

图 8-6　排序记录

步骤 6　完成。在“报表标题”位置输入“学生报表”，然后在“保存报表以备将来使用”、“保存报表并在报表设计器中修改报表”和“保存并打印报表”3 种方式中选择一种，如图 8-7 所示。

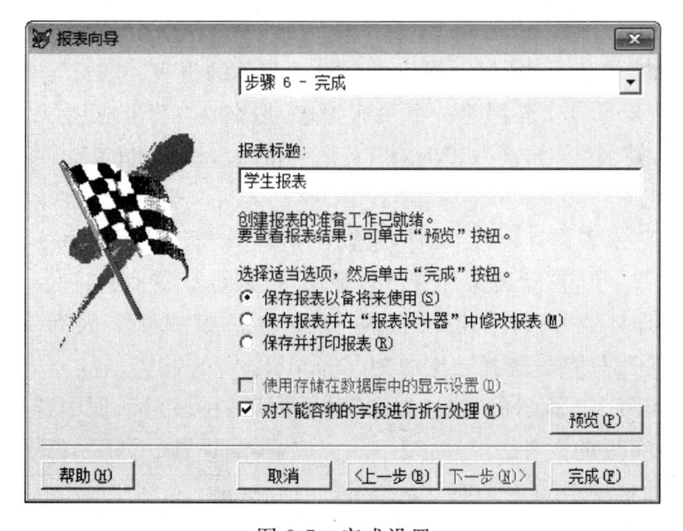

图 8-7　完成设置

若需要查看所生成报表的情况，可单击“预览”按钮，本例的预览结果如图 8-8 所示。

最后单击报表向导“完成”按钮，弹出“另存为”对话框，用户可以指定报表文件的保存位置及输入文件名称“学生报表”，将报表保存为扩展名为 .frx 的报表文件。

使用报表向导得到的是规范报表，当报表格式尚不能满足要求时，可使用报表设计器作进一步的修改。

报表设计器 - 报表2 - 页面 1

学生报表

06/21/15

学号	姓名	性别	生日	班级	应届否	入学成绩
20150011	李中华	男	10/01/99	会计1501	Y	611
20150012	肖萌	女	02/04/98	会计1501	Y	600
20150014	李铭	男	12/31/97	会计1501	Y	599
20150020	张力	男	01/01/95	会计1501	N	585
20151234	傅丹	男	03/20/98	会计1502	Y	630
20151240	李园	女	01/01/96	会计1502	N	588
20151255	华晓天	男	07/17/99	会计1502	Y	590
20154001	刘冬	女	11/09/98	经济1501	Y	633
20154019	严岩	男	03/13/97	经济1501	Y	615
20154025	王平	男	06/19/98	经济1501	Y	600
20156001	江锦添	男	04/27/95	经济1502	N	610
20156200	李冬冬	女	12/25/98	经济1502	Y	570
20156215	赵天宁	男	08/15/97	经济1502	Y	585

图 8-8　预览报表

8.2.3　创建设计快速报表

用系统提供的“快速报表”可以创建一个格式简单的报表。

【例 8-2】　对 kccj. dbf 表创建一个快速报表，取名为“学生成绩. frx”。注：kccj. dbf 表含有学号(C8)，姓名(C8)，高数(N5，0)，英语(N5，0)，计算机(N5，0)，会计学(N5，0)字段，并已有 13 条记录。

(1) 首先打开“报表设计器”。方法是选择“文件”|“新建”菜单命令，打开“新建”对话框，选择“报表”选项，单击“新建文件”按钮，弹出“报表设计器”窗口。

(2) 在“报表设计器”窗口中选择“报表”|“快速报表”选项。因为事先没有打开数据源，系统弹出“打开”对话框，选择数据源为 kccj. dbf。

(3) 当弹出如图 8-9 所示的“快速报表”对话框后，在该对话框中选择字段布局，标题和字段，进行报表布局的设计。

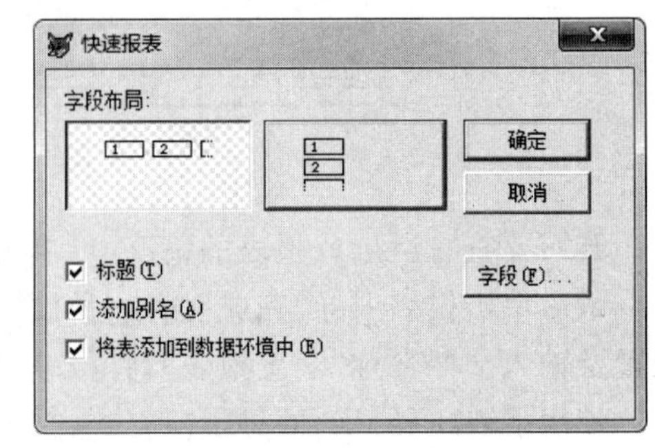

图 8-9　快速报表对话框

快速报表对话框中各项含义如下。

① “字段布局”框中有行布局和列布局两种形式。列布局使字段在页面上从左到右排列，行布局使字段在页面上从上到下排列，本例选择列布局。

② “标题”复选框，表示是否将字段名作为标签控件的标题置于相应字段的上面或左侧。

③ “添加别名”复选框，表示在报表中是

否为所有字段添加别名。由于本例中数据源是一个表，别名无实际意义。

④“将表添加到数据环境中”复选框，表示是否将打开的表文件添加到报表的数据环境作为报表的数据源。

⑤“字段”按钮，单击打开“字段选择器”，选择要在报表中显示的字段，如图 8-10 所示。在默认情况下，选择除通用型字段以外的所有字段。本例选择全部，单击“确定”按钮，返回“快速报表”对话框。

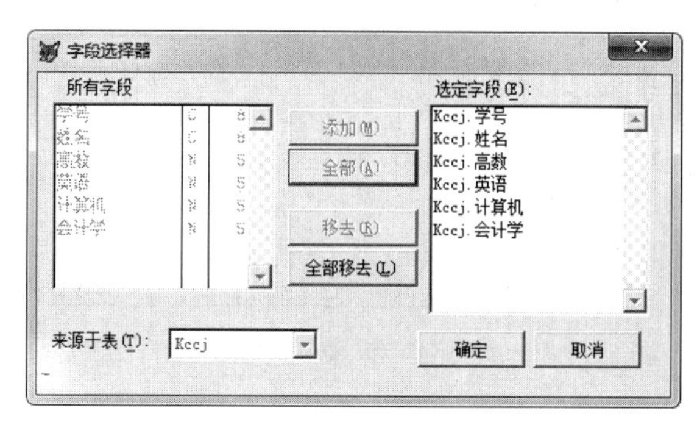

图 8-10　字段选择器对话框

(4) 在“快速报表”对话框中，单击“确定”按钮，快速报表显示在“报表设计器”中，如图 8-11 所示。

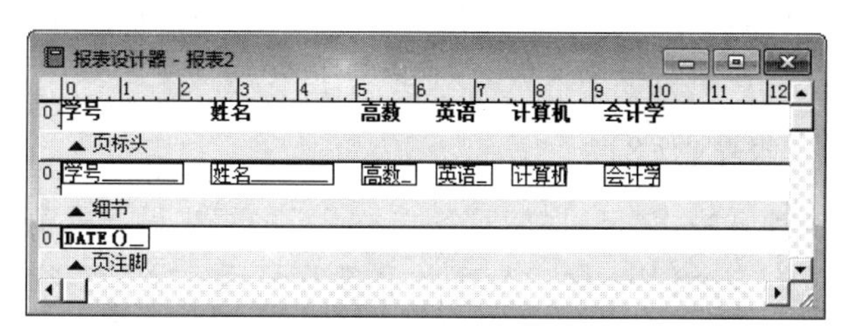

图 8-11　报表设计器窗口

(5) 在主窗口中选择“显示”|“预览”菜单命令或右击，从弹出的快捷菜单中选择“预览”命令，预览效果如图 8-12 所示。

(6) 保存报表，将该报表保存为“学生成绩.frx”

8.2.4　使用报表设计器创建报表

使用报表设计器可以创建自行设计的报表，也可以修改由报表向导或快速报表创建的报表，直接调用报表设计器所创建的报表是一个空白报表。

1. 打开报表设计器窗口

可以使用下面 3 种方法。

(1) 在项目管理器窗口中，选择“文档”选项卡，选中“报表”，然后单击“新建”按钮，在弹出的“新建报表”对话框中单击“新建报表”按钮。

(2) 使用菜单方式：选择“文件”|“新建”菜单命令，或者单击常用工具栏上的“新建”按钮，在弹出“新建”对话框中，选择“报表”文件类型，然后单击“新建文件”按钮。

报表设计器 - 学生成绩.frx - 页面 1

学号	姓名	高数	英语	计算机	会计学
20150011	李中华	70	85	90	80
20150012	肖萌	80	90	85	78
20150014	李铭	90	70	80	85
20150020	张力	95	90	94	88
20151234	傅丹	65	70	60	75
20151240	李园	85	75	70	90
20151255	华晓天	86	80	88	84
20154001	刘冬	72	80	78	86
20154019	严岩	55	85	60	90
20154025	王平	92	70	65	70
20156001	江锦添	60	75	65	80
20156200	李冬冬	58	85	92	95
20156215	赵天宁	82	60	76	92
20156345	于天	95	94	88	90
20156500	梅媚	79	91	87	100

图 8-12　快速报表预览

(3) 使用命令：

格式：

```
CREATE REPORT [<报表文件名>]
```

如果省略报表文件名，系统将自动赋予一个临时文件名，例如报表 1、报表 2 等。要在报表设计器中打开已存在的报表文件进行修改，可使用命令格式如下：

```
MODIFY REPORT [<报表文件名>]
```

无论使用上述哪种方法，都可以打开图 8-13 所示的报表设计器窗口。

报表设计器默认有 3 个带区，每一带区的底部都显示一个标识栏，分别为页标头区、细节区和页注脚区。除了默认的 3 个带区，用户还可以向报表添加标题、列标头、列注脚、组标头、组注脚和总结带区，如图 8-14 所示。使用报表设计器中的带区，可以控制数据在页面上的显示和打印位置。

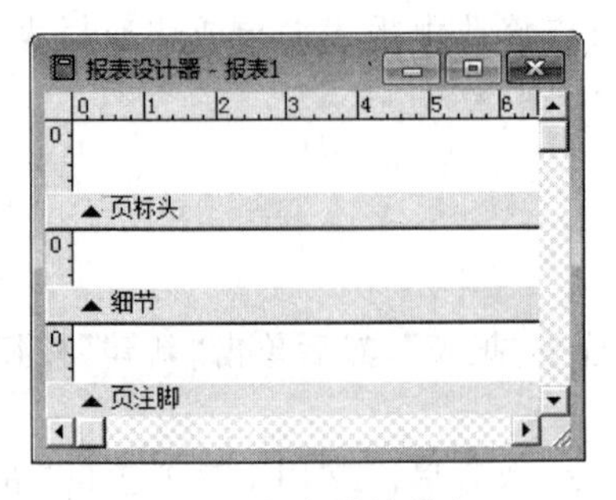

图 8-13　报表设计器窗口

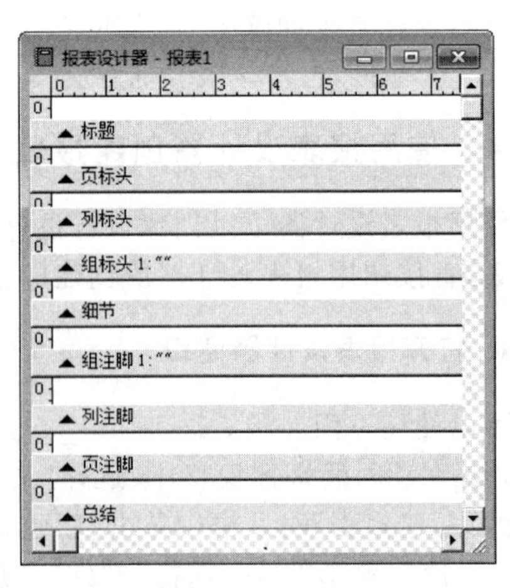

图 8-14　报表设计器中的报表带区

表 8-2 给出各带区及其设置方法。

表 8-2　带区及其设置方法

<table>
<tr><th>带区名称</th><th>说　明</th><th>设置方法</th></tr>
<tr><td>页标头</td><td>每页面一个,位于每个报表页面开始的位置,用于放置报表的表头及其他每个页面输出一次的内容</td><td>默认可用</td></tr>
<tr><td>细节</td><td>每记录一个,位于报表的中间位置,是报表的主体,用于放置报表的数据部分</td><td>默认可用</td></tr>
<tr><td>页注脚</td><td>每页面一个,位于每个报表页面结尾的位置,用于放置报表的页码及其他每个页面输出一次的内容</td><td>默认可用</td></tr>
<tr><td>列标头</td><td>每列一个,用于显示列标题</td><td rowspan="2">选择“文件”|“页面设置”菜单命令,设置“列数”>1,在“报表设计器”中显示列标头和列注脚区</td></tr>
<tr><td>列注脚</td><td>每列一个,用于显示总结、总计信息</td></tr>
<tr><td>组标头</td><td>每组一个,用于显示数据分组项目</td><td rowspan="2">选择“报表”|“数据分组”菜单命令</td></tr>
<tr><td>组注脚</td><td>每组一个,用于显示组数据要计算结果的值</td></tr>
<tr><td>标题</td><td>每报表一个,用于显示标题、日期等</td><td rowspan="2">选择“报表”|“标题/总结”菜单命令</td></tr>
<tr><td>总结</td><td>每报表一个,用于显示总结等文本内容</td></tr>
</table>

2. 确定数据源

(1) 打开数据环境设计器：在报表设计器窗口中,选择“显示”|“数据环境”菜单命令或右击报表设计器窗口,从快捷菜单中选择“数据环境”命令。

(2) 添加数据源：在数据环境设计器窗口中右击,从弹出的快捷菜单中选择“添加”命令或选择“数据环境”|“添加”菜单命令,然后选择表或视图。

3. 创建报表

可以使用下面两种方法创建报表。

(1) 使用快速报表创建。前面已经介绍过。

(2) 用户定制报表：首先从数据环境设计器窗口中,将所需要的所有字段用鼠标拖到报表设计器带区,完成后关闭数据环境设计器窗口,然后在报表设计器窗口中添加各种所需的控件。

4. 保存报表

报表设计完成后,选择“文件”|“保存”菜单命令,输入文件名并确定文件保存的位置。

8.2.5　定制报表

使用快速报表虽然方便、快捷,但不灵活,因此在设计报表时,先利用“快速报表”创建一个简单报表,然后在此基础上再定制报表,包括添加控件,调整布局,设置页面等操作,达到快速构造所需报表的目的。

1. 报表工具栏

掌握工具栏的使用，可以提高操作的速度。与报表设计有关的工具栏主要包括“报表设计器”工具栏和“报表控件”工具栏。要想显示或隐藏工具栏，可以选择“显示”|“工具栏”菜单命令，从弹出的“工具栏”对话框中设置或清除相应的工具栏。

(1)“报表设计器”工具栏。打开报表设计器窗口，选择“显示”|“工具栏”菜单命令，从弹出的“工具栏”对话框中选择“报表设计器”，单击“确定”按钮，弹出“报表设计器”工具栏，如图 8-15 所示，该工具栏中各图标按钮的功能见表 8-3。

表 8-3 报表设计器工具栏按钮功能

按钮	名　　称	说　　明
	数据分组	显示“数据分组”对话框，用于创建数据分组及指定属性
	数据环境	显示报表的“数据环境设计器”窗口，用于向报表添加数据源
	报表控件工具栏	显示或关闭“报表控件”工具栏，用于向报表中添加控件
	调色板工具栏	显示或关闭“调色板”工具栏，用于改变控件的颜色
	布局工具栏	显示或关闭“布局”工具栏，用于调节控件的大小及对齐方式

(2)“报表控件”工具栏。在报表设计器窗口，选择“显示”|“报表控件工具栏”菜单命令，弹出如图 8-16 所示的“报表控件”工具栏。该工具栏中各图标按钮的功能见表 8-4。

图 8-15　报表设计器工具栏

图 8-16　报表控件工具栏

表 8-4 报表控件工具栏按钮功能

按钮	控　　件	说　　明
	选定对象	用于移动或更改控件的大小
A	标签控件	用于显示固定的文本，如报表标题
abl	域控件	用于输出表的字段、内存变量或其他表达式的内容
	线条控件	用于在报表布局中添加垂直或水平直线
	矩形控件	用于绘制矩形或边框
	圆角矩形控件	用于绘制画圆、椭圆和圆角矩形或边框
	图片/ActiveX 绑定	用于输出图片或通用数据字段的内容
	按钮锁定	允许添加多个同样类型的控件，而不需要多次按此控件按钮

2. 添加控件操作

(1) 添加标签控件。标签控件在报表中的使用是相当广泛的,如每一个字段前的说明性文字,报表的标题等。这些说明性文字或标题文本就是使用标签控件来完成的,插入标签步骤如下:

① 在控件工具栏中单击“标签”按钮。

② 在“报表设计器”中单击要添加标签控件的位置,此时,鼠标的形状变为“I”形。

③ 在光标处输入要添加的文本。

④ 单击标签控件外任意位置,则该标签的输入完成。

(2) 添加域控件。域控件是报表中应用最多的一种控件。添加域控件有两种方法:一种是从数据环境设计器中,将所需要的字段用鼠标拖动到报表设计器带区;另一种是从“报表控件”工具栏中添加域控件。下面主要介绍从“报表控件”工具栏中添加域控件的方法。

① 单击控件工具栏上“域控件”按钮,然后在报表设计器带区指定位置上拖动,弹出“报表表达式”对话框,如图 8-17 所示。如果已经添加了域控件,可在域控件上双击,也弹出“报表表达式”对话框,对其内容进行修改。

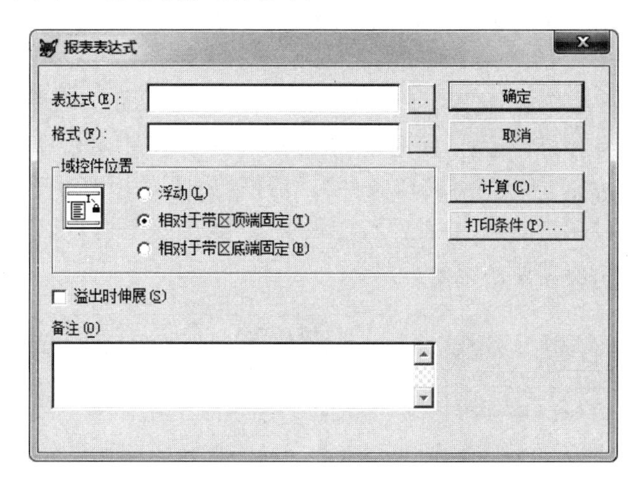

图 8-17 “报表表达式”对话框

② 在“报表表达式”对话框中可以进行如下设置。

- 在“表达式”文本框中输入字段名,或单击其后面的按钮,弹出“表达式生成器”对话框,从中可以选择需要添加的字段或者字段表达式。
- 单击“格式”文本框后面的按钮,将弹出“格式”对话框,如图 8-18 所示。在该对话框中,首先要选择域控件的类型:字符型、数值型、日期型。选定不同的类型时,“编辑选项”区的内容将随之有所变化。设置完成后,单击“确定”按钮,其结果将在“报表表达式”对话框中的“格式”文本框中显示。
- “域控件位置”栏有 3 个单选按钮,作用如下。

  浮动:使控件具有位置浮动功能,随着其他字段的伸展而自动调整位置。

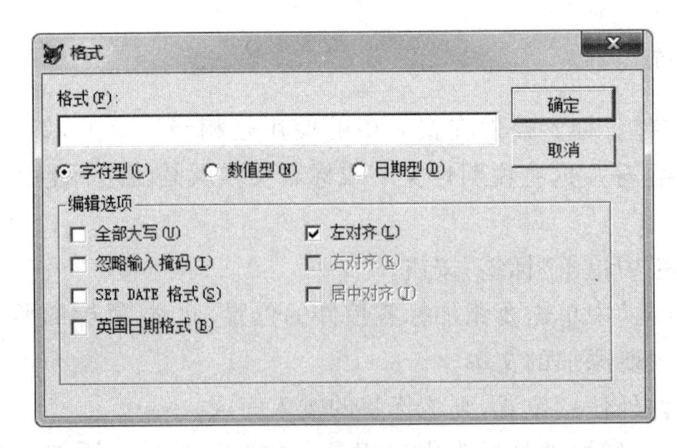

图 8-18 “格式”对话框

相对于带区顶端固定：域控件伸展时，相对于带区顶端位置固定。

相对于带区底端固定：域控件伸展时，相对于带区底端位置固定。

- “溢出时伸展”复选框：作用是为了保证数据内容不丢失。因为有的字段内容很多，如备注字段。当某个域控件被该复选框选中时，则其相邻的其他控件必须在“域控件位置”框中选择“浮动”单选按钮，否则，此控件将在可伸展控件伸展时被覆盖。
- “备注”文本框：可以输入显示字段备注说明的文本，便于日后修改时有一个可供参考的说明。
- “计算”按钮：可弹出“计算字段”对话框，如图 8-19 所示。在该对话框中，可以对域控件进行各种统计运算，并通过“重置”下拉列表框指定计算结果的放置。
- “打印条件”按钮：可弹出“打印条件”对话框，如图 8-20 所示。在该对话框中，可以设置是否打印重复值、有条件打印设置、是否删除空白行以及根据指定条件表达式打印输出所需要的记录。

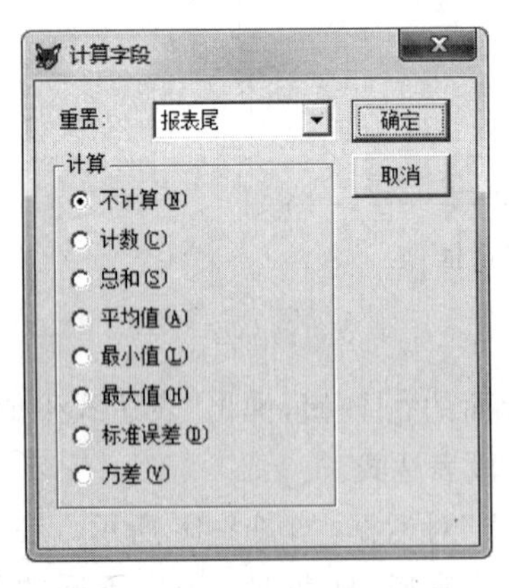

图 8-19 “计算字段”对话框

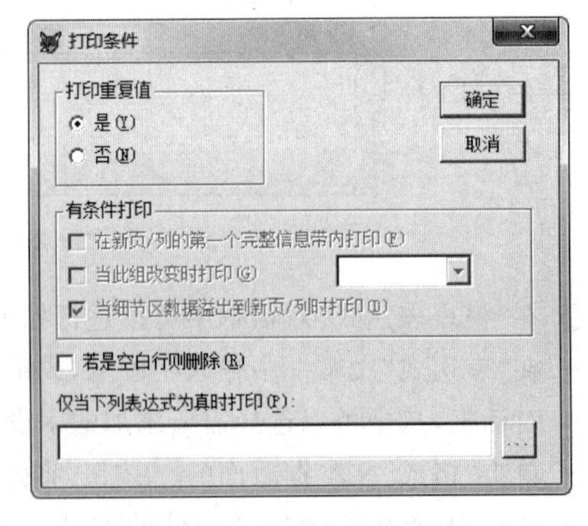

图 8-20 “打印条件”对话框

(3) 添加线条、矩形和圆角矩形控件(参见图 8-16)。

① 添加线条控件步骤如下：

- 单击控件工具栏上“线条”按钮。

• 在报表设计器窗口中拖动到所需的长度，释放。

② 添加矩形控件步骤如下：

• 单击控件工具栏上"矩形"按钮。

• 在报表设计器窗口中拖动并调整矩形的大小。

③ 添加圆角矩形控件步骤如下：

• 单击控件工具栏上"圆角矩形"按钮。

• 在报表设计器窗口中拖动并调整圆角矩形的大小。

若想修改圆角矩形的圆角样式，双击圆角矩形的边框，弹出"圆角矩形"对话框，如图 8-21 所示。用户可以在该对话框中选择圆角矩形的样式并设置打印条件等。

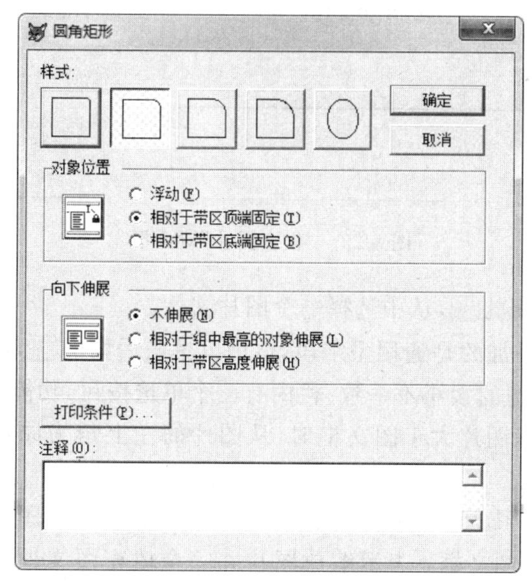

图 8-21 "圆角矩形"对话框

④ 设置线条、矩形和圆角矩形线条的粗细。

• 选择需要设置的线条、矩形、圆角矩形。

• 选择"格式"|"绘图笔"菜单命令，选择样式。

(4) 添加图片/ActiveX 绑定控件(参见图 8-16)。Visual FoxPro 6.0 允许用户在报表中插入图片，来自文件的图片是静态的，它们不会随着记录的变化而发生变化。如果希望根据记录来显示不同的图片，可以插入通用型字段。

添加图片/ActiveX 绑定控件的步骤如下：

① 在控件工具栏中单击"图片/ActiveX 绑定控件"按钮。

② 在"报表设计器"窗口中的一个带区内单击并拖动鼠标拉出图文框，弹出"报表图片"对话框，如图 8-22 所示。

③ 在"报表图片"对话框中可以进行如下设置。

"图片来源"栏内有两个单选按钮。

• 文件：表示要添加的图片文件，在其后的文本框中输入图片文件的路径和名称，

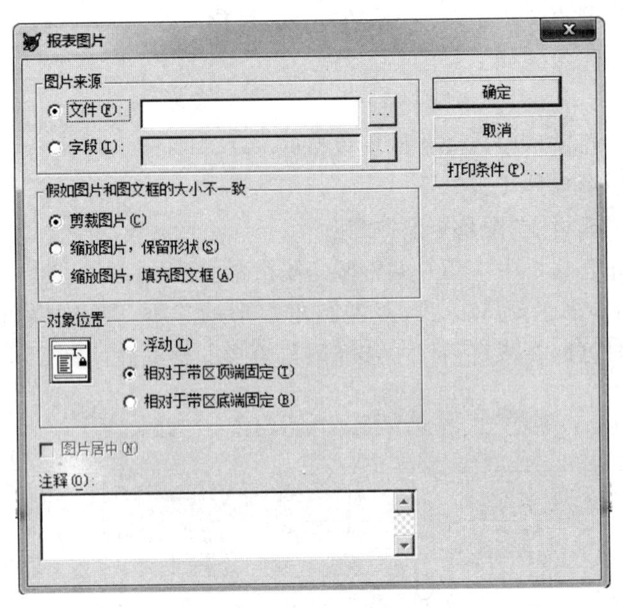

图 8-22 “报表图片”对话框

也可以单击后面的[...],从中选择一个图片文件。

- 字段：表示要添加的是通用型字段，也可以单击后面的[...],用以指定相应的字段。

“假如图片和图文框的大小不一致”栏内有三个单选按钮，功能如下：

- 剪裁图片：表示图片大于图文框时，从图片的左上角为原点裁剪图片，以适应图文框的大小。
- 缩放图片，保留形状：表示将缩放图片以填充图文框，但图片的长宽比例不变。
- 缩放图片，填充图文框：表示缩放图片并完全填充图文框，但缩放时不保持图片的长宽比例。

“对象位置”栏内有设置对象伸展时的要求。

“图片居中”复选框：可以使对象在图文框内居中放置。

“注释”编辑框：可以输入对图片的注释说明，但不出现在报表中。

3. 设置网格线

在报表设计器上设置网格线，对控件的摆放位置和调整非常直观。选择“显示”|“网格线”菜单命令即可显示网格线。取消选择该选项去掉网格线。

4. 控件操作

控件的选择、移动、调整大小、对齐、删除、剪切、复制、粘贴、改变字体等操作和表单中控件的操作相同，在此不再赘述。

5. 页面设置

设计报表时，除了在报表设计器窗口中进行有关控件的打印设置外，还可以对报表的每一页的外观进行设置。包括设置报表的左边距、纸张大小和方向以及列宽和多列报表的列间隔等。页面设置的步骤如下：

(1) 选择“文件”|“页面设置”菜单命令，弹出“页面设置”对话框，如图 8-23 所示。

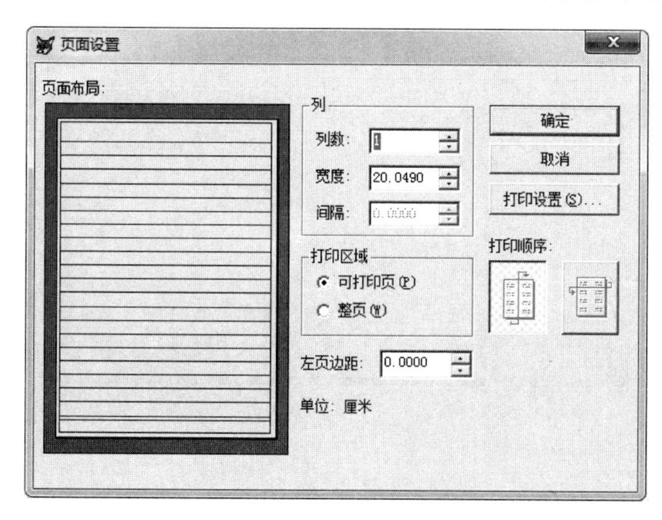

图 8-23 “页面设置”对话框

(2) 在“页面设置”对话框中的“列”选项可进行如下设置。

① 列数：设置页面上要打印的列数。

② 宽度：设置每列的宽度。

③ 间隔：设置每列之间的间隔。

(3) 在“打印区域”栏中可设置打印范围。

(4) “左页边距”微调框：设置报表页面的左边界。

(5) “打印顺序”框：可设置打印的方向为纵向打印或横行打印。

(6) “打印设置”按钮：单击该按钮将打开一个“打印设置”对话框，在该对话框中可用于设置打印机类型、纸张大小、方向和来源等打印设置选项。

(7) 设置完成后，单击“确定”按钮。

【例 8-3】 对例 8-2 建立的“学生成绩.frx”报表进行修改，请添加学生“总分”列并计算每个学生的总分，填充到该列上。

(1) 开“学生成绩.frx”文件。

(2) 添加一个标签控件和一个域控件，操作步骤如下：

① 添加标签：单击“报表控件”工具栏上的“标签”，在报表设计器的“页标头”区适当的位置上单击，输入“总分”。选择“格式”菜单下的“字体”，设置字体为粗体、10 磅。

② 添加域控件：单击“报表控件”工具栏上的“域控件”按钮，在报表设计器的“细节”区适当的位置拖动，产生“报表表达式”对话框，在“表达式”框中输入“高数＋英语＋计算机＋会计学”或单击[...]进入“表达式生成器”选择上述 4 个字段的和，设置完成，单击“确定”按钮。

(3) 输出结果：选择“显示”|“预览”菜单命令，可看到如图 8-24 所示的预览效果。

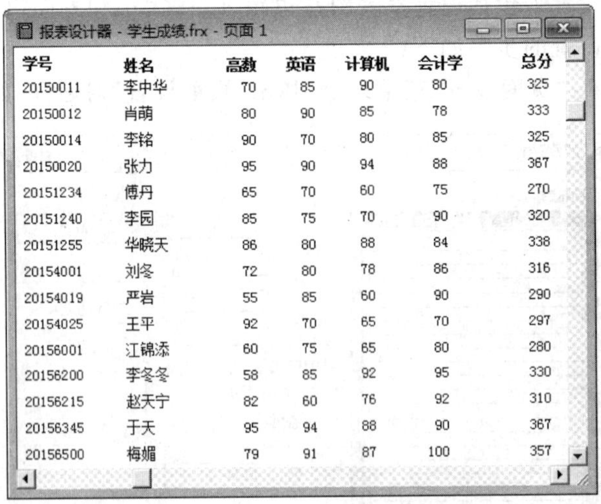

报表设计器 - 学生成绩.frx - 页面 1

学号	姓名	高数	英语	计算机	会计学	总分
20150011	李中华	70	85	90	80	325
20150012	肖萌	80	90	85	78	333
20150014	李铭	90	70	80	85	325
20150020	张力	95	90	94	88	367
20151234	傅丹	65	70	60	75	270
20151240	李园	85	75	70	90	320
20151255	华晓天	86	80	88	84	338
20154001	刘冬	72	80	78	86	316
20154019	严岩	55	85	60	90	290
20154025	王平	92	70	65	70	297
20156001	江锦添	60	75	65	80	280
20156200	李冬冬	58	85	92	95	330
20156215	赵天宁	82	60	76	92	310
20156345	于天	95	94	88	90	367
20156500	梅媚	79	91	87	100	357

图 8-24　预览效果

(4) 存报表：选择“文件”|“保存”菜单命令。

8.2.6　数据分组和多栏报表

在实际应用中，常需要把具有某种相同信息的数据打印在一起，使报表更易于阅读。分组可以明显地分隔每组记录和为组添加介绍和总结性数据。如将 xs.dbf 表中同一班级的学生信息打印在一起，就应当根据“班级”字段对数据分组。

1. 数据分组

由于报表是按照数据表或视图中的记录顺序处理数据，要进行数据分组，必须使数据表或视图中的记录排序方式与分组方式相符。因此，在进行数据分组前，必须先对数据表或视图中的数据进行索引或排序。

要对数据进行分组可首先使用报表设计器建立一个普通报表，再在报表设计器中利用“报表”|“数据分组”菜单命令为报表添加一个或多个组。

(1) 建立单个分组。可以根据字段或表达式建立单级分组，操作方法如下。

① 对数据源表按分组字段建立索引（建立的方法在前面章节已经讲过），或打开已建立索引的数据表。

② 设置主控索引。在表浏览状态，选择“表”|“属性”菜单命令，在弹出的“工作区属性”中的“索引顺序”中选择主控索引的标识名，或使用命令

```
SET ORDER TO<索引标识名>指定主控索引
```

③ 新建一报表，选择“显示”|“数据环境”菜单命令，打开数据环境设计器。选择“数据环境”|“添加”菜单命令，将 xs.dbf 添加到“数据环境”中（注：表 xs.dbf 已经按“班级”字段进行了索引）。

④ 在数据环境设计器中右击，从弹出的快捷菜单中选择“属性”命令，打开“属性”窗

口如图 8-25 所示。在对象框选择 Cursor1;在属性值区中选择“数据”选项卡,从中选定 Order 属性,输入索引标识名或在索引列表中选择一个索引标识名,如选择“班级”为索引标识名。

⑤ 报表设计器中,选择“报表”|“数据分组”菜单命令;或者单击“报表设计器”工具栏上的“数据分组”按钮。系统显示“数据分组”对话框,如图 8-26 所示。

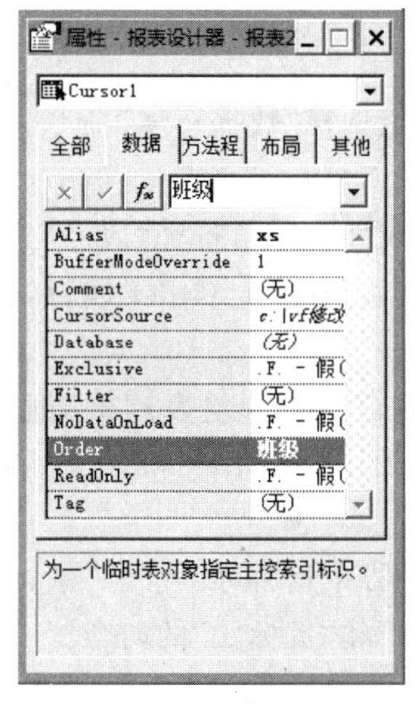

图 8-25 属性窗口

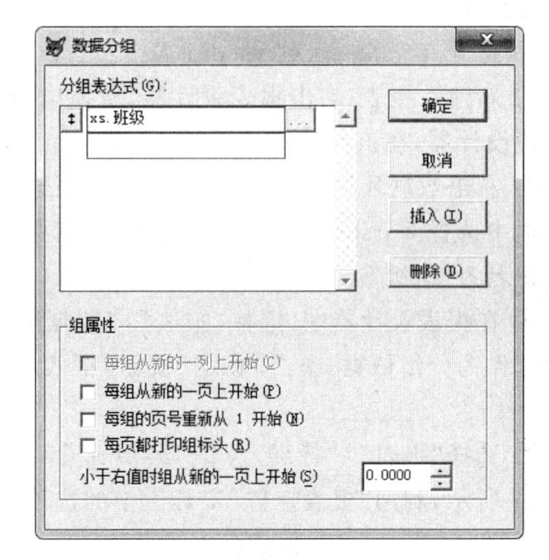

图 8-26 “数据分组”对话框

⑥ 在“数据分组”对话框中,可以对各项进行如下设置。

- 在“分组表达式”框中输入分组表达式,或者单击后面[...]按钮,在“表达式生成器”对话框创建表达式。
- 单击“插入”按钮,可在光标前插入分组表达式。
- 单击“删除”按钮,可删除选中的分组表达式。
- 拖曳分组表达式前面的“↕”标记,可以改变分组表达式的顺序。
- 在“组属性”栏内有 4 个复选框,主要用于指定如何分页,根据不同的报表类型,有的复选框不可用。

⑦ “数据分组”对话框中,其他选项含义如下:

- “每组从新的一列上开始”复选框,表示当组的内容改变时,是否打印到下一列上。
- “每组从新的一页上开始”复选框,表示当组的内容改变时,是否打印到下一页上。
- “每组的页号重新从 1 开始”复选框,表示当组的内容改变时,是否在新的一页上开始打印,并把页号重置为 1。
- “每页都打印组标头”复选框,表示当组的内容分布在多页上时,是否每一页都打印组标头。
- “小于右值时组从新的一页上开始”微调器框中输入一个数值,该数值就是在打印组标头时组标头距页面底部的最小距离,应当包括组标头和至少一行记录及页脚的距离。

⑧ 单击“确定”按钮。分组之后报表布局就有了“组标头”和“组注脚”带区，可以向其中放置任意需要的控件。通常，把分组所用的域控件从“细节”带区复制或移动到“组标头”带区。也可以添加线条、矩形、圆角矩形等希望出现在组内第一条记录之前的任何标签。组注脚通常包含组总计和其他组总结性信息。

【例 8-4】 对 xs. dbf 表文件，建立一按“班级”分组的报表。

操作步骤如下：

① 打开 xs. dbf 表，对 xs. dbf 表按“班级”建立普通索引。

② 新建一报表，右击报表设计器，从弹出的快捷菜单上选择“数据环境”命令，打开数据环境设计器，在该设计器中添加 xs. dbf 表。

③ 右击数据环境设计器，从弹出的快捷菜单中选择“属性”命令，打开“属性”窗口，在对象框中选择 Cursor1，在属性值区中选择“数据”选项卡，从中选定 Order 属性，输入索引标识名为“班级”。

④ 在报表设计器中，选择“报表”|“数据分组”菜单命令，在“分组表达式”框中输入“班级”作为分组依据，单击“确定”按钮，报表设计器中添加了“组标头”和“组注脚”两个带区。

⑤ 选择“报表”|“标题/总结”菜单命令，在报表设计器中增加了“标题”带区，参照图 8-27 所示，利用“报表控件”工具栏中的选项，添加“标题”和“页标头”的内容。

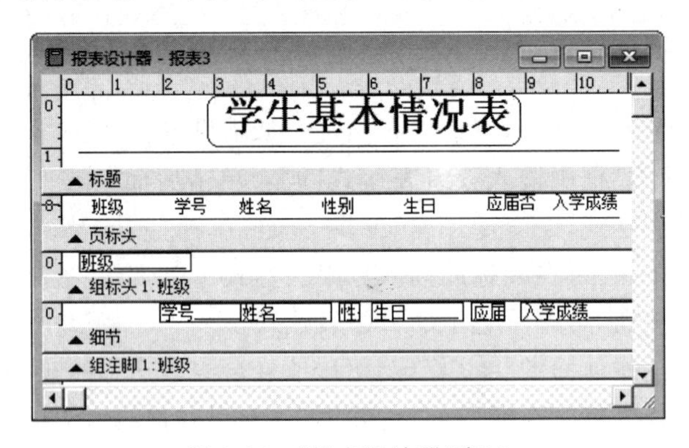

图 8-27 “报表设计器”窗口

⑥ 对数据环境设计器中的 xs. dbf 表的相关字段，用鼠标将它们拖曳到报表设计器的组标头和细节带区，并调整好它们的位置。

⑦ 预览：单击常用工具栏上的“预览”按钮，预览效果如图 8-28 所示。

⑧ 保存报表：单击常用工具栏上的“保存”按钮，输入文件名为“班级分组. frx”。

(2) 建立多级分组。Visual FoxPro 6.0 允许在报表内最多可以有 20 级的数据分组，嵌套分组有助于组织不同层次的数据和总计表达式，但在实际应用中往往只用到 3 级分组。在设计多级数据分组报表时，需要注意分组的级与多重索引的关系。

① 多级数据分组基于多重索引。多级数据分组报表的数据源必须分出级别来。例如一个表中有“班级”和“性别”字段，要使同一个“班级”的记录按“性别”打印，则表必须建立“班级＋性别”为关键字表达式的复合索引(多重索引)。

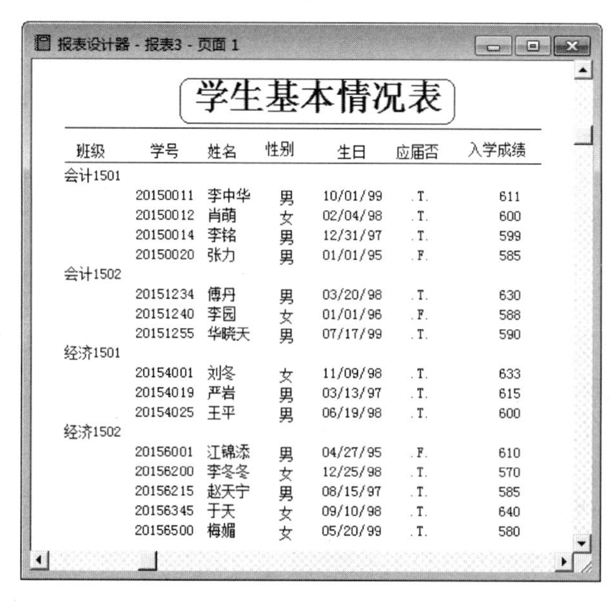

报表设计器 - 报表3 - 页面 1

学生基本情况表

班级	学号	姓名	性别	生日	应届否	入学成绩
会计1501						
	20150011	李中华	男	10/01/99	.T.	611
	20150012	肖萌	女	02/04/98	.T.	600
	20150014	李铭	男	12/31/97	.T.	599
	20150020	张力	男	01/01/95	.F.	585
会计1502						
	20151234	傅丹	男	03/20/98	.T.	630
	20151240	李园	女	01/01/96	.F.	588
	20151255	华晓天	男	07/17/99	.T.	590
经济1501						
	20154001	刘冬	女	11/09/98	.T.	633
	20154019	严岩	男	03/13/97	.T.	615
	20154025	王平	男	06/19/98	.T.	600
经济1502						
	20156001	江锦添	男	04/27/95	.F.	610
	20156200	李冬冬	女	12/25/98	.T.	570
	20156215	赵天宁	男	08/15/97	.T.	585
	20156345	于天	女	09/10/98	.T.	640
	20156500	梅媚	女	05/20/99	.T.	580

图 8-28　按“班级”分组报表

② 分组层次。数据每一层分组对应于一组“组标头”和“组注脚”带区。数据分组将按照在报表设计器中创建的顺序在报表中编号，编号越大的数据分组离“细节”带区越近。也就是说，分组的级别越细，分组的编号越大。

③ 多级数据分组报表。设计多级数据分组报表，前几个操作步骤与设计单级分组报表相同。在打开“数据分组”对话框，输入或生成第一个分组表达式之后，接着输入或生成下一个分组表达式即可。单击“插入”按钮，可在当前分组表达式之前插入一个分组表达式，对于每一个分组表达式，“数据分组”对话框下方的组属性可以分别设置。

系统按照分组表达式创建的顺序在“数据分组”列表中编号。在报表设计器内，组带区的名字包含该组的序号和一个缩短了的分组表达式。最大编号的组标头和组注脚带区出现在离“细节”带区最近的地方。

(3) 更改分组。定义了报表中的组之后，重新打开“数据分组”对话框。在“数据分组”对话框中显示原来保存的组定义。可以更改分组的表达式和组打印选项、通过组左侧的移动按钮更改组的次序、使用“删除”按钮可以删除分组。

当移动组的位置重新排序时，组带区中定义的所有控件都将自动移到新的位置。对组重新排序并不更改以前定义的控件。例如框或线条以前是相对于组带区的上部或底部定位的，它们仍将固定在组带区的原位置。

注意：必须重新指定当前索引才能够正确组织各组的数据。例如，定义了第一组为“班级”，第二组为“性别”之后，当前索引必须是以“班级＋性别”为索引关键表达式进行的索引。如果重新排序，变成第一组为“性别”，第二组为“班级”，必须指定索引关键表达式为“性别＋班级”的索引。

组被删除之后，该组带区将从报表设计器中删除，如果该组带区中包含有控件，将提示同时删去控件。

【例 8-5】 对 xs.dbf 表创建一个分组报表，要求先按“班级”分组，然后按“性别”分组。

（1）对 xs.dbf 表按“班级＋性别”为索引关键字排序，索引名为 bjxb。

（2）打开报表设计器，新建报表文件。

（3）选择“显示”|“数据环境”菜单命令，在数据环境设计器中添加数据源表 xs.dbf。

（4）设置当前索引：使用命令：

```
SET ORDER TO bjxb
```

或在“属性”窗口中选择 cursor1，在数据选项卡中设置 order 为 bjxb。

（5）建立快速报表：选择除“照片”和“曾获奖励”外的所有字段。

（6）添加数据分组：单击“报表设计器”工具栏上的“数据分组”选项，打开“数据分组”对话框。单击第一个“分组表达式”框右侧的 按钮，在“表达式生成器”对话框中选择“班级”，在第二个“分组表达式”框中输入“性别”，单击“确定”按钮。报表设计器中添加了“组标头 1：班级”、“组注脚 1：班级”和“组标头 2：性别”、“组注脚 2：性别”，两对带区，如图 8-29 所示。

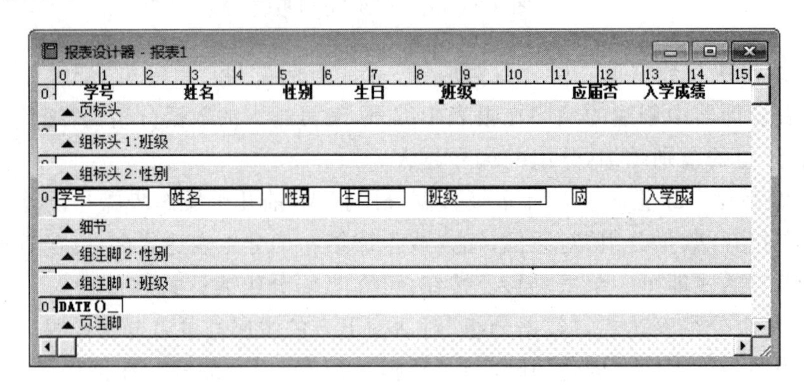

图 8-29 添加两级分组后的“报表设计器”窗口

（7）修改和添加控件。

① 添加标题：选择“报表”|“标题/总结”菜单命令，在“标题/总结”对话框中选择“标题带区”，单击“确定”按钮。选择“报表控件”工具栏上的“标签”按钮，在报表设计器上的“标题”带区单击设置插入点，输入标题“学生情况表”。

② 把“页标头”带区的“班级”字段的标签控件和“细节”带区的“班级”字段域控件移动到“组标头 1：班级”带区的最左面。

③ 把“细节”带区的“性别”字段域控件移动到“组标头 2：性别”带区左面。相应地向右移动页标头带区的其他标签控件和细节带区的其他域控件，使它们分别上下对齐，并具有相同高度。

④ 在“组注脚 1：班级”带区，利用“报表控件”工具栏中的“线条”功能画一条线，将不同的班级分开，在“组注脚 2：性别”带区中不放置任何内容，将其他“带区”向上移动，避免占用过多的页面空间。设置完成如图 8-30 所示。

（8）预览：单击常用工具栏上的“打印预览”按钮，预览效果如图 8-31 所示。

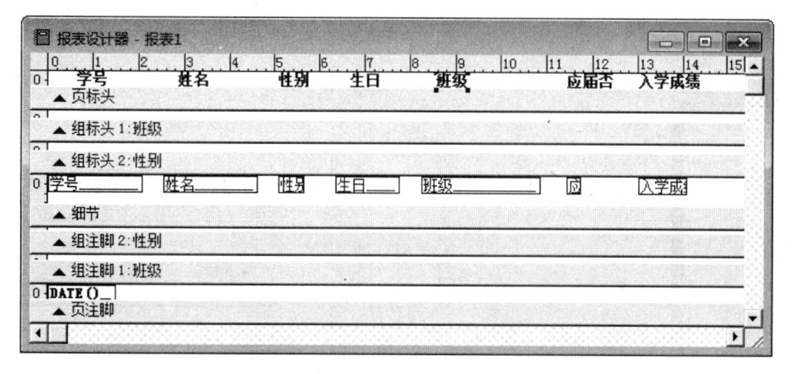

报表设计器 - 报表1 - 页面 1

学生情况表

		学号	姓名	生日	应届否	入学成绩
班级 会计1501						
	性别 男					
		20150011	李中华	10/01/99	Y	611
		20150014	李铭	12/31/97	Y	599
		20150020	张力	01/01/95	N	585
	性别 女					
		20150012	肖萌	02/04/98	Y	600
班级 会计1502						
	性别 男					
		20151234	傅丹	03/20/98	Y	630
		20151255	华晓天	07/17/99	Y	590
	性别 女					
		20151240	李园	01/01/96	N	588
班级 经济1501						
	性别 男					
		20154019	严岩	03/13/97	Y	615
		20154025	王平	06/19/98	Y	600
	性别 女					
		20154001	刘冬	11/09/98	Y	633
班级 经济1502						
	性别 男					
		20156001	江锦添	04/27/95	N	610
		20156215	赵天宁	08/15/97	Y	585
	性别 女					
		20156200	李冬冬	12/25/98	Y	570
		20156345	于天	09/10/98	Y	640

图 8-31　二级分组报表

(9) 保存报表：单击常用工具栏上的“保存”按钮，保存报表文件为 bjxb.frx。

2. 多栏报表

多栏报表是一种分为多个栏目打印输出的报表。如果打印的内容较少，横向只占用部分页面，设计成多栏报表比较适合。

(1) 设置多栏报表。打开或新建一个报表设计器后，选择“文件”|“页面设置”菜单命令，弹出如图 8-32 所示的“页面设置”对话框。在“列”区域把“列数”微调器的值调整为栏目数，如调整为 2，则将整个页面平均分成两部分。在“报表设计器”中将添加一个“列标头”带区和一个“列注脚”带区，同时“细节”带区也相应缩短，如图 8-33 所示。

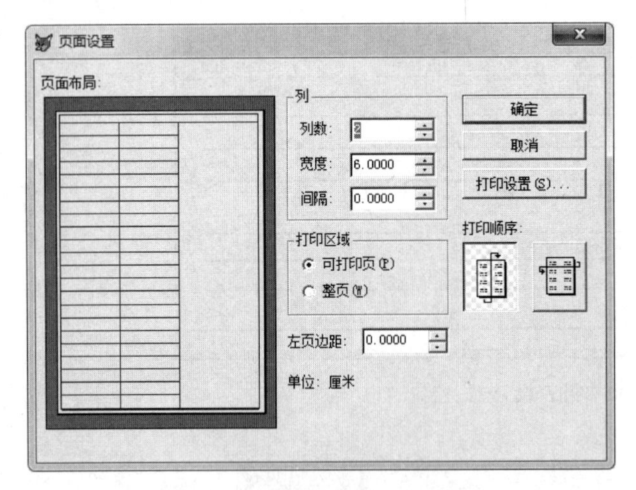

图 8-32 “页面设置”对话框

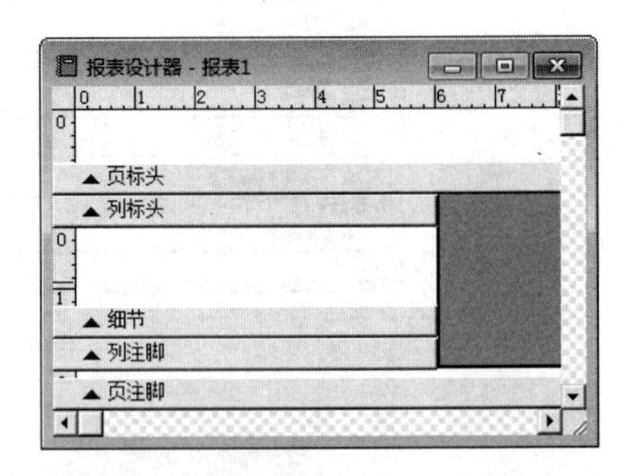

图 8-33 设置多栏的“报表设计器”窗口

这里的“列”指的是页面横向打印记录的数目,不是单条记录的字段数目。报表设计器没有显示这种设置,它仅显示了页边距内的区域,在默认的页面设置中,整条记录为一列。因此,如果报表中有多列,可以调整列的宽度和间隔。当更改左边距时,列宽将自动更改以显示出新的页边距。

在打印报表时,对“细节”带区中的内容系统默认为“自上向下”的打印顺序。这适合于除多栏报表以外的其他报表。对于多栏报表,这种打印顺序只能靠左边距打印一个栏目,页面上其他栏目为空白。为了在页面上真正打印出多个栏目来,在“页面设置”对话框中单击右面的“自左向右”打印顺序按钮。

(2) 添加控件。在向多栏报表添加控件时,应注意不要超过报表设计器中带区的宽度,否则可能使打印的内容相互重叠。

【例 8-6】 对 kc.dbf 表设计成两栏报表输出。

① 开报表设计器,生成一个空白报表。

② 设置多栏报表。选择“文件”|“页面设置”菜单命令,在“页面设置”中把“列数”微调器的值设置为 2,“间隔”值设置 0.5,在“左页边距”框中输入 1;单击“自左向右”打印顺序按钮,设置完成单击“确定”按钮。

③ 添加数据源。添加表 kc.dbf。

④ 添加控件。在数据环境设计器中分别选择 kc.dbf 表中的全部三个字段,并将它们拖到报表设计器的“细节”带区,自动生成字段域控件。调整它们的位置,不要超过带区宽度。

⑤ 单击“报表控件”工具栏上的“标签”按钮,在“页标头”带区添加“课程报表”标签,调整后如图 8-34 所示。

⑥ 预览效果。单击“常用”工具栏上的“打印预览”按钮,预览效果如图 8-35 所示。

⑦ 存保报表,报表名设为“课程报表.frx”。

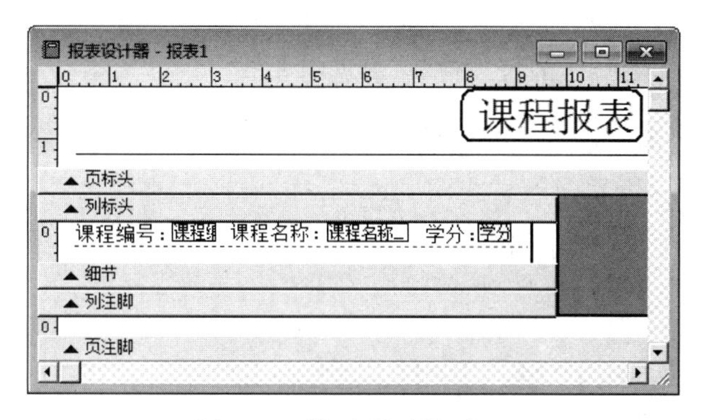

图 8-34 “报表设计器”窗口

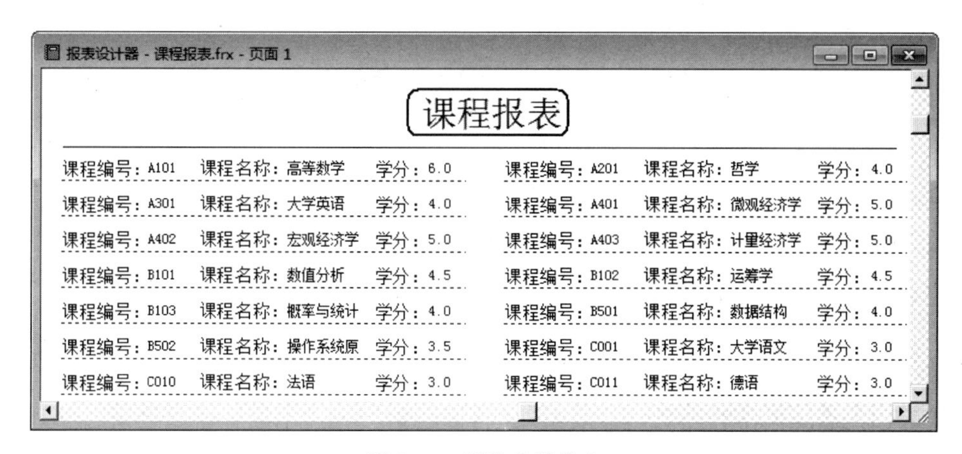

图 8-35 预览多栏报表

8.2.7 报表输出

设计报表的最终目的是要按照一定的格式输出符合要求的数据。

1. 预览报表

为确保报表正确输出，使用“预览”功能在屏幕上查看最终的页面设计是否符合设计要求。关于预览的操作以在前面介绍过，这里不再赘述。

2. 打印报表

如果报表已经符合要求，便可以在指定的打印机上打印报表了。单击打印预览工具栏中的“打印报表”按钮，将报表打印输出。

首先打开要打印的报表，单击“常用”工具栏上的“运行”按钮，或者选择“文件”|“打印”命令菜单，或在“报表设计器”中右击，从弹出的快捷菜单中选择“打印”命令，系统将弹出“打印”对话框，在该对话框中，“打印机名”列表框列出了当前系统已经安装的打印机，可以从列表框中选择要使用的打印机；“属性”按钮主要用于设置打印纸张的尺寸、打印精度等选项；“打印范围”区域中的单选项用于设置要打印的数据范围，若选中了 ALL 单按

钮，将打印报表的全部内容，若选择了“页码”单选项，将打印其后指定的页数。“打印份数”微调器可以设置需要打印的报表份数，参见图 8-36。

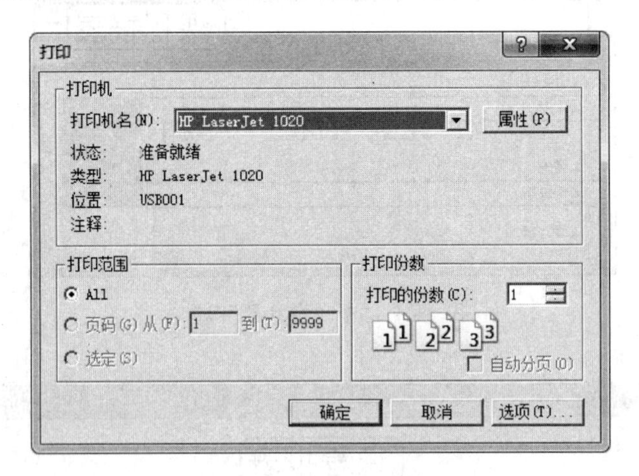

图 8-36 “打印”对话框

如果直接单击“常用”工具栏中的“打印”按钮，则不弹出“打印”对话框，直接送往打印机输出。

在命令窗口可以使用命令：

```
REPORT FORM <报表文件名> [PREVIEW]
```

也可以打印或预览指定的报表。

8.3 创建标签文件

标签是一种特殊类型的报表，是为了在专用纸上打印而设计的一种多列报表布局，因此标签的创建和报表的创建类似。创建标签有两种方法：一种是利用“标签向导”创建标签；另一种是利用“标签设计器”来创建标签。

标签文件的扩展名为.lbx 和.lbt。

8.3.1 使用标签向导创建标签

在使用标签向导可以创建标签时，向导提示用户回答简单的问题，按照“标签向导”对话框的提示进行操作。启动标签向导可以使用以下 3 种方法。

(1) 打开项目管理器，选择“文档”选项卡，再选择“标签”，单击“新建”按钮，在弹出的“新建标签”对话框中单击“标签向导”。

(2) 选择“文件”|“新建”菜单命令或者单击常用工具栏上的“新建”按钮，打开“新建”对话框，在文件类型栏中选择标签，然后单击“向导”按钮。

(3) 选择“工具”|“向导”|“标签”菜单命令。

下面通过例子来说明使用标签向导的操作步骤。

【例 8-7】 对 xs.dbf 表创建标签，取名为“学生标签.lbx”。

① 选择“文件”|“新建”菜单命令，打开“新建”窗口，选择“标签”选项，单击“向导”按钮，弹出“标签向导”对话框。

② 也可以先打开 xs.dbf 表，再选择“工具”|“向导”|“标签”菜单命令，弹出“标签向导”对话框。

③ 利用标签向导创建标签，共分 5 个步骤。

步骤 1 选择表，确定所需使用的表 xs.dbf，如图 8-37 所示，单击“下一步”按钮。

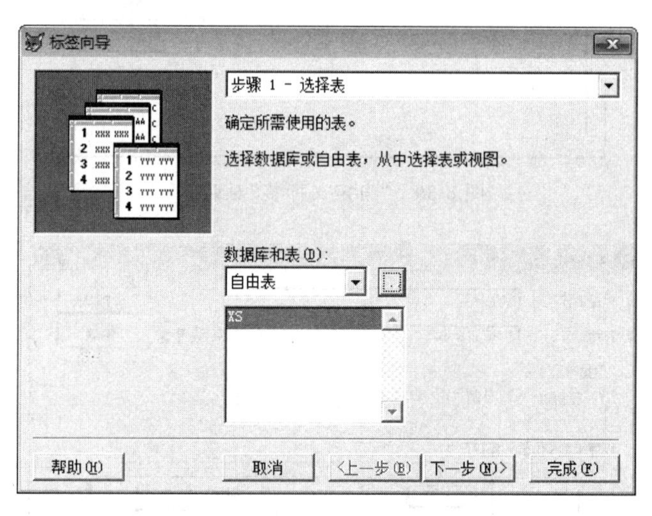

图 8-37 选择表

步骤 2 选择标签类型。确定所需的标签样式，如图 8-38 所示。其中，“型号#”是采用标签的名称；“大小”是每个标签的大小，用高×宽的方式表示，可以用英制和公制两种方式表示；“列”是每张打印纸上打印标签的列数。

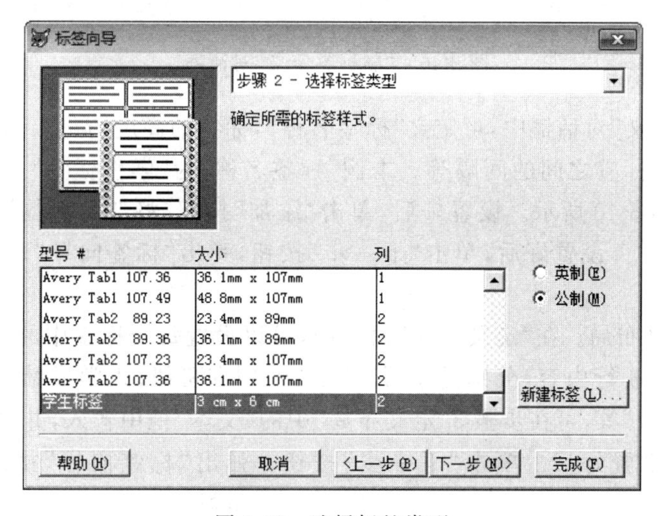

图 8-38 选择标签类型

除了选择系统给定的型号，用户还可以自己定义标签，方法是单击如图8-38所示“标签向导”中的“新建标签”按钮，弹出“自定义标签”窗口，如图8-39所示。在该窗口中单击“新建”按钮，弹出“新标签定义”对话框，如图8-40所示。

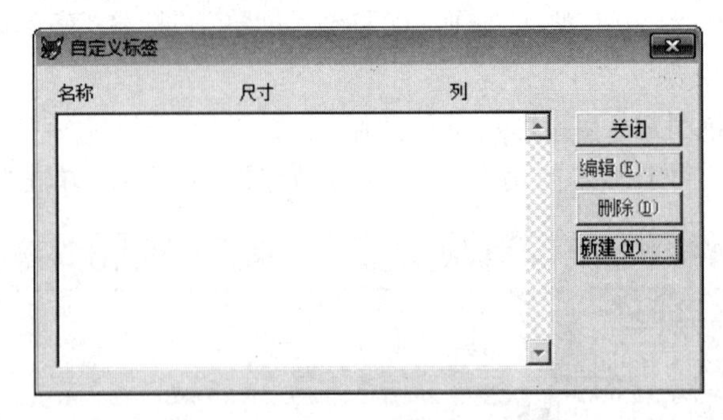

图8-39 “自定义标签”对话框

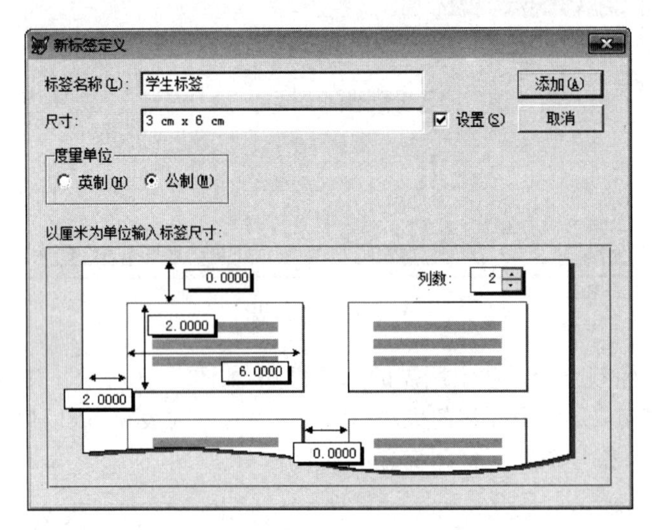

图8-40 “新标签定义”对话框

在“新标签定义”对话框中，可定义“标签名称”，标签的高度、宽度、列数，标签离打印纸边缘的尺寸，各标签之间的间隔等。本例“标签名称”为“学生标签”，度量单位采用公制，其他尺寸如图8-40所示。设置好后，单击“添加”按钮，将新的标签添加到如图8-38所示的标签类型中。设置好后，单击“下一步”按钮，弹出“标签向导”定义布局窗口，如图8-41所示。

步骤3 定义布局。在“定义布局”窗口中，可以设置每个标签中的具体内容。本例中，每个标签显示3行内容，分别是学号、姓名；性别和班级；入学成绩，文本内容如“学号”，“姓名”，“班级”等，可在步骤3“定义布局”中的“文本”框中输入，并单击▸。设置方法参见图8-41，设置好后。单击“下一步”按钮。弹出“标签向导”排序记录窗口，如图8-42所示。

步骤4 排序记录。在“标签向导”排序记录窗口中，选定“学号”并以升序方式作为记录的排序方式。单击“下一步”按钮，弹出“标签向导”完成窗口，如图8-43所示。

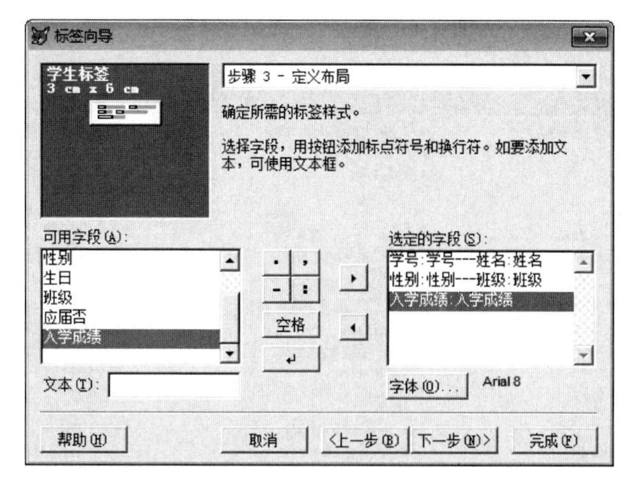

图 8-41　定义布局

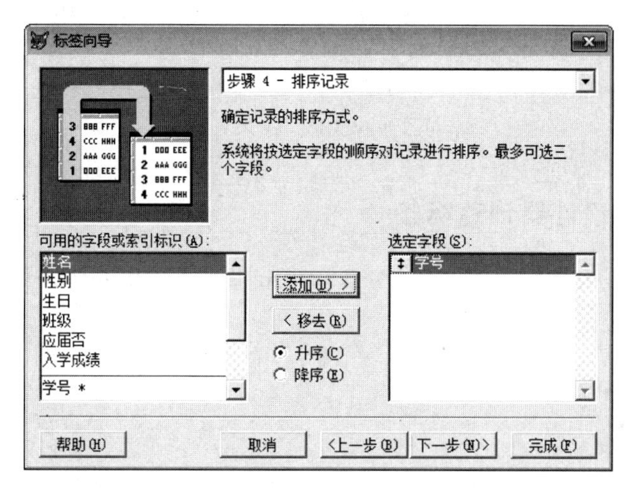

图 8-42　排序记录

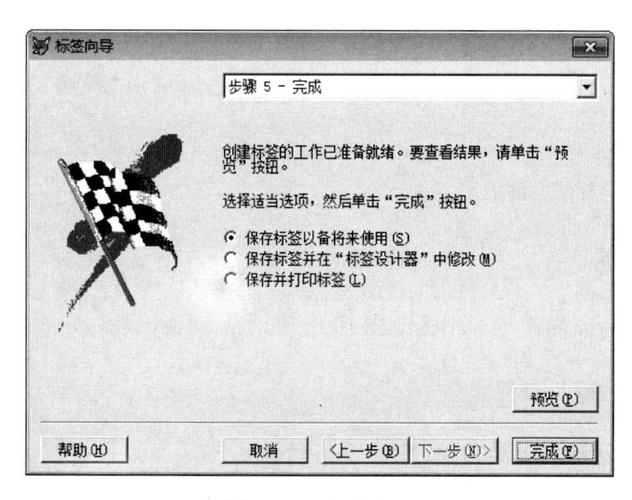

图 8-43　完成窗口

步骤 5　完成。预览结果如图 8-44 所示。

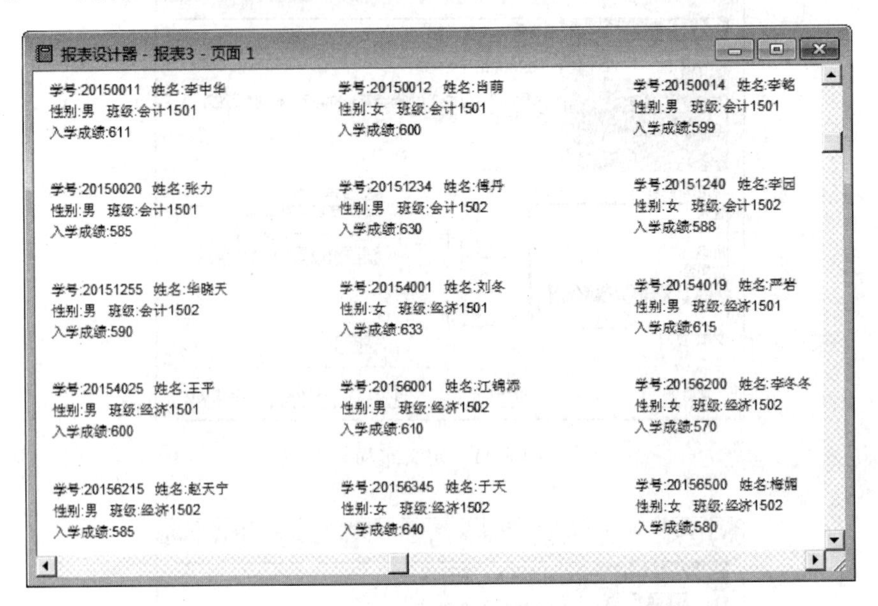

图 8-44　预览结果

8.3.2　使用标签设计器创建标签

标签设计器是报表设计器的一部分,它们使用相同的菜单和工具栏。使用标签设计器创建标签的方法及过程如下。

1. 打开标签设计器

方式有下列 3 种:

(1) 在项目管理器窗口中,选择“文档”选项卡中的“标签”选项,单击“新建”按钮,在“新建标签”对话框中,单击“新建标签”按钮。

(2) 使用菜单方式,选择“文件”|“新建”菜单命令,或者单击常用工具栏上的“新建”按钮,在弹出“新建”对话框中,选择“标签”文件类型,然后单击“新建文件”按钮。

(3) 使用命令:

```
CREATE LABEL [<标签文件名>]
```

2. 选择标签类型

选择一种需要的标签类型,如图 8-45 所示。

3. 添加数据源、插入控件

其处理方法与报表设计器相同,在此不再赘述。

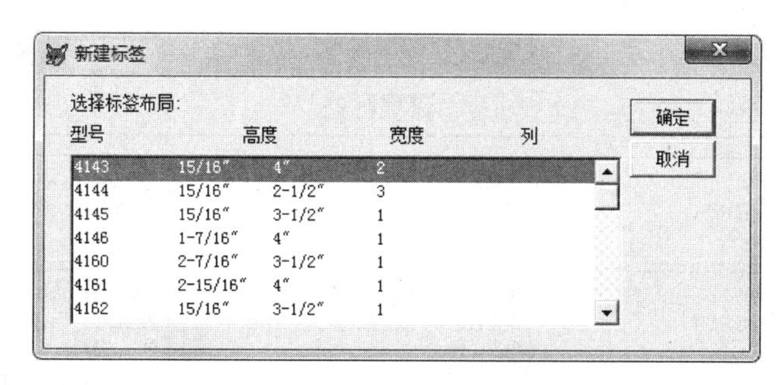

图 8-45 “新建标签”对话框

8.3.3 标签的输出

输出标签文件与输出报表文件的方法基本相同，此外，还可以使用以下命令输出标签：

```
LABEL|REPORT [FORM <标签文件名>] [<范围>] [FOR<条件 1>]
[WHILE<条件 2>][NOCONSOLE] [TO PRINTER [PROMPT]]
```

执行该命令时，将按照指定标签文件的格式和内容为当前打开表文件中符合要求的记录制作标签。其中参数含义如下。

(1) 范围。默认为 ALL。

(2) NOCONSOLE。选择该项，则当标签打印输出或将标签传输到一个文件时，不在主窗口或当前活动窗口中显示有关信息。

(3) TO PRINTER [PROMPT]。选择该项，用于把标签送到打印机上打印。若选择 PROMPT 选项，则在打印开始前显示打印机设置对话框。

【例 8-8】 为 kc.dbf 表设计一个标签文件。

① 新建一个标签，并打开标签设计器。

② 添加数据源：选择“显示”|“数据环境”菜单命令，在数据环境设计器窗口中右击，从快捷菜单中选择“添加”命令，选择 kc.dbf 表，然后关闭数据环境设计器。

③ 建立快速报表：在选择“报表”|“快速报表”菜单，在“快速报表”对话框中选择字段布局为“纵向”，输出字段为全部，选中“标题”复选框。

④ 输入标题“课程标签”，调整控件的位置，方法同报表设计，设计完成如图 8-46 所示。

⑤ 预览标签：选择“文件”|“页面设置”菜单命令，设置列数为 3，单击常用工具栏上“打印预览”按钮，结果如图 8-47 所示。

⑥ 保存标签：单击常用工具栏上“保存”按钮，标签名为“课程标签”。

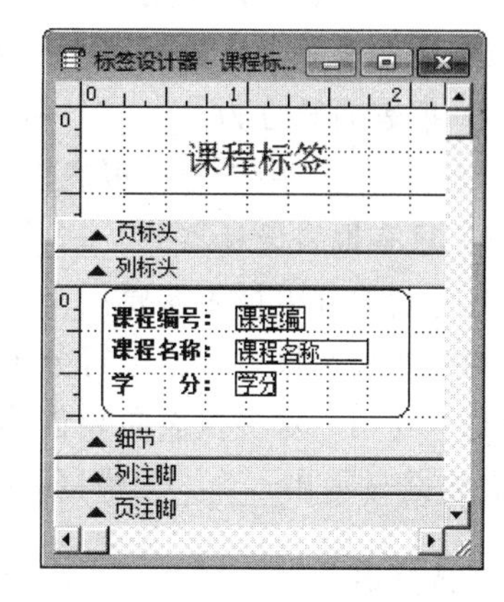

图 8-46 添加字段后的“标签设计器”窗口

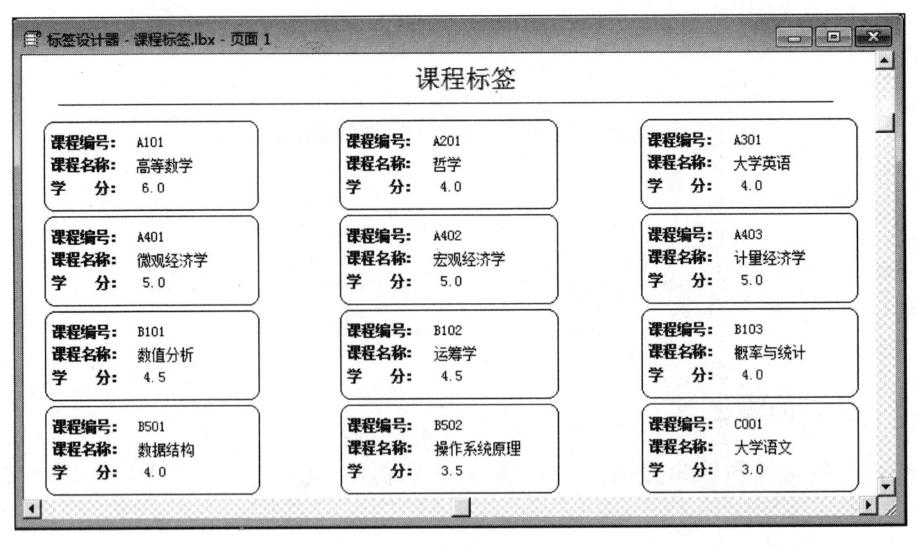

图 8-47　预览输出标签

习题 8

1. 填空题

(1) 设计报表通常包括________和________两部分内容。

(2) 如果已对报表进行了数据分组，报表自动添加的带区是________和________带区。

(3) 在报表设计器中添加“图片/ActiveX 绑定控件”按钮后，能显示的内容是________和________。

(4) 多栏报表的栏目数可以通过________和________进行设置。

(5) 建立标签可以使用________或________。

(6) 数据源通常是数据库中的表，也可以是________和________。

(7) 报表向导分为________和________两种。

(8) ________用于定义报表打印格式。

(9) 只有报表设计器的________带区为空时，才能创建快速报表。

(10) 创建分组报表需要按________进行索引或排序，否则不能保证正确分组。

(11) 如果在报表中已进行分组，报表布局会自动添加________和________带区。

(12) 利用一对多报表向导创建的一对多报表，把来自两个表中的数据分开显示，父表中的数据显示在________带区，子表中的数据显示在________带区。

2. 选择题

(1) 在报表设计器中，可以使用的控件是________。

A. 标签、域控件和线条　　B. 标签、域控件和列表框

C. 标签、文本框和列表框　　D. 布局和数据源

(2) 报表的数据源可以是________。

A. 自由表或其他报表　　B. 数据库表、自由表或视图

C. 数据库表、自由表或查询　　D. 表、查询或视图

(3) 在创建快速报表时，基本带区包括________。

A. 标题、细节和总结　　B. 页标头、细节和页注脚

C. 组标头、细节和组注脚　　D. 报表标题、细节和页注脚

(4) 如果要创建一个3级分组报表，第一个分组表达式是"部门(c)"，第二个分组表达式是"性别(c)"，第三个分组表达式是"基本工资(N)"，当前索引的索引表达式应当是________。

A. 部门＋性别＋基本工资　　B. 部门＋性别＋STR(基本工资)

C. STR(基本工资)＋性别＋部门　　D. 性别＋部门＋STR(基本工资)

(5) 不能打开"数据环境设计器"窗口的操作是________。

A. "显示"菜单　　B. 在报表设计器工具栏

C. 在"报表设计器"窗口右键单击　　D. 在控件工具栏

(6) 创建报表的命令是________。

A. CREATE REPORT　　B. MODIFY REPORT

C. RENAME REPORT　　D. DELETE REPORT

(7) 在"报表设计器"中，可以使用的控件有________。

A. 标签、域控件和线条　　B. 标签、域控件和列表框

C. 标签、文本框和列表框　　D. 布局和数据源

(8) 用于打印报表中的字段、变量和表达式的计算结果的控件是________。

A. 报表控件　　B. 域控件

C. 标签控件　　D. 图片/OLE 绑定控件

(9) 打印报表文件 bb 的命令是________。

A. REPORT FROM bb TO PRINT　　B. DO FROM bb TO PRINT

C. REPORT FORM bb TO PRINT　　D. DO FORM bb TO PRINT

(10) 标签文件的扩展名是________。

A. .lbx　　B. .lbt　　C. .prg　　D. .frx

(11) 报表标题的打印方式为________。

A. 每组打印一次　　B. 每列打印一次

C. 每个报表打印一次　　D. 每页打印一次

(12) 标签实质上是一种________。

A. 一般报表　　B. 比较小的报表

C. 多列布局的特殊报表　　D. 单列布局的特殊报表

第9章 菜单的设计与应用

菜单、快捷菜单是用户与应用程序之间的接口,良好的菜单结构可以让用户快速、条理清楚地访问应用程序,也有助于用户学习及操作应用程序。本章主要介绍 Visual FoxPro 系统菜单的构成、菜单设计的一般步骤、菜单设计器的使用、下拉菜单和快捷菜单的设计方法等。通过本章学习,应熟练掌握菜单设计器的使用,会用菜单设计器设计菜单;学会利用菜单设计器定制菜单系统;熟练掌握 Visual FoxPro 中快捷菜单的设计方法。

在 Visual FoxPro 中,菜单分为一般菜单和快捷菜单两种。一般菜单也称为下拉式菜单,由一个水平的条形菜单和一组弹出式菜单组成,条形菜单一般作为窗口的主菜单,弹出式菜单又叫子菜单,当选择一个条形菜单选项时,将激活相应的弹出式菜单。快捷菜单本质上也是弹出式菜单,是用户在右击时弹出的菜单。本章主要介绍 Visual FoxPro 下拉菜单和快捷菜单的设计方法。

9.1 设计下拉式菜单

下拉式菜单是 Windows 环境下所有应用软件中最常见的菜单,利用 Visual FoxPro 的菜单设计器可以非常方便地进行下拉式菜单的设计。利用 Visual FoxPro 提供的菜单设计器可以通过两种方式建立下拉式菜单:一是为顶层表单建立下拉式菜单;二是通过修改 Visual FoxPro 的系统菜单建立应用程序的下拉式菜单。

9.1.1 使用菜单设计器建立下拉式菜单

1. 打开菜单设计器

下拉式菜单的设计是利用菜单设计器完成的,因此,在设计菜单之前首先需要打开菜单设计器,打开步骤如下。

(1) 选择“文件”|“新建”菜单命令,打开“新建”对话框如图 9-1 所示。

(2) 在“新建”对话框中选择“菜单”,然后单击“新建文件”按钮,弹出“新建菜单”对话框,如图 9-2 所示。

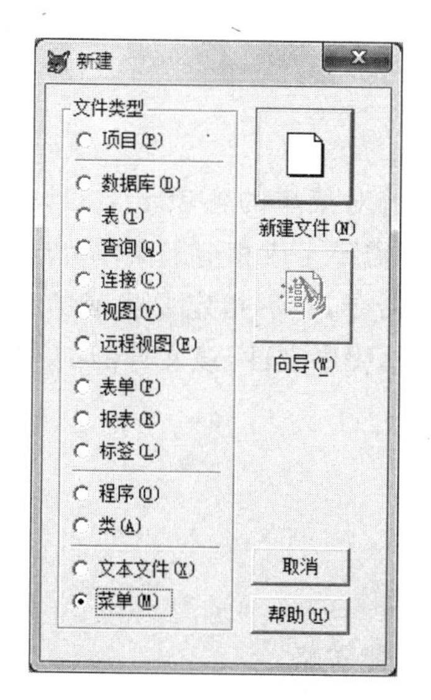

图 9-1 “新建”对话框

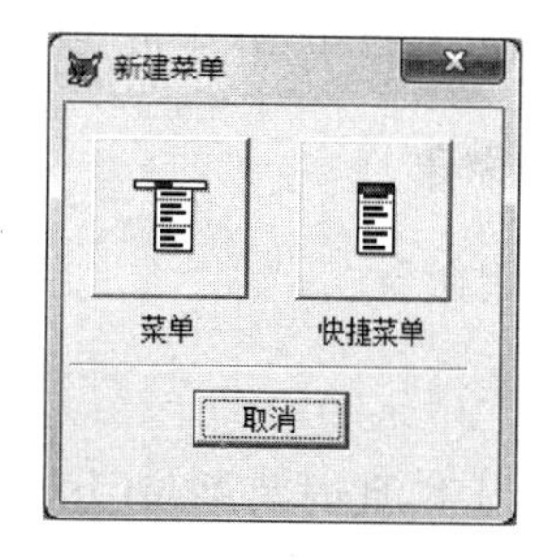

图 9-2 “新建菜单”对话框

(3) 在“新建菜单”对话框中单击“菜单”按钮，进入到菜单设计器，如图 9-3 所示。

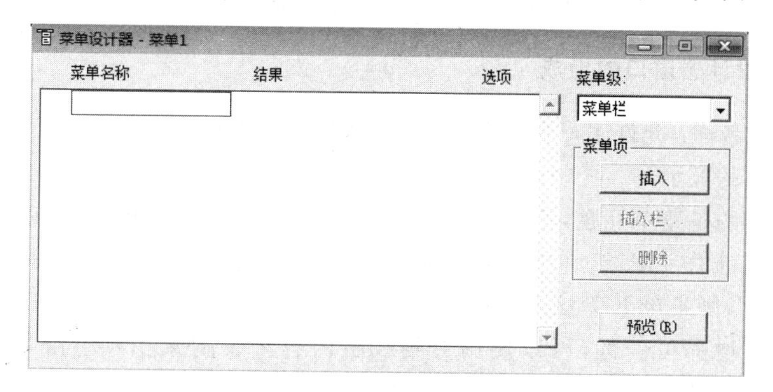

图 9-3 “菜单设计器”窗口

也可以通过下列命令打开菜单设计器。

格式：

```
MODIFY MENU <文件名>
```

功能：建立或打开指定文件名的菜单定义文件。

说明：文件的扩展名.MNX 可以省略。

2. 设计菜单

在菜单设计器窗口中，可以设计菜单的各项内容，包括菜单栏、菜单标题、菜单项、快捷键、分组线等，详细的设计方法将在后面内容中进行介绍。

在菜单设计完成之后，需要对设计好的菜单进行保存，保存的方法是选择“文件”菜单中的“保存”菜单命令，在弹出的“另存为”对话框中输入文件名，此时保存的文件称作为菜单定义文件，该文件的扩展名为.MNX。

3. 生成菜单

利用菜单设计器建立好的菜单定义文件保存着对菜单的各项定义和设置，但其本身不能运行。如果希望设计好的菜单能够被执行，还需要生成相应的菜单程序文件，方法是在"菜单设计器"环境下，选择"菜单"|"生成"菜单命令，然后指定要生成的菜单程序文件的名字和路径，最后单击"生成"按钮，即可生成菜单程序文件，该文件的扩展名为.MPR。

4. 运行菜单

可以使用命令

```
DO <文件名>
```

来运行菜单程序，此时菜单程序的扩展名.MPR不能省略。

9.1.2 菜单设计器的构成和设计环境

下面详细介绍菜单设计器窗口的组成和相应的菜单选项。

1. 菜单设计器窗口的组成

(1) 菜单名称：允许用户在菜单系统中指定菜单标题和菜单项的名称，该部分内容主要用于菜单的显示。

如果指定的是菜单标题，则可以设置菜单标题的访问键，方法是在菜单名称中找到需要设置为访问键的字符，然后在该字符的前面加上"\<"字符，例如在菜单名称部分输入"编辑(\<E)"，则字母E为该菜单项的访问键。

有时为了增强可读性，可以使用分隔线将内容相关的菜单项分隔成组。例如，在Visual FoxPro的"编辑"菜单中，就有一条线把"撤销"及"重做"命令与"剪切"、"复制"、"粘贴"、"选择性粘贴"和"清除"命令分隔开。在菜单设计器中，如果要插入一条水平分组线，可以在"菜单名称"栏中键入"\-"。

"菜单名称"列左边的双向箭头按钮，在设计时允许可视化地调整菜单项，可以利用该按钮改变菜单栏的顺序。

(2) 结果列：用于指定在选择菜单标题或菜单项时发生的动作。单击该列右侧的下拉按钮可以在下拉列表框中选择命令、填充名称或菜单项、子菜单和过程等选项，各选项的内容如下。

① 命令：选择此项后，该选项右侧会出现一个文本框，可以在文本框中输入一条具体的命令，当菜单系统设计完成运行时，选择该菜单会执行相应的命令。

② 填充名称或菜单项：如果当前定义的是菜单栏，则该选项为"填充名称"，选择该选项后，右侧会出现文本框，在该文本框中需要输入菜单项的内部名字；如果当前定义的是菜单项，则该选项为"菜单项＃"，在其右侧的文本框中应指定菜单项的序号。

特别需要注意的是，如果在菜单项序号中输入了一个Visual FoxPro系统菜单的内部名字，则在运行时，该菜单项就可以调用相应系统菜单的功能。例如，如果输入“_MED_COPY”则在运行时，该菜单项会完成“复制”操作。

③ 过程：选择该选项后，该选项右侧会出现“创建”按钮。单击“创建”按钮，会打开一个文本编辑窗口，等待用户输入过程代码，此时用户输入的过程不需要写入 PROCEDURE 命令，当内容输入完毕，关闭文本编辑窗口后，原来的“创建”按钮会自动地变成为“编辑”，可以通过该按钮对已建立好的过程进行修改。当菜单系统设计完成运行时，选择该菜单会执行相应的过程。

④ 子菜单：选择该选项后，该选项右侧会出现“创建”按钮。单击“创建”按钮会进入到子菜单设计窗口，子菜单设计窗口和菜单栏设计窗口类似，用户可以通过窗口右上角的“菜单级”下拉列表来查看当前子菜单的内部名字，该名字默认为上一级菜单栏的标题，可以进行修改。还可以通过该下拉列表返回到上一级菜单编辑窗口，所定义的最高层菜单栏的内部名字不能改变，它的菜单级就是“菜单栏”。当菜单系统设计完成运行时，选择该菜单会打开相应的子菜单。

(3) 选项：当用户单击每个菜单项的选项列时，都会出现“提示选项”对话框，如图 9-4 所示。可以在该对话框中定义键盘快捷键和其他菜单设置，该对话框的主要设置如下。

图 9-4 “提示选项”对话框

① 快捷方式：设置快捷键的步骤是：选定“键标签”文本框，然后在键盘上按需要设置的快捷键，例如希望设置快捷键为 Ctrl+F，则应该在文本框中先按键盘上的 Ctrl 键然后再按 F 键，而不是直接输入“Ctrl+F”。设置完成后，键说明文本框会显示和键标签同样的内容，用户可以对其进行修改。如果要取消已经设置好的快捷键，只需在“键标签”文本框中按空格即可。

② 跳过：通过指定一个表达式，由表达式的值来决定该菜单项是否可选。如果表达式的值为真，在菜单激活时该菜单项可选，否则该菜单项以灰色显示。

③ 信息：用于定义菜单项的说明信息。当菜单运行鼠标指向该菜单项时，在该文本框中输入的内容会显示在 Visual FoxPro 主窗口的状态栏上。

(4) 插入：在“菜单设计器”窗口中插入新的一行。

(5) 插入栏：显示“插入系统菜单栏”对话框，用户可以插入标准的 Visual FoxPro 菜单项。

(6) 删除：从“菜单设计器”中删除当前行。

(7) 预览：显示正在创建的菜单。

2. “显示”菜单

在菜单设计器环境下，系统菜单的“显示”菜单会多出两个菜单项：“常规选项”和“菜单选项”。

(1) “常规选项”对话框。选择“显示”|“常规选项”菜单命令，会弹出“常规选项”对话框，如图 9-5 所示，在该对话框中，可以设置下拉式菜单系统的整体属性，该对话框的各组成部分功能如下。

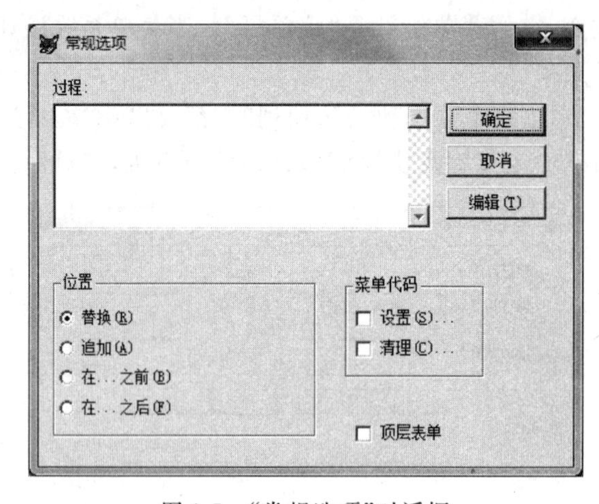

图 9-5 “常规选项”对话框

① 过程：为整个菜单指定一组过程代码，当菜单中的某个菜单项没有规定具体的动作时，会执行该省略过程代码。

② 位置：确定正在设计的下拉菜单与当前系统菜单的位置关系。

- 替换：用定义好的菜单替换原有系统菜单的内容。
- 追加：将定义好的菜单添加到当前系统菜单的后面。
- 在……之前：将定义好的菜单内容插在当前系统菜单的某个菜单栏之前。当选择该按钮时，其右侧会出现一个下拉列表框，在该列表框中可以确定具体在哪个系统菜单之前。
- 在……之后：将定义好的菜单添加到当前系统菜单的某个菜单栏之后。

③ 菜单代码：包含“设置”和“清理”两个复选框，无论选择哪个复选框，都会打开一个相应的代码编辑窗口，在该窗口中可以进行代码的设计。

④ 顶层表单：如果选择该项目，可以将一个已经设置好的下拉式菜单添加到一个顶层表单中，如果未选中，则该菜单将作为一个系统菜单出现。

(2) “菜单选项”对话框：该对话框用于定义当前菜单的公共过程代码，如果系统中某个菜单项没有规定具体的动作，那么该菜单项将执行所设置的缺省过程代码。如图 9-6 所示。

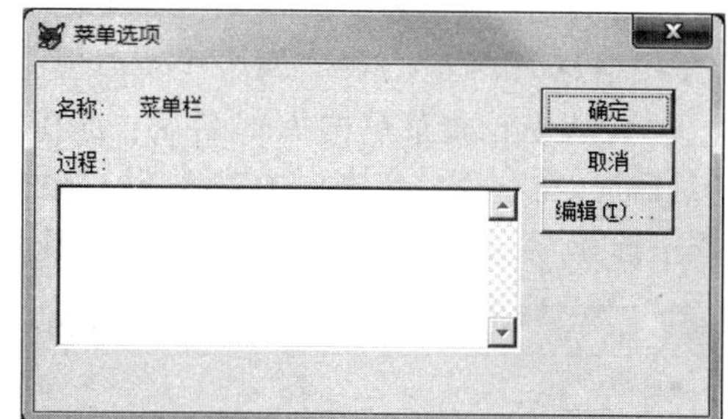

图 9-6 "菜单选项"对话框

【例 9-1】 利用菜单设计器建立下拉式菜单，要求如下。

① 菜单栏包含 3 个菜单项，它们分别是"运行"、"编辑"和"退出"，作用分别是激活下拉菜单 yx、激活下拉菜单 bj 和将系统菜单恢复为标准设置。

② 下拉菜单 yx 包括"快速表单"、"学生信息"、"学生成绩"3 个选项，它们的快捷键分别为 Ctrl＋K、Ctrl＋I、Ctrl＋S，当选择各菜单命令时，分别运行表单 ksbd. scx、xsxx. scx、xscj. scx。

③ 下拉式菜单 bj 包括"剪切"、"复制"和"粘贴"3 个选项，它们分别调用相应的系统菜单。

具体操作步骤如下：

① 打开"菜单设计器"，设置菜单栏的各菜单项，如图 9-7 所示。

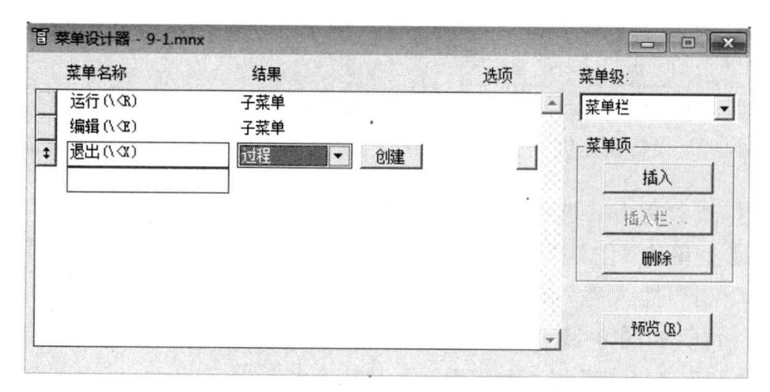

图 9-7 设计菜单栏

② 定义下拉式菜单 yx：单击"运行"菜单项"结果"列上的"创建"按钮，进入到子菜单设计窗口，设置各子菜单项，如图 9-8 所示。

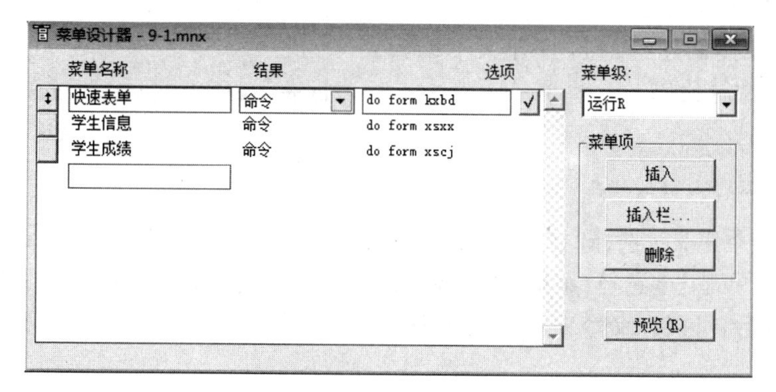

图 9-8 设计子菜单

③ 为子菜单项“快速表单”设置快捷键：单击“选项”列上的按钮，打开“提示选项”对话框，然后单击“键标签”文本框，并按 Ctrl＋K 键，如图 9-9 所示。用同样的方法依次设置“学生信息”和“学生成绩”两个子菜单项的快捷键。

④ 设置下拉式菜单的内部名字：选择“显示”|“菜单选项”菜单命令，打开“菜单选项”对话框，在“名称”文本框中输入 yx，单击“确定”按钮，如图 9-10 所示。在“菜单级”列表框中选择“菜单栏”，返回到上一级设计窗口。

图 9-9 设计快捷键

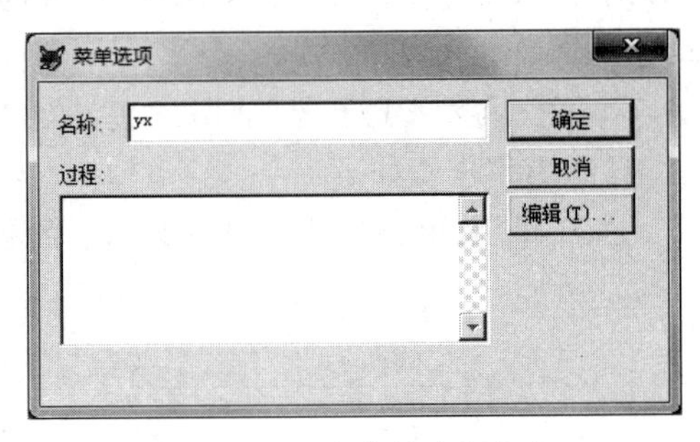

图 9-10 改变菜单内部名称

⑤ 定义下拉式菜单 bj：选中“编辑”菜单名称项的“结果”列上单击“创建”按钮，进入到子菜单设计窗口，单击“插入栏”按钮，打开“插入系统菜单栏”对话框，如图 9-11 所示。按题目要求依次插入“粘贴”、“复制”和“剪切”3 项，如图 9-12 所示。

⑥ 按照步骤④的方法输入 bj 菜单栏的内部名字。

⑦ 为菜单名称项“退出”定义过程代码：单击“结果”列上的“创建”按钮，打开文本编辑窗口。输入以下两行代码：

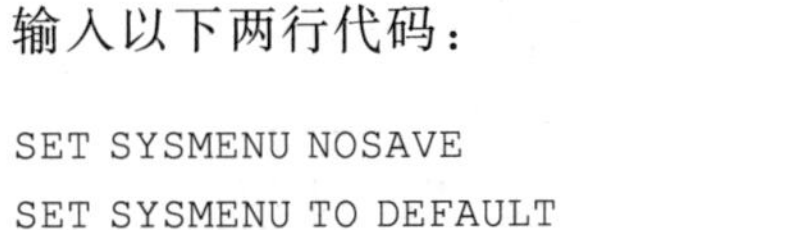

```
SET SYSMENU NOSAVE
SET SYSMENU TO DEFAULT
```

图 9-11 使用系统菜单

⑧ 保存菜单定义：选择“文件”|“保存”菜单按钮，将结果保存为 cdlx.mnx。

⑨ 生成菜单程序：选择“菜单”|“生成”菜单命令，产生相应的菜单程序文件 cdlx.mpr。菜单程序生成后，可以在命令窗口中通过命令：

```
DO cdlx.mpr
```

运行。

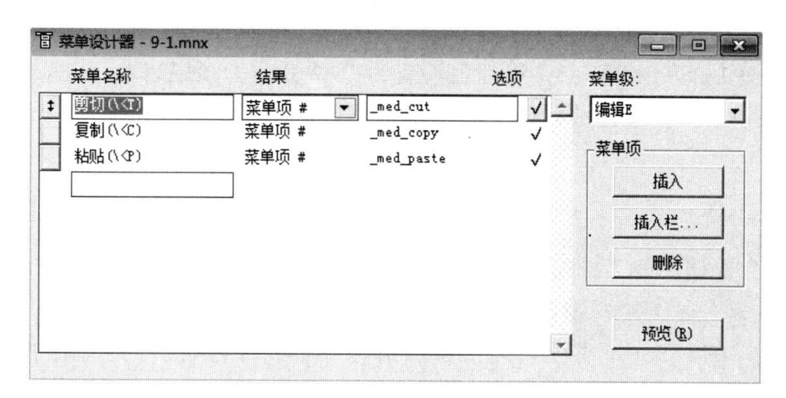

图 9-12　子菜单

9.1.3　利用“快速菜单”建立下拉式菜单系统

在菜单设计器环境下，系统菜单栏会增加“菜单”项，除了“快速菜单”命令，其他的大部分命令都可以在菜单设计器中找到，利用“快速菜单”可以把 Visual FoxPro 的主菜单系统加载到“菜单设计器”中，并将其作为创建菜单系统的基础。

【例 9-2】 利用“快速菜单”建立菜单系统。

(1) 进入菜单设计器，在菜单设计器环境下，选择“菜单”|“快速菜单”菜单命令。此时可以看到，菜单设计器中已经包含了 Visual FoxPro 系统主菜单的全部内容。如图 9-13 所示。

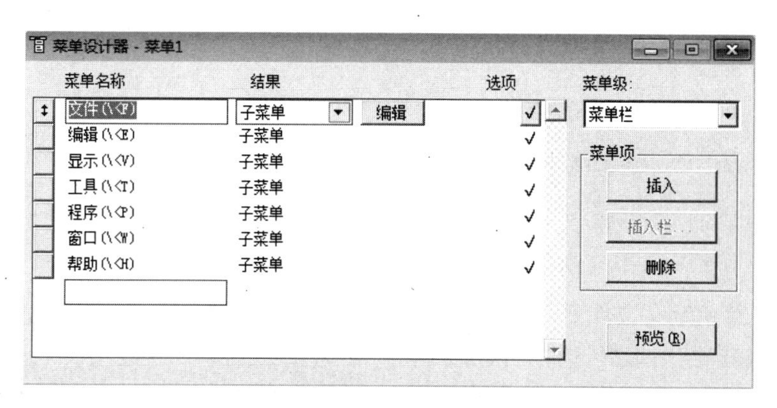

图 9-13　快速菜单

(2) 用户可以根据需要对当前窗口中的内容进行删除、添加、修改等操作，使得修改后的菜单系统能够满足应用程序的需要。

(3) 设计完成后，可以单击“预览”按钮了解菜单的运行情况，最后保存菜单。

9.1.4　为顶层表单添加下拉式菜单

为顶层表单添加下拉式菜单的方法和过程如下。

(1) 首先通过“菜单设计器”设计好下拉菜单。

(2) 在“菜单设计器”中，打开“常规选项”对话框，选中“顶层表单”复选框。

(3) 将表单的 ShowWindow 属性值设置为 2，使其成为顶层表单。

(4) 在表单的 Init 事件的代码中添加调用菜单程序的命令。

格式：

```
DO <文件名>WITH THIS[,"<菜单名>"]
```

其中，文件名为要调用的菜单程序文件名，输入时扩展文件名. MPR 不能省略，同时通过<菜单名>为运行的菜单栏制定一个内部名字。

(5) 在表单的 Destroy 事件代码中添加清除菜单的命令，使得关闭表单时可以同时清除菜单。

格式：

```
RELEASE MENU <菜单名>[EXTENDED]
```

其中的 EXTENED 表示清除由<菜单名>指定的菜单栏及其所有下属的子菜单。

【例 9-3】 将例 9-1 所建立的菜单 cdlx. mpr 添加到一个顶层表单中。

(1) 打开表单设计器，建立一个空白表单，修改表单的 Caption 属性值为“顶层表单菜单系统”，修改其 ShowWindow 属性值为 2。

(2) 添加一个标签控件，修改其 Caption 属性为“顶层表单菜单系统示例”；添加一个命令按钮，修改 Caption 属性为“退出”，设置其 Click 事件代码为：

```
Thisform.Release
```

(3) 添加表单的 Init 事件代码：

```
DO cdlx.mpr WITH THIS,'cdlx'
```

(4) 添加表单的 Destroy 事件代码：

```
RELEASE MENU cdlx EXTENDED
```

(5) 保存表单，表单文件名为 CDFORM。

(6) 打开菜单定义文件 cdlx. mnx，进入菜单设计器，选择“显示”|“常规选项”菜单命令，打开“常规选项”对话框，选中“顶层表单”复选框。修改“退出”菜单项的过程代码，增加一条命令：

```
CDFORM.Command1.Click
```

使得“退出”菜单和“退出”按钮执行相同的操作。保存菜单定义文件，重新生成菜单程序文件 cdlx. mpr。

(7) 运行表单文件，可以看到菜单系统已成为顶层表单的一部分了。如图 9-14 所示。

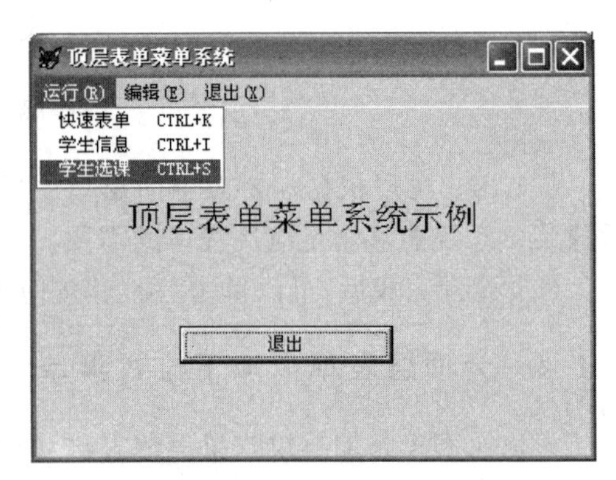

图 9-14 顶层表单菜单系统

9.2 快捷菜单设计

一般情况下，下拉式菜单会作为应用程序的整体菜单系统，包含了应用程序的所有功能。而快捷菜单则针对于某一个具体对象，例如，在 Windows 桌面上右击时，弹出的快捷菜单和在“开始”按钮上右击所看到的快捷菜单内容是不一样的。因此，对快捷菜单的设计和操作对象有着密切的关系。

利用和“菜单设计器”类似的“快捷菜单设计器”可以方便的定义和设计快捷菜单，具体的过程如下。

(1) 选择“文件”|“新建”菜单命令，在“新建”对话框中选择“菜单”，单击“新建文件”按钮，进入到“新建菜单”对话框。

(2) 选择“快捷菜单”进入到“快捷菜单设计器”。

(3) 使用和建立下拉式菜单同样的方法，建立快捷菜单，最后生成菜单程序文件。

(4) 在快捷菜单的“清理”代码中添加清除菜单的命令，使得在选择、执行菜单命令后能及时清除菜单，释放其所占用的内存空间。

格式：

```
RELEASE POPUPS<快捷菜单名>[EXTENDED]
```

(5) 在表单设计器中选定要设定快捷方式的对象，修改该对象的 RightClick 事件代码为：

```
DO <快捷菜单程序文件名>
```

【例 9-4】 建立一个表单的快捷菜单，其菜单项的内容为：“显示当前日期”、“显示当前时间”、“设置背景色为红色”、“设置背景色为蓝色”、“窗口右移和窗口下移”，每两条命令中间加一分组线。当选择显示日期和时间时会弹出对话框输出当前的系统日期或时间；当选择改变背景色时，表单的背景色会改为红色或蓝色；当选择移动时，表单窗口会向右或向下移动。如图 9-15 所示。

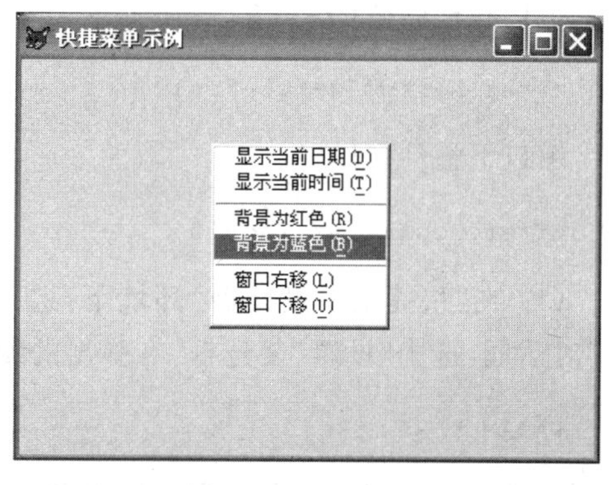

图 9-15　例 9-4 示意

具体步骤如下：

(1) 打开“快捷菜单设计器”，定义各菜单项的内容，如图 9-16 所示。

(2) 输入各菜单项的过程代码。

显示当前日期(\<D)：

```
s=DTOC(DATE(),1)
ss=LEFT(s,4)+"年"+SUBSTR(s,5,2)+"月"+RIGHT(s,2)+"日"
=MESSAGEBOX("当前日期为"+ss)
```

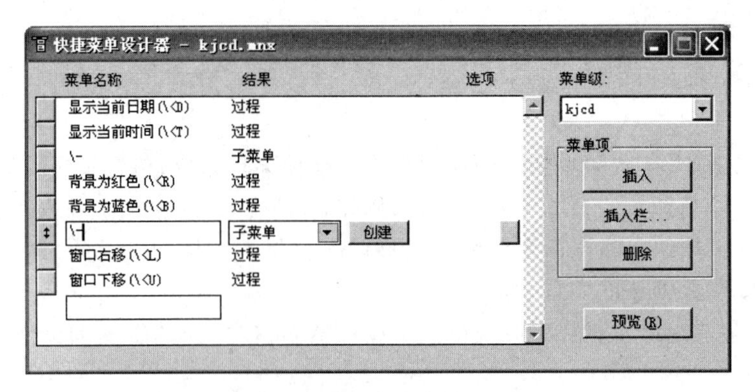

图 9-16 “快捷菜单设计器”窗口

显示当前时间(\<T)：

```
s=TIME()
ss=LEFT(s,2)+"时"+SUBSTR(s,4,2)+"分"+RIGHT(s,2)+"秒"
=MESSAGEBOX("当前时间为"+ss)
```

背景为红色(\<R)：

```
mfref.BackColor=RGB(255,0,0)
```

背景为蓝色(\<B)：

```
mfref.BackColor=RGB(0,0,255)
```

窗口右移(\<L)：

```
mfref.Left=mfref.Left+10
```

窗口下移(\<U)：

```
mfref.Top=mfref.Top+10
```

(1) 在“快捷菜单设计器”环境下，选择“显示”|“常规选项”菜单命令，进入“常规选项”对话框，选中“设置”复选框，在弹出的编辑窗口中输入：

```
PARAMETERS mfRef
```

该语句用于接收当前表单对象引用的参数。选择“清理”复选框，在弹出的编辑窗口输入：

```
RELEASE POPUPS kjcd
```

该语句用于清除快捷菜单。

(2) 选择“显示”|“菜单选项”菜单命令，在名称文本框输入快捷菜单的内部名字 kjcd。

(3) 保存菜单定义文件为 kjcd.mnx，生成菜单程序文件 kjcd.mpr。

(4) 打开“表单设计器”，新建空白表单，设置 Caption 属性为“快捷菜单示例”，添加表单的 RightClick 事件代码：

```
DO kjcd.mpr WITH THIS
```

(5) 保存表单并运行,右击,运行建立好的快捷菜单命令,可以看到窗口的各种变化和提示。

习题 9

1. 选择题

(1) 假设已经生成了名为 mymenu 的菜单文件,执行该菜单文件的命令是________。

A. DO mymenu　　B. DO mymenu. mpr

C. DO mymenu. pjx　　D. DO mymenu. mnx

(2) 在 Visual FoxPro 中,使用菜单设计器定义菜单,最后生成的菜单程序的扩展名是________。

A. MNX　　B. PRG　　C. MPR　　D. SPR

(3) 设计菜单要完成的最终操作是________。

A. 创建主菜单及子菜单　　B. 指定各菜单任务

C. 浏览菜单　　D. 生成菜单程序

(4) 将一个预览成功的菜单存盘,再运行该菜单,却不能执行。这是因为________。

A. 没有放到项目中　　B. 没有生成

C. 要用命令方式　　D. 要编入程序

2. 填空题

(1) 要为表单设计下列拉式菜单,首先需要在菜单设计时,在"常规选项"对话框中选择________复选框;其次要将表单的 Show Window 属性值设置为________,使其成为顶层表单;最后需要在表单的________事件代码中添加调用菜单程序的命令。

(2) 快捷菜单实质上是一个弹出式菜单。要将某个弹出式菜单作为一个对象的快捷菜单,通常是在对象的________事件代码中添加调用该弹出式菜单程序的命令。

(3) 要将 Visual FoxPro 系统菜单恢复成标准配置,可先执行________命令,然后再执行________命令。

(4) 菜单的任务可以是________、________、________。

(5) 菜单的调用是通过________完成的。

第10章 数据库应用系统开发

一个完整的 Visual FoxPro 应用程序通常包含数据库文件、表文件、表单文件、程序文件、查询文件、报表文件和菜单文件等多种文件，而这些文件之间又存在各种各样的联系。本章以“学生成绩管理数据库”的开发过程为例，进一步阐述开发一个数据库应用系统应进行的用户需求分析、系统总体构架设计、数据库设计、各功能模块的设计与程序编码、主程序设计、系统主菜单设计，以及系统测试和项目连编等一系列步骤。从而帮助读者进一步掌握 Visual FoxPro 6.0 的使用方法，熟悉利用 Visual FoxPro 开发一个数据库应用系统的过程。

10.1 总体设计

所有软件系统在进行系统设计之前，都必须首先进行需求分析。需求分析包括整个项目对数据的需求和对应用功能的需求两方面的分析内容。对数据需求分析的结果将归纳出整个系统所应包含和处理的数据，以便进行相应的数据库设计；而对功能需求分析的结果将明确程序设计的目标并在其基础上进行程序模块的统一规划。

需求分析完成之后，便可进行系统的总体规划设计，即根据“自顶向下，逐步细化”的原则，对应用系统所应达到的功能层次模块进行合理的划分和设计。一个组织良好的数据库应用系统通常被划分为若干个子系统，每个子系统的功能由一个或多个相应的程序模块来实现，并且可以根据需要进一步进行功能的细化和相应程序模块的细化。设计时，应仔细考虑每个功能模块所应实现的功能，该模块应包含的子模块，以及该模块与其他模块之间的联系等，最后再用一个主程序将所有的模块有机地组织起来。

“学生成绩管理系统”主要用于对学生信息与学生成绩的计算机管理，包括有关信息的查询、修改、增加、删除、统计、打印等功能。该系统大致包括如下几个主要功能模块。

1. 主界面模块

主界面模块提供学生成绩管理系统的主菜单界面，用户可在该界面下执行各项成绩管理工作。另外，该模块还将对用户的合法性进行验证。

2. 查询模块

查询模块为用户提供数据表信息的查询检索功能。包含学生信息查询、学生选修和必修成绩查询、班级查询、课程查询等子模块。用户可以实现不同关键字的查询，比如对于学生表，用户可以实现针对学号、姓名、班级等字段的查询。

3. 维护模块

维护模块提供各数据表信息的修改、添加、删除、备份等维护功能。包含学生信息表维护、学生选修和必修成绩表维护、课程表维护、班级表维护等模块。对于学生信息与学生成绩的维护同样可在输入学号或姓名后快速显示，并根据需要进行增、删、改等操作。

4. 统计模块

统计模块实现各种信息的统计功能，如学生信息统计，又如学生成绩统计等。

5. 报表打印模块

打印模块可打印每个学生的成绩单、各课程成绩统计表、各班情况一览表等。

6. 帮助模块

帮助模块关于学生成绩管理系统的使用与操作提示，提供相关的帮助信息以及关于系统的开发和版权信息。

本系统主要实现了以上的功能模块，其他各主要功能模块都是在登录系统主界面后才能使用。系统各功能模块结构框图如图 10-1 所示。

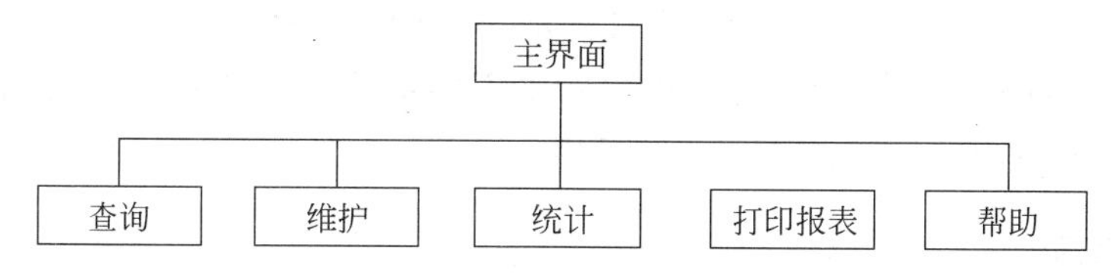

图 10-1　系统总体结构图

系统的结构框架和各个模块的功能设计好以后，即可着手系统项目的创建。

本章的大部分知识点在教材的前面章节中都已详细讲述，因此在许多知识点的使用在这里不作具体介绍。项目的创建利用上文中提到的项目管理器，先创建一个名为 xsgl 的学生成绩管理项目文件，并保存在专门的磁盘目录 d:\xsgl 中。

10.2　数据库设计

数据库设计(Database Design)是指根据用户的需求，在某一具体的数据库管理系统上，设计数据库的结构和建立数据库的过程。近年来，随着计算机技术的发展，数据库应用在数量和重要性方面都取得了巨大的增长。包括商业、医疗保健、教育、政府机构和图书馆等在内的几乎每一种组织都使用数据库来存储、操纵和检索数据。数据库更是信息管理系统不可缺少的重要部分，因为绝大多数信息管理系统都是数据库应用系统，一个高效的数据库应用系统必须有一个或多个设计合理的数据库的支持。与其他计算机应用系统相比，数据库应用系统具有数据量大、数据关系复杂、用户需求多样等特点。

10.2.1 数据库设计原则

一个好的数据库的设计，是系统实现的重要前提。一个好的数据库设计不等于就有一个好的应用系统，但一个好的应用系统一定有好的数据库设计。一般来讲，在一个管理信息系统分析、设计、测试和试运行阶段，因为数据量较小，设计人员和测试人员往往只注意到功能的实现，而很难注意到性能的薄弱之处，等到系统投入实际运行一段时间后，才发现系统的性能在降低。因此，数据库设计是建立数据库及其应用系统的核心和基础，它要求对于指定的应用环境，构造出较优的数据库模式，建立起数据库应用系统，并使系统能有效地存储数据，满足用户的各种应用需求。设计数据库需要注意的细节有很多，下面简单介绍一下数据库设计的几个原则。

1. 表设计原则

(1) 标准化和规范化；数据的标准化有助于消除数据库中的数据冗余。

(2) 采用数据驱动，增强系统的灵活性与扩展性；

(3) 在设计数据库的时候考虑到哪些数据字段将来可能会发生变更。

2. 字段设计原则

(1) 选择数字类型和文本类型要尽量充足，否则无法进行计算操作。

(2) 增加删除标记字段。在关系数据库里不要单独删除某一行，而在表中包含一个“删除标记”字段，这样就可以把行标记为删除。

3. 键和索引

(1) 键选择原则。

① 键设计 4 原则。

- 所有的键都必须唯一。
- 为关联字段创建外键。
- 避免使用复合键。
- 外键总是关联唯一的键字段。

② 使用系统生成的主键，控制数据库的索引完整性，并且当拥有一致的键结构时，找到逻辑缺陷很容易。

③ 通常情况下不要选择用户可编辑的字段作为键。

④ 可选键有时可作主键，能拥有建立强大索引的能力。

(2) 索引使用原则。索引是从数据库中获取数据的最高效方式之一,绝大多数的数据库性能问题都可以采用索引技术得到解决。

① 逻辑主键使用唯一的成组索引,对系统键(作为存储过程)采用唯一的非成组索引,对任何外键采用非成组索引。考虑数据库的空间有多大,表如何进行访问,还有这些访问是否主要用于读写。

② 大多数数据库都索引自动创建的主键字段,但是不能忘了索引外键,它们也是经常使用的键。

③ 不要索引 memo/note 字段,不要索引大型字段,这样会让索引占用太多的存储空间。

④ 不要索引常用的小型表,不要为小型数据表设置任何键,尤其当它们经常有插入和删除操作时。

4. 数据完整性设计

(1) 完整性实现机制。

① 实体完整性:主键。

② 参照完整性。

- 父表中删除数据:级联删除,受限删除,置空值。
- 父表中插入数据:受限插入,递归插入。
- 父表中更新数据:级联更新,受限更新,置空值。

DBMS 对参照完整性可以有两种方法实现:外键实现机制(约束规则)和触发器实现机制。

③ 用户定义完整性:NOT NULL、CHECK 和触发器。

(2) 用约束而非商务规则强制数据完整性。

(3) 强制指示完整性。在有害数据进入数据库之前将其剔除,激活数据库系统的指示完整性特性。

(4) 使用查找控制数据完整性,控制数据完整性的最佳方式就是限制用户的选择。

(5) 采用视图。可以为应用程序建立专门的视图而不必非要应用程序直接访问数据表,这样做还等于在处理数据库变更时给你提供了更多的自由。

10.2.2 数据库设计过程

数据库设计是建立数据库及其应用系统的核心和基础,它要求对于指定的应用环境,构造出较优的数据库模式,建立起数据库应用系统,并使系统能有效地存储数据,满足用户的各种应用需求。进行数据库设计的首要任务是考虑信息需求,也就是数据库要存入什么样的数据。当然,创建数据库并非仅仅为了存储数据,更主要的目的是从中提取有用的信息。所以,除了要考虑数据库存储什么数据外,还应该考虑数据的存储方式、目的、用途以及性能要求。

本系统开始设计时应尽量全面考虑数据库中的数据,尤其应仔细考虑用户的各种需求,力求避免数据的冗余,是用户方便快捷的得到满意的数据。一般按照规范化的设计方法，常将数据库设计分为若干阶段。

1. 系统规划阶段

主要是确定系统的名称、范围；确定系统开发的目标功能和性能；确定系统所需的资源；估计系统开发的成本；确定系统实施计划及进度；分析估算系统可能达到的效益；确定系统设计的原则和技术路线等。对分布式数据库系统，还应分析用户环境及网络条件，以选择和建立系统的网络结构。

2. 数据需求分析

需求分析的成败直接影响到数据库的成败实施。对于一个严格完整的数据仓库项目来说，需求分析应该属于数据仓库项目的第二个过程，第一阶段属于数据库项目定义阶段，对项目范围、项目评估、可行性研究分析和投资回报等相关进行定义，也是一个不容忽视的阶段。首先需要明确创建数据库的目的，即需要明确数据库设计的信息需求、处理需求以及数据安全性与完整性的要求。

3. 表的设计

确定数据库中所应包含的表是数据库设计过程中技巧性最强的一步。尽管在需求分析中已经基本确定了所设计的数据库应包含的内容，但需要仔细推敲应建立多少个独立的数据表，以及如何将这些信息分门别类地放入各自的表中。

4. 字段的设定

确定每个表所需的字段时应遵循以下几个原则。

(1) 每个字段直接和表的实体相关：必须确保一个表中的每个字段直接描述本表的实体，描述另一个实体的字段应属于另一个表。

(2) 以最小的逻辑单位存储信息：表中的字段必须是基本数据元素，而不应是多项数据的组合。

(3) 表中字段必须是原始数据：即不要包含可由推导或计算得到的字段。

(4) 包括所需的全都信息：在确定所需字段时不要遗漏有用的信息，应确保所需的信息都已包括在某个数据表单，或者可出其他字段计算出来。同时在大多情况下，应确保每个表中有一个可以唯一标识各记录的字段。

(5) 确定主关键字段：关系型数据库管理系统能够迅速地查询并组合存储在多个独立的数据表中的信息。为使其有效地工作，数据库中的每一个表都必须至少有一个字段可用来唯一地确定表中的一个记录，这样的字段被称为主关键字段。

5. 表间关系的设计

确定数据库中各个数据表之间的关系是一对一关系还是一对多关系，所确定的关系应该能够反映出表之间客观存在的联系，同时也为了使各个表的结构更加合理。

6. 精益求精

数据库设计的过程实际上是一个不断返回修改、不断调整的过程。在设计的每一个阶段都需要测试其是否能满足用户的需要,不能满足时就需要返回到前一个或前几个阶段进行修改和调整。

10.2.3 学生成绩管理系统的数据库设计

根据项目需求分析的结果,本项目确定创建一个学生管理数据库 xsgl.dbc,并在该数据库中加入学生表 xs.dbf、课程表(kc.dbf)、成绩表(cj.dbf)三个表。

这里先打开学生管理项目文件 xsgl.pjx,再在项目管理器窗口中新建一个 xsgl.dbc 数据库,然后再在该数据库下创建上述各个数据表。

各数据表的结构如表 10-1～表 10-3 所示。

表 10-1 学生表结构

字段名	数据类型	字段宽度	说　明
学号	字符型	8	主索引
姓名	字符型	8	
性别	字符型	2	
出生日期	日期型	8	
班级	字符型	5	普通索引
应届否	逻辑型	1	
入学成绩	整型	4	
照片	通用型	4	
曾获奖励	备注型	4	

表 10-2 课程表结构

字段名	数据类型	字段宽度	说　明
课程编号	字符型	3	主索引
课程名称	字符型	10	
学分	数值型	3	小数位数 1

表 10-3 成绩表结构

字段名	数据类型	字段宽度	说　明
学号	字符型	8	普通索引
课程	整型	3	普通索引
成绩	整型	4	

在数据库中建立上述表后，根据表中说明字段为表建立索引。

接下来在数据库设计器中建立各表之间的永久关系。如表 10-4 所示。

表 10-4　各表间关系

	学生表	课程表	选修成绩表
学生表			1:N
课程表			1:N
选修成绩表	N:1	1:N	

需要说明的是，在班级表 bj 与学生表 xs 之间通过"班级编号"建立一对多关系，因学生表中没有"班级编号"字段，但因在学生表的"班级"字段与班级目录表中的"班级编号"包含相同的信息，所以可以通过在班级表中"班级编号"建立的主索引与学生表中"班级"建立的普通索引建立永久一对多关系。用同样方式建立关系的还有课程表与选修课程表。创建完成的各个表之间的联系如图 10-2 所示。

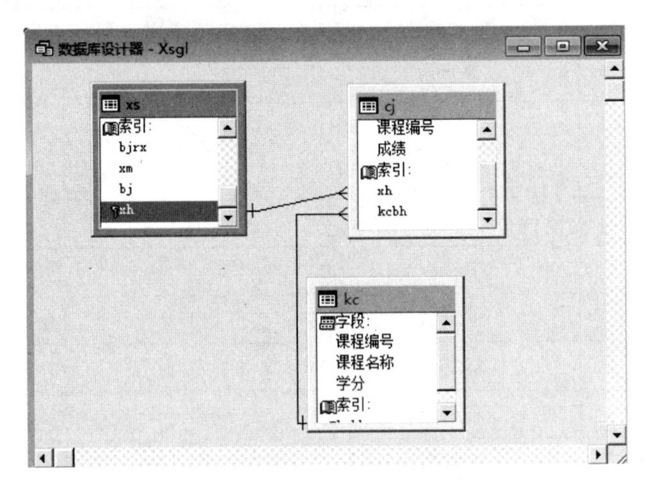

图 10-2　表间关系图

10.3　系统主界面设计

10.3.1　软件前导界面设计

首先创建如图 10-3 所示的软件封面表单，设定此表单为顶层表单，以文件名 forform.scx 存盘。根据设计要求，该表单运行若干秒钟后或者当用户按下任意键后自行关闭. 随即启动管理员身份验证界面。

创建此表单的具体操作步骤如下：

(1) 打开表单设计器。在表单 Form1 中添加两个标签 Label1、Label2 和一个计时器 Timer1，并调整其大小与位置。

(2) 设置表单 Form1 的 AutoCenter 属性为.T.、Picture 属性为""、Titlebar 属性为

图 10-3　系统启动图

“0—关闭”、ShowWindow 的属性为“2—作为顶层表单”。

(3) 设置标签 Label1 的 Caption 属性为“信息工程学院”、FontName 属性为“华文行楷”、FontSize 属性为 28、BackStyle 属性为“0—透明”。

(4) 设置标签 Label2 的 Caption 属性为“学生成绩管理系统”、FontName 属性为“华文琥珀”、FontSize 属性为 36、BackStyle 属性为 0—透明。

(5) 为了使本表单在显示 8 秒钟后自动关闭并自动调用身份验证程序，设置计时器 Timer1 的 Interval 属性值为 8000 毫秒。同时为 Timer1 的 Timer 事件编写如下代码：

```
ThisForm.Release
Do Form Password.scx
```

(6) 为了使本表单在用户按下任意银后即能自动关闭并自动调用身份验证程序，编写表单 Form1 的 KeyPress 事件代码如下：

```
ThisForm.Release
Do Form Password.scx
```

(7) 将表单以文件名 forform.scx 存盘。

10.3.2　身份验证界面设计

对于应用系统的操作者，登录使用时需要进行操作权限和身份的验证。本系统为此设计了一个如图 10-4 所示的身份验证表单，只有输入的操作员姓名及密码均无误后才能进入系统主菜单。

具体设计步骤如下：

(1) 打开表单设计器，在表单 Form1 中添加两个标签 Label1、Label2，两个文个框 Text1、Text2 和一个命令按钮 Command1，并调整其大小与位置。

(2) 设置表单 Form1 的 AutoCenter 属性为 .T.、Caption 属性为“权限验证”。

(3) 设置标签 Label1 的 Caption 属性为“用户名：”、FontSize 属性为 12；设置标签

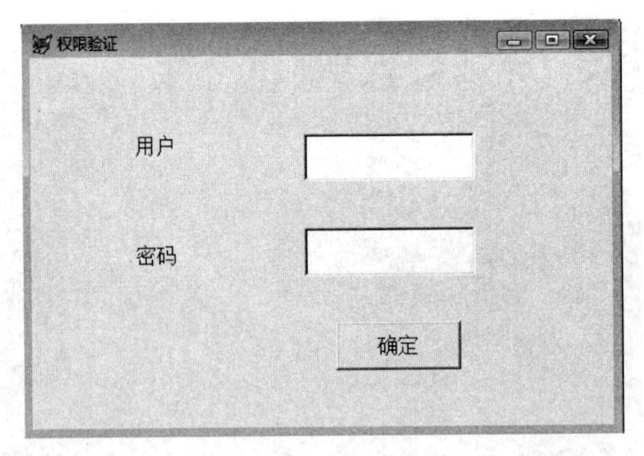

图 10-4　验证界面图

Label2 的 Caption 属性为“密码：”、FontSize 属性为 12。

（4）设置标签 Text2 的 PasswordChar 属性为“ * ”；设置 Command1 的 Caption 属性为“确定”。

（5）编写表单 Form1 的 Init 事件代码如下：

```
Public n                              && 宣告 n 为全局内存变量
n=0                                   && 设置 n 的初值为零
```

（6）编写命令按钮 Command1 的 Click 事件代码如下：

```
n=n+1
czy=ALLTRIM(ThisForm.Text1.Value)
mm=ALLTRIM(ThisForm.Text2.Value)
USE adminer
LOCATE FOR 注册名=czy
IF FOUND() AND 密码=mm
  USE
  Thisform.Release
  Release n
  DO main.mpr
ELSE
  IF n<3
    MESSAGEBOX("姓名或密码有误,请重新输入!",0, "输入错误")
    Thisform.Text1.Value=" "
    Thisform.Text2.Value=" "
    Thisform.Text1.SetFocus=" "
  ELSE
    Thisform.Release
    Release n
    Clear Events
  ENDIF
```

```
USE
ENDIF
```

(7) 将本表单命名为 Password.scx 后加以保存。

10.4 功能模块设计

10.4.1 查询模块设计

在整个学生管理系统中,查询功能起最重要的系统功能之一,系统的查询模块主要包括“学生信息查询”、“课程信息查询”和“学生成绩查询”等子模块,每个子模块用一个表单来实现。其中最主要的是“学生信息查询”表单 query.scx 的制作。其他查询表单或查询文件的创建与此类似,不再赘述。创建完毕的“学生信息查询”表单如图 10-5 所示。

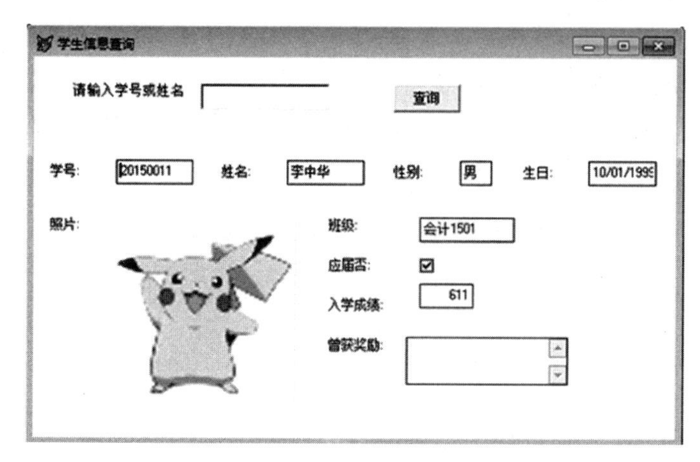

图 10-5　学生查询模块

该表单可参照以下步骤创建:

(1) 打开表单设计器,定义表单的 Caption 属性值为“学生信息查询”,并将学生表 xs.dbf 加入该表单的数据环境。

(2) 选择“表单”|“快速表单”菜单命令,此时系统会自动将学生表的各个字段添加到表单中形成对应的字段控件,并且自动实现表中各字段与对应表单控件的数据绑定。然后调整各字段控件的布局。

(3) 因本界面只提供信息查询与浏览,并不提供数据修改功能,所以需将各字段对应文本框的 ReadOnly 属性设置为.F.。

(4) 在表单上部添加一个标签 Label1、一个文本框 Text1 和一个命令按钮 Command1,并调整其大小与位置。设置 Label1 的 Caption 属性为“请输入学号或姓名:”,Command1 的 Caption 属性为“开始查找”。

(5) 编写“开始查找按钮”Command1 的 Click 事件代码如下:

```
cz=ALLTRIM(Thisform.Text1.Value)
```

```
n=RECNO()
GO TOP
SCAN
  IF xs.学号=cz OR xs.姓名=cz
    Thisform.Text1.Value=""
    Thisform.Text1.SetFocus
    Thisform.Refresh
  RETURN
  ENDIF
ENDSCAN
MESSAGEBOX("该学生不存在!",0,"查找失败!")
GO n
Thisform.Text1.Value=""
Thisform.Text1.SetFocus
Thisform.Refresh
```

(6) 将此表单保存为 query.scx 文件。

其他查询表单或查询文件的创建与此类似,因此不再作详细叙述。创建完毕的"成绩查询"表单如图 10-6 所示,其他表单不一一列举。

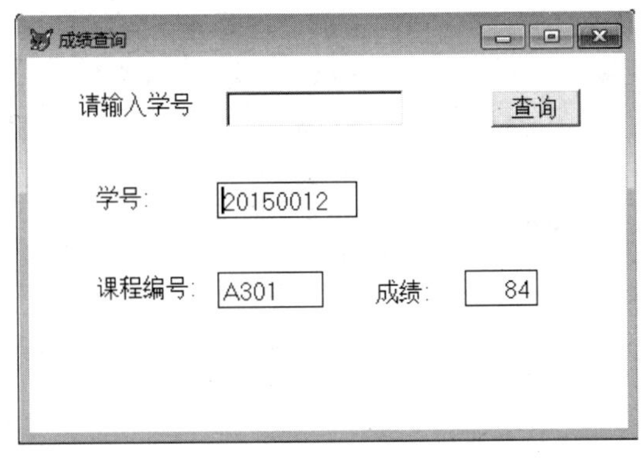

图 10-6　必修成绩查询表单

10.4.2　维护模块设计

维护模块用来对各个数据表的记录进行添加、修改、删除等操作,包括"学生信息维护"、"课程信息维护"和"学生成绩维护"等几个子模块,每个模块也是一个相应的表单。这里以设计"学生信息维护"表单 maintain.scx 为例来说明各维护子模块的创建步骤。

"学生信息维护"表单与"学生信息查询"表单类似,但在其中增加了"修改"、"添加"和"删除"3 个命令按钮,并去除了照片字段与备注字段。设计完成的"学生信息维护"表单如图 10-7 所示。"学生信息维护"表单运行时,应能实现以下功能。

(1) 用户可以在输入学号或姓名后,单击"查询"按钮找到并显示要维护的记录。

(2) 单击"修改"按钮后即允许修改当前显示的记录内容,此时"修改"按钮变为"保存"按钮,而"添加"按钮变为"还原"按钮。待用户将当前记录的内容修改完毕后,单击"保

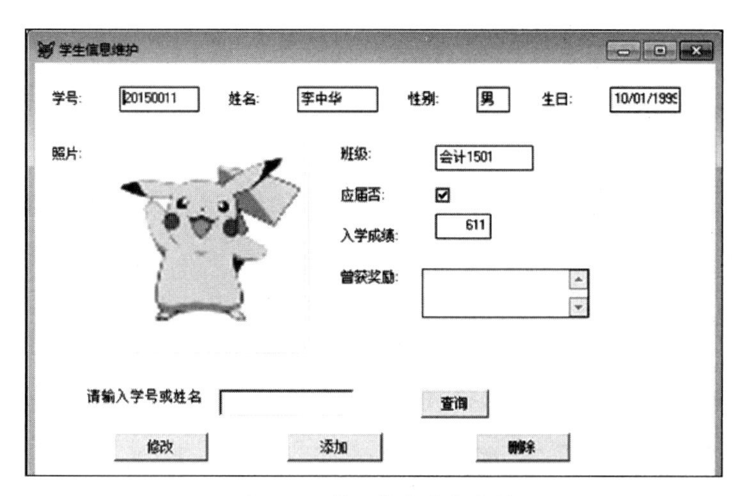

图 10-7　学生信息维护表单

存”按钮即可完成记录的修改；若单击“还原”按钮则所做修改作废，恢复当前记录的原来数据。

(3) 单击“添加”按钮后即可向学生表追加一条空白记录，与单击“修改”按钮时一样，此时“修改”按钮变为“保存”按钮，而“添加”按钮变为“还原”按钮。待用户将新添加的记录内容输入完毕后，单击“保存”按钮即可完成当前记录的添加；若单击“还原”按钮则所添加的记录便被删除. 恢复添加前显示的记录。

(4) 单击“删除”按钮后可将当前记录删除，这时将弹出一个如图 10-7 所示的“确认删除”对话框，只有单击其中的“确认”按钮后，才能真正将当前记录删除。

“学生信息维护”表单文件命名为 maintain. scx，“修改”、“添加”、“删除”3 个按钮的 Name 属性分别设置为 edit、add 和 del。“开始查找”按钮及其他各个控件的有关创建步骤与“学生信息查询”表单的创建类似。

以下是为整个“学生信息维护”表单及“修改”、“添加”、“删除”3 个命令按钮编写的事件代码。

(1) 表单 form1 的 Init 事件代码如下：

```
PUBLIC n, tj, sz                      && 定义所要用到的全局内存变量
DIMENSION sz(6)                       && 数组变量 sz 用于存放修改中的记录数据
USE d:\xsgl\student.dbf Exclusive
Thisform.jldw1.dyg.Enabled=.f.
Thisform.jldw1.syg.Enabled=.f.
**使文本框内容初始时不可以被修改：
Thisform.学号 1.Text1.ReadOnly=.t.
Thisform.姓名 1.Text1.ReadOnly=.t.
Thisform.性别 1.Text1.ReadOnly=.t.
Thisform.生日 1.Text1.ReadOnly=.t.
Thisform.应届否 1.Text1.ReadOnly=.t
Thisform.班级 1.Text1.ReadOnly=.t.
```

```
Thisform.入学成绩1.Text1.ReadOnly=.t.
Thisform.曾获奖励1.Text1.ReadOnly=.t.
```

(2) “修改”按钮的 Click 事件代码如下：

```
IF This.Caption="修改"                    && 如果当前单击的是"修改"按钮
  tj=.F.                                  && 记住当前是修改操作而不是添加操作
  **将当前记录内容保存到数组
  SCATTER MEMOTO sz
  **使各文本框内容可以修改：
Thisform.学号1.Text1.ReadOnly=.F.
Thisform.姓名1.Text1.ReadOnly=.F.
Thisform.性别1.Text1.ReadOnly=.F.
Thisform.生日1.Text1.ReadOnly=.F.
Thisform.应届否1.Text1.ReadOnly=.F
Thisform.班级1.Text1.ReadOnly=.F.
Thisform.入学成绩1.Text1.ReadOnly=.F.
Thisform.曾获奖励1.Text1.ReadOnly=.F.
  **改变各相关按钮状态：
  Thisform.xg.Caption="保存"
  Thisform.tj.Caption="还原"
  Thisform.sc.Enabled=.F.
  **隐藏相关按钮
  Thisform.kscz.Visible=.F.
  Thisform.学号.Text1.SetFocus
  Thisform.Text1.LostFocus
  Thisform.Refresh
ELSE
  Thisform.学号1.Text1.ReadOnly=.t.
  Thisform.姓名1.Text1.ReadOnly=.t.
  Thisform.性别1.Text1.ReadOnly=.t.
  Thisform.生日1.Text1.ReadOnly=.t.
  Thisform.应届否1.Text1.ReadOnly=.t
  Thisform.班级1.Text1.ReadOnly=.t.
  Thisform.入学成绩1.Text1.ReadOnly=.t.
  Thisform.曾获奖励1.Text1.ReadOnly=.t.
  Thisform.xg.Caption="修改"
  Thisform.tj.Caption="添加"
  Thisform.sc.Enabled=.T.
  Thisform.kscz.Visible=.T.
  Thisform.Text1.SetFocus
  Thisform.Refresh
ENDIF
```

(3)“添加”按钮的 Click 事件代码如下：

```
IF This.Caption="添加"                    && 如果当前单击的是"添加"按钮
  tj=.T.                                  && 记住当前是添加操作
  n=RECNO()
  APPEND BLANK
  Thisform.Refresh
  **使各文本框内容可以修改
Thisform.学号1.Text1.ReadOnly=.F.
Thisform.姓名1.Text1.ReadOnly=.F.
Thisform.性别1.Text1.ReadOnly=.F.
Thisform.生日1.Text1.ReadOnly=.F.
Thisform.应届否1.Text1.ReadOnly=.F
Thisform.班级1.Text1.ReadOnly=.F.
Thisform.入学成绩1.Text1.ReadOnly=.F.
Thisform.曾获奖励1.Text1.ReadOnly=.F.
  **改变各相关按钮状态
  Thisform.xg.Caption="保存"
  Thisform.tj.Caption="还原"
  Thisform.sc.Enabled=.F.
  **隐藏相关按钮
  Thisform.kscz.Visible=.F.
  Thisform.学号.Text1.SetFocus
  Thisform.Text1.LostFocus
  Thisform.Refresh
ELSE                                      && 否则单击的是还原按钮
  IF tj=.F.                               && 如果先前是修改(不是添加)操作
    GATHER MEMO FROM sz
    Thisform.Refresh
  ELSE                                    && 否则先前是添加操作
    DELETE
    PACK
    GO n
    Thisform.Refresh
  ENDIF
    Thisform.学号1.Text1.ReadOnly=.t.
    Thisform.姓名1.Text1.ReadOnly=.t.
    Thisform.性别1.Text1.ReadOnly=.t.
    Thisform.生日1.Text1.ReadOnly=.t.
    Thisform.应届否1.Text1.ReadOnly=.t
    Thisform.班级1.Text1.ReadOnly=.t.
    Thisform.入学成绩1.Text1.ReadOnly=.t.
    Thisform.曾获奖励1.Text1.ReadOnly=.t.
    Thisform.xg.Caption="修改"
    Thisform.tj.Caption="添加"
    Thisform.sc.Enabled=.T.
```

```
        Thisform.kscz.visible=.T.
        Thisform.Text1.SetFocus
        Thisform.Refresh
    ENDIF
```

(4)“删除”按钮的 Click 事件代码如下：

```
IF MESSAGEBOX("确认要删除此记录吗？",1,"确认删除")=1
  DELETE
  PACK
ENDIF
Thisform.Refresh
```

10.4.3 统计打印及帮助模块的设计

系统实现的主要模块还包括统计模块、打印模块和帮助模块。其中统计模块包含对“学生基本信息的统计”、“学生成绩的统计”以及“班级人数的统计”；打印模块包括学生的成绩单、各课程成绩统计表、各班情况一览表等多个报表的生成与打印。帮助模块主要包括对系统的使用说明和软件设计者版权的介绍。上述的表单和报表设计与上文表单的介绍有很大的相似性，并且在前面章节中有具体的操作流程介绍。本文在这里就不再赘述了。

10.5 主菜单与主程序的设计

10.5.1 系统主菜单设计

各功能模块设计完成后，应设计一个主功能菜单将各个模块组合起来，形成一个完整的应用系统主界面。根据模块的划分及系统的总体结构，很容易列出系统主菜单的组成结构。本项目需要创建的主菜单结构如表 10-5 所示，表中不仅列出了各主菜单项及其下属的子菜单项，而且还给出了各菜单命令所对应执行的表单或报表程序。

表 10-5 菜单结构图

文件	查　询	维　护	统　计	打印报表	帮　助
打开	学生信息查询	学生信息维护	学生信息统计	学生成绩单	使用帮助
保存	成绩信息查询	成绩信息维护	成绩信息统计	课程成绩单	版权声明
另存为	课程信息查询	课程信息维护		各班学生表	
退出					

通常可调用菜单设计器创建主功能菜单。本系统的各个子菜单项大多是对应执行一条相关命令，例如，对于“查询”菜单下的“学生信息查询”菜单项，创建时可在菜单设计器对应该菜单项的“选项”栏中输入一条执行查询表单的命令：

```
DO FORM query.scx
```

对于“打印报表”菜单下的“学生成绩单”菜单项，可在“选项”栏中输入一条打印学生成绩表的命令：

```
REPORT FORM score_stu.frx
```

其他创建步骤与此类似。

本系统主菜单的具体设计方法与步骤请参阅第 9 章的说明。设计完成后将生成名为 main. mpr 的菜单程序文件，保存在本系统专用的磁盘目录 d:\jxgl 中。该菜单运行后的效果如图 10-8 所示。

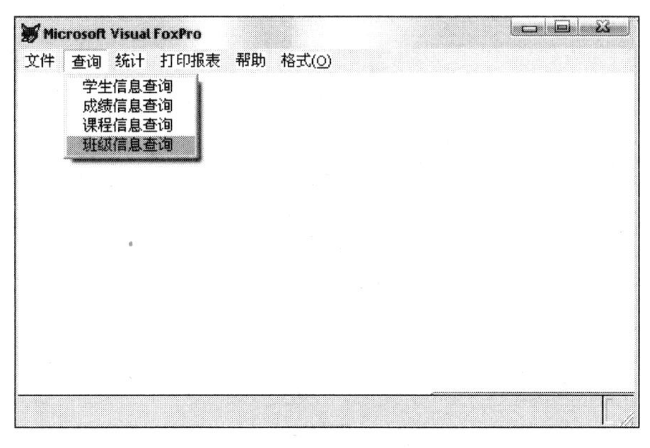

图 10-8 菜单运行效果图

10.5.2 主程序的设计

这里所说的主程序是指一个应用系统最初执行的程序。在一个项目文件管理的应用系统中，可执行的模块会有很多个，比如表单、查询、程序、报表等，但它们之中只能有一个是主控程序，它是这个应用程序运行的起点，即用户运行应用程序时，Visual FoxPro 首先启动该主控程序的运行。其他可执行模块由主控程序直接或者间接的启动。该主控程序在项目管理其中被称为主文件。一个项目有且只有一个主文件。实际上，在 Visual FoxPro 中，主文件不仅是一个应用程序的入口，而且更为重要的是，通过主文件可以将应用程序的各组成部分犹记得结合起来，即通过主文件对各个部分的调用来完成程序的有效运转。主控程序可以是建立一个简单的程序，由它来调用应用系统的封面表单和主菜单，也可以将这个简单的主程序代码作为封面表单计时器的 Timer 事件代码。

1. 创建主程序文件

新建一个程序，保存为 main. prg 文件，输入下列代码：

```
SETTALK OFF
DO FORM forform.scx            && 调用封面表单
Read Events                    && 建立事件响应循环
```

2. 设置主程序文件

设置主程序的步骤如下：

(1) 在项目管理器中选择要设置为主程序的某个程序、表单或菜单。在本例中我们在项目管理器的“代码”选项卡中选择以上建立的 main.prg 程序。

(2) 在 Visual FoxPro 中选择“项目”|“设置主文件”菜单命令,使该项前面出现选中标记,如图 10-9 所示。

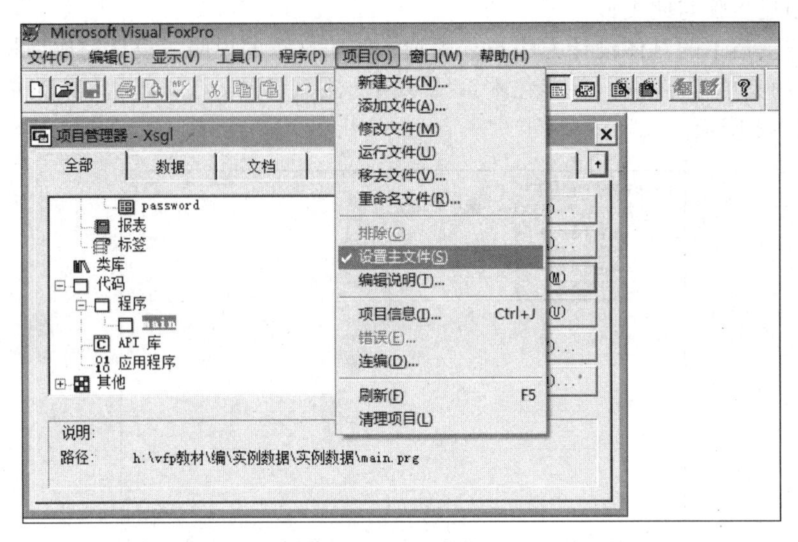

图 10-9　设定主程序

10.6　系统的调试

程序的完成不可能一蹴而就,编写过程中需要进行不断地测试,测试程序中的错误,出错以后怎样找出错误的地方就变得很重要了,只有正确找出错误的地方才可以将其改正;另外还需测试出程序不完善的地方,进行修正,从而达到不断完善系统的目的。

10.6.1　调试时常见的错误

程序运行发生错误时,Visual FoxPro 通常会给出错误提示信息。各种错误归纳起来主要为语法错误、逻辑错误及系统错误等。

常见的语法错误主要是命令和各种短语的拼写错误、字符串定界符或括号的配对错误,以及命令或函数的参数出错等。此外,还包括程序流程控制语句中的开始语句与结束语句不配对,或者嵌套结构中出现了交叉等。例如有两个 IF 语句而只有一个 ENDIF,或者有 DO WHILE 语句而缺少 ENDDO 语句等。初学者还常犯使用各种中文标点符号的错误。一定要记住,除了代表文件名和变量名的汉字文字之外,程序中所有语句(注释语句除外)的符号都必须是半角的西文符号。

常见的逻辑错误包括数据类型不匹配和操作流程与所要求达到的功能不相符合等。初学者特别要注意的还有该不该添加字符串定界符的问题。一定要记住:如果是字符串必须加定界符,但如果是变量名则绝对不能加定界符。

系统错误是在违反系统规定时产生的。例如，嵌套的层数超过了系统的规定、调用一个未曾创建的变量或者试图打开一个不存在的文件等。

10.6.2 调试时常用的方法

Visual FoxPro 提供了一些专门的命令来帮助用户进行程序调试，这些命令包括：

格式 1：

```
SET ECHOON/OFF
```

功能：控制是否打开跟踪窗口来观察程序的运行。

格式 2：

```
SET STEPON/OFF
```

功能：控制是否打开跟踪窗口以单步执行方式来跟踪程序的运行。

此外，Visual FoxPro 还提供了程序调试器，可用来设置程序断点、跟踪程序的运行，检查所有变量的当前值、对象的属性值及环境设置值等。启动程序调试器的方法是选择“工具”|“调试器”菜单命令，或者在命令窗口执行 DEBUG 命令。

如果在程序中有语法性的错误，当程序运行到错误的语句时系统就会停下来，并提示程序有错，往往还会指出是什么错误，如“命令中含有不能识别的短语或关键字”，并给出选择“取消”、“挂起”、“忽略”和“帮助”4 个选择，如图 10-10 所示，它们的含义分别如下。

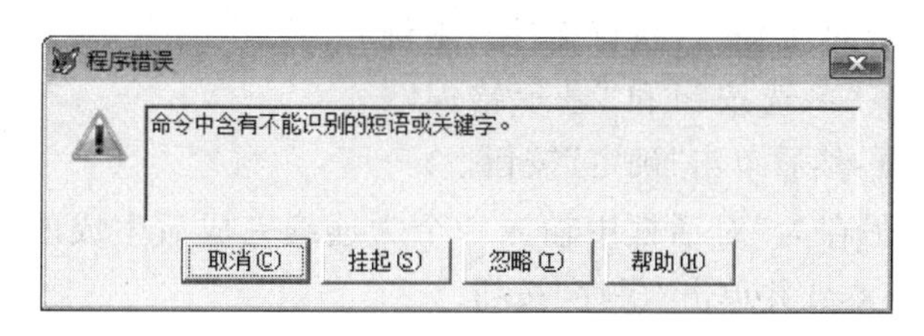

图 10-10　系统报错

(1) 取消：中止程序运行，回到命令窗口，相当于执行了 CANCEL 命令，在程序中创建的所有变量被释放(除公共变量)，但数据库及数据表一般保持当时的状态，可以用 BROWSE 命令查看数据表的内容及记录指针所在的位置等；

(2) 挂起：暂停程序，相当于执行了 SUSPEND 命令，这时程序中的所有变量都保持原值，可以用？命令查看变量的值，当然也可以查看数据表的情况；

(3) 忽略：忽略所出现的错误，即跳过出错的语句继续执行后面的语句；

(4) 帮助：显示有关出错的帮助信息，对于错误做更详细的说明。

在本系统的各个程序模块经调试达到预定的功能和效果后，就可以对整个程序系统进行综合测试与调试。综合测试通过后，便可投入试运行，即把各程序模块连同数据库一起装入指定的应用程序磁盘目录，然后启动主程序开始试运行，考察系统的各个功能模块是否能正常运行，是否能较好地相互协调配合，是否达到了预定的功能和性能要求，是否能满足用户的需求。试运行阶段一般只需装入少量的试验数据，待确认无误后再输入大批的实际数据。

10.7 系统的连编

一个应用程序的各个模块设计完毕并经调试通过后，还必须进行连编，以便最后生成一个统一的可应用程序文件或可执行文件供最终用户使用。通过连编不仅能将各个分别创建的程序模块有机地组合在一起，还可以进一步发现错误、排除故障，从而保证整个系统的完整性和准确性，同时还可以增加应用系统的保密性。

通常可用 Visual FoxPro 的项目管理器或应用程序生成器来进行连编。在项目管理器中，连编一个应用程序的步骤如下。

(1) 在项目管理器中打开需要连编的应用程序项目，在本例中打开“学生管理”项目进行连编。

(2) 单击项目管理器窗口中的“连编”按钮，或者选择“项目”|“连编”菜单命令，弹出如图 10-11 所示的“连编选项”对话框。

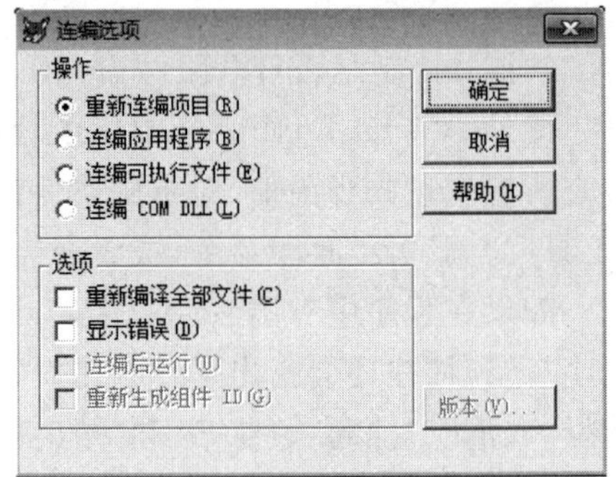

图 10-11 “连编选项”对话框

(3) 在“连编选项”对话框中，选取“连编应用程序”将生成一个扩展名为 APP 的应用程序文件，此种文件可在 Visual FoxPro 环境中运行；选取“连编可执行文件”将生成一个能直接在 Windows 环境下运行的.EXE 可执行文件。本例选中“连编应用程序”单选按钮和“显示错误”、“连编后运行”复选框，然后单击“确定”按钮。

(4) 在弹出的“另存为”对话框中输入一个为连编完成后生成的应用程序所起的名称，本例将其命名为 xsgl 并单击“保存”按钮。

至此，本例的学生管理项目经连编后即生成一个名为 xsgl.app 的应用程序文件。

10.8 应用系统运行与发布

系统连编完成之后，要进行系统的功能完整性测试，进行测试必然要运行系统，选择“程序”|“执行”菜单命令，然后选中并执行应用程序 xsgl.app，即可显示本应用系统的软件封面，该封面显示 6 秒后或当用户按下任意键后，将自动调用身份验证表单 PassWord.scx。通过对操作员的身份验证之后再自动调用主菜单程序 main.mpr，并把运行控制权交给主菜单程序，然后再由用户通过对主菜单命令项的选择来调用和执行所需的表单、报表或查询程序，从而完成本系统提供的各项功能。

选择“查询”|“学生信息查询”菜单命令，出现如图 11-5 所示的“学生信息查询”窗口。选择系统“维护”|“学生信息维护”菜单命令，出现如图 11-7 所示的“学生信息维护”窗口。

选择“统计”|“学生信息统计”菜单命令，可对学生信息进行相关的统计；选择“打印报

表”菜单下的相关命令可以进行报表的浏览和打印;选择“帮助”菜单下的命令可以查看帮助和版权信息。

本系统运行结束后,选择“文件”|“退出”菜单命令即可退出本系统而回到操作系统环境。

Visual FoxPro 编译生成的 EXE 文件是不能直接在另一台计算机上运行的,除非该计算机中已经装有 Visual FoxPro 系统,因为 EXE 文件的运行要依赖安装在 Windows 系统中的运行时刻库。为此要为该软件制作一套安装文件,可利用“安装向导”为应用程序创建安装程序和发行磁盘。其步骤如下。

(1) 在开发的软件的目录下建一个子目录,比如叫 exe,将该软件所要用到的数据库(dbc)、数据库备注(dct)、数据库索引(dcx)、表(dbf)、表索引(cdx、idx)、表备注(fpt)、内存变量文件(mem)等,以及编译后的 exe 文件全部复制到上面所建的目录中,然后将复制过去的数据表中试运行用的记录清除,但要注意有些数据可能是软件预先应提供的,那么就不应该删除,比如在一个数据表中预先存入全国各省份名称与软件一起提供给用户,以免用户再去输入。

注意:prg 文件、菜单文件、表单文件、报表文件、标签文件等不要复制进去,因为它们已经被编译在 exe 文件中了,还有就是不属于软件运行的文件,如系统分析文件,也不要复制进去。

(2) 启动 Visual FoxPro 系统,如果 Visual FoxPro 系统已经启动,最好关闭所有打开的文件。选择“工具”|“向导”|“安装”菜单命令,在弹出的窗口中选择目录,如图 10-12 所示,选择目录,可以创建目录也可以在现有的目录下发布。然后确定发布树,如图 10-13 所示。

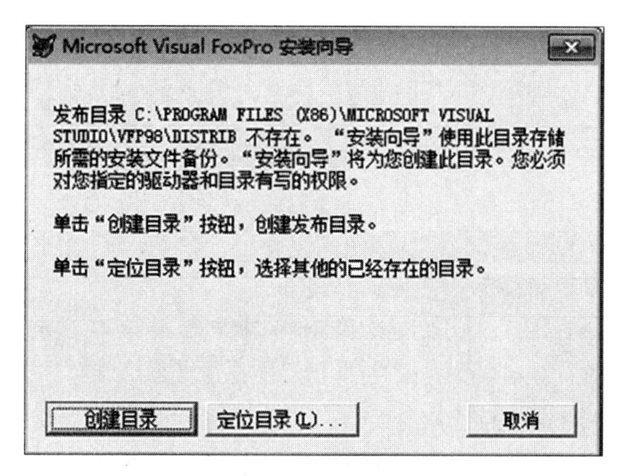

图 10-12　选择目录

(3) 单击“下一步”按钮,指定应用程序的组件,选择“Visual FoxPro 运行时刻组件”复选框,如图 10-14 所示。

(4) 单击“下一步”按钮,选择生成的安装文件存放的目录,一般可在软件目录中,即与 exe 目录在一起,还要选择安装方式,一般系统提供 3 种方式,选择第 3 种,如图 10-15 所示。

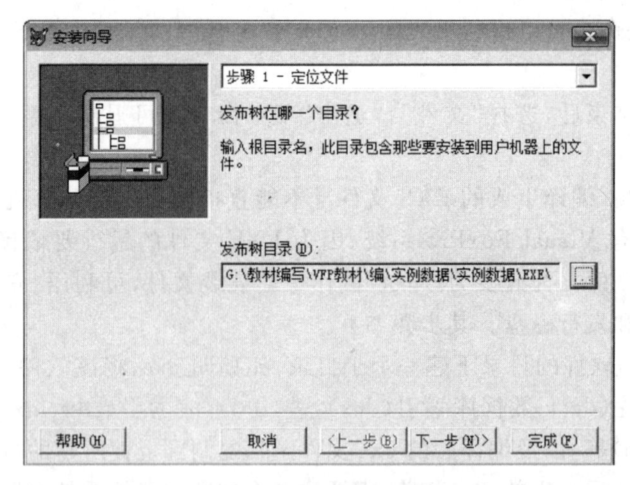

图 10-13　确定发布树

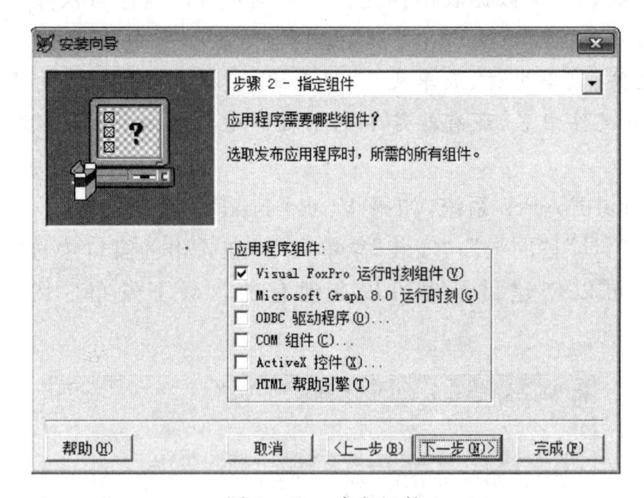

图 10-14　确定组件

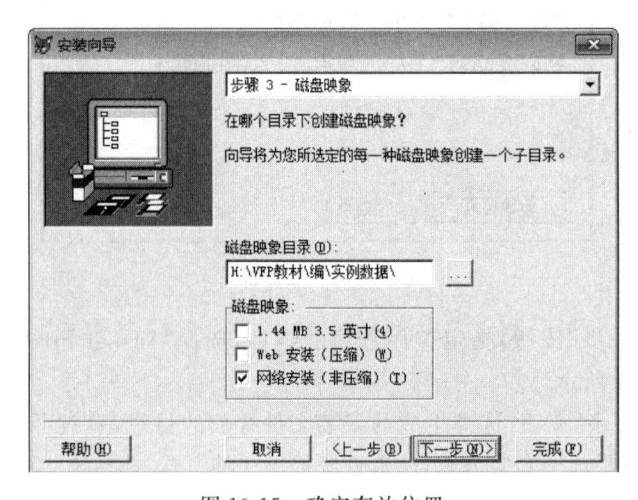

图 10-15　确定存放位置

（5）单击“下一步”按钮，指定安装过程中的对话框标题以及版权声明等内容，如图 10-16 所示。

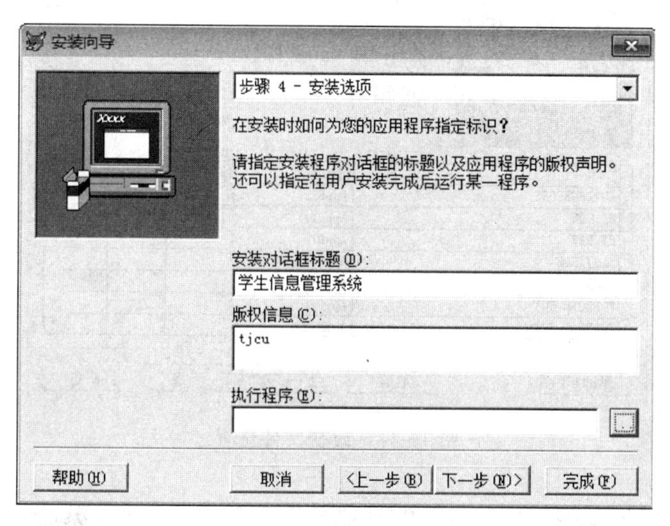

图 10-16　指定标识

（6）单击“下一步”按钮，指定应用程序的默认文件安装目录，如图 10-17 所示。

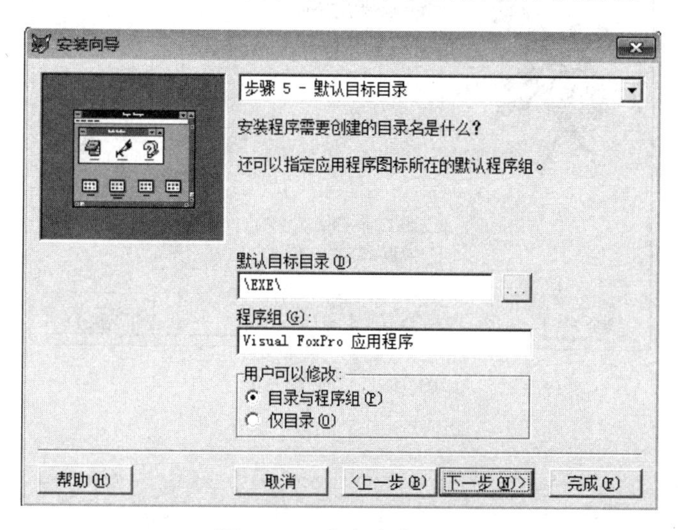

图 10-17　指定安装目录

（7）单击“下一步”按钮，显示出需要安装的文件名、目录及其他一些选项内容，允许对其进行修改和调整，如图 10-18 所示。

（8）单击“安装向导”对话框的“完成”按钮后，系统即将“发布树”中的所有文件进行压缩并把它们分解为与支装盘大小相匹配的文件块，同时生成一个 SETUP. EXE 文件，如图 10-19 所示。

（9）把在硬盘中生成的各个文件块和 SETUP. EXE 文件复制到相应的发布软盘或刻录到发布光盘上。

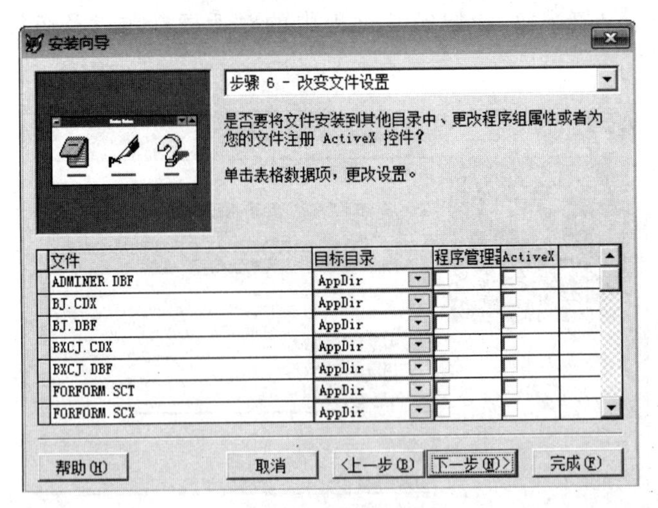

图 10-18　改变文件位置

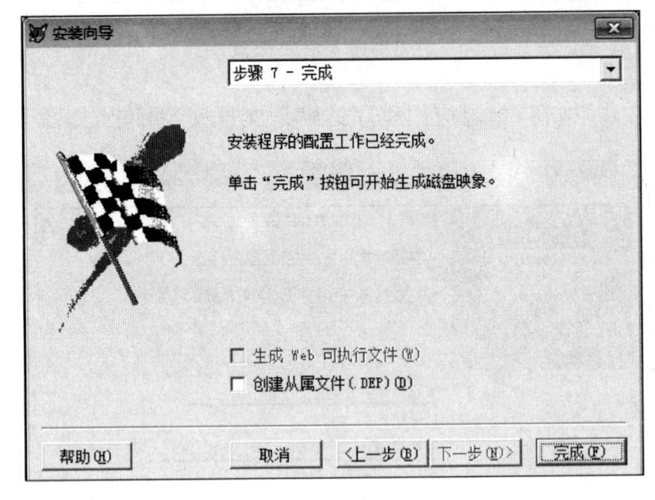

图 10-19　配置完成

习题 10

1. 思考题

(1) 基于数据库管理系统的开发过程要经历几个阶段?

(2) 如何进行系统的总体规划?

(3) 数据库设计中应遵循的原则有哪些?

(4) 什么是项目的连编? Visual Foxpro 可以生成哪些类型的连编文件?

(5) 系统调试时,常出现的错误包含哪些?

(6) 一个完整的系统如何组装?

2. 操作题

(1) 建立一个项目文件,把各种资源文件添加到项目中。

(2) 设计一个人力资源管理系统的软件系统封面,要求表单的标题为"天商人力资源管理系统",背景要求有图片,并要求有文字动画。

(3) 参照本章介绍的系统,完成天商人力资源管理系统,要求如下:

① 创建人力资源数据库,建立"人员情况表"、"部门表"和"工资表"3 个表,设定表间关系。

② 进行系统功能规划,实现"查询"、"维护"、"统计"和"报表"功能。

③ 创建菜单,将各功能有机连接。

④ 将系统连编,并生成安装文件。

附录A

Visual FoxPro 命令

命令名称	功　　能
#DEFINE…#UNDEF	创建和释放编译时常量
#IF…#ENDIF	编译时有条件地包含源代码
#IFDEF/#IFNDEF…#ENDIF	如果有编译时常量,则编译时有条件地包含命令集
#INCLUDE	让 Visual FoxPro 预处理器将指定的头文件内容当做 Visual FoxPro 程序来处理
&	执行宏代换
&&	在程序中表示一个非执行的行内注释内容的开始
*	在程序中表示一个非执行注释行的开始
=	计算一个或多个表达式
\/\\	打印或显示文本行
?/??	计算表达式并显示结果
???	将输出直接送打印机
@…CLASS	创建可用 READ 激活的控件或对象
@…CLEAR	在 Visual FoxPro 主窗口或用户自定义窗口清空一块区域
@…FILL	改变屏幕某区域内已存在文本的颜色
@…SCROLL	将 Visual FoxPro 主窗口或用户自定义窗口中的一个区域向上、向下、向左或向右移动
ACTIVATE MENU	显示并激活一个菜单条
ACTIVATE POPUP	显示并激活一个菜单
ACTIVATE SCREEN	激活 Visual FoxPro 主窗口
ACTIVATE WINDOW	显示并激活一或多个用户自定义窗口或 Visual FoxPro 系统窗口
ADD CLASS	将类定义添加到.VCX 可视类库中
ADD TABLE	将自由表添加到当前打开的数据库中

续表

命令名称	功　能
ALTER TABLE-SQL	以程序方式修改表结构
APPEND	向表尾追加若干条记录
APPEND FROM	从另一个文件向当前表尾添加记录
APPEND FROM ARRAY	从数组向当前表尾添加记录，数组的一行对应一条记录
APPEND GENERAL	从文件引入 OLE 对象并置于通用型字段中
APPEND MEMO	将文本文件的内容复制到备注型字段中
APPEND PROCEDURE	将文本文件中的存储过程追加到当前数据库的存储过程中
ASSERT	当逻辑表达式的计算结果为假时显示一个信息框
AVERAGE	计算数值表达式或数值型字段的算术平均值
BEGIN TRANSACTION	开始一次关于数据表的处理
BLANK	清除当前表中的指定数据
BROWSE	打开浏览窗口显示当前表或指定表的记录
BUILD APP	由项目文件信息创建.APP 应用程序文件
BUILD DLL	由项目文件的类信息创建.DLL 动态链接库文件
BUILD EXE	为项目文件创建可执行文件
BUILD PROJECT	创建项目文件
CALCULATE	对表中字段或涉及表中字段的表达式执行金融和统计操作
CANCEL	中断当前 Visual FoxPro 程序文件的运行
CD / CHDIR	将默认的 Visual FoxPro 目录改为指定目录
CHANGE	显示字段以供编辑
CLEAR	从内存中释放指定项目
CLOSE	关闭各种类型的文件
CLOSE MEMO	关闭一或多个备注型字段编辑窗口
COMPILE	编译一或多个源文件并生成相应的目标文件
COMPILE DATABASE	编译数据库中的存储过程
COMPILE FORM	编译一或多个表单对象
CONTINUE	继续前一个 LOCATE 命令
COPY FILE	复制任意类型的文件
COPY INDEXES	由.IDX 单索引文件生成复合索引标识
COPY MEMO	将当前记录指定备注型字段的内容复制到文本文件

续表

命令名称	功　　能
COPY PROCEDURES	将当前数据库的存储过程复制到文本文件
COPY STRUCTURE	根据当前表的结构复制生成新的、空的自由表
COPY STRUCTURE EXTENDED	根据当前表创建具有规定字段的表用以描述当前表结构
COPY TAG	由复合索引文件中的一个索引标识复制生成一个.IDX单索引文件
COPY TO	由当前表内容复制生成一个新的表文件
COPY TO ARRAY	将当前表数据复制到数组
COUNT	统计表记录数
CREATE	建立新表
CREATE CLASS	打开类设计器
CREATE CLASSLIB	生成一个新的、空的.VCX可视类库文件
CREATE COLOR SET	由当前色彩设置生成一个色彩集
CREATE CONNECTION	创建一个命名联接并存入当前数据库
CREATE CURSOR-SQL	创建一个临时表
CREATE DATABASE	创建一个数据库并打开
CREATE FORM	打开表单设计器
CREATE FROM	由表结构扩展文件生成一个表
CREATE LABEL	打开标签设计器
CREATE MENU	打开菜单设计器
CREATE PROJECT	打开项目管理器
CREATE QUERY	打开查询设计器
CREATE REPORT	打开报表设计器
CREATE SQL VIEW-SQL	打开视图设计器
CREATE TABLE-SQL	创建一个具有指定字段的表
CREATE TRIGGER	为表创建删除、插入或更新触发器
CTREATE VIEW	由Visual FoxPro环境生成一个视图文件
DEACTIVATE MENU	将用户自定义的菜单条从屏幕上去掉但仍保留其定义于内存中
DEACTIVATE POPUP	使一个由DEFINE POPUP定义的菜单为不可用但并不从内存中释放
DEACTIVATE WINDOW	将用户自定义窗口或Visual FoxPro系统窗口从屏幕上去掉但仍保留其定义于内存中
DEBUG	打开Visual FoxPro调试器
DEBUGOUT	在调试输出窗口显示一个表达式的值

续表

命令名称	功　能
DECLARE	定义数组
DECLARE-DLL	在外部共享库中声明一个函数
DEFINE BAR	为使用 DEFINE POPUP 定义的菜单定义一个菜单项
DEFINE CLASS	定义用户自定义类或子类及其属性、事件和方法
DEFINE MENU	定义一个菜单栏
DEFINE PAD	为用户自定义菜单栏或系统菜单栏定义菜单标题
DEFINE POPUP	生成一个菜单
DEFINE WINDOW	定义一个窗口及其属性
DELETE	为记录加删除标记
DELETE CONNECTION	删除当前数据库的一个已命名联接
DELETE DATABASE	从磁盘删除一个数据库
DELETE FILE	从磁盘删除一个文件
DELETE TAG	从复合索引文件删除索引标识
DELETE TRIGGER	从当前数据库删除一个表的删除、插入或更新触发器
DELETE VIEW	从当前数据库删除一个 SQL 视图
DIMENSION	定义数组
DIR 或 DIRECTORY	显示一个文件夹中的文件信息
DISPLAY	在用户自定义窗口或 Visual FoxPro 主窗口显示当前表内容
DISPLAY CONNECTIONS	显示当前数据库中命名联接信息
DISPLAY DATABASE	显示当前数据库信息
DISPLAY DLLS	显示在 Visual FoxPro 中用 DECLARE-DLL 声明了的共享库函数信息
DISPLAY FILES	显示文件信息
DISPLAY MEMORY	显示当前内存变量和数组的内容
DISPLAY OBJECTS	显示对象信息
DISPLAY PROCEDURES	显示存储于当前数据库的过程的名称
DISPLAY STATUS	显示 Visual FoxPro 环境状态
DISPLAY STRUCTURE	显示表文件结构
DISPLAY TABLES	显示当前数据库所有表的信息
DISPLAY VIEWS	显示当前数据库 SQL 视图信息并标识视图是基于本地表还是远程表

续表

命令名称	功　　能
DO	运行 Visual FoxPro 程序或过程
DO CASE…ENDCASE	执行第一个逻辑表达式为真值的分支所对应的命令组
DO FORM	运行一个由表单设计器生成的、经过编译的表单或表单集
DO WHILE…ENDDO	在条件循环中执行一组命令
DOEVENTS	执行所有的窗口事件并处理与窗口事件相关的用户代码
DROP TABLE	从当前数据库及磁盘删除表
DROP VIEW	从当前数据库删除 SQL 视图
EDIT	显示字段以供编辑
EJECT	向打印机发送一个进纸符
EJECT PAGE	向打印机发送一个条件进纸符
END TRANSACTION	结束处理并保存处理结果
ERASE	删除一个磁盘文件
ERROR	产生一个 Visual FoxPro 错误
EXIT	中止 DO WHILE、FOR 或 SCAN 循环
EXPORT	由 Visual FoxPro 表复制生成其他格式的文件
EXTERNAL	向项目管理器提示未定义的引用
FLUSH	把对所有打开表及索引的修改存盘
FOR EACH…ENDFOR	对指定集合中的每一个元素执行指定的命令组
FOR…ENDFOR	将命令组重复执行指定次
FREE TABLE	释放表对数据库的从属关系
FUNCTION	标识用户自定义函数的开始
GATHER	用数组、变量集或对象中的数据替换当前表当前记录数据
GETEXPR	在表达式生成器中生成一个表达式存入内存变量
GO / GOTO	将记录指针移到指定记录号的记录上
HELP	打开帮助窗口
HIDE MENU	隐藏一个或多个活动的用户自定义的菜单栏
HIDE POPUP	隐藏一个或多个活动的用 DEFINE POPUP 定义的菜单
HIDE WINDOW	隐藏一个活动的用户自定义窗口或 Visual FoxPro 系统窗口
IF…ENDIF	根据逻辑表达式的值有条件地执行一组命令
IMPORT	从其他格式的外部文件中导入数据生成一个 Visual FoxPro 表

续表

命令名称	功　　能
INDEX	生成一个索引文件并按该逻辑顺序显示和访问表中记录
INSERT-SQL	向表尾添加一条具有指定字段值的记录
KEYBOARD	将指定字符表达式存入键盘缓冲区
LABEL	根据表和标签文件打印标签
LIST	以连续方式显示表或环境信息
LIST CONNECTION	以连续方式显示当前数据库命名联接信息
LIST DATABASE	以连续方式显示当前数据库信息
LIST DLLS	以连续方式显示在 Visual FoxPro 中用 DECLARE-DLL 声明的共享库函数信息
LIST OBJECTS	以连续方式显示一个或一组对象信息
LIST PROCEDURES	以连续方式显示当前数据库的存储过程名称
LIST TABLES	以连续方式显示当前数据库所有表及其相关信息
LIST VIEWS	以连续方式显示当前数据库 SQL 视图信息
LOCAL	定义本地变量或数组
LOCATE	顺序查找表中满足指定逻辑表达式的第一条记录
LPARAMETERS	指定调用程序传递过来的数据与本地变量或数组的对应关系
MD / MKDIR	在磁盘上创建一个新文件夹
MODIFY CLASS	打开类设计器以供创建或修改类
MODIFY COMMAND	打开编辑窗口以供创建或修改程序文件
MODIFY CONNECTION	打开联接设计器以供修改当前数据库已存在的命名联接
MODIFY DATABASE	打开数据库设计器以供修改当前数据库
MODIFY FILE	打开编辑窗口以供创建或修改文本文件
MODIFY FORM	打开表单设计器以供创建或修改表单
MODIFY GENERAL	为当前记录的通用型字段打开编辑窗口
MODIFY LABEL	打开标签设计器以供创建或修改标签文件
MODIFY MEMO	为当前记录的备注型字段打开一个编辑窗口
MODIFY MENU	打开菜单设计器以供创建或修改菜单
MODIFY PROCEDURE	打开 Visual FoxPro 的文本编辑器以供创建或修改当前数据库的存储过程
MODIFY PROJECT	打开项目管理器以供创建或修改项目文件
MODIFY QUERY	打开查询设计器以供创建或修改查询

续表

命令名称	功　能
MODIFY REPORT	打开报表设计器以供创建或修改报表
MODIFY STRUCTURE	打开表设计器以供修改表结构
MODIFY VIEW	显示视图设计器以供修改 SQL 视图
MODIFY WINDOW	修改用户自定义窗口或 Visual FoxPro 主窗口
MOUSE	执行相当于鼠标的单击、双击、移动或拖动操作
MOVE POPUP	将用户用 DEFINE POPUP 定义的菜单移到新位置
MOVE WINDOW	将用户用 DEFINE WINDOW 创建的自定义窗口或系统窗口移到新位置
NOTE	在程序中表示一个非执行注释行的开始
ON BAR	指定当选择特定的菜单项时被激活的菜单或菜单栏
ON ERROR	指定出错时要执行的命令
ON ESCAPE	指定在程序或命令执行期间按下 ESC 键将执行的命令
ON KEY LABEL	指定当按一键、键组合或单击鼠标时要执行的命令
ON PAD	指定当选择一个菜单标题时将激活的菜单或菜单标题
ON PAGE	指定当报表打印输出达到指定行数或发出了 EJECT PAGE 命令时将执行的命令
ON SELECTION BAR	指定当选择了一个菜单项时将执行的命令
ON SELECTION MENU	指定当选择了菜单栏的任一标题时将执行的命令
ON SELECTION PAD	指定当选择了菜单栏的指定标题时将执行的命令
ON SELECTION POPUP	指定当从指定菜单或所有菜单选择任一菜单项时将执行的命令
ON SHUTDOWN	指定当退出 Visual FoxPro 或 Windows 时将执行的命令
OPEN DATABASE	打开一个数据库
PACK	永久删除当前表中有删除标记的记录
PACK DATABASE	删除当前数据库中有删除标记的记录
PARAMETERS	指定调用程序传递过来的数据与局部变量或数组的对应关系
PLAY MACRO	执行一个键盘宏命令
POP KEY	恢复用 PUSH KEY 存入堆栈的 ON KEY LABEL 分配
POP MENU	恢复用 PUSH MENU 存入堆栈的指定菜单栏的定义
POP POPUP	恢复用 PUSH POPUP 存入堆栈的指定菜单的定义
PRINTJOB…ENDPRINTJOB	激活用于打印任务的系统内存变量的设置
PRIVATE	隐藏上级程序所定义的某些内存变量或数组

续表

命令名称	功　能
PROCEDURE	在程序文件中标识一个过程的开始
PUBLIC	定义全局内存变量或数组
PUSH KEY	将当前所有的 ON KEY LABEL 命令设置存入内存堆栈中
PUSH MENU	将一个菜单栏定义存入内存的菜单栏定义堆栈区
PUSH POPUP	将一个菜单定义存入内存的菜单定义堆栈区
QUIT	结束 Visual FoxPro 并将控制返回操作系统
RD / RMDIR	从磁盘删除一个目录
READ EVENTS	启动事件处理过程
RECALL	去掉当前表中记录的删除标记
REGIONAL	声明区域内存变量或数组
REINDEX	重建打开的索引文件
RELEASE	从内存中清除内存变量或数组
RELEASE BAR	从内存中清除一个菜单的指定或全部菜单项
RELEASE CLASSLIB	关闭含有类定义的. VCX 可视类库
RELEASE LIBRARY	从内存中删除一个外部 API 库
RELEASE MENUS	从内存中删除用户自定义菜单栏
RELEASE PAD	从内存中删除指定或全部菜单标题
RELEASE POPUPS	从内存中删除指定或全部菜单
RELEASE PROCEDURE	关闭用 SET PROCEDURE 打开的过程文件
RELEASE WINDOWS	从内存中删除用户自定义窗口或系统窗口
REMOVE CLASS	从. VCX 可视类库删除一个类定义
REMOVE TABLE	从当前数据库删除一个表
RENAME	文件更名
RENAME CLASS	为. VCX 可视类库中的一个类定义更名
RENAME CONNECTION	为当前数据库中的一个命名联接更名
RENAME TABLE	为当前数据库中的表更名
RENAME VIEW	为当前数据库中的 SQL 视图更名
REPLACE	更新表记录
REPLACE FROM ARRAY	用数组数据更新字段数据
REPORT	在报表文件控制下显示或打印报表

续表

命令名称	功能
RESTORE FROM	恢复内存变量文件或备注字段中的内存变量或数组的定义与内存中
RESTORE MACROS	恢复保存于键盘宏文件或备注型字段中的键盘宏命令于内存中
RESTORE SCREEN	恢复保存在屏幕缓冲区、变量或数组元素中的 Visual FoxPro 主窗口或用户自定义窗口
RESTORE WINDOW	将保存于窗口文件或备注型字段中的窗口定义和窗口状态恢复到内存
RESUME	继续执行被挂起的程序
RETRY	重新执行前一命令
RETURN	将控制返回调用程序
ROLLBACK	放弃当前处理中发生的所有更改
RUN / !	执行外部操作命令或程序
SAVE MACRO	将一组键盘宏命令存入键盘宏文件或备注型字段
SAVE SCREEN	将 Visual FoxPro 主窗口或活动的用户自定义窗口的图像存入屏幕缓冲区、变量或数组元素
SAVE TO	将当前内存变量或数组存入内存变量文件或备注型字段
SAVE WINDOWS	将全部窗口或指定窗口的定义存入窗口文件或备注型字段
SCAN…ENDSCAN	在记录指针遍历当前表的过程中对每一条满足指定条件的记录执行指定的命令组
SCATTER	将当前记录数据复制到一组内存变量或一个数组中
SCROLL	使 Visual FoxPro 主窗口或用户自定义窗口的一个区域上、下、左、右滚动
SEEK	在一个表中查找索引关键字与指定表达式相匹配的第一条记录并使该记录成为当前记录
SELECT	激活指定工作区
SELECT-SQL	从一个或多个表中查找数据
SET	打开数据工作期窗口
SET ALTERNATE	将?、??、LIST 或 DISPLAY 的输出指向文本文件
SET ANSI	指定在 Visual FoxPro 的 SQL 命令中用“=”对不同长度的字符串的比较如何进行
SET ASSERTS	指定 ASSERT 命令是计算还是忽略
SET AUTOSAVE	指定当结束一个 READ 或控制返回命令窗口时 Visual FoxPro 是否将缓冲区数据存盘
SET BELL	打开或关闭计算机的铃声并设置铃声属性
SET BLOCKSIZE	指定 Visual FoxPro 如何为备注型字段的存储分配磁盘空间

续表

命令名称	功　　能
SET BROWSEIME	指定在浏览窗口中当光标移动到文本框时是否打开输入法编辑器
SET CARRY	指定在用 APPEND 追加记录时是否用当前记录值填充新记录的字段
SET CENTURY	指定 Visual FoxPro 是否显示一个日期表达式的世纪部分以及对 2 位数表示的年份如何解释
SET CLASSLIB	打开一个含有类定义的.VCX 可视类库
SET CLOCK	指定 Visual FoxPro 是否显示时钟以及时钟在 Visual FoxPro 主窗口的显示位置
SET COLLATE	在随后的索引或排序操作中为字符型字段指定参照序列名
SET COLOR OF SCHEME	指定色彩方案中的色彩或将一个色彩方案复制为另一个色彩方案
SET COLOR SET	加载已定义的色彩集
SET COMPATIBLE	控制与 FoxBASE+及其他 Xbase 语言的兼容性
SET CONFIRM	指定当用户在文本框中键入最后一个字符后光标是否离开该文本框
SET CONSOLE	用于在程序中指定是否将输出送 Visual FoxPro 主窗口或用户自定义窗口
SET CONVERAGE	打开或关闭编辑日志或将编辑日志送文本文件
SET CPCOMPILE	为被编译的程序指定代码页
SET CPDIALOG	指定当表打开时是否显示代码页对话框
SET CURRENCY	指定货币符号以及在表达式中的显示位置
SET CURSOR	指定当 Visual FoxPro 等待输入时是否显示插入点
SET DATABASE	指定当前数据库
SET DATASESSION	激活指定表单的数据工作期
SET DATE	为日期和日期时间数据指定显示格式
SET DEBUG	控制能否从 Visual FoxPro 菜单系统中使用调试和跟踪窗口
SET DEBUGOUT	将调试结果输出到文件
SET DECIMALS	指定显示数值表达式时的小数位数
SET DEFAULT	指定默认驱动器和目录
SET DELETED	指定 Visual FoxPro 是否处理带有删除标记的记录
SET DEVELOPMENT	在程序运行时使 Visual FoxPro 将程序的创建日期和时间与编译后的目标文件的创建日期和时间相比较
SET DEVICE	指定@…SAY 命令的输出方向
SET DISPLAY	改变监视器的显示模式

续表

命令名称	功　能
SET ESCAPE	指定按 ESC 键是否引起程序或命令的中止
SET EVENTLIST	调试时指定要跟踪的事件
SET EVENTTRAKING	打开或关闭事件跟踪或指定一个文本文件保存事件跟踪结果
SET EXACT	指定 Visual FoxPro 在比较两个不同长度字符串时所使用的原则
SET EXCLUSIVE	指定在网络上表文件是以独占还是共享方式打开
SET FDOW	指定星期的第一天
SET FIELDS	指定表中可访问的字段
SET FILTER	为当前表指定记录过滤条件
SET FIXED	指定数值型数据显示时小数位数是否固定
SET FULLPATH	指定 CDX()、DBF()、MDX()和 NDX()所返回的文件名中是否包含路径
SET FUNCTION	将一个表达式(键盘宏)赋予一个功能键或键组合
SET FWEEK	指定对一年中第一个星期的要求
SET HEADINGS	指定执行 TYPE 命令时是否显示字段的列标题和文件信息
SET HELP	指定 Visual FoxPro 的联机帮助是否可用或指定一个帮助文件
SET HELPFILTER	指定 Visual FoxPro 在帮助窗口显示一个 DBF 风格的帮助主题子集
SET HOURS	设置系统时钟为 12 或 24 小时格式
SET INDEX	为当前表打开一或多个索引文件
SET KEY	指定基于索引关键字的记录访问范围
SET KEYCOMP	指定 Visual FoxPro 的击键导航方式
SET LIBRARY	打开一个外部 API 库文件
SET LOCK	打开或关闭在特定命令中的文件加锁功能
SET LOGERRORS	指定 Visual FoxPro 是否将编译错误信息送文本文件
SET MACKEY	指定显示 Macro Key Definition 对话框的键或键组合
SET MARGIN	指定打印的左边界
SET MARK OF	为菜单标题或菜单项指定、显示或清除标记字符
SET MARK TO	指定日期表达式显示时的分隔符
SET MEMOWIDTH	指定备注型字段或字符表达式的显示宽度
SET MESSAGE	指定显示在 Visual FoxPro 主窗口或状态栏的提示信息或为用户自定义菜单栏或菜单命令指定提示信息的显示位置
SET MULTILOCKS	指定是否可以用 LOCK()和 RLOCK()为多个记录加锁

续表

命令名称	功能
SET NEAR	指定当 SEEK 查找失败时记录指针如何定位
SET NOCPTRANS	防止将打开表中的指定字段转换到不同的代码页
SET NOTIFY	指定是否允许显示某些系统信息
SET NULL	指定 ALTER TABLE、CREATE TABLE 和 INSERT-SQL 如何对待空值
SET NULLDISPLAY	指定空值的显示内容
SET ODOMETER	为处理记录命令的记录计数器指定计数间隔
SET OLEOBJECT	指定当对象未找到时是否搜索 OLE Registry
SET OPTIMIZE	指定是否启用 Rushmore 优化
SET ORDER	为表指定主控索引文件或索引标识
SET PALETTE	指定是否使用 Visual FoxPro 的默认调色板
SET PATH	指定文件搜索路径
SET PDSETUP	加载或清除打印设置
SET POINT	指定数值或货币表达式中小数点的显示字符
SET PRINTER	指定是否将输出送打印机、文件、端口或网络打印机
SET PROCEDURE	打开一个过程文件
SET READBORDER	指定用@…GET 显示的文本框是否有边框
SET REFRESH	指定浏览窗口是否刷新，根据网络中其他用户对记录的更改来更新显示
SET RELATION	在两个表间建立关联
SET RELATION OFF	清除当前工作区和指定工作区中两表间的关联
SET REPROCESS	指定当为一个文件或记录加锁失败后，Visual FoxPro 进行下一次加锁尝试的时间间隔或加锁尝试的次数
SET RESOURCE	更新或指定一个源文件
SET SAFETY	指定重写一个文件时 Visual FoxPro 是否显示对话框
SET SECONDS	指定在显示日期时间数据时是否显示秒
SET SKIP	在表之间建立一对多关联
SET SKIP OFF	对用户自定义菜单或 Visual FoxPro 系统菜单指定菜单、菜单栏、菜单标题或菜单项是否可用
SET SPACE	指定执行？或?? 命令时在字段值或表达式值之间是否显示空格
SET STATUS	指定是否显示字符方式的状态栏
SET STATUS BAR	指定是否显示图形方式状态栏

续表

命令名称	功　　能
SET STEP	打开跟踪窗口挂起程序供调试
SET STRICTDATE	指定一个非严格格式的日期或日期时间常量是否引起错误
SET SYSFORMATS	指定是否用当前的 Windows 系统设置更新 Visual FoxPro 的系统设置
SET SYSMENU	指定程序运行时 Visual FoxPro 的系统菜单栏是否可用并允许重新配置
SET TALK	指定 Visual FoxPro 是否显示命令执行结果
SET TEXTMERGE	指定文本合并是否进行并指定文本合并的输出方向
SET TEXTMERGE DELIMITERS	指定文本合并定界符
SET TOPIC	指定调用 Visual FoxPro 帮助系统时打开的帮助主题
SET TOPIC ID	用上下文相关 ID 指定调用 Visual FoxPro 帮助系统时打开的帮助主题
SET TRBETWEEN	在跟踪窗口中指定两个断点之间是否进行跟踪
SET TYPEAHEAD	指定键入缓冲区中最多可存储的字符个数
SET UDFPARMS	指定 Visual FoxPro 向用户自定义函数传递参数是采用值方式还是引用方式
SET UNIQUE	指定索引文件是否可以有重复索引关键字值的记录
SET VIEW	打开或关闭数据工作期窗口或从一个视图文件恢复 Visual FoxPro 环境
SHOW MENU	显示一或多个用户自定义菜单栏但不激活
SHOW POPUP	显示一或多个用 DEFINE POPUP 定义的菜单但不激活
SHOW WINDOW	显示一或多个用户自定义窗口或 Visual FoxPro 系统窗口但不激活
SIZE POPUP	改变用 DEFINE POPUP 定义的菜单大小
SIZE WINDOW	改变用 DEFINE WINDOW 定义的窗口或 Visual FoxPro 系统窗口的大小
SKIP	使记录指针在表中向前或向后移动
SORT	将当前表中记录排序并将排序结果输出到新表
STORE	将数据存入内存变量、数组或数组元素
SUM	对当前表的数值型字段求和
SUSPEND	中断程序执行并返回交互式 Visual FoxPro 环境
TOTAL	分类计算当前表数值型字段和
TYPE	显示文本文件内容
UNLOCK	对记录或文件解除锁定

续表

命令名称	功　　能
UPDATE-SQL	用新值更新表中记录
USE	打开一个表及相关索引文件或打开一个 SQL 视图
VALIDATE DATABASE	确定当前数据库中的表和索引的位置是正确的
WAIT	显示一条信息并中断 Visual FoxPro 的执行直到用户击键或单击鼠标
WITH…ENDWITH	为一个对象定义多个属性
ZAP	删除表中所有记录只保留结构
ZOOM WINDOW	改变用户自定义窗口或 Visual FoxPro 系统窗口的大小和位置

Visual FoxPro 函数

函　数	功　能
ABS(＜数值表达式＞)	返回指定数值表达式的绝对值
ACLASS(＜数组名＞,＜对象表达式＞)	将一个对象的类名和祖先类名存入一个内存变量数组中
ACOPY(＜源数组名＞,＜目的数组名＞[,＜数值表达式 1＞[,＜数值表达式 2＞[,＜数值表达式 3＞]]])	将源数组中的指定元素一对一地复制到目标数组中,源数组中的元素将替换目标数组中的元素
ACOS/ASIN/ATAN/COS/SIN/TAN(＜数值表达式＞)	返回指定数值表达式的反余弦弧度值/反正弦弧度值/反正切弧度值/余弦值/正弦值正切值
ADATABASES(＜数组名＞)	将所有打开的数据库的名称和路径放到内存变量数组中
ADBOBJECTS(＜数组名＞,＜名称字符串＞)	把当前数据库中的命名连接名、关系名、表名或 SQL 视图名放到一个内存变量数组中,由＜名称字符串＞指定放置哪些名称
ADDBS(＜路径名＞)	向一个路径表达式添加一个反斜杠
ADEL(＜数组名＞,＜设置表达式＞[,2])	从一个数组中删除一个、一行或一列元素
AELEMENT(＜数组名＞,＜行下标＞[,＜列下标＞])	由元素下标返回数组元素的编号
AERROR(＜数组名＞)	创建一个数组,它包含了最近的 Visual FoxPro、OLE 或 ODBC 的错误信息
AFIELDS(＜数组名＞[,＜工作区号＞/＜别名＞])	把当前表的结构信息存放在指定数组中,并且返回表的字段数
AFONT(＜数组名＞[,＜字体名＞[,＜字体大小＞]])	将可用字体的信息存放到一个数组中
AGETCLASS(＜数组名＞[,＜类库名＞[,＜类名称＞[,＜标题字符串＞[,＜提示字符串＞[,＜“确定”按钮标题＞]]]]])	在“打开”对话框中显示类库,并且创建一个包含该类库和所选类名称的数组
AGETFILEVERSION(＜数组名＞,＜文件名＞)	创建一个数组,该数组包含有关文件的 Windows 版本资源的信息,例如. EXE、. DLL 和. FLL 文件,或在 Visual FoxPro 中创建自动服务文件

续表

函　数	功　能
AINS(＜数组名＞,＜数值表达式＞[,2])	向一维数组中插入一个元素,或者向二维数组中插入一行或一列元素
AINSTANCE(＜数组名＞,＜类名＞)	将一个类的实例存入内存变量中,并且返回数组中存放的实例个数
ALEN(＜数组名＞[,0/1/2])	返回数组中元素、行或列的数目
ALINES(＜字符表达式或备注字段名＞[,.T/.F.])	将一个字符表达式或备注字段中的每一行复制到一个数组相应行
ALLAS([＜工作区号＞/＜别名＞])	返回当前工作区或指定工作区的别名
ALLTRIM(＜字符表达式＞)	删除指定字符表达式的前后空格符,并返回删除空格后的字符串
AMEMBERS(＜数组名＞,＜对象名＞/＜类名＞[,1/2])	将一个对象的属性名、过程名和成员对象存入内存变量数组
ANETRESOURCES(＜数组名＞,＜网络名＞,＜网络资源类型＞)	将网络共享或打印机的名称放到一个数组中,然后返回资源的数目
APRINTERS(＜数组名＞)	将安装在 Windows 打印管理器中的打印机名称存入内存变量数组中
ASC(＜字符表达式＞)	返回字符表达式中最左边字符的 ASC 值
ASCAN(＜数组名＞,＜搜索表达式＞[,＜开始搜索元素号＞[,＜欲搜索的元素数目＞]])	在数组中搜索与一个表达式具有相同数据和数据类型的元素
ASELOBJ(＜数组名＞[,1/2])	将活动的表单设计器中当前选定的对象引用存入内存变量数组中
ASORT(＜数组名＞)[,＜数值表达式 1＞[,＜数值表达式 2＞[,0/1]]])	按升序或降序对数组中的元素排序
ASUBSCRIPT(＜数组名＞,＜元素编号＞,1/2)	根据元素编号返回元素的行、列下标
AT/ATC(＜字符表达式 1＞,＜字符表达式 2＞[,＜数值表达式＞])	返回＜字符表达式 1＞在＜字符表达式 2＞中首先出现的位置。其中,ATC()不区分大小写
ATC/ATCC(＜字符表达式 1＞,＜字符表达式 2＞[,＜数值表达式＞])	返回＜字符表达式 1＞在＜字符表达式 2＞中首先出现的数值位置。其中,ATCC()不区分大小写
ATCLINF/ATLINE(＜字符表达式 1＞,＜字符表达式 2＞)	返回＜字符表达式 1＞在＜字符表达式 2＞中第一次出现的行号。其中,ATCLINE()不区分大小写
AUSED(＜数组名＞[,＜数组工作期编号＞])	将一个数据工作期中的工作区别名存入数组,并返回数组的行数
AVCXCLASSES(＜数组名＞,＜类库名＞)	将有关一个类库中类的信息放在一个数组中
BITTEST(＜数值表达式 1＞,＜数值表达式 2＞)	确定＜数值表达式 1＞的指定位数是否为 1。若为 1,则返回“真”(.T.);否则返回“假”(.F.)
BETWEEN(＜表达式 1＞,＜表达式 2＞,＜表达式 3＞)	判断＜表达式 1＞的值是否介于相同数据类型的后两个表达式之间。若是,则返回“真”(.T.);否则返回“假”(.F.)

续表

函　数	功　能
BINTOC(＜数值表达式＞[,＜数值表达式＞])	将数值型数据用指定字长的二进制字符型表示
BITAND(＜数值表达式 1＞,＜数值表达式 2＞)	返回两个数值按位进行 AND 运算后的结果
BITCLEAR(＜数值表达式 1＞,＜数值表达式 2＞)	清除一个数值的指定位(将此位设置成 0),并返回结果值
BITLSHIFT(＜数值表达式 1＞,＜数值表达式 2＞)	返回一个数值向左移动给定位后的结果
BITLSHIFT(＜数值表达式 1＞,＜数值表达式 2＞)	返回一个数值向右移动给定位后的结果
BITNOT(＜数值表达式＞)	返回一个数值按位进行 NOT 运算后的结果
BITOR(＜数值表达式 1＞,＜数值表达式 2＞)	返回两个数值按位进行 OR 运算后的结果
BITSET(＜数值表达式 1＞,＜数值表达式 2＞)	将一个数值的某位设置为 1,并返回结果
BOF([＜工作区号＞/＜别名＞])	确定当前记录指针是否在表头
CANDIDATE([＜索引标识编号＞][,＜工作区号＞/＜别名＞])	如果是候选索引标识,则返回"真"(.T.);否则返回"假"(.F.)
CDOW(＜日期表达式＞/＜日期时间表达式＞)	从给定的日期型数据中返回星期值
CDX(＜索引位置编号＞[,＜工作区号＞/＜别名＞])	根据指定的索引位置编号,返回打开的复合索引(.CDX)文件名称
CEILING(＜数值表达式＞)	返回大于或等于指定数值表达式的最小整数
CHR(＜ANSI 代码＞)	根据指定的 ANSI 数值代码返回相应的字符
CHRSAW([＜数值表达式＞])	确定键盘缓冲区中是否有字符,若有,则返回"真"(.T.);否则返回"假"(.F.)
CHRTRAN(＜字符表达式 1＞,＜字符表达式 2＞,＜字符表达式 3＞)	在＜字符表达式 1＞中,将与＜字符表达式 2＞中字符相匹配的字符替换为＜字符表达式 3＞中的相应字符。替换字符在＜字符表达式 3＞中的位置与被替换字符在＜字符表达式 2＞中的位置相同
CHRTRANC(＜字符表达式 1＞,＜字符表达式 2＞,＜字符表达式 3＞)	在＜字符表达式 1＞中,将与＜字符表达式 2＞中字符相匹配的字符替换为＜字符表达式 3＞中的相应字符。替换字符在＜字符表达式 3＞中的位置与被替换字符在＜字符表达式 2＞中的位置相同
CMONTH(＜日期表达式＞/＜日期时间表达式＞)	从给定的日期型数据中返回月份值
COL()	返回光标当前所在的列号
COMARRAY(＜对象引用＞[,＜传递方式＞])	指定如何向 COM 对象传递数组
COMARRAY(＜对象引用＞[,＜信息类型＞])	返回一个 COM 对象的注册信息

续表

函　　数	功　　能
COMPOBJ(<对象表达式 1>,<对象表达式 2>)	比较两个对象的属性。若两者的属性和属性值相同,则返回"真"(.T.)
CPDBF([<工作区号>/<别名>])	返回一个打开表所使用的代码页
CREATEBINARY(<字符表达式>)	将指定的字符型数据转换为二进制字符型数据
CREATEOBJECT(<类名>[,<参数列表>])	从类定义或在 OLE 应用程序中创建对象
CREATEOFFLINE(<视图名>[,<路径>])	由已存在的视图创建一个游离视图
CTOBIN(<字符表达式>)	将二进制字符型数据转换为整数
CTOD(<字符表达式>)	把字符型数据转换为日期型数据
CTOT(<字符表达式>)	把字符型数据转换为日期时间型数据
CURDIR([<字符串表达式>])	返回当前目录
CURSORGETPROP([<属性名称>][,<工作区号>/<别名>])	返回指定表的当前属性设置
CURSORSETPROP([<属性名称>][,<表达式>][,<工作区号>/<别名>])	为指定表设置属性
CURVAL([<字段列表>][,<工作区号>/<别名>])	从磁盘上的表或远程数据库中直接返回指定字段值
DATE()	返回系统的当前日期
DATETIME()	返回系统的当前日期和时间
DAY(<日期表达式>/<日期时间表达式>)	以数值型返回给定日期表达式是某月中的第几天
DBC()	返回当前数据库的名称和路径
DBF([<工作区号>/<别名>])	返回指定工作区中打开的表名
DBGETPROP(<名称>,<类型>,<属性名称>)	返回当前数据库的属性,或者返回当前数据库中字段、命名连接、表或视图的属性
DBSETPROP(<名称>,<类型>,<属性名称>,<属性值>)	返回当前数据库或当前数据库中字段、命名连接、表或视图设置属性
DBUSED(<数据库名>)	若指定数据库已打开,则返回"真"(.T.);否则返回"假"(.F.)
DEFAULTTEXT(<文件名>,<扩展名>)	如果一个文件没有扩展名,则返回一个带新扩展名的文件名
DELETED([<工作区号>/<别名>])	若当前记录已被打上删除标记,则返回"真"(.T.);否则返回"假"(.F.)
DIFFERENCE(<字符表达式 1>,<字符表达式 2>)	返回 0～4 间的一个整数,表示两个字符表达式间的发音差别
DIRECTORY(<路径名>)	若在磁盘上存在指定的目录,则返回"真"(.T.)
DISKSPACE([<驱动器名>/<卷名>])	返回指定或默认磁盘驱动器或卷上可用的字节数

续表

函　数	功　能
DMY(<日期表达式>/<日期时间表达式>)	从一个日期型或日期时间型表达式返回一个“日-月-年”格式的字符表达式。月名不缩写
DODEFAULT([<参数列表>])	在子类(派生类)中,执行父类的同名事件或方法程序
DOW(<日期表达式>/<日期时间表达式>[,<数值表达式>])	从日期型或日期时间型表达式返回一个数值型的星期几
DROPOFFLINE(<视图名>)	放弃对游离视图的所有修改,并将其放回到数据库中
DTOC(<日期表达式>[,1])	把日期型数据转换为字符型数据
DTOR(<数值表达式>)	将度数转换为弧度
DTOS(<日期表达式>)	将日期型数据转换为 yyyymmdd 格式的字符串
DTOT(<日期表达式>)	将日期型数据转换为日期时间型数据
EMPTY(<表达式>)	确定表达式是否为空,但不能用该函数确定内存变量对象引用是否为空
EOF([<工作区号>/<别名>])	确定记录指针是否超出当前表或指定表中的最后记录
ERROR()	返回触发 ONERROR 例程的错误编号
EVALUATE(<表达式>)	计算字符表达式的值并返回结果
EXP(<数值表达式>)	返回 e^x 的值,其中 x 是给定的<数值表达式>
FCHSIZE(<文件句柄>,<新的文件大小>)	更改用低级文件函数所打开文件的大小
FCLOSE(<文件句柄>)	刷新并关闭用低级文件函数打开的文件或通信端口
FCOUNT([<工作区号>/<别名>])	返回指定表中的字段数目
FCREATE(<文件名>[,<文件属性>])	创建并打开低级文件
FDATE(<文件名>)	返回文件最后一次被修改的日期
FEOF(<文件句柄>)	判断文件指针的位置是否在文件尾部
FERROR()	返回与最近一次低级文件函数错误相对应的错误号
FFLUSH(<文件句柄>)	刷新低级函数打开的文件内容,并将它写入磁盘
FGETS(<文件句柄>[,<字节数>])	从低级文件函数打开的文件中返回一系列字节,直至遇到回车符
FIELD([<字段编号>][,<工作区号>/<别名>])	根据字段编号返回指定表中的字段名
FILE(<文件名>)	如果在磁盘上找到指定的文件,则返回“真”(.T.)
FILETOSTR(<文件名>)	将一个文件的内容返回为一个字符串

续表

函　　数	功　　能
FILTER([＜工作区号＞/＜别名＞])	返回 SET FILTER 命令中指定的表筛选表达式
FLDLIST([＜字段编号＞])	对于 SET FIELDS 命令指定的字段列表，返回其中的字段和计算结果字段表达式
FLOCK([＜工作区号＞/＜别名＞])	锁定当前表或指定表
FLOOR(＜数值表达式＞)	返回小于或等于给定数值的最大整数
FONTMETRIC(＜字体属性＞[,＜字体名＞＜字体大小＞[,＜字形＞]])	返回当前操作系统已安装字体的字体属性
FOPEN(＜文件名＞[,＜读写权限＞/＜缓冲方案＞])	打开文件，供低级文件函数使用
FOR([＜索引编号＞][,＜工作区号＞/＜别名＞])	返回一个已打开的单项索引文件或索引标识的索引筛选表达式
FORCEEXT(＜文件名＞,＜新扩展名＞)	返回一个字符串，使用新的扩展名替换旧的扩展名
FORCEPATH(＜文件名＞,＜路径名＞)	返回一个文件名，使用新路径名代替旧的路径名
FOUND([＜工作区号＞/＜别名＞])	如果可执行 CONTINUE、FIND、LOCATE 或 SEEK 命令，函数返回“真”(.T.)；否则返回“假”(.F.)
FPUTS(＜文件句柄＞,＜字符表达式＞[,＜字符数目＞])	向低级文件函数打开的文件或通信端口写入字符串、回车符及换行符
FREAD(＜文件句柄＞,＜字节数＞)	从低级函数打开的文件中返回指定数目的字节
FSEEK(＜文件句柄＞,＜数值表达式＞[,0/1/2])	在低级文件函数打开的文件中移动文件指针
FSIZE(＜字段名＞[,＜工作区号＞1,＜别名＞/＜字段名＞])	以字节为单位，返回指定字段或文件的大小
FTIME(＜文件名＞)	返回最近一次修改文件的时间
FULLPATH(＜文件名 1＞[,＜路径名＞,＜文件名 2＞])	返回指定文件的路径或相对于另一文件的路径
FV(＜周期性付款金额＞,＜周期利率＞,＜已付款的周期数＞)	返回一笔金融投资的未来值
FWRITE(＜文件句柄＞,＜字符表达式＞[,＜数值表达式＞])	向低级文件函数打开的文件写入字符串
GETDIR([＜目录名＞[,＜目录列表文本＞]])	显示“选择目录”对话框，从中可以选择目录或文件夹
GETFILE([＜文件扩展名＞][,＜目录列表文本＞][,＜“确定”按钮的标题＞][,＜按钮的类型＞][,＜标题栏的标题＞])	显示“打开”对话框，并返回选定文件的名称
GETFLDSTATE(＜字段名＞/＜字段编号＞[,＜工作区号＞/＜别名＞])	返回一个数值，标明指定表的字段是否已被编辑，或是否有追加的记录，或者指明当前记录的删除状态是否已更改

续表

函　　数	功　　能
GETFONT(＜字体名＞[,＜字体大小＞[,＜字形＞]])	显示“字体”对话框,并返回所选字体的名称
GETNEXTMODIFIED([＜记录号＞][,＜工作区号＞/＜别名＞])	返回一个记录号,它对应缓冲表或者临时表中下一个被修改的记录
GETOBJECT([＜文件名＞[,＜类名＞]])	激活 OLE 自动化对象,并创建此对象的引用
GETPEM(＜对象名＞/＜类名＞,＜属性名＞/＜事件名＞/＜方法名＞)	返回指定对象的属性值或其事件、方法的程序代码
GETPICT([＜文件扩展名＞][,＜“文件名”文本框标题＞][,＜“确定”按钮的标题＞]	显示“打开”对话框,并返回选定图片文件的名称
GETPRINTER()	显示 Windows 的“打印设置”对话框,并返回所选择的打印机名称
GOMONTH(＜日期表达式＞/＜日期时间表达式＞[,＜数值表达式＞])	对于给定的日期表达式,返回指定月份以前或以后的日期
HEADER([＜工作区号＞/＜别名＞])	返回表文件标题所占的字节数
HOUR(＜日期时间表达式＞)	返回日期时间表达式的小时部分
IIF(＜逻辑表达式＞,＜表达式 1＞,＜表达式 2＞)	如果逻辑表达式的值为“真”(.T.),则返回＜表达式 1＞的值;否则,返回＜表达式 2＞的值
INDEXSEEK(＜索引关键字表达式＞[,＜逻辑表达式＞[,＜工作区号＞/＜别名＞[,＜索引编号＞/＜.IDX 文件名＞/＜标示名＞]]])	在一个索引表示中搜索第一次出现的某个记录,该记录的索引关键字与制定的表进行匹配,可以不移动记录指针
INLIST(＜表达式 1＞,＜表达式 2＞[,＜表达式 3＞…])	判断＜表达式 1＞是否与其后面的一组表达式中的某个表达式相匹配
INT(＜数值表达式＞)	返回＜数值表达式＞值的整数部分
ISALPHA(＜字符表达式＞)	判断＜字符表达式＞中的最左边一个字符是否为字母,其返回值为逻辑型
ISBLANK(＜表达式＞)	判断表达式是否为空值,其返回值为逻辑型
ISDIGIT(＜字符表达式＞)	判断＜字符表达式＞的最左边一个字符是否为数字(0～9),其返回值为逻辑型
ISEXCLUSIVE([＜别名＞/＜工作区号＞,＜数据库名＞[,＜类型＞]])	检测指定表或数据库是否以独占方式打开
ISFLOCKED([＜工作区号＞/＜别名＞])	返回表的锁定状态
ISLOWER(＜字符表达式＞)	判断＜字符表达式＞的最左边一个字符是否为小写字母,其返回值为逻辑型
ISNULL(＜表达式＞)	如果＜表达式＞的计算结果为 Null 值,则返回“真”(.T.);否则返回“假”(.F.)
ISREADONLY([＜工作区号＞/＜别名＞])	判断是否以只读方式打开表
ISRLOCKED([＜记录号＞,[＜工作区号＞/＜别名＞]])	返回记录的锁定状态

续表

函　　数	功　　能
ISUPPER(<字符表达式>)	判断字符表达式的首字符是否为大写字母,其返回值为逻辑型
JUSTDRIVE(<完整路径名>)	从完整路径名中返回驱动器的字母
JUSTEXT(<完整路径名>)	从完整路径名中返回3个字母的扩展名
JUSTFNAME(<包含完整路径的文件名称>)	返回完整路径中的文件名部分
JUSTPATH(<包含完整路径的文件名称>)	返回完整路径中的路径名
JUSTSTEM(<包含完整路径的文件名称>)	返回完整路径中的根名(扩展名前的文件名)
KEY([<.CDX 索引文件名>,]<索引编号>[,<工作区号>/<别名>])	返回索引标识或索引文件的索引关键字表达式
KEYMATCH(<索引关键字>[,<索引编号>[,<工作区号>/<别名>]])	在索引标识或索引文件中搜索一个索引关键字
LEFT(<字符表达式>,<数值表达式>)	从<字符表达式>最左边的字符开始,返回指定数目的字符
LEFTC(<字符表达式>,<数值表达式>)	从包含单字节和双字节的任意组合的<字符表达式>的最左边字符开始,返回指定数目的字符
LEN/LENC(<字符表达式>)	返回<字符表达式>中字符的数目
LIKE/LIKEC(<字符表达式 1>,<字符表达式 2>)	确定<字符表达式 1>是否与<字符表达式 2>相匹配
LINENO([1])	返回程序中正在执行的那一行的行号
LOADPICTURE([<文件名>])	为位图文件、图标文件或 Windows 图元文件(Windows Metafile)创建一个对象
LOCFILE(<文件名>[,<文件扩展名>][,<"文件名"文本框的标题>])	在磁盘上定位文件,并返回带有路径的文件名
LOCK([<工作区号>/<别名>]/[<记录号列表>,<工作区号>/<别名>])	尝试锁定表中一个或更多的记录
LOG/LOG10(<数值表达式>)	返回<数值表达式>值的自然对数(底数为 e)/常用对数(以 10 为底)
LOOKUP(<字段名>,<搜索表达式>,<字段名>[,<索引标识名>])	在表中搜索字段值与指定表达式匹配的第一个记录
LOWER(<字符表达式>)	以小写字母形式返回<字符表达式>
LTRIM(<字符表达式>)	删除<字符表达式>的前导空格后返回
LUPDATE([<工作区号>/<别名>])	返回指定表最近更新的日期
MAX/MIN(<表达式列表>)	比较几个表达式的值,并返回其中具有最大值,最小值的表达式
MDY(<日期表达式>/<日期时间表达式>)	从一个日期型或日期时间型表达式返回一个"月-日-年"格式的字符表达式
MEMLINES(<备注字段名>)	返回备注字段中的行数

续表

函　　数	功　　能
MEMORY()	返回可供外部程序运行的内存大小
MESSAGE([1])	以字符串形式返回当前错误信息，或者返回导致这个错误的程序行内容
MESSAGEBOX(＜字符表达式 1＞[,＜数值表达式＞[,＜字符表达式 2＞]])	显示一个用户自定义的对话框
MINUTE(＜日期时间型表达式＞)	返回日期时间型表达式中的分钟部分
MLINE(＜备注字段名＞,＜数值表达式 1＞[,＜数值表达式 2＞])	以字符串形式返回备注字段中的指定行
MOD(＜数值表达式 1＞,＜数值表达式 2＞)	求两个表达式相除的余数
MONTH(＜日期表达式＞/＜日期时间表达式＞)	返回给定日期表达式中的月份
MTON(＜货币型表达式＞)	将货币型数据转换为数值型数据
NDX(＜索引文件编号＞[,＜工作区号＞/＜别名＞])	返回当前表或指定表打开的某一索引文件(.IDX)的名称
NEWOBJECT(＜类名＞[,＜类库名或程序名＞[,＜程序名＞[,＜参数列表＞]]])	直接从一个.VCX 可视类库或程序中创建一个新类或对象
NORMALIZM(＜字符表达式＞)	把用户提供的字符表达式转换为可以与 Visual FoxPro 函数返回值相比较的格式
NTOM(＜数值表达式＞)	将数值型数据转换为货币型数据
NVL(＜表达式 1＞,＜表达式 2＞)	从两个表达式中返回一个非 NULL 值
OBJTOCLIENT(＜对象名＞,1/2/3/4)	返回一个控件或对象相对于表单的位置或尺寸
OCCURS(＜字符表达式 1＞,＜字符表达式 2＞)	返回＜字符表达式 1＞在＜字符表达式 2＞中出现的次数
OLDVAL(＜字段表达式＞[,＜工作区号＞/＜别名＞])	返回字段的初始值，该字段值已被修改，但还未更新
OLERETURNERROR()(＜异常源文本＞,＜异常说明文本＞)	使用信息填充 OLE 异常挂钩结构，OLE 程序可利用这些信息确定自动服务错误的来源
ON(＜事件处理命令名＞[,＜键标记名称＞])	返回事件处理命令 ON-ERROR，ON-ESCAPE，ONKEY-LABEL，ON-KEY，ON-PAGE 或 ON-READERROR 指定的命令
ORDER([＜工作区号＞/＜别名＞[,＜数值表达式＞]])	返回当前表或指定表的主控索引文件或标识
PADL/PADR/PADC(＜表达式 1＞,＜数值表达式 1＞[,＜字符表达式 1＞]	由＜表达式 1＞返回一个字符串，并从左边、右边或同时从两边用空格或字符把该字符串填充到指定长度
PARAMETERS()	返回传递给最近调用的程序、过程或用户自定义函数的参数个数
PCOL()	返回打印机的打印头的当前列位置

续表

函　　数	功　　能
PCOUNT()	返回传递给当前程序、过程或用户自定义函数的参数个数
PEMSTATUS(＜对象名＞/＜类名＞,＜属性名＞/＜事件名＞/＜方法名＞/＜对象名＞,＜状态值＞)	返回一个属性、事件、方法程序或对象的状态
PI()	返回数值常数圆周率。其小数位数由 SET DECIMALS 命令决定
PRIMARY([＜索引编号＞][,＜工作区号＞/＜别名＞])	检查索引标识是否为主索引标识。若是,则返回"真"(.T.);否则返回"假"(.F.)
PRINTFO(＜设置类型数值表达式＞[,＜打印机名＞])	返回当前的打印机设置
PRINTSTATUS()	检查打印机或打印设备是否已联机。如果已联机,则返回"真"(.T.);否则返回"假"(.F.)
PROGRAM([＜数值表达式＞])	返回当前正在执行的程序名称、当前的程序级别,或者错误发生时执行的名称
PROPER(＜字符表达式＞)	从＜字符表达式＞中返回一个字符串,字符串的每个首字母大写
PROW()	返回打印机打印头的当前行位置
PUTFILE([＜"另存为"对话框的标题＞][,＜文本框中的默认文件名＞][,＜文件扩展名＞])	激活"另存为…"对话框,并返回带有路径的文件名
RAND(＜数值表达式＞)	返回一个 0～1 之间的随机数
RAT/RATC(＜字符表达式 1＞,＜字符表达式 2＞[,＜数值表达式＞])	返回＜字符表达式 1＞在＜字符表达式 2＞中第一次出现的位置,从最右边的字符算起
RATLINE(＜字符表达式 1＞,＜字符表达式 2＞)	返回＜字符表达式 1＞在＜字符表达式 2＞中最后一次出现的行号,从最后一行开始计数
RECCOUNT([＜工作区号＞/＜别名＞])	返回当前表或指定表中的记录数目
RECNO([＜工作区号＞/＜别名＞])	返回当前表或指定表中的当前记录号
RECSIZE([＜工作区号＞/＜别名＞])	返回当前表或指定表中记录大小(宽度)
REFRESH([＜数值表达式 1＞[,＜数值表达式 2＞]][,＜工作区号＞/＜别名＞])	在可更新的 SQL 视图中刷新数据
RELATION(＜数值表达式＞[,＜工作区号＞/＜别名＞])	返回为给定的工作区中打开的表所指定的关系表达式
REPLICATE(＜字符表达式＞,＜数值表达式＞)	返回一个字符串,该字符串是将＜字符表达式＞重复指定次数后得到的
REQUERY([＜工作区号＞/＜别名＞])	为远程 SQL 视图再次检索数据
RGB(＜红颜色值＞,＜绿颜色值＞,＜蓝颜色值＞)	根据一组红、绿、蓝颜色成分返回一个单一的颜色值
RGBSCHEME(＜配色方案编号＞[,颜色对位置＞])	返回指定配色方案中的 RGB 颜色对或 RGB 颜色对列表

续表

函　数	功　能
RIGHT/RIGHTC(＜字符表达式＞,＜数值表达式＞)	从指定字符串的最右边开始,返回指定数目的字符。其中 RIGHTC()用于处理包含双字节字符的表达式
RLOCK([＜工作区号＞/＜别名＞]/[＜记录号列表＞,＜工作区号＞/＜别名＞])	尝试给一个或多个表记录加锁
ROUND(＜数值表达式＞[,＜数值表达式 2＞])	将＜数值表达式 1＞值按指定小数位数四舍五入,并返回结果
RTOD(＜数值表达式＞)	将弧度转化为度
RTRIM(＜字符表达式＞)	返回删除了＜字符表达式＞右边空格后所得到的字符串
SAVEPICTURE(＜图片对象＞,＜文件名＞)	由一个图片的对象创建一个位图文件(.BMP)
SCHEME(＜配色方案编号＞[,＜颜色对位置＞])	返回指定配色方案中的颜色对列表或单个颜色对
SEC(＜日期时间表达式＞)	返回日期时间表达式中的秒
SECONDS()	以秒为单位,返回自午夜零点以来经过的时间
SEEK(＜索引关键字表达式＞[,＜工作区号＞/＜别名＞][,＜索引编号＞/＜.IDX 索引文件名＞/＜标识名＞])	在一个已建立索引的表中搜索索引关键字与指定表达式相匹配的第一个记录
SELECT([0/1/＜别名＞])	返回当前工作区编号或未使用工作区的最大编号
SET(＜SET 命令名＞[,1/＜字符表达式＞/2/3])	返回各种 SET 命令的状态
SETFLDSTATE(＜字段名＞/＜字段编号＞,＜数值表达式＞[,＜工作区号＞/＜别名＞])	为表中的字段或记录指定字段状态值或删除状态值
SIGN(＜数值表达式＞)	返回指定＜数值表达式＞的符号
SPACE(＜数值表达式＞)	返回由指定数目的空格所构成的字符串
SQLCANCEL(＜连接句柄＞)	请求取消一条正在执行的 SQL 语句
SQLCOLUMNS(＜连接句柄＞,＜表名＞[,FOXPRO/NATIVE][,＜临时表名＞])	把指定数据源表的列名和关于每列的信息存储到一个 Visual FoxPro 临时表中
SQLCOMMIT(＜连接句柄＞)	提交一个事务
SQLCONNECT([＜数据源名＞,＜用户 ID＞,＜密码＞,＜连接名＞])	建立一个指向数据源的连接
SQLDISCONNECT(＜连接句柄＞)	终止与数据源的连接
SQLEXEC(＜连接句柄＞,＜SQL 语句＞,[＜临时表名＞])	将一条 SQL 语句送入数据源中处理
SQLGETPROP(＜连接句柄＞,＜设置类型名＞)	返回一个活动来连接的当前设置或默认设置
SQLMORERESULTS(＜连接句柄＞)	如果存在多个结果集合,则将另一个结果集合复制到 Visual FoxPro 的临时表中

续表

函　　数	功　　能
SQLPREPARE(＜连接句柄＞,＜SQL 语句＞,[＜临时表名＞])	在使用 SQLEXEC()函数执行远程数据操作前,可使用本函数使远程数据为将要执行的命令做好准备
SQLROLLBACK(＜连接句柄＞)	取消当前事务处理期间所做的任何更改
SQLSETPROP(＜连接句柄＞,＜设置类型名＞[,＜表达式＞])	指定一个活动连接的设置
SQRT(＜数值表达式＞)	返回指定＜数值表达式＞的算术平方根
STR(＜数值表达式 1＞[,＜数值表达式 2＞[,＜数值表达式 3＞]])	返回与＜数值表达式 1＞相对应的字符串
STRTOFILE(＜字符串表达式＞,＜文件名＞[,.T./.F.])	将一个字符串的内容写入一个指定文件
STRTRAN(＜字符表达式 1＞,＜字符表达式2＞[,＜字符表达式 3＞][,＜数值表达式 1＞][,＜数值表达式 2＞])	在＜字符表达式 1＞中搜索＜字符表达式 2＞,若搜索到,则每次用＜字符表达式 3＞替换＜字符表达式 1＞中的对应字符
STUFF/STUFFC(＜字符表达式 1＞,＜数值表达式 1＞,＜数值表达式 2＞,＜字符表达式 2＞)	返回一个字符串,该字符串是通过用＜字符表达式 2＞替换＜字符表达式 1＞中指定数目的字符得到的
SUBSTR/SUBSTRC(＜字符表达式＞,＜数值表达式 1＞[,＜数值表达式 2＞])	从给定的＜字符表达式＞中返回指定数目的字符
SYS(0)	当在网络环境中使用 Visual FoxPro 时,该函数返回网络机器信息
SYS(1)	以忽略日期字符串的形式返回当前系统日期
SYS(100)	返回当前 SET CONSOLE 的设置
SYS(1001)	返回 Visual FoxPro 内存管理器可用的内存总数
SYS(101)	返回当前 SET DEVICE 的设置
SYS(1016)	返回用户自定义对象所使用的内存数量
SYS(102)	返回当前 SET PRINTER 的设置
SYS(1023)	启用诊断帮助模式,能够俘获传递给帮助系统的 HelpContextID 值
SYS(1024)	终止 SYS(1023)所启用的诊断帮助模式
SYS(103)	返回当前 SET TALK 的设置
SYS(1037)	显示“页面设置”对话框
SYS(12)	返回 640 KB 以下、可用于执行外部程序的内存字节数
SYS(1269,＜对象名＞,＜属性名＞＜属性状态＞)	确定某对象的指定属性的默认值是否更改或是否为只读。若默认值被更改或为只读,则返回“真”(.T.);否则返回“假”(.F.)

续表

函　　数	功　　能
SYS(1270[，＜横坐标值，纵坐标值＞])	返回对指定位置对象的引用
SYS(1271，＜对象名＞)	返回.SCX 文件名，该文件存储指定的实例对象
SYS(1272，＜对象名＞)	返回指定对象的对象层次
SYS(13)	返回打印机的状态
SYS(14，＜索引编号＞[，＜工作区号＞/＜别名＞])	返回一个打开的、单项索引文件的索引表达式，或者返回复合索引文件中索引标识的索引表达式
SYS(1500，＜系统菜单项名＞，＜菜单名＞/＜子菜单名＞)	激活一个 Visual FoxPro 系统菜单项
SYS(16，[＜数值表达式＞])	返回正在执行的程序文件名
SYS(17)	返回正在使用的中央处理器
SYS(2)	返回自午夜零点开始后的时间，按秒计算
SYS(2000，＜文件名梗概＞[，1])	返回与文件名梗概匹配的第一个或下一个文件名
SYS(2001，＜SET 命令名＞[，1/2])	返回指定的 SET 命令的状态
SYS(2002[，1])	打开或关闭插入点
SYS(2003)	返回默认驱动器或卷上的当前目录或文件夹的名称
SYS(2004)	返回启动 Visual FoxPro 的目录或文件夹名称
SYS(2005)	返回当前 VFP 资源文件的名称
SYS(2006)	返回所使用的图形适配卡和显示器的类型
SYS(2007，＜字符表达式＞)	返回指定字符表达式的求和值
SYS(2010)	返回 CONFIG.SYS 文件中的设置
SYS(2011)	返回当前工作区中记录锁定或表锁定的状态
SYS(2012[，＜工作区号＞/＜别名＞])	返回表的备注字段块大小
SYS(2013)	返回以空格分隔的字符串，该字符串包含了 Visual FoxPro 菜单的内部名称
SYS(2014，＜文件名＞[，＜路径名＞])	返回指定文件，它相当于当前目录、指定目录或文件夹的最小路径
SYS(2015)	返回一个 10 个字符的唯一过程名，该过程名以下划线开头，后接字母和数字的组合
SYS(2019)	返回 Visual FoxPro 配置文件的文件名和位置
SYS(2021，＜索引编号＞[，＜工作区号＞/＜别名＞])	返回打开的单项索引文件(.IDX)的筛选表达式或复合索引文件(.CDX)中索引标识的筛选表达式
SYS(2022[，＜盘符＞])	以字节为单位返回指定磁盘块的大小

续表

函　　数	功　　能
SYS(2023)	返回 Visual FoxPro 存储临时文件的驱动器和目录
SYS(21)	对于当前所选工作区中的主控.CDX 复合索引标识或.IDX 单项索引文件，以字符串形式返回其索引位置编号
SYS(22)	返回表的主控.CDX 复合索引标识或.IDX 单项索引文件的名称
SYS(2334)	返回一个值，表明如何激活一个 Visual FoxPro 自动服务程序，或者是否运行一个独立的可执行文件(.EXE)
SYS(2335)	启用或废止可发布的 Visual FoxPro 的.exe 自动服务程序的模式状态
SYS(3)	返回一个合法文件名，可用来创建临时文件
SYS(3004)	返回自动化和 ActiveX 控件使用的环境 ID 值
SYS(3005，＜环境 ID 值＞)	设置自动化和 ActiveX 控件使用的环境 ID 值
SYS(3050，＜1/2＞，[缓冲区大小])	设置前台或后台缓冲区内存大小
SYS(3051[＜数值表达式＞])	指定在一次锁定尝试失败之后，再次尝试锁定记录表、备注或索引文件之前，Visual FoxPro 等待的毫秒时间值
SYS(3052，1/2，[.T./.F.])	指定当尝试锁定一个索引或备注文件时，Visual FoxPro 是否使用 SET REPROCESS 设置
SYS(3053)	返回 ODBC 环境句柄
SYS(3054，0/1/11)	允许或禁止显示查询的 Rushmore 优化级别
SYS(3056)	读取注册表设置
SYS(4202[，0/1])	在 Visual FoxPro 的调试程序中，启用或废止对 ACTIVE DOCUMENTS 的调试支持
SYS(5)	返回当前 Visual FoxPro 的默认驱动器
SYS(6)	返回当前打印设备
SYS(7[，＜工作区号＞])	返回当前格式文件名称
SYS(9)	返回 Visual FoxPro 的系列号
SYSMETRIC(＜屏幕元素类型＞)	返回操作系统屏幕元素的大小
TABLERPDATE([0/1/2][，.T./.F.][，＜工作区号＞/＜别名＞][，＜数组名＞])	执行对缓冲行、缓冲表或临时表的修改
TABLERVERT([.T./.F.][，＜工作区号＞/＜别名＞])	放弃对缓冲行、缓冲表或临时表的修改，并且恢复远程临时表的 OLDVAL()数据以及本地表和临时表的当前磁盘数值

续表

函　　数	功　　能
TIME(＜数值表达式＞)	以 24 小时制、8 位字符串(时:分:秒)格式返回当前系统时间
TRIM(＜字符表达式＞)	返回删除＜字符表达式＞中的全部后缀空格后所得到的字符串
TTOC(＜日期时间表达式＞[,1])	将日期时间型数据转换为字符型数据
TTOD(＜日期时间表达式＞)	将日期时间型数据转换为日期型数据
TXNLEVEL()	返回一个表当前事务级别的数值
TYPE(＜表达式＞)	返回＜表达式＞值的数据类型
UPPER(＜字符表达式＞)	将＜字符表达式＞中的英文小写字母全部转换成大写字母
VAL(＜字符表达式＞)	将数字组成的字符型数据转换为数值型数据
VARTYPE(＜表达式＞[,＜逻辑表达式＞])	返回一个表达式的数据类型
WEEK(＜日期表达式＞/＜日期时间表达式＞[,数值表达式 1＞][,＜数值表达式 2＞])	从日期型表达式中返回代表一年中第几周的数值
YEAR(＜日期表达式＞/＜日期时间表达式＞)	从指定的日期表达式中返回年份

Visual FoxPro 对象属性

属性名称	功　能
ActiveColumn	返回 Grid 控件中包含活动单元的列
ActiveControl	引用对象中的活动控件
ActiveForm	引用表单集中的活动 Form 对象或_SCREEN 对象
ActivePage	返回 Page Frame 对象中活动 Page 号
ActiveRow	指定 Grid 控件中包含活动单元的行
Alias	指定与 Cursor 对象相关的每个表或者视图的别名
Align	指定表单中 ActiveX 控件的对齐方式
Alignment	指定与控件有关的文本对齐方式
AllowAddNew	指定是否从网格中添加新记录到表中
AllowRowSizing	指定网格标头的高度是否可以在运行时更改
AllowTabs	指定 Edit Box 控件中是否允许使用制表符
AlwaysOnTop	防止其他窗口覆盖表单窗口
Application	引用 Application 对象
AutoActivate	确定 OLE Container 控件如何才能被激活
AutoCenter	确定第一次显示表单对象时是否将表单对象自动居中
AutoCloseTables	释放表单集、表单或报表时，是否关闭数据表或视图
AutoOpenTables	与表单集、表单数据环境有关的表和视图是否自动装载
AutoRelease	当表单集中最后一个表单释放时，是否释放表单集
AutoSize	确定控件是否根据内容自动改变大小
AutoVerbMenu	指定鼠标右击 OLE 对象时，是否显示 OLE 对象快捷菜单
AutoYield	指定在程序代码的每行执行之间，Visual FoxPro 的一个实例是否处理待处理的 Windows 事件
BackColor	指定对象中显示文本和图形时的背景颜色

续表

属性名称	功　能
Backstyle	确定对象的背景是透明的还是不透明的
BaseClass	指定被引用对象的 Visual FoxPro 基类名
BorderColor	指定对象的边界颜色
BorderStyle	指定对象的边界风格
BorderWidth	指定对象的边界宽度
Bound	确定 Column 对象中的控件是否被绑定到 Column 的控件源中
BoundColumn	确定多列列表框或组合框中哪一列被绑定为控件的 Value 属性
BoundTo	列表或组合框的 Value 属性是否由 List、ListIndex 属性确定
BufferModeOverride	在表单或者表单集中是否可以覆盖 BufferMode 属性的设置
ButtonCount	指定 Command Broup 或 Option Group 中的按钮数
Buttons	用于访问按钮组中每一按钮的数组
Cancel	CommandButton 或 OLEComtainer 控件是否为 Cancel 按钮。如果是，则输入 Esc 键时将发生 Cancel 按钮的 Click 事件
Caption	指定显示在对象提要中的文本内容
Century	指定是否在文本框中显示日期的纪元部分
ChildAlias	指定子表的别名
ChildOrder	为 Grid 控件的记录源或 Relation 对象指定索引标记
Class	返回对象的基类名
ClassLibrary	指定包含对象类的用户自定义类库的文件名
ClipControls	确定 Paint 事件中的图形方法是否重新绘制整个对象或者只绘制新的被暴露(exposed)区域。此外，这个属性还用于确定图形操作环境是否创建排斥对象所包含非图形控件的裁剪区域
Closable	是否通过双击控件菜单框或者从菜单选择 Close 来关闭表单
ColorScheme	指定控件中所使用的调色盘类型
ColorSource	确定如何设置控件的颜色
ColumnCount	指定 Grid、Combo Box 和 ListBox 控件中 column 对象的数目
ColumnLines	显示或隐藏列之间的分隔线
ColumnOrder	指定 Grid 控件中 Column 对象之间的相对顺序
Columns	是否通过列号来访问每个 Column 对象的数组
ColumnWidths	指定 Combo Box 和 List Box 控件中的列宽度
Comment	保存与对象有关的信息
ControlBox	确定在运行时是否在表单的左上角显示控件菜单

续表

属性名称	功　　能
ControlCount	指定容器(container)对象中的控件数
Controls	访问容器(container)对象中的控件的数组
ControlSource	确定绑定对象的数据源
CurrentControl	指定包含在 Column 对象中用于显示活动单元值的控件
CurrentX	为下一绘制方法指定水平(X)方向的坐标
CurrentY	为下一绘制方法指定垂直(Y)方向的坐标
CursorSource	指定与 Cursor 对象有关的表或视图的名称
Curvature	指定 Shape 控件的拐角曲率
Database	指定路径给包含与 Cursor 对象有关的表或视图的数据库
DataSession	返回标识表单、表单集或工具栏的是否可以在数据会话期间运行,以及是否有独自的数据环境
DataSessionID	返回标识表单、表单集或工具栏的私有数据工作期。当 DataSessionId 属性为 1,则返回缺省的数据工作期标识
DateFormat	指定显示在文本框中的 Date 和 DateTime 型数值的格式
DateMark	指定显示在文本框中的 Date 和 DateTime 型数值的定界符
Defult	指定缺省的命令按钮或 OLEContainer 控件
DefaultFilePath	指定由 Application 对象使用的缺省驱动器和目录
DefOLELCID	指定表单或 Visual FoxPro 主窗口缺省 OLE Local ID
DeleteMark	确定删除标志列是否在 Grid 控件中显示
Desktop	Form 是否出现在 Windows 桌面或 Visual FoxPro 主窗口中
DisabledBackColor	指定不可用控件的背景颜色
DisabledForeColor	指定不可用控件的前景颜色
DisabledItemBackColor	为 Combo Box 和 List Box 中不可用项指定背景颜色
DisabledItemForeColor	为 Combo Box 和 List Box 中不可用项指定前景颜色
Disabled Picture	当控件不可用时,该属性用于确定是否显示图形
DisplayValue	确定 List Box 或 Combo Box 控件中所选择项的第一列的内容
Docked	指定用户自定义的 ToolBar 对象是否为船坞的(Docked)
DockPosition	指定用户自定义 Tool Bar 对象的般坞位置
DocumentFile	返回被链接对象的文件名
DownPicture	确定当选择控件时是否显示图形
DragIcon	确定拖曳操作期间图标是否显示为指针形

续表

属性名称	功　　能
DragMode	为拖放操作确定手动或自动方式
DrawMode	与颜色属性一起确定 Shape 和 Line 对象在屏幕上的显示方式
DrawStyle	确定当用图形方式绘制图形时所使用的线型
DrawWidth	确定图形方法中进行输出时的线宽度
DynamicAlignment	确定 Column 对象中文本和控件的对齐方式
DynamicBackColor	指定 Column 对象的背景颜色
DynamicForeColor	指定 Column 对象的前景颜色
DynamicCurrentControl	确定 Column 对象中所包含的哪个控件用于显示活动单元的值
DynamicFontName	确定显示文本时所使用字体的名称
DynamicFontBold	确定是否将 Column 对象中的文本显示为粗体(Bold)
DynamicFontItalic	确定是否将 Column 对象中的文本显示为斜体(Italic)
DynamicFontStrikeThru	确定是否将 Column 对象中的文本显示为删除线(StrikeThru)
DynamicFontUnderline	确定是否将 Column 对象中的文本显示为下划线(Underline)
DynamicFontOutline	确定与 Column 对象有关的文本是否带轮廓
DynamicFontShadow	确定与 Column 对象有关的文本是否为阴影的
DynamicFontSize	确定 Column 对象中文本显示的字体大小
DynamicInputMask	确定如何在 Column 对象中显示和输入数据
Enabled	确定对象是否响应用户产生的事件
Exclusive	确定与 Cursor 对象有关的表是否按互斥方式打开
FillColor	指定用于填充图形的颜色,图形通过图形例程绘制好轮廓
FillStyle	指定形状以及用 Circle 与 Box 图形方法创建的图形填充模式
Filter	排斥不满足指定表达式条件的记录
FirstElement	指定数据中第一个显示在 ComboBox 或 ListBox 控件中的元素
FontBold	指定文本是否采用粗体
FontItalic	指定文本是否采用斜体
FontStrikeThru	指定文本是否采用删除线
FontUnderline	指定文本是否采用下划线
FontCondense	指定文本是否具有压缩(Condense)风格
FontExtend	指定文本是否具有扩展(Extend)风格
FontName	指定文本显示时所使用的字体名

续表

属性名称	功　能
FontOutline	确定控件所支持的文本是否有轮廓
FontShadow	确定控件中的文本是否有阴影
FontSize	确定对象中文本显示时的字体大小
ForeColor	指定对象中显示文本和图形时的前景颜色
Format	指定控件中 Value 属性的输入和输出格式
FormCount	确定表单集中的表单数
Forms	访问表单集中每个表单的数组
FullName	确定启动 Visual FoxPro 实例目录和文件名
GridLineColor	指定 Grid 控件中分隔各单元的线的颜色
GridLines	确定 Grid 控件中是否显示水平线和垂直线
GridLineWidth	指定 Grid 控件中分隔各单元的线宽度(像素)
HalfHeightCaption	确定表单提要是否为正常高度的一半
HeaderHeight	确定 Grid 控件中列标头的高度
Height	确定屏幕上对象的垂直方向高度
HelpContextID	确定在帮助文件中为某个对象提供上下文帮助信息
HideSelection	控件失去焦点时，该属性指定选中的文本是否出现选择标记
Highlight	确定 Grid 控件中具有焦点(Focus)的单元是否出现选择标记
HighlightRow	确定 Grid 控件中当前行和单元是否高亮显示(Highlight)
Hours	指定 Date Time 型数值，按 12 还是 24 小时时间格式
HostName	返回或设置 Visual FoxPro 应用程序的宿主名
Icon	指定表单最小化时显示的图标
Increment	确定单击 Spinner 控件的上箭头或下箭头时，递增的步长
IncrementalSearch	确定键盘操纵时，控件是否支持增量式搜索
InitialSelectedAlias	装载数据环境时，把与 Cursor 对象有关的别名作为当前别名
ImputMask	确定如何在控件中输入和显示数据
IntegralHeight	指定控件 EditBox、ListBox、TextBox 高度是否能自动调整
Interval	指定调用 Timer 控件的 Timer 事件之间的毫秒数
IMEMode	指定单个控件的 IME(ImputMethodEditor)窗口位置
ItemBackColor	指定 ComboBox 和 ListBox 控件中显示项的背景颜色
ItemForeColor	指定 ComboBox 和 ListBox 控件中显示项的前景颜色

续表

属性名称	功能
ItemData	使用索引来引用一维数组
ItemIDData	用来引用一维数组
ItemTips	指定是否显示组合框或列表框中的提示信息
KeyboardHighValue	指定用键盘可以输入 Spinner 控件中的最大值
KeyBoardLowValue	指定用键盘可以输入 Spinner 控件中的最小值
KeyPreview	确定表单的 KeyPress 事件是否监听控件的 KeyPress 事件
Left	确定控件或表单左边界与其容器对象左边界之间的距离
LeftColumn	确定 Grid 控件中显示在最左边列的列号
LineSlant	指定线的倾斜方式,从左上角到右下角
LinkMaster	指定与 Grid 控件中显示的子表链接的父表
List	字符串数组用于存取 ComboBox 或 ListBox 控件中的项
ListCount	确定 ComboBox 或 ListBox 控件的列表部分的项数
ListIndex	确定 ComboBox 或 ListBox 控件中所选中项的索引号
ListItem	字符串数组,通过项标识存取 ComboBox 或 ListBox 控件中的项
ListItemID	为 ComboBox 或 ListBox 控件中所选择的选项,指定唯一的标识号
LockScreen	确定表单是否成批处理所包含对象的所有属性值的变化
Margin	指定控件文本部分创建的页边宽度
MaxButton	指定表单是否具有 Maximize 按钮
MaxHeight	指定可改变大小的表单的最大高度
MaxLeft	指定表单与 Visual FoxPro 主窗口上边界的最大距离
MaxLength	指定 EditBox 或 TextBox 中可以输入字符的最大长度
MaxTop	指定表单与 Visual FoxPro 主窗口上边界的最大距离
MaxWidth	指定可改变大小的表单的最大宽度
MDIForm	指定哪个表单响应 Maximize 按钮
MemoWindow	当 TextBox 控件的数据源是备注字段时,确定所使用的用户自定义窗口的名称
MinButton	指定窗体是否具有 Minimize 按钮
MinHeight	指定可变大小的表单的最小高度
MinWidth	指定可变大小的表单的最小宽度
MouseIcon	当鼠标指针位于某一对象时,指定要显示的鼠标指针图标
MousePointer	鼠标置于对象的某一特定部分时,指定鼠标的形状

续表

属性名称	功　　能
Movable	指定对象在运行时是否可移动
MoverBars	指定 ListBox 控件是否显示移动条
MultiSelect	指定用户是否可以在 ListBox 控件中进行多重选择以及如何进行多重选择
Name	指定在程序代码中用于引用对象的名称
NewIndex	确定最近添加到 ComboBox 或 ListBox 控件中的项的索引号
NewItemID	确定最近添加到 ComboBox 或 ListBox 控件中的项的标识号
NoDataOnLoad	将导致与 Cursor 对象有关的视图在没有卸载数据时就激活
NullDisplay	指定显示为空值(Null)文本
NumberOfElements	指定表明数组中有多少个项用于填充 ComboBox 或 ListBox 控件的列表部分
Object	访问 OLE 服务器(Server)的属性和方法
OLEClass	返回 OLE 对象的类标识号
OLELCID	指示 OLEBound 或 OLEContainer 控件的 LocalID 的数值型数值
OLERequestPendingTimeout	用于指定自动化请求之后显示忙消息之前要消耗多少毫秒
OLEServerBusyRaiseError	用于指定当自动化请示被拒绝时是否发出错误消息
OLEServerBusyTimeout	指定当服务器忙时自动化请示要重试多长时间
OLETypeAllowed	返回包含在控件中的 OLE 对象的类型
OneToMany	在父表中移动记录指针时，指定记录指针是否保持在同一父记录上，直到子表中的记录指针移动通过所有的关联记录为止
OpenViews	确定要自动打开与表单集、表单或报表数据环境有关视图类型
OpenWindow	当局限于备注字段的 TextBox 控件接收到焦点时，确定是否自动打开窗口
Order	为 Cursor 对象指定控制索引标记
PageCount	确定页框(Pageframe)中所包含页的数量
PageHeight	指定页的高度
PageOrder	指定页框(Pageframe)中页之间的相对顺序
Pages	存取页框中某一页的数组
PageWidth	指定页的宽度
Panel	确定 Grid 控件中的活动面板(Panel)
PanelLink	确定 Grid 控件的左面板和右面板是否链接
Parent	引用控件的容器对象

续表

属性名称	功能
ParentAlias	确定父表的别名
ParentClass	返回对象类的父类名
Partition	确定是否将 Grid 控件分割成两个面板，并指定分割相对于 Grid 控件的左边界的位置
PasswordChar	确定是否在 TextBox 控件显示用户键入的字符或占位符(Placeholder Character)，并确定所用的字符为占位符
Picture	确定显示在控件中的位图文件(.BMP)或图标文件(.ICO)
ReadCycle	确定焦点移出表单集的最后一个对象时，是否移到表单集的第一个对象中
ReadLock	确定表单集中任意一个表单所引用的全部记录是否被锁定
ReadMouse	确定是否可以用鼠标在表单集的表单中的控件之间进行移动
ReadObject	确定激活表单集具有焦点(Focus)的对象
ReadOnly	指定能否编辑控件或能否更改与 Cursor 对象有关的表或视图
ReadSave	确定 READ 命令能否用于激活对象
ReadTimeout	确定在没有用户输入时，表单集将保持活动状态的时间
RecordMark	确定 Grid 控件中是否显示记录选择标记列
RecordSource	确定 Grid 控件绑定的数据源
RecordSourceType	确定如何打开 Grid 控件的数据源
RelationalExpr	是一个关联表达式，通过在父表字段与子表中的索引建立关联关系来连接这两个表
RelativeColumn	确定 Grid 控件中可视部分的活动列
RelativeRow	确定 Grid 控件中可视部分的活动行
ReleaseType	返回用于确定如何释放 Form 对象的整数值
Resizable	运行时，确定 Column 对象是否可以由用户改变大小
RowHeight	确定 Grid 控件的行高度
RowSource	确定 ComboBox 或 ListBox 控件中值的数据源
RowSourceType	确定控件中数据源的类型
ScaleMode	当使用图形方法或定位控件时，指定对象坐标的坐标单位
ScrollBars	确定控件的滚动条类型
Seconds	确定是否在文本框中显示 DateTime 型数值的秒部分
Selected	确定列表框或组合框中的某一项是否被选择
SelectedBackColor	确定被选文本的背景颜色

属性名称	功　能
SelectedForeColor	确定被选文本的前景颜色
SelectedID	确定组合框或列表框中的某一项是否被选择
SelectedItemBackColor	确定组合框或列表框中被选择项的背景颜色
SelectedItemForeColor	确定组合框或列表框中被选择项的前景颜色
SelectOnEntry	当用户移动到列单元(Cell)、编辑框或文本框中的文本时，确定是否选择该文本
SelLength	返回用户在控件的文本输入区中选择的字符数，或者指定选择的字符数
SelStart	返回用户在控件的文本输入区中所选择文本起始位置，或者指定文本插入点的位置
SelText	返回用户在控件的文本输入区中所选择的文本内容，或空串
ShowTips	确定是否显示 Form 对象或 ToolBar 对象中指定控件工具提示
ShowWindow	确定表单或工具栏是否为顶层表单或子表单
Sizable	确定对象是否可以改变大小
SizeBox	确定表单是否有大小框
Sorted	确定 ComboBa 或 ListBox 控件中列表部分的项是否自动按字母排列
Sparse	确定 CurrentControl 属性是影响 Column 对象中的所有单元还是只影响活动单元
SpecialEffect	确定控件的不同格式选项
SpinnerHighValue	确定单击鼠标上下箭头键，可以输入到 Spinner 控件的最大值
SpinnerLowValue	确定单击鼠标上下箭头键，可以输入到 Spinner 控件的最小值
SpiltBar	确定是否在 Grid 控件中显示分割条
StartMode	包含 Visual FoxPro 如何启动数值型数值
StatusBar	指定在 Visual FoxPro 状态栏中显示的文本
StatusBarText	指定控件获得焦点(Focus)时，在状态栏中显示的文本内容
Stretch	确定如何调整图像的大小来适应控件
StrictDateEntry	确定是否在文本框中按特定的静态格式显示 Date、Date Time 型数据
Style	确定控件的风格
TabIndex	指定页中控件的制表键顺序和表单集中表单的制表键顺序
Tabs	指定页框是否有标记(Tab)
TabStop	确定用户是否可以用 Tab 键来移动焦点(Focus)到对象中
TabStretch	当标记不适合于页框时，指定要来取的动作

续表

属性名称	功　能
Tag	存储程序中需要的任何额外数据
TerminateRead	单击控件时，确定表单或表单集是否失去活动性
Text	包含输入到控件文本框部分的未格式化文本
ToolTipText	为控件的工具提示(ToolTip)指定文本内容
Top	确定对象上边界与其容器对象上边界之间的距离
TopIndex	确定列表中出现在最顶端的项
TopItemID	确定列表中出现在最顶端项的项标识号
Value	确定控件的当前状态
Version	按字符串返回 Visual FoxPro 的版本号
View	确定 Grid 控件的视图类型
Visible	确定对象是可见的还是隐藏的
WhatsThisButton	确定 What's This 按钮是否出现在表单标题栏中
WhatsThisHelp	确定上下文敏感帮助是否使用 WhatsThisHelp 技术来打开 SETHELP 指定的帮助文件
Width	用于确定对象的宽度
WindowList	确定可以参与当前表单的 READ 处理的一组表单
WindowState	在运行时，确定表单窗口的可视状态(如最大化、最小化等)
Windowtype	显示或用 DO 命令运行表单集或表单时，确定其类型
WordWrap	当控件调整大小时，确定 Label 控件是否进行垂直或水平扩充
ZoomBox	确定表单是否有缩放框

附录D

Visual FoxPro 对象事件

事件名称	功　能
Activate	当 FormSet、Form 或 Page 对象变成活动的或者 ToolBar 对象显示时发生
AfterCloseTables	表单、表单集或报表的数据环境中指定的表或视图释放时发生
AfterDock	当 ToolBar 对象被船坞化(Docked)后发生
AfterRowColChange	当用户移动 Grid 控件中的另一行或列时，新单元获得焦点(Focus)且新行或列中对象的 When 事件发生并返回真时发生
BeforeDock	在 ToolBar 对象被船坞化(Docked)之前发生
BeforeOpenTables	当与表单、表单集或报表的数据环境有关的表和视图打开之前发生
BeforRowColChange	在用户改变活动行或列时，新单元获得焦点(Focus)之前发生；此外，网格列中当前对象的 Valid 事件发生之前也将发生这一事件
Click	鼠标指向控件时如果用户按下并释放鼠标左键，或者改变某个控件的值，或者单击表单的空白区域时发生；在程序中包含触发该事件的代码时也可发生该事件
DblClick	用户双击时发生；此外，如果选择列表框或组合框中的项并按回车键，也将发生这一事件
Deactivate	当容器对象(如表单)由于所包含的对象没有一个有焦点(Focus)而不再活动时发生
Deleted	当用户给某一记录作删除标记、取消为删除而作的标记时发生
Destroy	释放对象时发生
DoCmd	执行 Visual FoxPro 自动化服务器的一条 Visual FoxPro 命令时发生
DownClick	单击控件的下箭头时发生
DragDrop	当拖放操作完成时发生
DragOver	当控件被拖到目标对象上时发生
DropDown	单击下拉箭头后，ComboBox 控件的列表部分即将下拉时发生
Error	当方法中有一个运行错误时发生
ErrorMessage	当 Valid 事件返回假时发生，并提供错误信息

续表

事件名称	功　　能
GotFocus	无论是用户动作或通过程序使对象接收到焦点(Focus),都会发生
Init	当创建对象时将发生
InteractiveChange	使用键盘或鼠标改变控件的值时发生
KeyPress	当用户按下并释放一个键时发生
Load	在创建对象之前发生
LostFocus	当对象失去焦点(Focus)时发生
Message	该事件在屏幕底部的状态栏中显示信息
MiddleClick	当用户用鼠标中键单击控件时发生
MouseDown	当用户按下鼠标键时发生
MouseUp	当用户释放鼠标键时发生
MouseWheel	当用户旋转鼠标轮时发生
Moved	当对象移动到新位置或者在程序代码中改变容器对象的 Top 或 Left 属性设置值时发生
Paint	当重新绘制表单或工具栏时发生
ProgrammaticChange	程序代码中改变控件的值时发生
QueryUnload	在表单卸载(Unload)之前发生
RangeHigh	当控件失去焦点(Focus)时,对于 Spinner 或 TextBox 控件发生;当接收焦点时,对于 ComboBox 或 ListBox 控件也发生该事件
RangeLow	当控件接收焦点(Focus)时,对于 Spinner 或 TextBox 控件发生;当接收焦点时,对于 ComboBox 或 ListBox 控件也发生该事件
ReadActivate	当表单集中的表单变为活动表单时发生。支持对 READ 的向下兼容
ReadDeactivate	当表单集中的表单失去活动性时发生
ReadShow	当在活动表单集中键入 SHOW GETS 命令时发生
ReadValid	当表单集失去活动性时立即发生
ReadWhen	在加载表单集后发生
Resize	当对象重新确定大小时发生
RightClick	当用户在控件中按下并释放鼠标右键时发生
Scrolled	在 Grid 控件中,当用户单击水平或垂直滚动框时发生
Timer	当消耗完 Interval 属性指定的时间(毫秒)时发生
UIEnable	无论何时只要页激活或失去活动性,对于所有页中包含的对象都将发生该事件
UnDock	当 ToolBar 对象从船坞位置拖离时发生

续表

事件名称	功　　能
Unload	释放对象时发生
UpClick	当用户单击控件的上箭头时发生
Valid	在控件失去焦点(Focus)之前发生
When	在控件接收到焦点(Focus)之前发生

Visual FoxPro 对象方法

方法名称	功　　能
ActivateCell	激活 Grid 控件的某一单元
AddColumn	添加 Column 对象到 Grid 控件中
AddItem	添加新项到 Combo Box 或 List Box 控件中
AddListItem	添加新项到 Combo Box 或 List Box 控件中
AddObject	在运行时添加对象到容器对象中
Box	在表单中画一个矩形
Circle	在表单中画一个圆或椭圆
Clear	清除 ComboBox 或 List Box 控件的内容
CloneObject	复制对象包括对象的所有属性、事件和方法
CloseTables	关闭与数据环境有关的表和视图
Cls	清除表单中的图形和文本
DataToClip	将记录集作为文本复制到剪贴板中
DeleteColumn	从 Grid 控件中删除 Column 对象
Dock	沿 Visual FoxPro 主窗口或桌面的边界将 Tool Bar 对象船坞化
DoScroll	滚动 Grid 控件
DoVerb	执行指定对象上的动词(Verb)
Drag	开始、结束或中断一次拖放操作
Draw	重新绘制表单
Eval	计算表达式并将结果返回给 Visual FoxPro 自动化服务器
Help	打开帮助窗口
Hide	通过设置 Visible 属性为假来隐藏表单、表单集或工具栏
IndexToItemID	返回给定项索引号的标识号

续表

方法名称	功能
ItemIDToIndex	返回给定项标识号的索引号
Line	在表单中绘制线条
Move	移动对象
Point	返回表单中指定点的红绿蓝(RGB)颜色
Print	在表单中打印字符串
PSet	将表单或 Visual FoxPro 主窗口中的点设置为前景色
Qiut	结束 Visual FoxPro
ReadExpression	返回属性窗口中输入的属性表达式的值
ReadMethod	返回指定方法的文本
Refresh	重新绘制表单或控件,并刷新所有值
Release	从内存中释放表单集或表单
RemoveItem	从 Combo Box 或 List Box 控件中删除一项
RemoveListItem	从 Combo Box 或 List Box 控件中删除一项
RemoveObject	从容器对象中删除指定的对象
Requery	重新查询 List Box 或 Combo Box 控件的数据源
RequesData	在 Visual FoxPro 实例中,创建包含所打开表数据的数组
Reset	重新设置 Timer 控件,以便从 0 开始计数
SaveAs	将对象保存为 .SCX 文件
SaveAsClass	将对象的实例作为类定义保存到类库中
SetAll	为容器对象中的所有控件或者某个控件类赋予属性设置值
SetFocus	给控件设置焦点
SetVal	为 Visual FoxPro 自动化服务器的实例创建变量并给变量存储值
Show	显示表单并确定该表单是模态的还是非模态的
ShowWhatsThis	显示由对象的 What's This Help 属性指定的帮助主题
TextHeight	返回文本串按当前字体显示时的高度
TextWidth	返回文本串按当前字体显示时的宽度
WhatsThisMode	显示 What's This Help 问号标记
WriteExpression	将表达式写到属性中
WriteMethod	将指定的文本写入指定的方法中
Zorder	在 Z-Order 图形层中将指定表单或控件放置到 Z-Order 的前面或后面

附录 F

Visual FoxPro 常用文件

扩展名	文 件 类 型	扩展名	文 件 类 型
.app	应用程序	.lbt	标签备注
.cdx	复合索引	.lbx	标签
.dbc	数据库	.mem	内存变量保存
.dbf	表	.mnt	菜单备注
.dct	数据库备注	.mnx	菜单
.dcx	数据库索引	.mpr	生成的菜单程序
.dll	Windows 动态链接库	.mpx	编译后的菜单程序
.err	编译错误	.ocx	ActiveX 控件
.exe	可执行程序	.pjt	项目备注
.fky	宏	.pjx	项目
.fll	FoxPro 动态链接库	.prg	程序
.fpt	表备注	.qpr	生成的查询程序
.fmt	格式文件	.qpx	编译后的查询程序
.fpt	表备注	.sct	表单备注
.frt	报表备注	.scx	表单
.frx	报表	.tbk	备注备份
.fxp	编译后的程序	.txt	文本
.hlp	WinHelp	.vct	可视类库备注
.htm	HTML	.vcx	可视类库
.idx	索引,压缩索引	.win	窗口文件

附录G 习题参考答案

习题1

1. 简答题(略)

2. 填空题

(1) 数据冗余度大　数据独立性低　数据一致性差
(2) 数据的安全性控制　数据的完整性控制　并发控制　数据恢复
(3) 一对一的联系　一对多的联系　多对多的联系
(4) 数据组织结构　形式
(5) 实现数据共享、减少数据冗余　采用特定的数据模型　有统一的数据控制功能　具有较高的数据独立性
(6) 格式化数据库系统　关系型数据库系统　对象—关系数据库系统
(7) 面向对象数据库　分布式数据库　演绎数据库
(8) 关系数据模型
(9) 数据定义功能　数据操作功能　控制和管理功能　数据通信功能
(10) 实体完整性　参照完整性　用户定义完整性

习题2(略)

习题3(略)

习题4(略)

习题 5

1. 简答题(略)

2. 填空题

(1) 更新
(2) 本地、远程
(3) QPR
(4) 打开
(5) 更新依据
(6) 表、视图
(7) SQL
(8) DISTINCT
(9) GROUP BY
(10) DROP TABLE
(11) ALTER TABLE

3. 选择题

(1) A　(2) A　(3) B　(4) C　(5) A　(6) C

习题 6

1. 思考题(略)

2. 分析程序题

(1) 5　　15

(2)
```
*
 **
  ***
   ****
    *****
```

(3) x=12　y=7　s=31
a=3　b=7

(4) a=3　b=10
p=360

3. 编程序题(略)

习题 7

1. 思考题(略)

2. 选择题

(1) D　(2) A　(3) B　(4) C　(5) D
(6) B　(7) C　(8) D　(9) B　(10) C
(11) B　(12) C　(13) B　(14) D　(15) C
(16) D　(17) A　(18) B　(19) D　(20) D

3. 填空题

(1) Class　BaseClass　ClassLibrary　ParentClass
(2) DEFINE CLASS　后面　对象
(3) CreateObject()　对象引用
(4) 属性
(5) Myform1. Show
(6) Value　Caption
(7) Visible
(8) 表单　命令按钮　表单
(9) Init　Destroy　Click
(10) 按钮锁定

习题 8

1. 填空题

(1) 数据源　布局
(2) 组标头　组注脚
(3) 图片　通用字段
(4) 文件　页面设置
(5) 向导　标签设计器
(6) 自由表　视图
(7) 单表向导　一对多报表
(8) 布局
(9) 细节
(10) 分组表达式
(11) 组标头　组注脚
(12) 组标头　细节

2. 选择题

(1) A　(2) D　(3) B　(4) B　(5) D
(6) A　(7) D　(8) B　(9) C　(10) A
(11) C　(12) C

习题 9

1. 选择题

(1) B　(2) C　(3) D　(4) B

2. 填空题

(1) 顶层表单　2　Init
(2) RIGHTCLICK

(3) SET SYSMENU NOSAVE　SET SYSMENU TO DEFAULT

(4) 命令　过程　子菜单

(5) 表单的 Init 事件

习题 10(略)

参 考 文 献

[1] 李明,顾振山. Visual FoxPro 8.0 实用教程[M]. 北京：清华大学出版社,2006.
[2] 李雁翎. Visual FoxPro 应用基础与面向对象程序设计教程[M]. 北京：高等教育出版社,1999.
[3] 史济民. Visual FoxPro 及其应用系统开发[M]. 2 版. 北京：清华大学出版社,2007.
[4] 李军,吴宝禄. Visual FoxPro 数据库系统开发应用教程[M]. 北京：清华大学出版社,2007.
[5] 郭盈发. Visual FoxPro 6.0 及其程序设计[M]. 西安：西安电子科技大学出版社,2001.
[6] 宜晨. Visual FoxPro 6.0 中文版实用培训教程[M]. 北京：电子工业出版社,1998.
[7] 刘卫国. Visual FoxPro 程序设计教程[M]. 北京：北京邮电大学出版社,2005.
[8] 李平,李军,梁静毅. Visual FoxPro 数据库基础[M]. 北京：清华大学出版社,2005.